工业锅炉水处理技术教程

杨荣和　主编

U0232164

气象出版社
China Meteorological Press

内 容 简 介

本书依据国家颁布的最新法规和标准，结合南北各地工业锅炉水处理工作现状和国内外技术发展情况，详细介绍了锅炉水处理技术基础知识，全面讲解了水的预处理、膜处理、锅内加药水处理、锅外水处理、锅炉的腐蚀和保护、锅炉化学清洗、锅炉水质分析等方面的技术，最后介绍了特种设备相关法规规范和锅炉水处理节能减排技术。

本书是工业锅炉水处理作业人员的技术培训教材，可作为相关科研人员的参考用书，也可供相关院校专业的学生学习。

图书在版编目(CIP)数据

工业锅炉水处理技术教程 / 杨荣和主编. — 北京：气象出版社，2015.11(2024.9重印)
ISBN 978-7-5029-6285-2

Ⅰ．①工… Ⅱ．①杨… Ⅲ．①工业锅炉－锅炉用水－水处理－技术培训－教材 Ⅳ．①TK223.5

中国版本图书馆 CIP 数据核字(2015)第 261987 号

工业锅炉水处理技术教程

Gongye Guolu Shuichuli Jishu Jiaocheng

杨荣和　主编

出版发行：气象出版社
地　　址：北京市海淀区中关村南大街 46 号　　　　邮政编码：100081
电　　话：010-68407112(总编室)　010-68408042(发行部)
网　　址：http://www.qxcbs.com　　　**E-mail**：qxcbs@cma.gov.cn
责任编辑：彭淑凡　　　　　　　　　　　终　审：袁信轩
封面设计：博雅思企划　　　　　　　　　责任技编：赵相宁
印　　刷：三河市百盛印装有限公司
开　　本：787 mm×1092 mm　1/16　　　印　张：22
字　　数：550 千字
版　　次：2015 年 11 月第 1 版　　　　　印　次：2024 年 9 月第 3 次印刷
定　　价：68.00 元

编审委员会

前　言

　　锅炉水质处理，是保障锅炉设备安全、经济运行的一项重要工作内容，对于防止锅炉结垢、腐蚀，提高节能减排水平关系极大。搞好锅炉水处理，在很大程度上取决于水质处理技术的普及与提高。近年来，国家相继颁布了 GB/T 1576—2008《工业锅炉水质》标准以及 TSG G5001—2010《锅炉水（介）质处理监督管理规则》，TSG G5002—2010《锅炉水（介）质处理检验规则》，TSG G5003—2008《锅炉化学清洗规则》和 TSG G6003—2008《锅炉水处理作业人员考核大纲》。《中华人民共和国特种设备安全法》已由中华人民共和国第十二届全国人民代表大会常务委员会第三次会议于 2013 年 6 月 29 日通过，自 2014 年 1 月 1 日起施行。因此，为了认真贯彻执行国家颁布的标准和法规，以适应各地对锅炉水处理作业人员和技术人员工作的需要，我们组织了一批经验丰富、多年从事锅炉水处理的工程技术人员重新修订了原《工业锅炉水处理技术》一书。由于修订后本书内容变化较大，又增加了新的章节，涉及锅炉有关水处理的现行新技术等，因此本书更名为《工业锅炉水处理技术教程》。

　　本书共分十章：第一章，基础知识；第二章，水的预处理；第三章，膜处理技术；第四章，锅内加药水处理；第五章，锅炉用水的净化——锅外水处理；第六章，锅炉的腐蚀与保护；第七章，锅炉化学清洗；第八章，锅炉水质分析；第九章，特种设备法规规范；第十章，锅炉水处理节能减排。

　　本书可作为锅炉水处理作业人员的技术培训教材及有关人员的参考书。由于编者水平有限，书中错漏之处在所难免，恳切希望广大读者提出宝贵的意见和建议。

编者
2015 年 9 月

目　录

第1章

基础知识

1.1 化学基础知识

1.1.1 基本概念

1.1.1.1 摩尔、摩尔质量和物质的量

(1)摩尔

由于原子、分子、离子等微粒太微小,通常在应用中,所取物质的量不是含有一两个原子、分子或离子,而是含有亿万个。例如 1 克水中有 3.34×10^{22} 个水分子。如果用这样的数来表示就太不方便了。因此,1971 年第 14 届国际计量大会上,决定引入一个新的物质的量的计量单位——摩尔,并规定物质体系所含有的结构粒子数目与 0.012 kg 碳(^{12}C)中的原子数目相等,则这个体系的物质的量为 1 摩尔。

摩尔是物质的量的单位,简称为摩,国际符号是 mol。常用单位有毫摩尔(mmol)或微摩尔(μmol),1 mol=1000 mmol,1 mmol=1000 μmol。摩尔适用于任何物质体系的结构粒子,如原子、分子、离子、电子等。

已知 1 个 ^{12}C 原子的质量是 1.993×10^{-26} kg,所以,1 mol 碳(^{12}C)所含的碳原子数目为:

$$\frac{0.012 \text{ kg/mol}}{1.993 \times 10^{-26} \text{ kg}} = 6.02 \times 10^{23} \text{ 个 /mol}$$

即 0.012 kg 碳(^{12}C)中含有 6.02×10^{23} 个 ^{12}C 原子,这个数值称为阿伏加德罗常数(N_A)。因此,每摩尔物质含有 6.02×10^{23} 个微粒。

(2)摩尔质量

每摩尔物质的质量叫作摩尔质量,单位是"克/摩尔",常用符号 M 表示,在数值上等于该物质分子量、原子量或离子量。例如:^{12}C 原子的相对原子质量为 12,其摩尔质量为12 g/mol;H_2O 分子的相对分子量为 18,其摩尔质量为 18 g/mol。

同理,1 毫摩尔的物质的质量叫作毫摩尔质量,单位是 mg/mmol。

(3)物质的量

摩尔质量就是 1 摩尔物质所具有的质量。由此可知,n 摩尔物质所具有的质量应该是 $n \times$ 摩尔质量。其中 n 就叫物质的量(以前叫摩尔数),其单位名称为摩尔,单位符号为 mol。现以水为例,因水的摩尔质量为 18 g/mol,则:

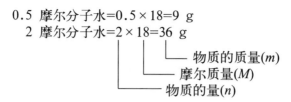

0.5 摩尔分子水＝0.5×18＝9 g
2 摩尔分子水＝2×18＝36 g

由此可得出物质的质量(m)、摩尔质量(M)与物质的量(n)之间的换算关系：

$$n（摩尔）＝\frac{m（克）}{M（克／摩尔）}\qquad(1.1)$$

所以,采用摩尔表示物质的量,不仅将无法称量的原子、分子等微粒的微观量变成可以称量的宏观量,而且将原子、分子数目和相对原子质量、相对分子质量联系起来,给化学计算带来了很大方便。

1.1.1.2 络合物及其一般化学性质

由一个简单阳离子(称为中心离子)与一定数目的中性分子或阴离子(称为配位体)以配位键结合而成的复杂离子(或分子)叫络离子(或络合分子),络合分子或含有络离子的化合物叫络合物。作配位体的物质也称络合剂,与中心离子以配位键结合的配位体的数目,称为配位数。不同的络合物在水溶液中的稳定性不同,其稳定性常以"稳定常数"表示。

络合物的组成可分为内界与外界两部分,内界是中心离子(或原子)与配位体所组成的络离子,常用方括号括起来;与络离子化合的,即方括号以外的为外界。例如,在 $K_3[Fe(CN)_6]$ (铁氰化钾)中,$[Fe(CN)_6]^{3-}$ 为内界,其中 Fe^{3+} 为中心离子,CN^- 为配位体,中心离子的配位数为6,K^+ 为外界,其组成图示如下：

$$K_3\big[Fe\leftarrow(CN)_6\big]$$

中　配　配　配
心　位　位　位
离　键　体　数
子

外界　内界

络合物

络合物与简单化合物完全不同。简单化合物是由两种元素或离子组成的化合物,如 H_2O、SO_2、$CuSO_4$ 等。由简单化合物组成较复杂的化合物称为分子间化合物,也称分子加成物,如 $K_2SO_4\cdot Al_2(SO_4)_3\cdot 24H_2O$(明矾),其特点是:它们的晶体在水溶液中可完全电离为组成该盐的简单离子。例如,明矾可电离成 K^+、Al^{3+}、SO_4^{2-},其性质与简单化合物一样,因此不属于络合物。

络合物与简单化合物的主要区别在于:在络合物中存在着难以电离的复杂离子,即络离子;而简单化合物溶于水后,随即完全电离为简单离子。含络离子的络合物虽然也能电离成络离子与外界离子,但络离子在水溶液中则不易解离成简单离子,它通常以整个离子参加反应。例如 $Cu(NH_3)_4SO_4$(硫酸四氨合铜),与明矾不同,$Cu(NH_3)_4SO_4$ 在水溶液中电离成复杂离子

$[Cu(NH_3)_4]^{2+}$（即络离子）。不过当络合物加入能与其形成更稳定络离子的络合剂时，则能使原来的络合物解离，同时形成新的络合物。常见的络合物有乙二胺四乙酸（EDTA）等。

络合物的用途很广。在生产和科学研究上常利用络合反应进行滴定分析，例如，以络合物EDTA 测定水中的硬度：在 pH＝10 的条件下，往含有 Ca^{2+}、Mg^{2+} 的水中加入铬黑 T 指示剂（一种络合剂），Ca^{2+}、Mg^{2+} 便与铬黑 T 生成红色络合物，这时如果往溶液中滴加 EDTA，由于 Ca^{2+}、Mg^{2+} 可与 EDTA 形成更稳定的无色络合物，因此，当滴加的 EDTA 量与 Ca^{2+}、Mg^{2+} 的量相等时，也即 Ca^{2+}、Mg^{2+} 全部与铬黑 T 解离而转为与 EDTA 络合，这时溶液便显示出铬黑 T 本身的蓝色。水中 Ca^{2+}、Mg^{2+} 含量，即硬度大小就是根据这一原理来测定的。

有些难溶物质可用络合剂通过络合反应来溶解。例如，为除去锅炉中的铁锈或氧化皮，常用 EDTA 或柠檬酸作为化学清洗剂，与铁离子反应生成络合物。在循环水系统中，常加入少量的六偏磷酸钠或三聚磷酸钠，与冷却水中的 Ca^{2+}、Mg^{2+} 络合，以防止系统中的钙、镁生成水垢。

1.1.1.3　电解质及其电离

(1)电解质

凡溶解于水后或在熔融状态下能导电的物质叫电解质。如盐酸、氯化钠、氢氧化钠溶液等。凡在干燥和溶化状态或水溶液中都不能导电的物质叫非电解质。如糖、酒精、甘油等。

(2)电解质的电离

电解质溶于水或受热熔化而离解成自由移动的正负离子的过程，叫作电离过程（或离解）。电解质溶液之所以能够导电，是因为它们在水中发生了电离，产生了不同电荷的自由运动的离子。如氯化钠溶于水后，就会电离成钠离子和氯离子：

$$NaCl＝Na^++Cl^-$$

在电解质溶液中，所有阳离子带的正电荷总数和所有阴离子带的负电荷总数是相等的，所以整个溶液仍然保持电中性。

1.1.2　溶液的浓度

1.1.2.1　溶液浓度的表示方法

在一定量的溶液（或溶剂）中，所含溶质的量称为溶液的浓度。浓度的表示方法很多，锅炉水处理中常用的有以下几种。

(1)质量分数

溶液的浓度以溶质 B 的质量与溶液总质量之比（或百分比）表示，称为质量分数，常用 W_B 表示。即：

$$W_B＝\frac{溶质 B 的质量}{溶液的质量}\times100\% \qquad (1.2)$$

其中，溶液的质量＝溶质 B 的质量＋溶剂的质量。

【例题 1.1】　再生钠离子交换器需用 6％的氯化钠溶液 1500 kg，问需含 95％氯化钠的食盐及水各多少千克？

解：6％的氯化钠溶液中含溶质氯化钠的质量为：

氯化钠（溶质）质量＝溶液的质量分数×溶液质量＝6％×1500＝90(kg)

食盐（混合物）质量＝氯化钠质量÷质量分数＝90÷95％≈95(kg)

水（溶剂）质量＝溶液质量－溶质质量＝1500－95＝1405(kg)

答：需食盐95 kg，水1405 kg。

(2)物质的量浓度

溶液浓度以单位体积溶液中所含溶质B的物质的量来表示，称为溶质B的物质的量浓度，简称浓度，常用C_B表示。即：

$$C_B = \frac{n_B}{V} = \frac{m_B}{M_B V} \tag{1.3}$$

式中，n_B——溶质B的物质的量，mol；

$\quad\quad V$——溶液的体积，L；

$\quad\quad m_B$——溶质B的质量，g；

$\quad\quad M_B$——溶质B的摩尔质量，g/mol。

值得注意的是，公式中的体积是溶液的体积而不是溶剂的体积；溶质的量是用物质的量来表示，而不是用物质的质量来表示；从一定物质的量浓度的溶液中取出任意体积溶液，其物质的量浓度不变。

【例题1.2】 欲配制$C_{(1/2\,Na_2CO_3)}$ 0.1000 mol/L的碳酸钠标准溶液500.00 mL，需称多少克基准无水碳酸钠？

解：碳酸钠摩尔质量为：

$$M_{(1/2\,Na_2CO_3)} = (22.99 \times 2 + 12.00 + 16.00 \times 3)/2 = 52.99 \text{(g/mol)}$$

根据公式(1.3)可得：

$$m = C \cdot M \cdot V = 0.1000 \times 52.99 \times 0.5 = 2.6495 \text{(g)}$$

答：需称基准无水碳酸钠2.6495 g。

(3)质量浓度

质量浓度表示单位体积的溶液中含有溶质B的质量的多少，常用符号ρ_B表示。即：

$$\rho_B = \frac{\text{溶质}B\text{的质量}}{\text{溶液体积}} = \frac{m}{V} \tag{1.4}$$

质量浓度的SI单位为kg/m³，常用单位为g/L、mg/L、μg/L，也有用mg/mL、μg/mL作单位。例如，测得水中$\rho_{Ca^{2+}} = 40$ mg/L，即表示每升水中含有40 mg钙离子。

(4)体积比浓度

体积比浓度以$V_X : V_Y$或$X + Y$表示，这种浓度表示法只适用于溶质是液体的溶液。通常前面的数字代表浓溶液或纯溶质的体积份数，后面的数字代表溶剂的体积份数。如1：3(或1+3)硫酸溶液，即表示该硫酸溶液由1份体积的浓硫酸和3份体积的水混合而成。

【例题1.3】 欲配制1：3硫酸溶液1000 mL，需浓硫酸和水各多少毫升？

解：该溶液中浓硫酸和水的体积共4份，其中浓硫酸占1/4，

所以，需浓硫酸：1000×1/4＝250(mL)；需水：1000－250＝750(mL)。

(5)滴定度

滴定度是指在每 1 毫升标准滴定液(常称为滴定操作溶液)中,所含有溶质的质量或相当于可与它反应的化合物或离子的质量(g、mg、μg),常用符号 T 表示。

例如,$T_{Cl^-}=1.0$ mg/mL 的氯化钠溶液,即表示每毫升该溶液中含有 1.0 mg Cl^-,而常用于测定水样中 Cl^- 的 $T_{Cl^-}=1.0$ mg/mL 硝酸银标准溶液,表示该硝酸银溶液 1 mL 正好可与 1.0 mg Cl^- 反应。这样根据硝酸银的消耗数即可得到水中 Cl^- 的含量。例如,若滴定时消耗了硝酸银标准溶液 15 mL,则水样中 Cl^- 的含量为 $1 \times 15 = 15(mg)$。

1.1.2.2 浓度的换算

(1)质量分数 W_B 与物质的量浓度 C_B 间的换算

二者之间是以溶液密度 ρ 相联系的,其换算关系式为:

$$W_B(\%) \times \rho \times 1000 = C_B \times M_B \tag{1.5}$$

式中,$W_B(\%)$——质量分数;

ρ——溶液的密度,g/cm^3;

C_B、M_B——溶液中溶质 B 的物质的量浓度(mol/L)和摩尔质量(g/mol)。

(2)滴定度 T_A 与物质的量浓度 C_B 间的换算

由于滴定反应完全时,操作溶液中 B 物质的量一定等于被测物 A 物质的量,所以滴定度 T_A 与物质的量浓度 C_B 间的换算关系为:

$$C_B = \frac{T_A}{M_A} \tag{1.6}$$

式中,M_A——滴定度指定的被测物 A 的摩尔质量,g/mol。

(3)溶液的稀释

由于用浓溶液配制稀溶液时,只是加水稀释,稀释后溶液的浓度和体积发生了变化,但溶质的量并不变。

根据稀释前后溶质物质的量不变,得:

$$C_浓 \times V_浓 = C_稀 \times V_稀 \tag{1.7}$$

式中,$C_浓$、$C_稀$——稀释前、后溶液中溶质的物质的量浓度,mol/L;

$V_浓$、$V_稀$——稀释前、后溶液的体积,L。

【例题 1.4】 计算质量分数为 98% 浓 H_2SO_4 溶液(其密度为 $\rho=1.84$ g/mL)的物质的量浓度 $C_{(H_2SO_4)}$。

解:H_2SO_4 的分子量为 98,其摩尔质量为 98 g/mol,则由换算式得:

$$C_{(H_2SO_4)} = \frac{1\,000 \times 1.84 \times 98\%}{98} = 18.4(mol/L)$$

答:98% 浓 H_2SO_4 溶液的物质的量浓度为 18.4 mol/L。

【例题 1.5】 配制质量分数为 5% 的 HCl 40 mL,需用质量分数为 37% 的浓 HCl 多少毫升?(已知 5% HCl 的密度为 1.02g/cm^3;37% HCl 的密度为 1.19 g/cm^3)

解:因稀释前后溶质的质量不变,而溶质的质量(m)=密度(ρ)×体积(V)×质量分数($W\%$)

稀释前溶质的质量 $m = \rho_1 \cdot V_1 \cdot W_1$

稀释后溶质的质量 $m = \rho_2 \cdot V_2 \cdot W_2$

由于 $\rho_1 \cdot V_1 \cdot W_1 = \rho_2 \cdot V_2 \cdot W_2$

$$V_1 = \frac{1.02 \times 40 \times 5\%}{1.19 \times 37\%} = 4.6 \ (\text{mL})$$

答:需用质量分数为 37% 的 HCl 4.6 mL。

1.1.3 电解质的电离平衡

我们已经知道,电解质溶液之所以能够导电,是因为它们在水中发生了电离。各种电解质在水中电离产生的离子多少,主要取决于电解质在水中电离程度的强弱。

1.1.3.1 强电解质和弱电解质

凡在水溶液中,全部电离成离子的物质叫作强电解质,通常强酸(如硫酸、盐酸和硝酸)、强碱(如氢氧化钠)和大部分盐类都是强电解质。

凡在水溶液中只有部分电离成离子的物质叫作弱电解质,一般弱酸(如醋酸和碳酸)、弱碱(氨水)和水都是弱电解质。

由于弱电解质只有部分电离,大多数仍以分子状态存在,所以所有难以电离的电解质在电离过程中都存在着电离平衡。

1.1.3.2 弱电解质的电离平衡

(1)电离平衡和电离平衡常数

弱电解质在水溶液中只能部分电离,并具有可逆性,因此存在着未电离的分子和已电离生成的离子之间的平衡。如氨水溶液中存在下列平衡:

$$NH_3 \cdot H_2O \xrightleftharpoons[\text{分子化}]{\text{电离}} NH_4^+ + OH^-$$

在一定温度下,当氨水分子电离成为 NH_4^+ 和 OH^- 的速度等于这两个离子结合成 $NH_3 \cdot H_2O$ 分子的速度时,分子和离子之间就达到了一个动态平衡。此时,正逆两个反应过程仍在不断进行,但溶液中 NH_4^+、OH^- 与 $NH_3 \cdot H_2O$ 分子的浓度不变,这种平衡叫作电离平衡。

电离平衡是一种化学平衡。通过理论推导可知,在一定的温度下,电离平衡时,溶液中阴、阳离子浓度的乘积与分子浓度之比是一个常数,称为电离平衡常数(K),简称电离常数。故电离常数表示的是弱电解质在电离平衡时,各组分浓度的关系。

例如,氨水的电离平衡中电离常数为:

$$K = \frac{[NH_4^+][OH^-]}{[NH_3 \cdot H_2O]}$$

电离常数表达式有以下几个特征:

①式中各物质浓度均为平衡时的浓度,常以"[ ]"表示,单位为 mol/L;

②在一定温度下,对于弱电解质,K 是一个不变的常数,不会因溶液浓度的改变而改变;

③K 与温度有关,不同温度下,K 值不同;

④不同的弱电解质,其 K 值不同。K 值越大,电解质越易电离,表示该弱电解质越强。故 K 值的大小反映了弱电解质的相对强弱。

电离常数 K 值是通过实验测定的,在一般的化学手册中都可以查到。

(2)电离度

在平衡状态下,电解质电离的程度可以用电离的百分率即电离度来表示。

在一定条件下的弱电解质达到电离平衡时,已电离的电解质分子数占原有电解质分子总数的百分数,叫作电离度,常用 α 表示。即:

$$电离度\ \alpha = \frac{已电离的分子总数}{原有的分子总数} \times 100\% \tag{1.8}$$

例如 25℃,0.1 mol/L 的醋酸(HAc)溶液中,每 10000 个 HAc 分子里有 132 个分子电离为离子,则该醋酸的电离度为 $\alpha = \frac{132}{10000} \times 100\% = 1.32\%$。

不同的电解质具有不同的电离度。对同一种电解质来说,其电离度与电解质的浓度和溶剂有关。溶液的浓度越低,电离度越大。这是因为随着溶液的稀释,单位体积内离子的数目减少,使离子相互碰撞结合成分子的机会减少。根据平衡移动的规律,电离平衡向生成离子的方向移动,所以 α 增大。溶剂分子的极性越强,电离平衡越容易向生成离子的方向移动,使电解质在该溶剂中的电离度越大。

在温度、浓度相同的条件下,电离度的大小也可以反映出弱电解质的相对强弱。它与电离常数不同的是:在稀溶液中,电离常数不随浓度的改变而变化,而电离度则随浓度的降低而增大。因此,电离常数比电离度能更好地表示出电解质的相对强弱。当弱电解质的原始浓度为 C 时,电离度 α 与电离常数 K 的关系式为:$K = \frac{C \cdot \alpha^2}{1-\alpha}$。因为弱电解质的电离度一般很小,通常 $\alpha \ll 1$,可近似认为 $1-\alpha \approx 1$。因此可得:

$$\alpha = \sqrt{\frac{K}{C}} \tag{1.9}$$

该式叫作稀释公式。它表明:在一定温度下,弱电解质的电离度与浓度的平方根成反比,浓度越稀电离度越大。即随着溶液的稀释,电离度不断增大。表 1.1 所示为同一电解质的溶液,在不同浓度 C 时的电离度。

表 1.1　不同浓度醋酸溶液的电离度(25℃)

溶液的浓度(mol/L)	0.2	0.1	0.02	0.001
电离度 α(%)	0.948	1.32	2.96	13.2

电离度通常可由电解质溶液的电导测定而得到,通过电离度可计算出电离平衡时各离子浓度,从而进一步确定其电离常数。

(3)多元弱酸和多元碱的电离

在分子中含有几个可置换的 H^+ 的酸叫多元酸,如 H_2CO_3 是二元酸;含有几个 OH^- 的碱叫多元碱,如 $Fe(OH)_3$ 是多元碱。多元酸和多元碱的电离都是分步进行的,每步电离都有其电离常数。例如，在25℃时，H_2CO_3在水溶液中的分步电离及电离常数为：

第一步电离：$H_2CO_3 \rightleftharpoons H^+ + HCO_3^-$；一级电离常数：$K_1 = \dfrac{[H^+][HCO_3^-]}{[H_2CO_3]} = 4.45 \times 10^{-7}$

第二步电离：$HCO_3^- \rightleftharpoons H^+ + CO_3^{2-}$；二级电离常数：$K_2 = \dfrac{[H^+][CO_3^{2-}]}{[HCO_3^-]} = 4.68 \times 10^{-11}$

从这两个电离平衡常数的大小可以看出：$K_1 \gg K_2$。说明H_2CO_3的第二步电离比第一步电离困难得多。这是由于在第一步电离时，H^+只需克服带有一个负电荷的HCO_3^-离子的吸引力，而在第二步电离时，H^+要克服带有两个负电荷的CO_3^{2-}的吸引力的缘故。故在计算H^+浓度时，可忽略第二步电离，用第一步电离的K_1进行计算。

1.1.3.3　水的电离及其pH值

(1)水的电离和离子积常数

水是一种很弱的电解质，只能微弱地发生电离：$H_2O \rightleftharpoons H^+ + OH^-$。其电离常数为：

$$K = \frac{[H^+][OH^-]}{[H_2O]}$$

由于水的电离度极小，$[H_2O]$可视为不变的定值，因此在一定温度下，K与$[H_2O]$的乘积也可视为常数，常用K_w表示。即：

$$K_w = [H^+][OH^-] \tag{1.10}$$

K_w是水中$[H^+]$和$[OH^-]$的乘积，因此叫作水的离子积常数，简称水的离子积。此式表明，在一定温度下，水溶液中H^+浓度和OH^-浓度成反比，但无论其怎样变化，它们浓度的乘积都恒等于水的离子积。

K_w也会随温度而变化，因此，在应用中应明确所测定的温度。

(2)pH值

由于水溶液或较稀的酸、碱溶液中，$[H^+]$、$[OH^-]$比较小，用一般浓度表示和计量都极不方便，因此，化学上常用pH值表示溶液的H^+浓度。

pH值就是H^+浓度的负对数，即

$$pH = -\lg[H^+]$$

经实验测定，在25℃时，纯水中$[H^+]$和$[OH^-]$都是10^{-7} mol/L，所以，纯水中$pH = -\lg 10^{-7} = -(-7) = 7$。

相应地，OH^-也可用其浓度的负对数pOH来表示，即：

$$pOH = -\lg[OH^-]$$

由于水的离子积$K_w = [H^+][OH^-] = 10^{-7} \times 10^{-7} = 10^{-14}$，式中两边各取负对数，得：$pH + pOH = -\lg[H^+] - \lg[OH^-] = -\lg[10^{-14}] = 14$。表明，在常温下，水溶液中pH值与pOH值之和恒等于14。因此，只要知道了pH值，pOH值也就知道了。所以在实际应用中，一般只以pH值来表示溶液的酸碱性。

显然，水溶液中酸碱性与pH值有下列关系：

在中性溶液中：$[H^+] = [OH^-] = 10^{-7}$ mol/L，pH = 7。

在酸性溶液中：$[H^+] > [OH^-]$，pH < 7；pH值越小，酸性越大，碱性越小。

在碱性溶液中：$[H^+]<[OH^-]$，pH 值>7；pH 值越大，酸性越小，碱性越大。

pH 值的范围为 0～14，即 pH 值只适用于$[H^+]$或$[OH^-]$小于 1 mol/L 的溶液，当$[H^+]$或$[OH^-]$大于 1 mol/L 时，一般就不用 pH 值表示，而是直接写出其浓度。

1.1.3.4　同离子效应和缓冲溶液

(1)同离子效应

如前所述，弱电解质在溶液中存在电离平衡。如在此溶液中加入一种强电解质，此强电解质的组成中有一种和弱电解质相同的离子，则此弱电解质原来的电离平衡就会被破坏，电离度也会因电离平衡的移动而发生变化。例如，氨水是弱碱，其电离平衡为：$NH_3 \cdot H_2O \Longrightarrow NH_4^+ + OH^-$。氯化铵（$NH_4Cl$）是强电解质，在溶液中全部电离为 NH_4^+ 及 Cl^-，即 $NH_4Cl \Longrightarrow NH_4^+ + Cl^-$。当氯化铵加到氨水中后，由于 NH_4^+ 浓度增加，使氨水的电离平衡朝着生成 $NH_3 \cdot H_2O$ 的方向移动，其结果是氨水的电离度降低，从而使溶液中的 OH^- 浓度降低。

像这种在弱电解质溶液中，由于加入了相同离子的强电解质，从而使电离平衡发生移动的现象，称为同离子效应。

(2)缓冲溶液和缓冲原理

在氨水溶液中加入一定量的氯化铵后，由于同离子效应，不仅使氨水的电离度降低，更重要的是能使溶液中的 H^+ 浓度在一定范围内不受加入酸、碱和溶液稀释的影响，保持相对的稳定。这种在一定程度上能抵御外来酸、碱或稀释的影响，使溶液的 pH 值不发生改变的作用，称为缓冲作用；具有缓冲作用的溶液称为缓冲溶液。

常用的缓冲溶液有两种：

弱酸－弱酸盐混合，如醋酸－醋酸钠缓冲溶液；

弱碱－弱碱盐混合，如氨－氯化铵缓冲溶液。

缓冲溶液的缓冲作用，可用氨－氯化铵缓冲溶液来说明。在此溶液中存在下列平衡：

$$NH_3 \cdot H_2O \Longrightarrow NH_4^+ + OH^-$$

在有大量的 NH_4Cl 存在的情况下，由于同离子效应，上述平衡向左移动，使得 $NH_3 \cdot H_2O$ 电离作用受到抑制，因此溶液中存在大量的 $NH_3 \cdot H_2O$ 分子；当加入少量酸时，溶液中的 OH^- 会立即与 H^+ 结合生成 H_2O，使平衡向右移动，氨水便不断电离以补充消耗掉的 OH^- 直到达到新的平衡，从而使溶液中的 pH 值基本不变；当加入少量碱时，则溶液中的 NH_4^+ 会立即与 OH^- 结合成 $NH_3 \cdot H_2O$，从而使得溶液中 OH^- 浓度也不会显著增大。因此缓冲溶液有防止外加 H^+ 或 OH^- 的影响，而保持溶液 pH 值基本稳定的能力。

缓冲溶液的缓冲能力是有限的，当外加酸或碱的量太多时，缓冲溶液就无法保持溶液的 pH 值稳定了。在选用缓冲溶液时，应注意反应物与生成物不能与缓冲溶液发生反应，并且在不同的 pH 值范围选用不同的缓冲溶液。

(3)缓冲溶液的 pH 值计算

以醋酸－醋酸钠缓冲溶液为例，说明其 pH 值的计算方法。

缓冲溶液中，醋酸钠全部电离：$NaAc = Na^+ + Ac^-$。弱酸醋酸存在如下电离平衡：

$$HAc \Longrightarrow H^+ + Ac^-$$

平衡常数 K_{HAc} 为：

$$K_{HAc} = \frac{[H^+][Ac^-]}{[HAc]}$$

则

$$[H^+] = K_{HAc}\frac{[HAc]}{[Ac^-]}$$

两边取负对数，有：

$$-\lg[H^+] = -\lg K_{HAc} - \lg\frac{[HAc]}{[Ac^-]}$$

$$pH = pK_{HAc} - \lg\frac{[HAc]}{[Ac^-]} \qquad (1.11)$$

同理，对氨－氯化铵缓冲溶液，其 pH 值为：

$$pH = 14 - pK_{HAc} + \lg\frac{[NH_3]}{[NH_4^+]} \qquad (1.12)$$

【例题 1.6】 测硬度时需加氨－氯化铵缓冲溶液，其简要配制方法为：将 20 g 氯化铵加适量除盐水溶解，再加 150 mL 浓度为 13.5 mol/L 的浓氨水（密度 0.88，含 NH_3 26%），然后稀释至 1 L。求此缓冲溶液的 pH 值？

解：NH_4Cl 的摩尔质量为 53.5，根据式（1.3）可得：

$$[NH_4^+] = [NH_4Cl] = 20 \div (53.5 \times 1) \approx 0.4(mol/L)$$

$$[NH_3] = 13.5 \times 150/1000 \approx 2.0(mol/L)$$

查得氨水的 $pK_{NH_3} = 4.74$；根据式（1.12）可得：

$$pH = 14 - pK_{NH_3} + \lg\frac{[NH_3]}{[NH_4^+]} = 14 - 4.74 + \lg\frac{2.0}{0.4} = 9.96$$

答：此缓冲溶液的 pH 值为 9.96。

1.1.3.5 沉淀物的溶解平衡

在一定温度下，任何物质在水中的溶解程度都是有一定限度的，没有绝对不溶于水的固体物质，也没有无限可溶于水的物质。表达固体物质在水中溶解性的方式有溶解度与溶度积。溶解度的概念前面已经介绍，现在主要介绍溶度积的概念。

(1) 溶度积

实验已证明：一定温度下溶液中难溶固体物质的溶解达到饱和时，存在着溶解与沉淀的电离平衡，这时溶液中各组分的离子浓度系数次幂的乘积等于其平衡常数。这个平衡常数称为溶度积常数，简称溶度积，常用符号 K_{sp} 表示。

对于任何难溶固体物质 A_mB_n，在溶液中的溶解与沉淀的平衡为：

$$A_mB_n \rightleftharpoons mA^{n+} + nB^{m-}$$

溶度积为：

$$K_{sp} = [A^{n+}]^m \cdot [B^{m-}]^n \qquad (1.13)$$

例如，氢氧化铁[$Fe(OH)_3$]在溶液中的电离平衡为：

$$Fe(OH)_3(固) \rightleftharpoons Fe^{3+} + 3OH^-$$

则
$$K_{sp}[Fe(OH)_3]=[Fe^{3+}]\cdot[OH^-]^3$$

沉淀溶解平衡是在未溶解固体与溶液中离子间建立的,溶液中离子是由已溶解的固体电离形成的。由于溶解的部分很少,故可以认为溶解部分可完全电离。

K_{sp} 有以下几个特征:

①K_{sp} 的大小只与反应温度有关,而与难溶固体物质的质量无关。K_{sp} 值在一定的温度下是一个常数,当温度变化时,溶度积也会随之改变。例如,钙硬度中的 $CaSO_4$ 和 $CaCO_3$,25℃时其溶度积分别为:$K_{sp}[CaSO_4]=6.1\times10^{-5}$;$K_{sp}[CaCO_3]=4.8\times10^{-9}$。但它们都将随温度升高而降低,其中 $CaSO_4$ 的溶度积在高温中下降更快,因此当锅炉给水中存在硬度时,锅炉受热较弱的部位易结生碳酸盐水垢,而受热强度高的部位则更容易结生硫酸盐水垢。

②表达式(1.13)中的浓度是平衡时离子的浓度,此时的溶液是饱和溶液。

③由 K_{sp} 可以比较同种类型难溶固体物质的溶解度的大小;不同类型的难溶固体物质不能用 K_{sp} 比较溶解度的大小,须通过计算才能确定。

溶度积与溶解度都可以表示物质的溶解能力,但它们是既有区别又有联系的不同概念。溶解度用 S 表示,其意义是实现沉淀溶解平衡时,某物质的体积摩尔浓度。它的单位是 mol/L。S 和 K_{sp} 从不同侧面描述了物质的同一性质——溶解性,尽管二者之间有根本的区别,但其间会有必然的数量关系。在相关溶度积的计算中,离子浓度必须是物质的量浓度,其单位是 mol/L,而溶解度的单位往往是 g/100g 水。因此,计算时有时要先将难溶电解质的溶解度 S 的单位换算成 mol/L。

(2)溶度积规则

根据难溶物质的离子浓度幂的乘积——离子积(Q)与 K_{sp} 值的关系,可判断沉淀的生成和溶解:

当 $Q>K_{sp}$ 时,为过饱和溶液,将生成沉淀,直至溶液饱和为止;

当 $Q=K_{sp}$ 时,饱和溶液,处于沉淀溶解平衡状态;

当 $Q<K_{sp}$ 时,不饱和溶液,若体系中有沉淀存在,沉淀会溶解,直至溶液饱和为止。

以上即为溶度积规则,依据此规则可以讨论沉淀的生成、溶解等方面的问题。

Q 与 K_{sp} 的区别在于,K_{sp} 是 Q 的一个特例,是溶液达到饱和,即溶解速度等于沉淀速度达到动态平衡时的离子积。

【例题 1.7】　测得某水样中含有 $Ca^{2+}=80.0$ mg/L;$Mg^{2+}=28.8$ mg/L;$SO_4^{2-}=105.6$ mg/L;$CO_3^{2-}=0.8$ mmol/L;$OH^-=2.8$ mmol/L;已知 25℃ 时 $CaCO_3$ 的 $K_{sp}=4.8\times10^{-9}$;$CaSO_4$ 的 $K_{sp}=6.1\times10^{-5}$;$Ca(OH)_2$ 的 $K_{sp}=3.1\times10^{-5}$;$Mg(OH)_2$ 的 $K_{sp}=5.0\times10^{-12}$;问在这个温度下会有什么沉淀析出?

解:首先把各离子浓度都换算为以 mol/L 表示,即:

$$[Ca^{2+}]=(80/40)\times10^{-3}=2.0\times10^{-3}(mol/L)$$

$$[OH^-]=2.8\times10^{-3}(mol/L)$$

$$[Mg^{2+}]=(28.8/24)\times10^{-3}=1.2\times10^{-3}(mol/L)$$

$$[CO_3^{2-}]=0.8\times10^{-3}(mol/L)$$

$$[SO_4^{2-}]=(105.6/96)\times10^{-3}=1.1\times10^{-3}(mol/L)$$

则可得离子积：

$$[Ca^{2+}][CO_3^{2-}]=2.0\times10^{-3}\times0.8\times10^{-3}=1.6\times10^{-6}>K_{sp}[CaCO_3]\ (会沉淀)$$

$$[Ca^{2+}][SO_4^{2-}]=2.0\times10^{-3}\times1.1\times10^{-3}=2.2\times10^{-6}<K_{sp}[CaSO_4]\ (不沉淀)$$

$$[Ca^{2+}][OH^-]=2.0\times10^{-3}\times(2.8\times10^{-3})^2=1.6\times10^{-8}<K_{sp}[Ca(OH)_2]\ (不沉淀)$$

$$[Mg^{2+}][OH^-]^2=1.2\times10^{-3}\times(2.8\times10^{-3})^2=9.4\times10^{-9}>K_{sp}[Mg(OH)_2]\ (会沉淀)$$

答：溶液中会有碳酸钙沉淀和氢氧化镁沉淀析出。

由此可知，在相同温度下，溶度积越小的物质越容易发生沉淀。当溶液中存在多种离子时，其浓度达到 K_{sp} 值的物质将首先析出沉淀。锅炉锅内加药处理时，常用 Na_2CO_3 和 Na_3PO_4 作水处理药剂，就是利用这一溶度积原理，增加锅水中的 CO_3^{2-} 或 PO_4^{3-} 浓度，使之与 Ca^{2+} 的离子浓度之积大于其 K_{sp} 值，继而在锅水中析出流动性较好的碳酸钙或碱式磷酸钙沉淀（即水渣），并通过排污除去。这样就可消除锅水中的 Ca^{2+}，或使 Ca^{2+} 浓度降至极低，从而防止在锅炉高温受热面上结生难以消除的硫酸钙水垢。

1.2　锅炉的分类、型号命名及结构

1.2.1　锅炉的分类

锅炉是将燃料的化学能（或电能）转变成热能（具有一定参数的蒸汽和热水）的能量转换设备，同时是直接受火的高温烟气（受热）、承受工作压力载荷、具有爆炸危险的特种设备。

锅炉的类型很多，根据需要分类方法大致有以下几种。

按特种设备目录划分：承压蒸汽锅炉、承压热水锅炉、有机热载体炉。

按用途分类有：电站锅炉、工业锅炉、生活锅炉、和船舶锅炉等。

按压力分类有：低压锅炉、中压锅炉、高压锅炉。

工作压力不大于 2.5 MPa 的锅炉为低压锅炉，工作压力为 3.0～5.0 MPa 的锅炉为中压锅炉，工作压力为 8～11 MPa 的锅炉为高压锅炉。

按蒸发量分类有：小型锅炉、中型锅炉、大型锅炉。

蒸发量小于 20 t/h 的锅炉为小型锅炉，蒸发量为 20～75 t/h 的锅炉为中型锅炉，蒸发量大于 75 t/h 的锅炉为大型锅炉。

按介质分类有：蒸汽锅炉、热水锅炉、汽水两用锅炉。

锅炉出口介质为饱和蒸汽或过热蒸汽的锅炉为蒸汽锅炉，出口介质为高温水（>120℃）或低温水（120℃以下）的锅炉为热水锅炉，汽水两用锅炉是既产生蒸汽又可产生热水的锅炉。

按燃料使用分类有：燃煤锅炉、燃油锅炉、燃气锅炉、余热锅炉等。

按锅筒位置分类有：立式锅炉、卧式锅炉。

按燃烧室布置分类有：内燃式锅炉、外燃式锅炉。

按锅炉本体型式分类有：锅壳（火管）锅炉、水管锅炉。

按安装方式分类有：整装锅炉、散装锅炉。

1.2.2 锅炉型号

工业锅炉型号按 JB/T 1626—2002《工业锅炉产品型号编制方法》规定编制,由三部分组成,各部分之间用短横线相连。具体格式如下:

$$\triangle\triangle \quad \triangle \quad \times\times-\times\times/\times\times-\times\times$$

第一部分 △△:表示锅炉型式代号;△:燃烧设备型式或燃烧方式代号;××:表示额定蒸发量或额定热功率;

第二部分××:表示额定蒸汽压力或额定出水压力;××:表示蒸汽锅炉过热蒸汽温度或热水锅炉出水温度/进水温度;

第三部分×:表示燃料种类代号;×:设计修改次数。

工业锅炉型号代号见表1.2,燃烧方式代号见表1.3。

表 1.2 工业锅炉型号代号

锅壳(火管)锅炉		水管锅炉	
锅炉总体型式	代号	锅炉总体型式	代号
立式水管	LS(立水)	单锅筒立式	DL(单立)
立式火管	LH(立火)	单锅筒纵置式	DZ(单纵)
立式无管	LW(立无)	单锅筒横置式	DH(单横)
卧式外燃	WW(卧外)	双锅筒纵置式	SZ(双纵)
卧式内燃	WN(卧内)	双锅筒横置式	SH(双横)
卧式双火管	WS(卧双)	强制循环式	QX(强循)

表 1.3 工业锅炉燃烧方式代号

燃烧方式	代号	燃烧方式	代号
固定炉排	G(固)	滚动炉排	D(滚)
固定双层炉排	C(层)	下饲炉排	A(下)
链条炉排	L(链)	鼓泡流化床燃烧	F(沸)
往复炉排	W(往)	循环流化床燃烧	X(循)
抛煤机	P(抛)	室燃炉	S(室)

工业锅炉所用燃料种类代号如下:无烟煤 W、烟煤 A、褐煤 H、贫煤 P、型煤 X、水煤浆 J、油 Y、气 Q 等。

如果是电加热锅炉,则第一部分就以"DR"表示电加热,第三部分就无燃料代号了。

进口锅炉的型号一般都不像我国有统一的锅炉型号,其所表示的内容也没有我国的那样全面和明确。进口锅炉的型号基本上都是各制造厂商自行确定的,而且往往冠以厂商标牌,这与我国电站锅炉型号编制方法相似,因此,了解进口锅炉型号的意义,一定要根据其说明书的说明。如美国的 YORK(约克)锅炉,则以其系列开头,再连接其压力或介质特性、锅炉输出马力、最后是燃料代号。YORK 锅炉型号举例如下:

(1)WNG1—0.7—AⅢ

表示卧式内燃固定炉排,额定蒸发量为 1 t/h,额定工作压力为 0.7 MPa,蒸汽温度为饱和温度,燃用Ⅲ类烟煤的蒸汽锅炉。

(2)DZL4—1.25—WⅡ

表示单锅筒纵置式或卧式水火管快装(铭牌上用中文说明)链条炉排,额定蒸发量为 4 t/h,额定工作压力为 1.25 MPa,蒸汽温度为饱和温度,燃用Ⅱ类无烟煤的蒸汽锅炉。

(3)SZS10—1.6/350—YZQT

表示双锅筒纵置式室燃,额定蒸发量为 10 t/h,额定工作压力为 1.6 MPa,过热蒸汽温度为 350℃,燃重油或燃天然气两用,以燃重油为主的蒸汽锅炉。

(4)SHS20—2.5/400—H

表示双锅筒横置式室燃,额定蒸发量为 20 t/h,额定工作压力为 2.5 MPa,过热蒸汽温度为 400℃,燃用褐煤煤粉的蒸汽锅炉。

(5)QXW2.8—1.25/90/70—AⅡ

表示强制循环往复炉排,额定热功率为 2.8 MW,额定工作压力为 1.25 MPa,出水温度为 90℃,进水温度为 70℃,燃用Ⅱ类烟煤的热水锅炉。如采用管架式(或角架式)结构,可在铭牌上用中文说明,以示其锅炉特点。

1.2.3　锅炉结构

1.2.3.1　锅炉的各个组件

(1)锅筒:锅筒(也称汽包)的作用是汇集、储存、净化蒸汽和补充给水,是给水、蒸发系统和蒸汽系统的枢纽。蒸汽锅炉锅筒盛装的是热水和蒸汽的混合物(或者说下部储水,上部储汽),而热水锅炉锅筒内盛装的都是热水。

(2)下降管:自然循环和多次强制循环锅炉都在上锅筒装有下降管。其作用是把锅筒内的水连续不断的送往下集箱,然后再分送入各水冷壁,下降管必须采取绝热措施,以维持蒸发系统的正常水循环。

(3)水冷壁:锅炉炉膛(燃烧室)四周布置很多管子叫作水冷壁,是锅炉的辐射受热面,其作用有二:一是吸收炉膛热量产生蒸汽,二是保护炉墙或直接作为敷管式炉墙。水冷壁管由光管和管子两侧焊有或带有翼片(又称鳍片)的管子构成,若鳍片间焊接在一起构成的水冷壁,称为膜式水冷壁。

(4)对流管束:是锅炉的对流受热面,它的作用是吸收高温烟气的热量。

(5)烟管、火管:烟管是锅壳锅炉的受对流热的管,直径较小,烟气流经管内,用于卧式锅炉。火管主要指立式锅炉炉胆,又称炉膛。目前在燃油燃气锅炉中,较多采用一种传热效果较好的螺纹烟管。

(6)集箱:集箱也称联箱,它的作用是汇集、分配锅炉水,保证各受热面管子能够可靠地供水或汇集各管子的水或汽水混合物。集箱一般不受辐射热,以防内部水产生气泡造成钢铁因冷却不好而过热烧坏。

(7)省煤器:省煤器是利用尾部烟道的烟气热量加热锅炉给水的一种热交换器。其作用是吸收烟气热量,降低排烟温度,节省燃料,提高锅炉热效率。省煤器分为沸腾式(出口水温达一定压力下的饱和温度)和非沸腾式,沸腾式省煤器只能用钢管($\varphi 25 \sim 42$)制成,非沸腾式省煤器多以铸铁制造。

(8)过热器:其作用是将饱和蒸汽加热成具有一定温度的过热蒸汽,再送往汽轮机做功或提高蒸汽参数满足生产和生活需要,可分为对流过热器(布置在烟道内)、半辐射过热器(布置在燃烧室出口)、辐射过热器(布置在燃烧区域)。

1.2.3.2　几种典型的锅炉的结构形式

(1)立式水管锅炉

立式水管锅炉是指炉膛、受热面及水循环系统均被包在立式壳内的一种锅炉(图 1.1)。它是目前应用比较广泛的一种锅炉。此类锅炉的特点是:体积小,占地面积小,结构紧凑;压力较低,一般在 1.27 MPa 以下;蒸发量较小,一般在 1 t/h 以下;没有重型炉墙,运输方便;炉膛小,水冷程度大,只能燃烧优质煤。

锅炉分为三大部分:最下部分为炉膛,其周围为容水空间;最上部分又分为上下两部分,上部分为容汽空间,蒸汽从顶部引出,下部分为容水空间;中间部分为很多直水管,通过这些小管将上、下两部分容水空间连通。水管中有一根粗的管子称为下降管。

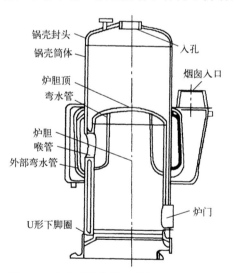

图 1.1　立式水管锅炉,型号 LSA0.2—0.4

锅炉运行时,烟气从炉膛向上流至水管外边,由于设立了挡烟隔墙,烟气只能在水管外横向冲刷管壁,并旋转,然后从烟囱排出。这样的布置改善了水管的传热,锅内的水受热变成汽水混合物,从水管上升,在上部进行汽水分离,蒸汽聚集于汽空间而向外引出,水再经下降管向下流动而形成水循环。

此类锅炉的优点是:烟气流程长,受热面积多;水循环较为合理,升压快,比同容量的其他锅炉热效率高;水垢较易清除,换管方便。

(2)卧式快装锅炉

卧式快装锅炉是卧式纵锅筒三回程水火管锅炉的一种。这种锅炉既有水管(水冷壁管和后棚管)又有烟管,是水、火管组合式锅炉。因为它是在制造厂装配完成后出厂,到使用现场后在简单的基础上即可较快地完成安装工作,故称快装锅炉。由于制造厂的工艺条件比较好,所以能全面保证锅炉的质量。应用比较广的 KZL(Ⅱ)型见图1.2,其结构是由锅筒、前管板、后管板、烟管、水冷壁管、下降管、后棚管、水冷壁集箱和下降箱组成。烟气流程为燃烧火焰直接辐射水冷壁管和锅壳下部,高温烟气从锅炉后部一侧进入第一束烟管,由后向前流入前烟箱,再转入第二束烟管,由前向后流入后烟室进入烟囱排出。有的烟管布置是上下两束,烟气流动先上后下。水分为三个循环回路:一组是锅筒下部的锅水经下降管进入集箱分配给水冷壁管吸收炉膛辐射热后,形成汽水混合物向上流动进入锅筒,形成一组水循环回路;另一组是后棚管受热不同,受热强的管内锅水向上流入锅筒,受热弱的管内锅水向下流动进入集箱再分配给强的后棚形成一组水循环回路;还有一组是第一束烟管周围的锅水受热强,锅水向上流动,第二束烟管周围的锅水受热弱,锅水向下流动,在锅筒内形成循环。

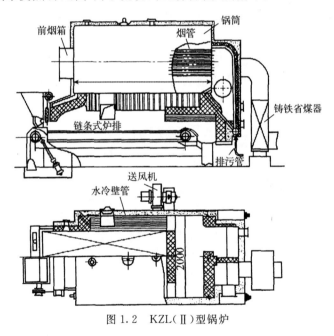

图1.2 KZL(Ⅱ)型锅炉

此类锅炉的优点是:结构紧凑体积小,占地面积小,安装方便,费用低;热效率高,节约燃料,升火出汽快,金属耗量低。缺点为:对水质要求较高,清理水垢、检修不便;烟管内容易积灰,对煤种要求高。

(3)水管锅炉

水管锅炉是指在锅筒外面增加受热面,烟气在受热管子外部流动,水或蒸汽在管子内部流动的一种蒸汽锅炉。这类锅炉的特点是:受热面的布置比较合理,有较大的辐射吸热比例;燃烧设备布置不受结构限制;锅筒直径相对较小,且不直接受火,安全性较好。目前容量在 4 t/h以上的国产蒸汽锅炉大多采用水管锅炉的结构形式。

水管锅炉型式繁多,构造各异,但其共同点都是由水冷壁管、锅筒、集箱、对流管束和下降管及省煤器等构件组成的锅炉整体。目前,在工业锅炉中,双锅筒锅炉应用较多。水管锅炉的结构形式如图1.3所示。

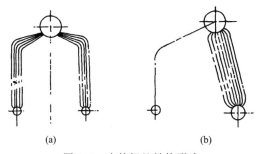

图 1.3　水管锅炉结构形式

(a)单锅筒弯水管锅炉;(b)双锅筒弯水管锅炉

(4)直流锅炉

直流锅炉与自然循环的锅炉相比直流锅炉没有汽包,其工作原理见图1.4。

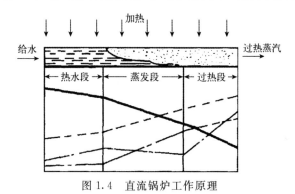

图 1.4　直流锅炉工作原理

给水在给水泵压头的作用下进入锅炉,先在热水段加热,温度逐渐升高,到达饱和温度后,进入蒸发段,在到达过热点时全部蒸发变成干饱和蒸汽,然后进入过热段,温度逐渐升高,成为有一定过热度的过热蒸汽。给水顺序通过各段受热面,全部蒸发直至变成了过热蒸汽,其水在热水段、蒸发段和过热段之间不像自然循环锅炉那样有固定的部件来实现,各段之间没有明显的分界线,随着工作状况的变化还会有一定的前移或后退。

直流锅炉与自然循环锅炉由于工作原理不同,在结构和运行方面也各有不少差别。直流锅炉的特点是:金属耗量少;不受锅筒工作压力的限制;制造、安装、运输方便;蒸发受热面的布置比较自由;启动和停炉快。

(5)贯流锅炉

贯流锅炉的常见结构分为两部分:汽水系统、燃烧系统。汽水系统:在上下两环形集箱之间,圆周形布置垂直水管,将上下环形集箱连接。给水由下集箱进入,水在上升过程中受热,成为汽水混合物进入上集箱。汽水混合物从上集箱导出,进入体外布置的汽水分离器,最后满足干度要求的蒸汽从主汽阀引出。贯流锅炉的工作原理见图1.5。

燃烧系统:贯流锅炉的燃烧机一般采取顶置,火焰向下。烟气以周向均布的方式或"W"流动的方式经过流换热面后,引出锅炉。

贯流锅炉的优势:

①贯流锅炉钢耗低,体积小,可采取模块化布置、群控技术。

②贯流锅炉的水容小,启动快,5 min 即可达到额定工作状态。

③贯流锅炉一般均采用高效的换热元件和尾部冷凝器,锅炉效率≥96%。

④贯流锅炉的安全性高。

贯流锅炉的劣势:

①由于结构的限制,目前贯流锅炉的单台容量≤4 t/h,额定压力≤1.6 MPa。

②贯流锅炉的水容小,炉膛容积热负荷较大,因此,对水质的要求较高。

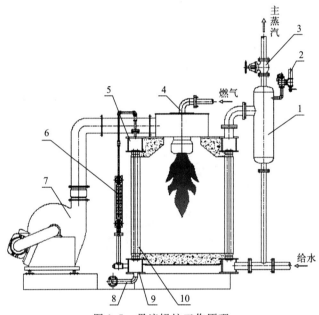

图 1.5 贯流锅炉工作原理

1—汽水分离器;2—安全阀;3—主汽阀;4—燃烧器;5—上集箱;
6—水位表;7—鼓风机;8—排污管座;9—下集箱;10—水管。

1.3 锅炉基本特性、水循环及燃烧传热与水处理的关系

1.3.1 锅炉基本特性

1.3.1.1 容量

锅炉的容量又称锅炉出力,是锅炉的基本特性参数,对于蒸汽锅炉用蒸发量表示,对于热水锅炉用热功率表示。

(1)蒸发量。蒸汽锅炉连续运行时,每小时所产生的蒸汽量,称为这台锅炉的蒸发量。常

用符号"D"表示,常用单位是吨/时(t/h)。

(2)热功率。热水锅炉连续运行、在额定回水温度、压力和额定循环水量下,每小时出水有效携带热量,称为这台锅炉的额定热功率(出力)。常用符号"Q"表示,单位是兆瓦(MW)。由于产生 1 t 蒸汽约需 $257×10^4$ kJ 热量,而 1 MW≈$360×10^4$ kJ/h,因此热水锅炉产生 0.7 WM($60×10^4$ kJ/h)的热量,大体相当于蒸汽锅炉产生 1 t/h 蒸汽的热量。

一些进口锅炉的出力不是采用以上单位,而是用"锅炉马力"即"BHP"或"HP"。它和法定计量单位的换算关系为:

$$1 马力(BHP)=0.00981 MW(热水)=0.0156 t/h(蒸汽)$$

1.3.1.2 压力

垂直均匀作用在单位面积上的力,称为压强,人们常把它称为压力,用符号"p"表示,单位是兆帕(MPa),测量压力有两种方法:一种是以压力等于零作为测量起点,称为绝对压力,用符号"$p_绝$"表示;另一种是以当时当地的大气压力作为测量起点,也就是压力表测量出来的数值,称为表压力,或称相对压力,用符号"$p_表$"表示。我们在锅炉上所用的压力都是表压力。

过去的工程计量单位是千克力/厘米²(kgf/cm²),现在国际计量单位是兆帕(MPa),两种计量单位换算关系是:

$$1 kgf/cm^2≈0.1 MPa$$

一些进口锅炉的压力单位是"巴"即"bar",它与 MPa 的换算关系是:

$$1 bar≈0.1 MPa$$

1.3.1.3 温度

标志物体冷热程度的物理量,称为温度,常用符号"t"表示,单位是摄氏温度(℃)。温度是物体内部所拥有能量的一种体现方式,温度越高能量越大。

有些国家温度单位用"℉"表示,也就是"华氏度",它与℃的换算关系是:

$$t=\frac{t_F-32}{1.8}℃$$

$$t_F=(1.8t+32)℉$$

式中,t——摄氏温度,℃;

t_F——华氏温度,℉。

例如,一般沸水的温度是 100℃,其华氏温度就是 1.8×100+32=212 ℉。

1.3.2 燃烧传热、水循环与水处理的关系

1.3.2.1 锅炉的燃烧传热

锅炉工作过程包括燃料燃烧过程,烟气向水、汽的传热过程,水的汽化过程,三个过程同时进行。

燃料按形态可分为固体燃料、液体燃料和气体燃料三种,其主要化学成分有:碳(C)、氢(H)、氧(O)、氮(N)、硫(S)、灰分(A)和水分(W)。碳(C)、氢(H)和硫(S)是燃料中的可燃元

素,碳是燃料中的主要可燃元素,氢发热量最高,燃料中硫含量一般不高,常以化合物形式存在。硫是燃料中的有害成分,燃烧生成二氧化硫(SO_2)或三氧化硫(SO_3)会污染大气。氧(O)和氮(N)是不可燃物质,在高温下会形成氮氧化合物 NO_X(NO 及 NO_2),对环境有害。燃料中灰分(A)和水分(W)含量也有较大差别,固体燃料中含量较高,灰分的存在不利燃烧,还会造成大气污染。水分增加对燃烧不利,将降低燃烧室温度,还会造成锅炉尾部受热面腐蚀和烟道堵灰。

固体燃料以煤为主,不同煤种成分含量差别较大,发热量不一样。标准煤收到基低位发热量 $Q=29308$ kJ/kg (7000 kcal/kg),标准煤这一概念是为了把不同燃料或能源按照统一标准进行计算、分析、比较而规定的。液体燃料主要是指原油(石油)及其制品和残留物。碳和氢的总量在 96% 以上,发热值很高,一般在 41000 kJ/kg 以上,易着火燃尽。气体燃料用于锅炉主要采用液化石油气、人工燃气(以城市煤气为主)及天然气。

传热的基本规律是:热量总是由高温物体传向低温物体,或从物体高温部分传向低温部分,直到温度相同而止。通常将传热分为传导、对流和辐射三种基本形式,在实际的传热过程中,单独的传热形式很少存在,只是在锅炉的不同区段有一两种传热方式起主导作用而已。燃料进入炉膛燃烧,燃烧放出的热量传给锅炉受热面,锅炉受热面再传给水或汽水混合物。锅炉炉膛内的受热面以辐射换热为主要方式;而以对流换热为主要方式的有对流管束、对流式过热器、省煤器和空气预热器等。

锅炉输出的有效利用热量与同一时间内所输入的燃料热量的百分比称为锅炉的热效率。如果受热面上结垢,就会阻碍热量的传递,大量的热不被吸收利用就会从烟道散失,增加排烟热损失,降低锅炉效率。

汽水混合物被分离后产生蒸汽,当锅水含盐量高时会使蒸汽品质变坏,当蒸汽带水严重时,所带水滴会在过热器中蒸发,结垢烧坏过热器,或者由于蒸汽携带水分和盐类过多,难以满足生产上的要求,还会引起供热管网的水击和腐蚀。

1.3.2.2 锅炉水循环

(1)锅炉水循环的原理

锅炉水循环示意图见图 1.6。在上锅筒和下联箱之间连接两根竖立的管子,使锅筒、管子、联箱组成一个循环系统。将水注入上锅筒,使循环系统的水位达到上锅筒的中心点。循环系统的左边为加热立管(示意上升管),循环系统的右边为不加热立管(示意下降管)。经过一段时间加热后,左边管内的水温开始升高,最后达到沸腾状态,形成汽水混合物,向上流动。右边管子的水则向下流动,通过下联箱流入左立管。只要左立管不停加热,汽水混合物就不断向上流动,所以此管称为上升管;而右管内的

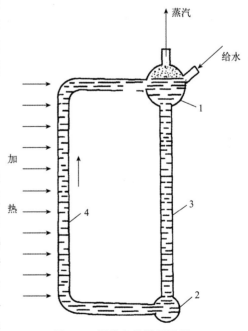

图 1.6　锅炉自然循环原理
1—锅筒;2—联箱;3—下降管;4—上升管

水也就不断向下流动,称为下降管。这样,锅筒、下降管、下集箱及上升管便组成了一个回路。水在回路里连续不断地循环,这个过程称为水循环。形成水循环的原因是由于左立管内的水加热变成汽水混合物,密度变小了,比重变小了,而右立管内的水是冷的,密度较大,比重也较大,这样,两管之间产生了密度差,即比重差,水就从右立管向左立管连续不断地流动。这种依靠水的比重差而发生的循环流动,称为自然循环。强制循环是依靠外力水泵的推动作用迫使水定向流动,如直流锅炉和部分热水锅炉。

(2)水冷壁管的水循环

锅炉的水冷壁暴露在炉膛中,吸收炉膛中高温火焰的辐射热,管子里有一部分水变成蒸汽,而下降管布置在炉外或炉墙之中,基本上不受热。这样便形成了比重差,水就从上锅筒经下降管流入下集箱,再经下集箱流入水冷壁,最后,水冷壁管中的汽水混合物向上流入上锅筒,经锅筒中的汽水分离装置后,饱和蒸汽引出锅筒,水留在锅筒内的水空间,继续参加循环。

(3)对流管束的水循环

整个对流管束都吸收烟气的热量,没有单独不吸热的下降管。在这种情况下,对流管束中的水如何流动,哪部分下降,哪部分上升,这就要看这些对流管束相对吸收热量的多少。根据烟气流动方向,在前面烟道的管束,因烟温高吸收热量多,管束中产生的蒸汽多;在后面的管束,因烟温低吸收热量相对少。这样,高温区管束中的汽水混合物的密度小,水由下锅筒向上流入上锅筒;低温区管束中的水或汽水混合物的密度大,水由上锅筒向下流入下锅筒,结果就形成了低温区管束为下降管,高温区管束为上升管,使水循环流动。

(4)锅炉的汽循环

锅炉的蒸汽系统比较简单,它由分汽缸、蒸汽管道及其阀门配件所组成。分汽缸起稳压缓冲调节及分配蒸汽的作用,它与主蒸汽管及送至各用户(或车间)的蒸汽分管相连。主蒸汽管有单母管和双母管两种。

水循环是锅炉受热面得到良好冷却的保证,对锅炉安全运行具有很重要的意义。锅炉金属受热面在高温条件下工作,只有使受热面所吸收的火焰及高温烟气的热量不断被水或蒸汽带走,从而使受热面金属得到一定的冷却,锅炉才能安全经济运行。如果由于水质不良结垢等原因,锅炉的水循环遭到破坏,水的流速过低甚至停滞,就可能造成金属过热变形,发生鼓包、裂纹甚至爆炸等事故。

1.4　锅炉用水

1.4.1　锅炉用水概述

水是地球上分布最广的自然资源,它以气、液、固三种状态存在,它们之间随着温度不同而相互转换。天然水主要指江河、海洋、地下水、冰川、积雪和大气水等水体。这些水体的主体却是咸的海水和咸湖水,实际可供人们开发利用的淡水占的比例很小。我国人均水资源很少,缺水地区几乎遍及全国,节约用水、治理污水和开发新水源具有十分重要的意义。水在分子结构上的特点,使其热稳定性高,储存和放出热能力强,因此,水作为载热体而成为工业锅炉不可替代的传热媒介。锅炉用水的主要来源是天然水和城市自来水。在某些水资源特别紧张地区,也可以采用污水处理合格的再生水(也称中水)作为锅炉补水。

1.4.1.1 天然水的特点

天然水为存在于自然界未经人工处理的水,具有较强的溶解能力和极易与各种物质混杂的特性,故天然水不是化学上的纯水,而是含有许多溶解性物质和非溶解性物质组成的复杂综合体。其组成上主要由大气水、地表水、地下水组成。

大气水是由水蒸气凝结而成的水。由于水蒸气在蒸发和降落的过程中溶进了来自空气中的氧气、二氧化碳、尘埃、大气污染等物质,并吸附细菌使其含有了一些杂质,甚至成为酸性雨,再加上其来源不固定,又难以收集,所以不能用作锅炉给水水源。

地表水主要指江、河、湖、海、水库的水。大量的泥沙、有机物等杂质进入水内,氧气含量较多,再加上工业废水、废气、废渣的污染,使地表水具有硬度小、含盐量小、悬浮物和氧气含量高、水质不稳定、受季节变化影响大等特点。海水含盐量可达 30 000~39 000 mg/L,氯化钠含量很高,是高含盐量的苦碱水,不经处理不能做为生活用水,更不能直接用作锅炉用水。

地下水主要指井水、泉水,我国北方不少城市的自来水也是来源于地下水。地表水渗入地下的过程中经地层过滤,泥沙等悬浮物质的含量减少,但水在流经土壤和岩层时,却会溶解大量石灰石、石膏石、白云石中的钙、镁盐类,使地下水具有悬浮物质含量少、浑浊度小、二氧化碳和镁盐类含量高、水质较为稳定的特点,是锅炉用水的主要来源。

1.4.1.2 城市自来水的特点

自来水是城市工业锅炉用水的主要水源,它是天然水经过自来水厂的净化处理后,经铁管或水泥管道输送到用户。由于自来水厂在净化处理过程中,投加混凝剂和杀菌剂等药剂,所以自来水中悬浮物、有机物和碱度都明显降低。为防止自来水中微生物的繁殖,通常向水中投加漂白粉或注入氯气,并维持一定量的游离性余氯,当这种成分超过限量($\geqslant$0.5 mg/L)时,就会使树脂结构遭到破坏,当温度较高或水中有重金属离子存在时,更是加速树脂变质。由于树脂变质是无法逆转的,因此游离性余氯对离子交换树脂具有较大的破坏作用。因此自来水不经处理也不能直接作为锅炉给水使用。

1.4.1.3 再生水的特点

再生水是指废水或雨水经适当处理后,达到一定的水质指标,满足某种使用要求,可以进行有益使用的水。和海水淡化、跨流域调水相比,再生水具有明显的优势。从经济的角度看,再生水的成本最低,从环保的角度看,污水再生利用有助于改善生态环境,实现水生态的良性循环。

污水处理厂的二级处理出水,根据用途不同,可直接或者再经进一步处理达到更高的水质后应用于工业过程中,其中最具有普遍性和代表性的用途是工业冷却水。我国在污水处理厂二级出水或先进二级处理出水用作工业冷却方面进行了大量试验研究,并有运行成功的实例。

北京高碑店污水处理厂的二级处理出水给华能北京热电厂提供冷却水的水源,供应量为 4 万吨每天,同时该污水处理厂还为河北三河热电厂等工业企业供水。

国家标准 GB/T 19923—2005《再生水用作冷却用水的水质控制标准》对用作冷却水、锅炉补给水的再生水水质有具体要求。

1.4.2　天然水中的杂质及其对锅炉的危害

天然水在大自然循环过程中,无时无刻不与大气、土壤和岩石接触,由于水极容易与各种物质混杂,并且有较强的溶解能力,所以任何水体都不同程度地含有多种多样的杂质。另外,工业废水、生活污水以及农田化肥的流失,排入水体,则使天然水中的杂质更趋复杂。天然水中的杂质按其粒径大小可分为三大类,即悬浮物质、胶体、溶解物质。

1.4.2.1　悬浮物质

悬浮物质是指直径为 10^{-4} mm 以上的颗粒。按其微粒大小和相对密度的不同,可分为漂浮的、悬浮的和可沉降的。当水静止时,相对密度较小的悬浮物会上浮于水面,称为漂浮物,主要是腐殖质等一些有机化合物;相对密度较大的则沉于水底,称为可沉物,主要是砂子和黏土类无机化合物。悬浮于水流中,称为悬浮物,主要是一些动植物的微小碎片、纤维或死亡后的腐烂产物。

1.4.2.2　胶体

胶体微粒是许多分子和离子的集合体,直径约在 $10^{-6} \sim 10^{-4}$ mm 之间,主要是铁、铝、硅的化合物,动植物有机体的分解产物,蛋白质,脂肪,腐殖质等。

这些微粒由于其表面积很大,有明显的表面活性,其表面常带有某些正(或负)电荷离子,呈现出带电性,使得同类胶体因同性电荷而产生相斥作用,在水中不能相互聚集形成更大的颗粒,可稳定地存在于水中,难以用自然沉降的方法除去。天然水体中的黏土颗粒,一般都带负电荷,而一些金属离子的氢氧化物则带正电荷。

天然水体中的悬浮物和胶体颗粒,由于对光线有散射效应,是造成水体浑浊的主要原因,因而是水处理首要除去的对象。

1.4.2.3　溶解物质

水中的溶解物质是指直径小于 10^{-6} mm 的颗粒,一般以离子、分子或气体状态存在于水中,成分均匀的分散体系,也称为真溶液。这类物质不能用混凝、沉降、过滤的方法除去,必须用蒸馏、膜分离或离子交换等方法才能除去。

(1)离子态杂质

天然水中含有的离子种类甚多,按含量多少来分,可以将这些离子归纳为表 1.4 中的三类。其中第Ⅰ类杂质的含量通常最多,是工业水处理中需要净化的主要离子。

表 1.4 天然水中溶有离子的概况

类别	阳离子		阴离子		含量说明
	名称	符号	名称	符号	
I	钙离子	Ca^{2+}	碳酸氢根	HCO_3^-	几毫克每升至几十毫克每升
	镁离子	Mg^{2+}	氯离子	Cl^-	
	钠离子	Na^+	硫酸根	SO_4^{2-}	
	钾离子	K^+			
II	铁离子	Fe^{3+}	氟离子	F^-	十分之几毫克每升至几个毫克每升
	锰离子	Mn^{2+}	硝酸根	NO_3^-	
	铵离子	NH_4^+	碳酸根	CO_3^{2-}	
III	铜离子	Cu^{2+}	硫氢酸根	HS^-	小于十分之一毫克每升
	锌离子	Zn^{2+}	硼酸根	BO_2^-	
	镍离子	Ni^{2+}	亚硝酸根	NO_2^-	
	钴离子	Co^{2+}	溴离子	Br^-	
	铝离子	Al^{3+}	碘离子	I^-	
			磷酸氢根	HPO_4^{2-}	
			磷酸二氢根	$H_2PO_4^-$	

下面重点介绍天然水中主要离子的来源：

①钙离子（Ca^{2+}）。钙离子是大多数天然淡水的主要阳离子,是火成岩、变质岩和沉积岩的基本组分。当水与这些矿物质接触时,这些矿物质会慢慢溶解,使水中含有钙离子,如石灰石（$CaCO_3$）和石膏（$CaSO_4 \cdot 2H_2O$）的溶解。$CaCO_3$ 在水中的溶解度虽然很小,但当水中含有游离的 CO_2 时,$CaCO_3$ 被转化为较易溶解的 $Ca(HCO_3)_2$ 而易于溶解水中,其反应式为：

$$CaCO_3 + CO_2 + H_2O = Ca^{2+} + 2HCO_3^-$$
$$CaSO_4 \cdot 2H_2O = Ca^{2+} + 2H_2O + SO_4^{2-}$$

上述反应说明,当天然水溶解方解石和白云石时,水中 Ca^{2+}、Mg^{2+} 的含量随大气中 CO_2 含量的增加而增加。在土壤与岩石中,由于植物根系的呼吸作用或微生物对死亡植物体的分解作用,使 CO_2 的分压比地面大气中 CO_2 的分压高 10～100 倍,所以地下水中 Ca^{2+} 的浓度一般比地表水高。

天然水体中含有较多的 H^+ 离子时,可使 $CaCO_3$、$CaSO_4 \cdot 2H_2O$、$CaSO_4$ 同时溶解,使水中钙离子浓度大大超过 HCO_3^- 的浓度。

水中 Ca^{2+} 不仅能与有机阴离子形成络合物,而且能与 HCO_3^- 生成 $Ca(HCO_3)_2$ 离子对。当水中 SO_4^{2-} 的含量超过 1000 mg/L 时,可有 50% 以上的 Ca^{2+} 与 SO_4^{2-} 生成 $CaSO_4$ 离子对。

不同天然水中钙离子的含量相差很大,一般在潮湿地区的河水中 Ca^{2+} 离子的含量比其他任何离子都高,在 20 mg/L 左右。在干旱地区的河水中,水中 Ca^{2+} 含量也较高。在封闭式的湖泊中,由于蒸发浓缩作用,可能会出现 $CaCO_3$ 沉淀或 $CaSO_4$ 沉淀,从而使水的类型由碳酸型变为硫酸型或氧化物型。

②镁离子(Mg^{2+})。镁离子几乎存在于所有的天然水中,是火成岩镁矿物和次生矿及沉积岩的典型组分。当水遇到这些矿物质时,镁离子进入水中。例如,$MgCO_3$会被游离的CO_2溶解,其反应为:

$$MgCO_3 + CO_2 + H_2O = Mg^{2+} + 2HCO_3^-$$

一般,在天然水中Mg^{2+}的含量较Ca^{2+}小,很少见到以Mg^{2+}为主要阳离子的天然水体。在淡水中Ca^{2+}是主要阳离子,在咸水中Na^+是主要阳离子。在大多数天然水体中,Mg^{2+}的含量一般在$1\sim40$ mg/L。

③钠离子(Na^+)。钠主要存在于火成岩的风化产物和蒸发岩中,钠几乎占地壳矿物组分的25%,其中以钠长石中的含量最高。这些矿物在风化过程中易于分解,释放出Na^+,所以在与火成岩接触的地表水与地下水中普遍含有Na^+。在干旱地区岩盐是天然水中Na^+的主要来源,被岩盐饱和的水中Na^+含量可达150 g/L。

大部分钠盐的溶解度很高,所以,在自然环境中一般不存在Na^+的沉淀反应,也就不存在使水中钠离子含量降低的情况。Na^+在水中的含量在不同条件下相差非常悬殊,在咸水中Na^+离子含量可高达100000 mg/L以上,在大多数河水中只有几毫克每升至几十毫克每升,在赤道附近的河水中可低至1 mg/L左右。所以,在高含盐量的水中,Na^+是主要阳离子,如海水中Na^+含量按重量计占全部阳离子的81%。

④钾离子(K^+)。在天然水中K^+的含量远远低于Na^+,一般为Na^+含量的$4\%\sim10\%$。由于含钾的矿物比含钠的矿物抗风化能力大,所以,Na^+容易转移到天然水中来,而K^+则不易从硅酸矿物中释放出来,即使释放出来也会迅速结合于黏土矿物中。

K^+在一般天然水中的含量不高,而且化学性质与Na^+相似。因此,在水质分析中常以($Na^+ + K^+$)之和表示它们的含量,并取其加权平均值25作为两者的摩尔系数。

⑤亚铁离子(Fe^{2+})。在天然水中除了以上四种阳离子之外,在一部分地下水中还含有Fe^{2+}。当含有CO_2的水与菱铁矿$FeSO_4$或FeO的地层接触时,发生以下化学反应:

$$FeSO_4 = Fe^{2+} + SO_4^{2-}$$
$$FeO + 2CO_2 + H_2O = Fe^{2+} + 2HCO_3^-$$

从而使地下水中含有一定数量的二价铁离子。Fe^{2+}在地表水中含量很小,因为地下水暴露大气后Fe^{2+}很快被氧化成Fe^{3+},进而形成难溶于水的$Fe(OH)_3$胶体沉淀出来。

⑥碳酸氢根离子(HCO_3^-)和碳酸根离子(CO_3^{2-})。HCO_3^-是淡水的主要成分,它主要来源于碳酸矿物质的溶解。HCO_3^-的含量也与水中CO_2的含量有关。

水中CO_3^{2-}含量与$[H^+]$成反比,计算表明,当水的pH<8.3时,CO_3^{2-}的含量也很少了,即在酸性与中性条件下不存在CO_3^{2-}。

⑦硫酸根离子(SO_4^{2-})。硫不是地壳矿物的主要成分,但它常以还原态金属硫化物的形式广泛分布在火成岩中。当硫化物与含氧的天然水接触时,硫元素被氧化成SO_4^{2-}。火山喷出的SO_2和地下泉水中的H_2S也可被水中氧氧化成SO_4^{2-}。另外,沉积岩中的无水石膏($CaSO_4$)和有水石膏($CaSO_4 \cdot 3H_2O$,$CaSO_4 \cdot 5H_2O$)都是天然水中SO_4^{2-}的主要来源。含有硫的动植物残体分解也会增加水中SO_4^{2-}的含量。

硫酸根在天然水中的含量是居中的阴离子,在一般的天然水中,$[HCO_3^-] > [SO_4^{2-}] >$

$[Cl^-]$。在含有 Na_2SO_4、$MgSO_4$ 的天然咸水中，SO_4^{2-} 的含量可高达 100000 mg/L。

⑧氯离子(Cl^-)。氯离子也不是地壳矿物中的主要成分，在火成岩的含氯矿物中主要是方钠石 $\{Na_8[Cl_2(AlSiO_4)_6]\}$ 和氯磷灰石（$Ca_5(PO_4)_3Cl$），所以火成岩中的氯不会使正常循环的天然水体中含有很高的氯离子。

氯离子几乎存在于所有的天然水中，但其含量相差很大。在某些河水中只有几毫克每升，而在海水中却高达几十克每升。由于氯化物的溶解度大，又不参与水中任何氧化还原反应，也不与其他阳离子生成络合物及不被矿物表面大量吸附，所以氯离子在水中的化学行为最为简单。

⑨硅（Si）。硅是火成岩和变质岩中大部分矿物的基本结构单元，也是天然水中硅化物的基本结构单元。在锅炉水处理中，水中的硅均以 SiO_2 表示。由于硅化物在锅炉的金属表面上或者在汽轮机的叶片上形成沉积物后非常难以清除，所以成为锅炉水处理中的重点清除对象。

(2)溶解气体

天然水中常见的溶解气体有氧（O_2）和二氧化碳（CO_2），有时还有硫化氢（H_2S）、二氧化硫（SO_2）和氨（NH_3）等。天然水中 O_2 的主要来源是大气中的氧的溶解，因为干空气中含有 20.95% 的氧，水与大气接触使水体具有自充氧的能力。另外，水中藻类的光合作用也产生一部分的氧：$CO_2 \rightarrow O_2 + C$，C 元素被吸收并放出氧气，消耗的 CO_2 以 $HCO_3^- \rightarrow CO_2 + OH^-$ 的方式不断补充。但这种光合作用并不是水体中氧的主要来源，因为在白天靠这种光合作用产生的氧却在夜间的新陈代谢过程中消耗了。

由于水中微生物的呼吸、有机质的降解以及矿物质的化学反应都消耗氧，如水中氧不能及时补充，水中氧的含量可以降得很低。所以，地下水因不与大气相接触，氧的含量一般较少；而地表水的氧含量，因来源的不同而有较大的差别，天然水的氧含量一般在 0～14 mg/L 之间。

天然水中 CO_2 的主要来源为水中或泥土中有机物的分解和氧化，也有因地层深处进行的地质过程而生成的，其变化在几毫克每升至几百毫克每升之间。其饱和浓度可以达到 14～50 毫克每升。地表水的 CO_2 含量常不超过 20～30 毫克每升，地下水的 CO_2 含量有时很高，有时达到几百毫克每升，说明水中有机质降解时，一方面消耗了氧气，另一方面也产生了 CO_2，使水中 CO_2 含量远远超过了与大气接触时的平衡 CO_2 含量。

(3)微生物

在天然水中还有许多微生物，其中属于植物界的有细菌类、藻类和真菌类；属于动物界的有鞭毛虫、病毒等原生动物。另外，还有属于高等植物的苔类和属于动物的轮虫、绦虫、虾等。

1.4.3 锅炉用水的水源及分类

1.4.3.1 锅炉用水的水源

锅炉用水首先对硬度提出严格的要求，因为在高温、高压条件下水垢生成是重要问题；其次是溶解氧，会造成设备腐蚀；油脂则会产生泡沫和促进结垢。因此，对锅炉用水的水源有一定的要求。如前所述，锅炉用水的水源主要有三种，一种是天然水，包括地下水、江河水、湖水；

第二种是城市自来水,它是第一种水经预处理之后的产品水;第三种水是再生水,包括生产回水。一般来说,天然水的悬浮物、胶体杂质、硬度比较高;而城市自来水由于经过水厂的净化处理后,它的悬浮物、胶体杂质很少,但是含铁量、活性氯的含量相对较高;再生水与生产回水的水质比较复杂,需要经过全分析来判断是否能用于锅炉补水;生产回水中,间接换热之后的蒸汽凝结水的水质较好,通常可作为锅炉用水。

1.4.3.2　锅炉用水分类

根据汽水系统中的水质差异,常将锅炉用水分为以下几类:

(1)原水。原水也称生水,是指未经任何净化处理的天然水或城市自来水。原水是锅炉补给水的主要水源。

(2)锅炉补给水。原水经过处理后,用来补充锅炉排污和汽水损耗的水。根据处理工艺的不同,锅炉补给水可分为澄清水、软化水和除盐水等:①澄清水,去除了原水中悬浮杂质的水。②软化水,去除了原水中钙镁离子的水。③除盐水,去除了原水中盐类离子的水。

(3)回水。锅炉产生的蒸汽、热水,做功后或热交换后返回到给水中的水。

(4)锅炉给水。是指直接送进锅炉的水,由凝结水、疏水、回水和补给水组成。

(5)锅水。锅炉运行时,存在于锅炉中并吸收热量产生蒸汽或热水的水。

(6)排污水。为了保证锅水在一定浓度范围内,防止锅炉结垢和改善蒸汽质量,需从锅中排放掉一部分锅水,以排走由给水带入的盐分和锅内的沉渣,这部分排出的锅水称为排污水。

(7)饱和蒸汽。是指饱和状态下的蒸汽,即水在一定压力下,加热至沸腾汽化,这时蒸汽的温度也就等于饱和温度。这种状态的蒸汽称为饱和蒸汽。这是由气体分子之间的热运动现象造成的。

1.4.4　锅炉用水指标

锅炉用水的水质指标通常分为两类,一类是反映水中某种杂质含量的成分指标,如溶解氧、磷酸根、氯离子、钙离子等;另一类是为了表征水的酸碱性、结垢性能等的特性指标。如:悬浮物、浊度、硬度、碱度、pH 值、电导率、含盐量等。

1.4.4.1　表征水中悬浮物和胶体的指标

(1)悬浮物

悬浮物是表示水中不溶解的悬浮和漂浮物质的含量,包括无机物和有机物。悬浮物能在 1~2 h 内沉淀下来的部分称之为可沉固体,此部分的重量可粗略地表示为水体中悬浮物的重量。生活污水中沉淀下来的物质通常称作污泥;工业废水中沉淀的颗粒物则称作沉渣。

悬浮物质是一种直接数量。其测定可采用重量分析法,即取 1 L 水样经定量滤纸过滤后,将滤纸截留物在 110℃下烘干称重来确定,单位为 mg/L。由于这种分析方法比较麻烦,所以常用浊度表示水中悬浮物的含量。

(2)浊度

水中由于含有悬浮及胶体状态的杂质而产生浑浊现象,其浑浊的程度可以用浊度来表示。

浊度是一种光学效应,表现出光线透过水层时受到的阻碍的程度,与颗粒的数量、浓度、尺寸、形状和折射指数等有关。

标准浊度单位(FTU 或 NTU):用硫酸肼和六次甲基四胺混合液作为标准浑浊液,可成为标准肼单位,即以 1 g 硫酸肼加水配成 100 ml 溶液,10 g 六次甲基四胺也配成 100 ml 溶液,取两溶液各 5 ml 混合静置 24 h,加水定容为 100 ml,其浑浊度为 400 度。透射光浊度仪测得浊度值所对应的单位为 FTU,散射光浊度仪测得浊度值所对应的单位为 NTU。

1.4.4.2　表示水中溶解盐类的指标

(1)含盐量

含盐量表示水中各种溶解盐类的总和,可由水质全分析得到的全部阳离子和阴离子相加而得,单位为 mg/L;也可以用物质的量浓度表示,即:将得到的全部阳离子(或全部阴离子)均按一价离子为基本单元相加而得,单位用 mmol/L 表示。水质全分析操作起来比较麻烦,一般定期(如一个季度或一年)测定。

(2)溶解固形物(RG)

由于用水质全分析求得含盐量非常麻烦,因此有时用溶解固形物来表示含盐量,有的资料中也以总溶解固体"(TDS)"来代表。溶解固形物是指分离了悬浮之后的滤液,经蒸发、干燥至恒重,所得到的蒸发残渣,它包含了水中各种溶解性的无机盐类和不易挥发的有机物等,单位为 mg/L。由于在测定过程中,水中的碳酸氢盐会因分解而转变成碳酸盐,以及有些盐类的水分或结晶水不能除尽等原因,溶解固形物只能近似地表示水中的含盐量。工业锅炉常用锅水中溶解固形物含量的来衡量锅水的浓缩程度,以便合理地控制锅炉的排污量。

(3)电导率(DD)

水中溶解的盐类均以离子状态存在,具有一定的导电能力,因此电导率可以间接地表示出溶解盐类的含量。水中所含离子杂质越多,导电能力越大。

电导率是指一定体积溶液的电导,即在 25℃时面积为 1 cm² ,间距为 1 cm 的两片平板电极间溶液的电导,其单位为 mS/m 或 μS/cm。电导率的大小受溶液浓度、离子种类及价态和测量方法的影响。

电导率的大小除了与水中离子量有关外,还和离子的种类有关。因为不同的离子其导电能力不同,其中 H^+ 的导电能力最大,OH^- 次之,其他离子的导电能力与其离子半径及所带电荷数等因素有关。例如,有三个含盐量相等的溶液,它们分别呈酸性、碱性和中性,则酸性溶液的电导率最大,碱性溶液的次之,中性溶液的电导率则要小得多。如果用碱将酸性溶液中和至中性,则溶液的含盐量增加而电导率反而会降低,因此单凭电导率不能计算水中含盐量。但当水中各种离子的相对含量一定时,则电导率随着离子总浓度的增加而增大。所以,在水中杂质离子的组成比相对稳定的情况下,可根据试验求得这种水的电导率与含盐量的关系,将测得的电导率换算成含盐量。

1.4.4.3　硬度

硬度指水中易于形成沉淀物的金属离子总浓度,通常指水中钙、镁离子的总浓度,它在一定程度上反映了水中结垢物质的多少,是衡量锅炉给水水质的一项重要技术指标。

按照阳离子来分类,硬度可分为钙硬度和镁硬度,按照阴离子来分类,可分为碳酸盐硬度和非碳酸盐硬度。碳酸盐硬度是指由钙镁的碳酸盐、重碳酸盐所形成,其中碳酸盐的含量较少,而重碳酸盐在高温下分解沉淀:

$$Ca(HCO_3)_2 \rightleftharpoons CaCO_3 \downarrow + CO_2 \uparrow + H_2O$$

因而碳酸盐硬度也称暂时硬度。非碳酸盐硬度由钙、镁的硫酸盐、氯化物等形成,不受加热的影响,因此也称为永久硬度。几种硬度之间的关系有:

$$总硬度 = 钙硬度 + 镁硬度 = 碳酸盐硬度 + 非碳酸盐硬度$$

硬度的单位有 mmol/L、mg/L(以 $CaCO_3$ 计)、法国度和德国度,其中 mmol/L 是以 $1/2$ Ca^{2+}、$1/2$ Mg^{2+} 为基本单元的物质量浓度;法国度是以 10 mg/L 的 $CaCO_3$ 为 1 法国度,记作 1 F,德国度是以 10 mg/L 的 CaO 为 1 德国度,记作 1 D,几种硬度单位之间的换算关系有:

$$1 \text{ mmol/L} = 2.8 \text{ D} = 50 \text{ mg/L } CaCO_3 = 5 \text{ F}$$

天然水按硬度的高低,可分为五种类型,如表 1.5 所示:

表 1.5　按硬度对天然水的分类

极软水	软水	中等硬度水	硬水	极硬水
<1.0 mmol/L	1.0～3.0 mmol/L	3.0～6.0 mmol/L	6.0～9.0 mmol/L	>9.0 mmol/L

1.4.4.4　碱度

碱度是表示水中能接受氢离子(H^+)的一类物质的量,包括各种强碱、弱碱和强碱弱酸盐、有机碱等,如 CO_3^{2-}、HCO_3^-、OH^-、$HSiO_3^-$、$H_2BO_3^-$、HPO_4^- 和 HS^- 等,其中 CO_3^{2-}、HCO_3^-、OH^- 是构成碱度的主要阴离子。

碱度是用中和滴定法进行测定的。根据指示剂选择的不同,可以将碱度分为酚酞碱度 P 和甲基橙碱度 M,其变色的 pH 值范围分别为 8.3～8.5,4.2～4.4。由于用甲基橙作指示剂时,所有的碱度都与酸发生了反应,所以甲基橙碱度也就是全碱度(其中包含了酚酞碱度)。

1.4.4.5　相对碱度

相对碱度是为了防止锅炉产生碱脆而规定的一项技术指标。工业锅炉水质标准中规定相对碱度小于 0.2 只是一个经验数据,并无严格的理论或实验依据。由于碱脆易发生在铆接和胀接结构的锅炉上,对于焊接结构的锅炉尚未发现有碱脆的现象,故新修订的水质标准规定,全焊接结构的锅炉可不控制相对碱度。

相对碱度是指锅水中游离 NaOH 含量与溶解固形物的比值,即:

$$相对碱度 = \frac{NaOH}{溶解固形物} = \frac{[OH^-] \times 40}{溶解固形物} = \frac{(2JD_{酚酞} - JD_{总}) \times 40}{溶解固形物}$$

1.4.4.6　酸度

酸度是表示水中能接受氢氧根离子(OH^-)的一类物质的量。组成酸度的物质主要有各种酸类及强酸弱碱盐。一般天然水中的酸度组成主要是碳酸(H_2CO_3),但在除盐系统中,经氢离子交换处理后,阳床出水酸度却以 HCl、H_2SO_4 等强酸为主,碳酸则转变成二氧化碳经脱碳器除去。交换器进水的含盐量越高,阳床出水的酸度就越大。

酸度并不等于水中的氢离子浓度。水中氢离子浓度常用 pH 表示,是指已呈离子状态的 H^+ 数量;而酸度则包括已经电离的与尚未电离的两部分氢离子含量,即水中凡能与强碱进行中和反应的物质含量都为酸度。

1.4.4.7　pH 值

pH 值是表征溶液酸碱性的一项指标。pH 值对水中其他杂志的存在形态和各种水质控制过程以及金属的腐蚀程度有着广泛的影响,是重要的水质指标之一。

1.4.4.8　表示水中有机物的指标

由于废水中的有机物的组成比较复杂,分别测定各种有机物的含量比较困难,通常采用下面几个指标来表示有机物的浓度。

(1)化学需氧量(COD)

COD 指在一定严格的条件下,水中各种有机物质与外加的强氧化剂($K_2Cr_2O_4$、$KMnO_4$)作用时所消耗的氧化剂量,以氧(O)的 mg/L 表示。COD 越高,表示废水中的有机物越多。

按氧化剂的不同,可分为重铬酸钾耗氧量和高锰酸钾耗氧量。重铬酸钾法可将水中绝大多数有机物质氧化,但对于苯、甲苯等芳香烃类化合物较难氧化;高锰酸钾法不能代表水中有机物的全部含量,一般水中不含氮的有机物质在测定条件下易被高锰酸钾氧化,而含氮的有机物就难分解,一般用于测定天然水和含容易被氧化的有机物的一般废水。

(2)生物化学需氧量(BOD)

BOD 指在人工控制的一定条件下,使水样中的有机物在有氧的条件下被微生物分解,在此过程中消耗的溶解氧的 mg/L 数。BOD 越高,反映有机耗氧物质的含量也越多。

有机物生化分解耗氧的过程较长(20℃需 100 天以上),通常分为两个阶段进行。第一阶段称为碳化阶段,水中大多数有机物被转化为无机的 CO_2、H_2O 和 NH_3;第二阶段称为硝化阶段,主要是氨依次被转化为亚硝酸盐和硝酸盐。测定第一阶段的生化需氧量需在 20℃下 20 天。目前多数国家采用 5 天(20℃)作为测定的标准时间,所测结果称为 5 天生化需氧量,以 BOD_5 表示。

BOD 包括不含氮有机物和含氮有机物中碳素部分。BOD 不如 COD 彻底,BOD_5 只是一部分生化需氧量,所以 BOD_5 比 COD 要低得多。

(3)总有机碳(TOC)

TOC 指水中的有机物全部转化成二氧化碳后的测定值,因而水中原有的无机碳(CO_2、HCO_3^- 等)在分析前必须从废水中去除,或者通过计算加以校正。

总有机碳的测定是在 900~950℃高温下,以铂为催化剂,使水样气化燃烧,有机碳即氧化成 CO_2,测量所产生的 CO_2 量,在此总量中减去碳酸盐等无机碳元素含量,即可求出水样中的 TOC。目前该测定法已仪器化,TOC 成为间接表示水中有机物质含量的综合性指标。

(4)总需氧量(TOD)

TOD 指水中的有机物全部被氧化时的需氧量,其中碳、氢、氮、硫分别被氧化成 CO_2、H_2O、NO、SO_2。

总需氧量测定是在特殊的燃烧器中,以铂为催化剂,在 900℃ 高温下使一定量的水样气化,其中有机物燃烧变成稳定的氧化物时所需的氧量,结果以氧(O)的 mg/L 表示。

测定时间只需 3 min,可自动控制进行,快捷简便。测定结果比 BOD、COD 更接近于需氧量,一般认为是真正的有机物完全氧化的总需氧量。

1.4.5　锅炉水汽质量指标间的关系

1.4.5.1　阴阳离子间的关系

水中的阳离子和阴离子是由各种盐类溶解于水中电离而形成的。根据电中性原则,各阳离子的浓度之和 $\sum c_阳$ 应等于各阴离子浓度之和 $\sum c_阴$,即:

$$\sum c_阳 = \sum c_阴$$

对阴阳离子间的数量关系进行核算可以发现分析数据可能存在的错误,研究阴阳离子间的组合关系可以得出水质的大致特点。

由于分析误差的关系,一般的分析结果并不能满足上式的要求,根据数学的原理得出允许的误差应满足以下关系:

$$|\sum c_阴 - \sum c_阳| < (0.1065 + 0.0155\sum c_阴)$$

式中各离子单位以 $(1/n)$mmol/L 来计算,其中 n 为离子的价态。对于一般的水质资料,上式可简化为:

$$|\sum c_阴 - \sum c_阳| < 0.2 \text{ mol/L}$$

阳离子和阴离子在水里本来是各自独立的,但在水处理中往往假定它们可以组合成一些化合物,即假想化合物。这种组合有利于水处理方法的选择、水质的变化,以及理解水处理的化学方程式。

阳离子和阴离子间的组合规律大致是根据组合所形成的化合物的溶解度大小次序得出的,即离子有限组合出溶解度较小的化合物,这与水里沉淀出的水垢成分基本符合。

阳离子与阴离子的结合顺序为:Mn^{2+}、Fe^{2+}、Al^{3+}、Ca^{2+}、Mg^{2+}、NH_4^+、$Na^+ + K^+$。在一般水中,Ca^{2+}、Mg^{2+} 及 Na^+ 浓度占主要地位,因此,与阴离子结合的阳离子的顺序为 Ca^{2+}、Mg^{2+}、$Na^+ + K^+$。

阴离子与阳离子的结合顺序为:PO_4^{3-}、HCO_3^-、CO_3^{2-}、OH^-、F^-、SO_4^{2-}、NO_3^-、Cl^-。在一般水质中,HCO_3^-、SO_4^{2-} 及 Cl^- 浓度占主要地位,因此,与阳离子结合的阴离子顺序为:HCO_3^-、SO_4^{2-}、Cl^-。

水中各离子所占的相对含量不同,假想化合物的成分也随之变化。图 1.7 是几种典型的组合关系。

其中(a)为一般性的水质,水中含有碳酸盐硬度和非碳酸盐硬度;(b)表示水中只含有碳酸盐硬度;(c)表示水中 Na^+ 和 HCO_3^- 两种离子含量较高,水中出现 $NaHCO_3$ 的假想化合物,即负硬度;(d)表示 Na^+ 和 Cl^- 两种离子含量较高;(e)表示一种低硬度、低含盐量的水质。其中后四种为较特殊的水质,对软化和除盐方法的选择有很大的影响。

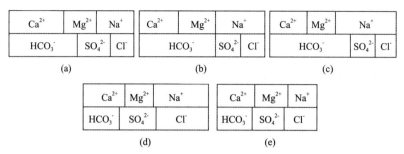

图 1.7　水中阴阳离子的各种组合情况

1.4.5.2　硬度和碱度的关系

在天然水中,通常硬废物质以 Ca^{2+}、Mg^{2+} 存在,碱度以 HCO_3^- 存在,在常温下它们都是以自由状态各自存在的,但当水体在蒸发浓缩时,这些离子将根据溶解度的大小而先后组合成化合物。通常有以下三种情况:

(1)硬度大于碱度。在这种非碱性水中,Ca^{2+}、Mg^{2+} 将首先与 HCO_3^- 形成碳酸盐硬度(YD_T),然后剩余的硬度离子与 SO_4^{2-}、Cl^- 等其他阴离子形成非碳酸盐硬度(YD_F)。

(2)硬度等于碱度。在这种水中,所有的 Ca^{2+}、Mg^{2+} 将全部与 HCO_3^- 形成碳酸盐硬度,这时既没有非碳酸盐硬度,也没有剩余碱度。

(3)硬度小于碱度。在这种碱性水中,硬度将全部形成碳酸盐硬度,剩余的碱度则与 Na^+、K^+ 形成钠钾碱度(JD_{Na}),也称为负硬度,这时将没有非碳酸盐硬度。

由上可知,HCO_3^- 既是碱度又构成了碳酸盐硬度,由此可总结出硬度与碱度的关系,如表 1.6 所示。

表 1.6　硬度与碱度的关系(均以一价离子 mmol/L 表示)

水质分析结果	YD_T	YD_F	JD_{Na}
$YD \geqslant JD$	JD	$YD-JD$	0
$YD < JD$	YD	0	$JD-YD$

【例题 1.8】　某河水与井水的水质分析结果为:河水总硬度＝2.6 mmol/L,碱度＝1.2 mmol/L;井水总硬度＝3.8 mmol/L,碱度＝4.1 mmol/L。问此河水与井水中碳酸盐硬度、非碳酸盐硬度和负硬度分别为多少?

解:①河水中硬度大于碱度,所以:

碳酸盐硬度(YD_T)＝JD＝1.2 mmol/L;

非酸盐硬度(YD_F)＝$YD-JD$＝2.6－1.2＝1.4 mmol/L;

负硬度(JD_{Na})＝0

②井水中硬度小于碱度,所以:

碳酸盐硬度(YD_T)＝YD＝3.8 mmol/L;

非酸盐硬度(YD_F)＝0;

负硬度(JD_{Na})＝$JD-YD$＝4.1－3.8＝0.3 mmol/L

1.4.5.3 碱度与 HCO_3^-、OH^-、CO_3^{2-} 间的关系

如上所述,通常在天然水中,碱度基本上都以 HCO_3^- 的形式存在,而在锅水中碱度基本上由 OH^-、CO_3^{2-} 组成。HCO_3^- 在锅水中受热分解为 CO_3^{2-},CO_3^{2-} 又会进一步发生水解,产生 OH^- 和 CO_2,反应式如下:

$$2HCO_3^- \rightarrow CO_3^{2-} + H_2O + CO_2 \uparrow$$

$$CO_3^{2-} + H_2O \rightarrow 2OH^- + CO_2 \uparrow$$

实验证明,CO_3^{2-} 的水解率随着锅炉的工作压力升高而增大。在不同的工作压力下,由水解而产生的 OH^- 浓度占锅水总碱度的质量分数见表 1.7。

表 1.7 不同压力下 CO_3^{2-} 水解产生的 OH^- 占锅水总碱度的质量分数

锅炉压力(MPa)	0.2	0.4	0.6	0.8	1.0	1.25	1.5	2.0	2.5	5.0
[OH^-]占总碱度的质量分数(%)	2	10	20	30	40	50	60	70	80	100

值得一提的是,表 1.7 是根据 CO_3^{2-} 水解反应达到平衡时得出的,较符合封闭系统(例如闭式循环的热水锅炉)。

对于蒸汽锅炉,由于 CO_3^{2-} 水解后产生的 CO_2 会随着蒸汽逸出锅炉,从而使得平衡朝水解反应的方向进行,有时甚至会使水解很彻底。因此,在实际工作中,往往会发现即使是工作压力较低的锅炉,锅水中 OH^- 碱度在总碱度中所占的比例有时也远大于表 1.7 中所列的数值。

由于 CO_3^{2-} 水解后产生的 CO_2 对蒸汽机和蒸汽管道等热力系统的金属具有腐蚀作用,因此中压以上的锅炉不能用碳酸钠作为锅内水处理药剂,而且补给水处理时需通过除盐脱碳除去碳酸盐。对于低压蒸汽锅炉,尤其是回用蒸汽冷凝水作给水的锅炉,也尽量不要用过量的碳酸钠作阻垢药剂。

碱度测定时通常先以酚酞作指示剂,用标准酸溶液滴定至终点时 pH 值约为 8.3,此时发生了如下的化学反应:

$$OH^- + H^+ = H_2O$$

$$CO_3^{2-} + H^+ = HCO_3^-$$

水样中 OH^- 全部被中和,而 CO_3^{2-} 只中和成为 HCO_3^-(也就是说,CO_3^{2-} 相当于只中和了 1/2),这时测得的碱度称为 P 碱度(或 $JD_{酚}$),即:

$$JD_{酚} = [OH^-] + 1/2[1/2CO_3^{2-}] \quad (mmol/L)$$

测完酚酞碱度后,再加入甲基橙指示剂,继续用标准酸溶液滴定至终点,这时 pH 值为 4.3~4.5,此时溶液中由第一步滴定时 CO_3^{2-} 中和而成的 HCO_3^- 和溶液中原有的 HCO_3^- 都得到中和:

$$HCO_3^- + H^+ = CO_2 + H_2O$$

根据继续消耗的酸量测得的碱度可称为 M 碱度(或 JD_M),即:

$$JD_M = 1/2[1/2CO_3^{2-}] + [HCO_3^-] \quad (mmol/L)$$

注意:JD_M 虽然是以甲基橙为指示剂滴定至终点时的碱度,但 JD_M 不包含酚酞碱度,所以 JD_M 并不代表甲基橙碱度。因为,如果不加酚酞指示剂,而直接加甲基橙指示剂,则上述三个

中和反应也都将进行完全,因此,甲基橙碱度也就是总碱度,它包含了 P 碱度和 M 碱度,即:

$$JD_总 = JD_酚 + JD_M$$

由上所述,可得出碱度与 HCO_3^-、OH^-、CO_3^{2-} 间的关系如表 1.8。

表 1.8　碱度与碱度离子含量的关系表(均以一价离子 mmol/L 表示)

碱度离子含量	$[HCO_3^-]$	$[OH^-]$	$[1/2CO_3^{2-}]$
$JD_酚 > JD_M$	0	$JD_酚 - JD_M$	$2 \times JD_M$
$JD_酚 \leqslant JD_M$	$JD_M - JD_酚$	0	$2 \times JD_酚$

【例题 1.9】　某锅炉锅水的水质分析结构如下:酚酞碱度$=11.8$ mmol/L;总碱度$=15.3$ mmol/L;溶解固形物$=3200$ mg/L,求该锅水中①碱度中 HCO_3^-、OH^-、CO_3^{2-} 的含量,并以质量浓度表示;②相对碱度的大小?

解:①$JD_M = JD_总 - JD_酚 = 15.3 - 11.8 = 3.5$ mmol/L $< JD_酚$;另外,HCO_3^- 摩尔质量为 61,OH^- 摩尔质量为 17,$1/2CO_3^{2-}$ 摩尔质量为 30,所以按表 1.8 可知:

$$[HCO_3^-] = 0;$$

$$[OH^-] = JD_酚 - JD_M = 11.8 - 3.5 = 8.3 \text{ mmol/L};$$

$$OH^- = 8.3 \times 17 = 141.1 \text{ mg/L};$$

$$[1/2CO_3^{2-}] = 2 \times 3.5 = 7 \text{ mmol/L};$$

$$1/2CO_3^{2-} = 7 \times 30 = 210 \text{ mg/L}$$

②相对碱度$=$游离 NaOH$\div$溶解固形物

$$= (JD_酚 - JD_M) \times 40 \div RG$$

$$= 8.3 \times 40 \div 3200 \approx 0.1$$

1.4.5.4　碱度与 pH 值的关系

pH 值是表征溶液酸碱性的指标,它直接反映了水中 H^+ 或 OH^- 的含量;碱度除水中 OH^- 的含量外,还包括 CO_3^{2-} 和 HCO_3^- 等碱性物质的含量,因而两者之间既有联系,又有区别。其联系是:在一般情况下,pH 值会随着碱度的提高而增大,但这还取决于 OH^- 碱度占总碱度的比例;区别是:pH 值的大小只取决于 OH^- 与 H^+ 的相对含量,而碱度大小则反映了构成碱度的各离子的总含量。所以,对于工业锅炉用水来说,有时 pH 值合格的水,碱度并不一定合格,反之碱度合格的水,pH 值也不一定合格,两者不能互相替代。

在相同碱度的情况下,由于碱度成分不同,溶液中 OH^- 含量也不相同,所以 pH 值也不相同,如碱度均为 0.1 mmol/L 的 NaOH、$NH_3 \cdot H_2O$ 和 $NaHCO_3$ 的 pH 值分别为 13,11 和 8.3。

1.4.5.5　氯化物(Cl^-)与溶解固形物(RG)的关系

由于天然水和锅炉用水中的氯化物一般都较稳定,即使在高温锅水中也不会分解、挥发或沉淀,因此在一定的水质条件下,水中的溶解固形物含量与 Cl^- 的含量之比值接近于常数(k),且 Cl^- 的测定非常方便,所以工业锅炉现场水质监测中通常都采用测定 Cl^- 的方法来间接控

制溶解固形物,即:

$$k = \frac{RG}{Cl^-}$$

式中的溶解固形物与氯离子的比值 k 简称为"固氯比"。根据这个关系,只要定期测得锅水"固氯比",并在日常简化分析中,监测并控制 Cl^- 浓度,就可及时指导锅炉排污,使锅水溶解固形物含量控制在一定范围内。

【例题 1.10】 某型号为 KZL1－0.8 的锅炉,采用锅内加药水处理,如测得锅水溶解固形物含量为 4200 mg/L 时,锅水 Cl^- 为 525 mg/L,问日常简化分析中,锅水中 Cl^- 的控制标准为多少?

解:该锅炉水的固氯比 $k=4200\div525=8$,标准中查得锅内加药处理时锅水溶解固形物含量 $RG_{标准}\leqslant5000$ mg/L,因此锅水 Cl^- 最大浓度 $=RG_{标准}\div k=5000\div8=625$ mg/L。即控制 $Cl^-<625$ mg/L,就可使溶解固形物含量达到合格。

应注意的是,"固氯比(k)"只有在水质相对稳定的情况下,才接近于常数。当水质变化较大时,k 值往往会随之而变化。不但不同的水源水 k 值不同,而且即使是同一水源,在不同的季节,如雨季和干旱季节,k 值也会有所不同;沿海地区在海水倒灌时期,k 值还会发生很大的变化。所以,对"固氯比"需定期进行复试和修正。另外,水处理的方式不同,尤其是加药处理时药剂及加药方式不同,也会影响 k 值的稳定。例如,采用间隔加药法进行锅内加药处理时,如果不按时加药或者加药量不均匀,锅水中的溶解固形物含量就会随着药剂量的变化而起伏不定,这样 k 值也就很难接近于常数。因此,加药处理最好能采用连续法,使锅水中尽量保持较平稳的药剂量。

1.4.5.6 溶解固形物与电导率之间的关系

溶解固形物的主要成分是可溶解于水的盐类物质,属于强电解质,在水溶液中基本上都电离成阴、阳离子而具有导电性,而且电导率的大小与浓度成一定比例关系,因此工业锅炉锅水溶解固形物的含量,可根据它与电导率间的比值关系(即"固导比"),通过测定电导率近似地间接测得。

1.5 化学操作安全与应急处理

1.5.1 化学操作安全

化学操作中常常潜藏着诸如爆炸、着火、中毒、灼伤、割伤、触电等事故的危险性。在装配和拆卸玻璃仪器装置的过程中,如果操作不当往往会造成割伤;高温加热可能造成烫伤或烧伤等。

1.5.1.1 安全守则

有些化学药品易燃、易爆、有腐蚀性或有毒,所以在试验前应充分了解安全注意事项。在试验过程中,应在思想上十分重视安全问题,集中注意力,遵守操作规程,以避免事故的发生。

(1)加热试管时,不要将试管口指向自己或别人,不要俯视正在加热的液体,以免液体溅出,使眼睛或面部受到伤害。

(2)嗅闻气体时,应用手轻拂气体,扇向自己后再嗅。

(3)使用酒精灯时,应随用随点燃,不用时盖上灯罩。不要用燃着的酒精灯去点燃别的酒精灯,以免酒精溢出而失火。

(4)浓酸、浓碱具有强腐蚀性,切勿溅在衣服、皮肤上,尤其避免溅到眼睛上。稀释浓硫酸时,应将浓硫酸慢慢倒入水中,而不能将水向浓硫酸中倒,以免迸溅。

(5)能产生有刺激性或有毒气体的实验,加热盐酸、硝酸或硫酸时,均应在通风橱内(或通风处)进行。

(6)药品的使用应严格按照1.5.1.2进行,绝不允许任意混合各种化学药品,以免发生意外事故。

1.5.1.2　试剂使用规则和危险品的安全使用

为了得到准确的实验结果,保证安全和试剂不受污染,取用试剂时应遵守以下规则:

(1)试剂不能与手接触,固体试剂用洁净的药勺取用;液体试剂用滴管吸取。注意不要把药勺或滴管伸入到其他试剂中或与器皿壁接触。

(2)取用试剂不要过量,已取出的药剂不能倒回原瓶中。取完药剂后应随即盖好,瓶塞和滴管切勿乱放,以免在盖瓶塞和放回滴管时张冠李戴。

(3)用量不需特别准确时可大约估计添加。少许固体取豌豆大小,少许液体为3～5滴。平常20滴约为1 mL,如果液滴较大时,按16滴为1 mL计算。

(4)钾、钠暴露在空气中易氧化,白磷在空气中易自燃,所以钾、钠应保存在煤油中,避免和水接触;白磷则可以存于水中,但白磷有剧毒。取用钾、钠、白磷都必须用镊子,切勿与人体接触,以免灼伤皮肤。多余的钾、钠、白磷应归回原瓶中,决不允许随意弃于水槽和废液缸中。

(5)乙醚、乙醇、丙酮、苯等有机易燃物质,放置和使用时必须远离明火,取用完毕后立即盖紧瓶塞和瓶盖,存放于阴凉的地方。

(6)有毒药品(如重铬酸钾、钡盐、砷、汞的化合物等,特别是氰化物)不得进入口内或接触伤口,也不能将有毒药品随便倒入下水管道。

(7)金属汞(水银)易挥发,它通过呼吸而进入体内,逐渐积累会引起慢性中毒,所以应尽量避免汞洒落在桌上或地上。一旦洒落,必须尽可能收集起来,并用硫黄粉盖在洒落的地方,使汞转变成不能挥发的硫化汞。

(8)强氧化剂(如高氯酸、氯酸钾等)及其混合物(氯酸钾与红磷、碳、硫等的混合物),不能研磨或撞击,否则易发生爆炸。

(9)银氨溶液放久后会变成氮化银而引起爆炸,因此用剩的溶液应及时处理。

(10)氢气与空气的混合物遇火要发生爆炸,因此产生氢气的装置要远离明火。进行产生大量氢气的实验时,应把废气通往室外,并注意室内的通风。

1.5.2　用电安全

触电最基本的原因是:漏电和触摸必须同时具备,才能发生触电事故。要防止左手到右手的最危险的触电途径。

防止触电的常用措施有:绝缘、屏护、间隔、接地、接零、加装漏电保护装置和使用安全电压等。在完善技术措施的前提下,还要严格遵守安全操作规程,从而最大限度地避免触电事故的发生。

(1)认真学习安全用电知识,提高防范触电的能力。注意电气安全距离,不进入已标识电气危险标志的场所。不乱动、乱摸电气设备,特别是当人体出汗或手脚潮湿时,不要操作电所设备。

(2)发生故障跳闸,要查明原因排除故障后才能合闸。发生电气设备故障时,不要自行拆卸,要找持有电工操作证的电工修理。公共用电设备或高压线路出现故障时,要打报警电话请电力部门处理。

(3)电气设备一定要有保护接零和保护接地装置并经常进行检查,确保其安全可靠。

(4)根据线路安全载流量配置设备和导线,不任意增加负荷,防止过流发热而引起短路、漏电。更换线路保险丝时不要随意加大规格,更不要用其他金属丝代替。

(5)使用中经常接触的配电箱、插座、导线等要完好无损。绝缘老化、损坏的要及时更换。

(6)一切电气设备应视为有电状态,不要用手直接触摸,如必须触摸也要采用手背触摸方式。

(7)发生电器火灾时,应立即切断电源,用黄沙、二氧化碳灭火器灭火,切不可用水或泡沫灭火器灭火。

若发生触电事故,首先切断电源,若来不及切断电源,可用绝缘物挑开电线。在未切断电源之前,切不可用手拉触电者,也不能用金属或潮湿的东西挑电线。如果触电者在高处,则应先采取保护措施,再切断电源,以防触电者摔伤,然后将触电者移到空气新鲜的地方休息。若出现休克现象,要立即进行人工呼吸,并送医院治疗。

1.5.3　化学灼伤与化学中毒事故的预防

(1)保护好眼睛。防止眼睛受刺激性气体的熏染,防止任何化学药品特别是强酸、强碱、玻璃屑等异物进入眼内。

(2)禁止用手取用任何化学药品,使用有毒药品时,除用药勺、量器外,必须配用橡皮手套,实验后马上清洗仪器用具,立即用肥皂洗手。

(3)尽量避免吸入任何药品或溶剂的蒸气。处理具有刺激性、恶臭和有毒的化学药品(如 H_2S、NO_2、Cl_2、Br_2、CO、SO_2、HCl、HF、浓硝酸、发烟硫酸、浓盐酸、乙酰氯等)时,必须在通风橱中进行。

(4)严禁在酸性介质中使用氰化物。

(5)用移液管移取浓酸、浓碱、有毒液体时,应用吸耳球吸取,禁止用口吸取。严禁冒险品尝药品、试剂,不得用鼻子直接嗅气体。

(6)实验室禁止吸烟进食,禁止穿拖鞋。

1.5.4 应急处理措施

1.5.4.1 灼伤应急处理

(1)酸灼伤。皮肤被酸灼伤应立即用大量水冲洗,再用5％碳酸氢钠溶液洗涤,然后涂上油膏,将伤口包扎好,眼睛受伤应先抹去眼外部的酸,然后立即用水冲洗,用洗眼杯或水龙头接上橡胶管对眼睛冲,再用稀碳酸氢钠洗,最后滴入少许蓖麻油。

衣服溅上酸后应先用水冲洗,再用稀氨水洗,最后用水冲洗干净;地上有酸应先撒石灰粉,后用水冲刷。

(2)碱灼伤。皮肤被碱灼伤应先用大量水冲洗,再用饱和硼酸溶液或1％醋酸溶液洗涤,涂上油膏,包扎伤口。眼睛受伤抹去眼外部的碱,用水冲洗,再用饱和硼酸溶液洗涤后,滴入蓖麻油。

衣服溅上碱液后先用水洗,然后用10％醋酸溶液洗涤,再用氨水中和多余的醋酸,最后用水洗净。

(3)溴灼伤。皮肤被溴灼伤应立即用水冲洗,也可用酒精洗涤或用2％硫代硫酸钠溶液洗至伤口呈白色,然后涂甘油加以按摩。如果眼睛被溴蒸气刺激,暂时不能睁开时,可以对着盛有卤仿或乙醇的瓶内注视片刻加以缓解。

(4)磷灼伤。被磷灼伤后,可用1％硝酸银溶液、5％硫酸银溶液或高锰酸钾溶液洗涤伤处,然后进行包扎,切勿用水冲洗。

1.5.4.2 中毒的处理

化学药品大多数具有不同程度的毒性,主要通过皮肤接触或呼吸道吸入引起中毒。一旦发现中毒现象可视情况不同采取各种急救措施。

溅入口中而未咽下的毒物应立即吐出来,用大量水冲洗口腔;如果已吞下时,应根据毒物的性质采取不同的解毒方法。

腐蚀性中毒,强酸、强碱中毒都要先饮大量的水,对于强酸中毒可服用氢氧化铝膏。不论酸碱中毒都需服牛奶,但不要吃呕吐剂。

刺激性及神经性中毒,要先服牛奶或蛋白缓和,再服硫酸镁溶液催吐。

吸入有毒气体时,将中毒者搬到室外空气新鲜处,解开衣领纽扣。吸入少量氯气或溴气者,可用碳酸氢钠溶液漱口。

总之,若出现中毒症状时,应立即采取急救措施,严重者应及时送往医院。

1.5.4.3 火灾现场应急处理措施

一旦着火,应立即停止加热,熄灭附近的火源(关闭煤气或切断电源),停止通风,移开附近的易燃物质。一般的小火可用湿抹布、石棉布或沙土覆盖在着火的物体上。大火则应用灭火器,常见的灭火器有泡沫、四氯化碳、二氧化碳和干粉灭火器。如果是油或有机溶剂着火,则不能用水浇,只能用石棉布、沙子盖熄或使用泡沫灭火器扑灭。

若衣服着火,切勿奔跑以免使火势加剧;应立即卧地滚转压住着火处或迅速浇以大量水以灭之。

1.5.4.4　应急处理的注意事项

(1)进行急救时,不论患者还是救援人员都需要进行适当的防护,这一点非常重要。特别是把患者从严重污染的场所救出时,救援人员必须加以预防,避免成为新的受害者。

(2)应将受伤人员小心地从危险的环境转移到安全的地点。

(3)应至少 2~3 人为一组集体行动,以便互相监护照应,所用的救援器材必须是防爆的。

(4)急救处理程序化,可采取如下步骤:除去伤病员污染衣物——冲洗——共性处理——个性处理——转送医院。

(5)处理污染物。要注意对伤员污染衣物的处理,防止发生继发性损害。

第 2 章

水的预处理

2.1 概述

天然水中往往含有较多的泥沙、黏土、腐殖质等悬浮物和胶体物质,它们在水中具有一定的稳定性,是造成水体浑浊、有色和异味的主要原因。这些杂质未预先除去,将会影响后阶段的锅炉水处理效果,例如进入离子交换器将污染树脂,降低其交换容量,甚至影响出水质量。含有悬浮物和胶体物质的水如果进入锅炉,易在锅炉内结生泥垢或堵塞管道。含有机物胶体的水进入锅炉则易使锅水起泡,从而恶化蒸汽品质。也有的原水的硬度太高,如直接进行软化或除盐处理,出水水质难以达到国家标准。

天然水经过混凝、澄清、过滤等初步处理,出水变得澄清透明或者硬度有所降低,这就是水的预处理目的。

2.2 水的混凝处理

"混凝"就是水中胶体粒子以及微小悬浮物的聚集过程。天然水中的杂质有悬浮物、胶体和有机物等,各种杂质颗粒大小不一。颗粒直径大于 10^{-4} mm 的为悬浮物,它们在水中是不稳定的,在重力或浮力作用下易于分离出来。比水密度大的悬浮物,当水静置或流速较慢时会在重力作用下自然沉降,在天然水中常见的此类物质是沙子和黏土类无机物;比水密度小的悬浮物,当水静置时会上浮,这类物质中常见的是动植物生存过程中产生的物质或死亡后腐败的产物,它们大都是一些有机物。此外,还有些物质其密度与水的密度相近,它们会悬浮在水中,如细菌、藻类等。水中悬浮物的存在,使水体变浑浊。粒径在 $10^{-6} \sim 10^{-4}$ mm 的各种微小粒子都划为胶体范围,因为它们都具有胶体的性质。由于胶体杂质粒径较小,其沉降速度小,难以在短时间内彻底将其去除,因此主要通过混凝处理除去,即通常采用加入混凝剂,使它们相互吸附黏结成较大的絮状物进而去除沉淀。

2.2.1 胶体的稳定性

水中的悬浮物在水的流速很慢或静置的情况下会自行沉降下来,但悬浮物的沉降速度因其性质和颗粒大小的不同而有很大的差别。颗粒越小,沉降越慢,当颗粒小到胶体直径时,基本上已不可能自行沉降,即能长时间在水中保持悬浮分散状态,这种现象即胶体的稳定性。胶体颗粒的稳定性主要在于胶体颗粒的布朗运动、同电荷性以及溶剂化作用。

(1)胶体的布朗运动。由于胶体颗粒质量很小,重力沉降作用甚微,在水分子运动的作用下,不断地作无规则的高速折线运动,即布朗运动,从而导致这些微小的胶体颗粒在水中处于均匀的分散状态,不会因重力而下沉。布朗运动的速度与颗粒的直径大小有关,粒径越大,布朗运动的速度就越小,当颗粒直径达到 $3\sim5~\mu m$ 时,布朗运动就停止了。

(2)胶体的同电荷性。同胶体表面带有相同的电荷、相互排斥。由于胶体颗粒带有电荷,同类胶体颗粒带同种电荷,因为同性电荷相斥,阻止胶体颗粒互相接近、长大,使之处于分散状态而长久悬浮在水中不能下沉。

(3)胶体溶剂化作用。胶体表面有一层水化膜,阻碍了胶体颗粒间的接触。胶体不易沉降的另一原因,是胶体颗粒的溶剂化作用,即其表面由于离子的水合作用,有一层水分子紧紧地包围着,称为水化膜,它阻碍了胶体颗粒间的接触,使得胶体在热运动时不能彼此结合,从而保持微粒悬浮不沉。

2.2.2 混凝原理

由于胶体物质具有稳定性,因此,必须首先使其脱稳后,再经过沉淀、过滤除去。胶体颗粒的脱稳是指通过降低胶体颗粒的电动电位或减少水化膜的厚度,破坏它的稳定性,使相互碰撞的颗粒聚集成大的絮凝物从水中沉降分离的过程。胶体颗粒脱稳最简单和最常用的方法是投加混凝剂。从原水投加混凝剂开始,到产生大颗粒絮凝物为止,整个过程叫混凝处理过程。

混凝处理过程包含了凝聚和絮凝两个阶段:凝聚阶段是胶体失去稳定性并聚集为微絮粒的过程,这一过程需要的时间很短,一般可在 $10\sim30~s$ 内完成,最长不超过 $2~min$;絮凝阶段是指脱稳后的胶体颗粒聚合成大颗粒絮凝物的过程,这一过程需要一定的聚合时间。

以常用的硫酸铝混凝剂为例,说明混凝处理原理。硫酸铝是一种易溶于水的电解质,当投入水中时,它首先电离成 Al^{3+} 和 SO_4^{2-} 离子,由于 Al^{3+} 为高价正离子,可大大增加水中的正离子浓度,从而给带负电荷的胶粒(一般天然水中的胶体颗粒几乎都带负电荷)创造了吸附反离子的有利条件。同时 Al^{3+} 还能发生水解作用,生成带正电荷的 $Al(OH)_3$ 胶体,它与带负电荷的胶粒发生异性电相吸与电中和作用,逐渐凝聚成粗大的絮状物,然后在重力的作用下沉降。

$$Al_2(SO_4)_3 \rightarrow 2Al^{3+} + 3SO_4^{2-}$$
$$Al^{3+} + H_2O \rightarrow Al(OH)^{2+} + H^+$$
$$Al(OH)^{2+} + H_2O \rightarrow Al(OH)_2^+ + H^+$$
$$Al(OH)_2^+ + H_2O \rightarrow Al(OH)_3 + H^+$$

混凝后之所以能除去水中的悬浮物和胶体,其原因和过程很复杂,除了混凝剂本身发生的凝聚作用外,还伴随有许多其他物理化学作用,主要有以下四方面:

(1)吸附作用。当氢氧化铝形成胶体时,会吸附水中原有的胶体杂质,这是混凝处理之所以能除去水中胶体杂质的重要原因。

(2)中和作用。在上述吸附过程中,当两种胶体所带电荷相反时,由于异性电荷相吸和电中和作用,使得颗粒间能在运动中碰撞而黏结。另外,刚投入混凝剂时所生成的 Al^{3+} 也有中和天然水中带负电胶体的作用。

(3)表面接触作用。当水中悬浮物含量较高时,有的悬浮物也可以成为凝絮的核心,即凝絮会在悬浮物的表面上形成。

（4）网捕作用。由于混凝剂胶体在聚沉过程中相互结成了长链,起了架桥作用,组成了许多网眼,使凝聚的絮状沉淀物如一个过滤网下沉,卷扫水中胶体颗粒,形成共沉淀。

2.2.3　影响混凝效果的因素

混凝处理的目的是除去水中的悬浮物,同时使水中胶体、有机物有所降低,所以常以出水浊度评价混凝处理的效果。由于混凝过程包括电离、水解、吸附、电中和、凝聚及絮凝物的沉降分离等一系列过程,因此影响混凝效果的因素也很多。

影响混凝效果的因素主要有混凝水的 pH 值、混凝剂的用量、水温等。现以铝盐为例,分述如下。

2.2.3.1　水的 pH 值

(1)对生成絮凝物形态的影响

天然水在加入 $Al_2(SO_4)_3$ 混凝剂时,水中的 pH 值会有所降低,这是由于 $Al_2(SO_4)_3$ 水解成 $Al(OH)_3$ 时会不断产生 H^+,增加水的酸度。由于 $Al(OH)_3$ 是典型的两性氢氧化物,水的 pH 值太高或太低都会促使其溶解,使水中残留的铝离子含量增加,影响混凝效果。

用铝盐做混凝剂时,当 pH 值<5.5,水中三价铝离子增加;当 pH 值>7.5 时,产生偏铝酸盐;当 pH 值>9.0 时,氢氧化铝胶体迅速形成铝酸盐溶液。一般当 pH 值在 5.5~7.5 时,水中残留的铝离子含量较少。对铁盐而言,在不同的 pH 值下,其生成的絮凝物形态也不同,不同絮凝物的溶解度不同。

(2)对胶体颗粒表面所带电荷状态的影响

铝盐混凝剂形成的氢氧化铝胶体的表面电荷取决于水的 pH 值。pH 值<5.0 时,因吸附 SO_4^{2-} 而带负电,由于水中有机物胶体大都带负电,因而混凝效果不好,随着 pH 值的增加,氢氧化铝胶体带正电荷,胶体间斥力减弱,因此其凝聚速度明显加快。

(3)对水中有机物的形态的影响

当 pH 值较低时,水中的有机物如腐殖质成为带负电的腐殖酸胶体,易通过混凝处理除去;当 pH 值较高时,它会转化成溶解性的腐殖酸盐,使除去效果较差。一般用铝盐去除腐殖质的最适宜 pH 值为 5.5~6.5。

(4)对凝聚速度的影响

胶体内外的电位差越小,胶体间的斥力越小,凝聚速度越快。两性化合物形成的胶体内外的电位差,主要决定于水的 pH 值。

由于天然水中含有各种不同的盐类和有机胶体,当进行混凝处理时,所需的最佳 pH 值是无法估算的。不同的水质,最佳的 pH 值各不相同;即使是同一水源,在不同的季节,其最佳 pH 值也会改变。用铝盐作混凝剂时,最佳的 pH 值一般介于 6~7.8 之间,但具体最佳的 pH 值,应通过实验来确定,并在原水水质发生变化而影响混凝效果时及时进行调整。

尽管水的 pH 值对混凝处理效果影响较大,但在天然水体的混凝处理中却很少投加药剂调节 pH 值。一方面天然水体比较接近最优 pH 值;另一方面水中投加了碱性或酸性物质以后又增加了其他物质的含量,给后续处理带来一些不必要的麻烦。只有当天然水体受到严重污染时,才对水的 pH 值进行调整。

如果原水的碱度太低,在混凝处理时不足以抵消混凝剂水解所产生的酸性,则会使加药后水的 pH 值低于最佳值,这时可用添加碱的办法来调节水的 pH 值。添加碱的量,以混凝处理后出水的残留碱度保持 0.3～0.5 mmol/L 为宜,具体可按下式估算:

$$m_J = m_N + 0.4 - JD \tag{2.1}$$

式中,m_J——所需添加的碱量,$C(OH^-)$ mmol/L;

　　m_N——混凝剂用量,$C(1/3Al^{3+})$ mmol/L;

　　0.4——出水需保留的碱度,取 0.3～0.5 mmol/L 的平均值;

　　JD——原水的全碱度,$C(HCO_3^-)$ mmol/L。

如果计算结果 m_J 为负值,则说明无须加碱。

2.2.3.2　混凝剂的用量

混凝剂的加入量也是影响混凝效果的重要因素。当混凝剂加入量不足时,不能完全起到脱稳作用,出水中剩余浊度较大;当加入量过大时,由于水中的胶体颗粒吸附了过量的混凝剂,引起胶体颗粒电荷性改变,出现再稳现象,以致出水中的剩余浊度重新增加。因此,只有当混凝剂的加入量适当时,才能起到良好的脱稳作用,即可产生快速凝聚,使出水剩余浊度急剧降低。

由于混凝过程并不是一种单纯的化学反应,因此所需的加药量不能根据计算来确定,而应根据具体情况做专门的实验求得最适宜的加药量。当水质发生季节性变化时,也应进行实验,相应地调整加药量。根据我国的情况,一般天然水的适宜加药量大都为 0.1～0.5 mmol/L,如用 $Al_2(SO_4)_3 \cdot 18H_2O$ 则相当于 10～50 mg/L。一般,水中的悬浮物和胶体含量越高,所需的混凝剂量就越大;但有时由于水中有机物较多或色度较大,虽然悬浮物较少,所需的混凝剂量却反而较多;也有的时候,当水中胶体含量很少时,因悬浮的胶体颗粒少,碰撞机会不多,也需要投加大量的混凝剂才能有较好的澄清效果。

2.2.3.3　水温

水温对混凝处理效果有明显影响,低温水是水处理中的一个较难解决的问题。高价金属盐类的混凝剂,其水解反应是吸热反应,水温低时,混凝剂水解更加困难,特别是当水温低于 5℃时,水解速度极其缓慢,所形成的絮凝物结构疏松,含水量多,颗粒细小;水温低时,水的黏度大,水流的剪切力大,使絮凝物不易长大,已长大的絮凝物也可能被水流切碎;水温低时,胶体颗粒的溶剂化作用增强,形成絮凝物的时间长,沉降速度慢。

用铝盐做混凝剂时,水温为 25～30℃比较适宜。铁盐受温度的影响较小。图 2.1 中的实验曲线说明,不同混凝剂受温度的影响是不同的。

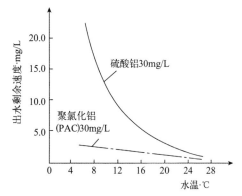

图 2.1　水温对出水浊度的影响

2.2.3.4 水和混凝剂的混合速度

在混凝处理过程中,一般开始时的混合速度要快,以后逐渐减慢。混凝剂刚投入水中时,需要高速混合,这是因为混凝剂在水中的水解和形成胶体的速度很快,所以要快速搅拌混合才能生成大量小颗粒的氢氧化物胶体,并使其迅速地扩散到水中的各个部分,及时与水中的杂质起作用。同时为了使脱稳的胶体颗粒相互碰撞后成为粗大的絮状物,也要求有一定的混合速度。一般投入混凝剂到开始搅拌的时间越长,混凝沉淀的效果就越差。通常混合时的流速应大于 1.5 m/s,混合时间一般不大于 2 min。混合以后,下一步是凝絮的形成和长大,这时应适当降低搅拌速度,否则凝絮不易长大和沉淀,而且会打碎已形成的凝絮。

2.2.3.5 原水水质

当天然水中含有大量分子较大的有机物(如腐殖质)时,它们会吸附在胶体的表面上,使得胶体颗粒之间不容易聚集,结果使混凝的效果变坏。在这种情况下,可采用加氯或加臭氧的办法来破坏这些有机物。

2.2.3.6 接触介质

在进行混凝处理或混凝与石灰沉淀同时处理时,如果在水中保持一定数量的泥渣层,可明显提高混凝处理的效果。这个泥渣层就是前期混凝处理过程中生成的絮凝物,它可提供巨大的表面积,通过吸附、催化及结晶核心等作用,提高混凝处理的效果,所以在目前设计的混凝沉降处理设备中,都设计了泥渣层。

2.2.4 混凝剂和助凝剂

2.2.4.1 混凝剂

在预处理工艺中一般最常用的混凝剂为铝盐,其次是铁盐。不过近年来,无机高分子混凝剂——聚合铝和聚合铁也得到了广泛的应用。

(1)铝盐

用作混凝剂的铝盐有硫酸铝[$Al_2(SO_4)_3 \cdot 18H_2O$]、明矾[$Al_2(SO_4)_3 \cdot K_2SO_4 \cdot 24H_2O$]、铝酸钠($NaAlO_2$)、聚合铝等,其中以硫酸铝和聚合铝应用最多。

①硫酸铝。用作水处理剂的硫酸铝有固体和液体两种产品,分子式可表示为 $Al_2(SO_4)_3 \cdot xH_2O$,分子量为 342.15(以 $Al_2(SO_4)_3$ 计)。固体产品外观呈白色或微带灰色的粒状或块状,液体产品外观呈微绿色或微灰黄色,其各项质量应符合 HG 2227—2004《水处理剂硫酸铝》的规定。

当硫酸铝用于不同的水处理目的时,其最优 pH 值范围有所不同。当主要用于除去水中的有机物时,应使 pH 值在 4.0～7.0 之间;当主要用于除去水中的悬浮物时,应使水的 pH 值在 5.7～7.8 之间;当处理浊度高、色度低的水时,应使水的 pH 值在 6.0～7.8 之间。

明矾是硫酸铝和硫酸钾的复盐,白色结晶,相对密度为 1.76,Al_2O_3 含量比硫酸铝低,大约为 10.6%。它是在水处理领域中应用较早的混凝剂,目前已很少采用。

铝酸钠的水溶液呈碱性,故它适用于原水碱度不足的情况下和硫酸铝共同使用。加药时应先加铝酸钠,后加硫酸铝。两种药剂的配合比,应按混凝时能获得最佳 pH 值来决定。

②聚合铝。水处理工艺中常用的聚合铝是聚氯化铝(简称 PAC),它是由碱式氯化铝聚合而成的无机高分子化合物。

由于聚合铝加到水中时可直接形成高效能的聚合离子,不需经水解和聚合反应,与硫酸铝相比具有以下优点:适用范围广,对于低浊度水、高浊度水、有色水和某些工业废水等,都有优良的混凝效果;用量少,按 Al_2O_3 计,其用量可减少到硫酸铝的 $1/2\sim1/3$;操作容易,一般 pH 值为 $7\sim8$ 都可取得良好的效果;低温时效果仍稳定,克服了一般铝盐低温时混凝效果差的缺点;形成絮凝物快,而且密实易沉降;即使过量投加也不会使水质恶化。

(2)铁盐

用作混凝剂的铁盐有硫酸亚铁($FeSO_4 \cdot 7H_2O$)、三氯化铁($FeCl_3 \cdot 6H_2O$)、硫酸铁[$Fe_2(SO_4)_3$]和聚合硫酸铁等,其中以硫酸亚铁和聚合硫酸铁应用较广。

①硫酸亚铁。硫酸亚铁是一种半透明的淡绿色晶体,又名绿矾,易溶于水,呈酸性,有较强的腐蚀性,在水温 20℃时溶解度为 21%。在空气中由于其中部分 Fe^{2+} 被氧化成 Fe^{3+} 而常带棕黄色。它的水溶液呈酸性,有较强的腐蚀性。硫酸亚铁的质量标准应符合 GB 10531—2006《水处理剂硫酸亚铁》的规定。

②三氯化铁。三氯化铁以铁屑为原料经氯化制成无水氯化铁和氯化铁溶液。固体三氯化铁吸水性很强,易溶于水,具有很强的腐蚀性。在水处理中采用的三氯化铁有两种型号:Ⅰ型为无水氯化铁,分子量为 162.21,外观呈褐绿色晶体;Ⅱ型为红棕色液体。它们的各种质量指标应符合 GB 4482—2006《水处理剂氯化铁》的规定。

三氯化铁与硫酸亚铁一样,形成的絮凝物密度大,沉降性能好,对低温水、低浊度水的混凝效果比铝盐好。

三氯化铁加入水中后与天然水中的碱度反应,形成氢氧化铁胶体,其化学反应可简单表示为:

$$2FeCl_3 + 3Ca(HCO_3)_2 \longrightarrow 2Fe(OH)_3 \downarrow + 3CaCl_2 + 6CO_2 \uparrow$$

所以,三氯化铁不存在 Fe^{2+} 向 Fe^{3+} 转化的过程,但如果水中碱度不足,可考虑与石灰联合处理。

实验研究表示,在 $FeCl_3 \cdot 6H_2O$ 的水溶液中,Fe^{3+} 的主要形态是 $FeCl^{2+}$、$FeCl_2^+$ 和 Fe^{3+},其次是 $Fe(OH)^{2+}$、$Fe(OH)_4^-$ 等。

③聚合铁。聚合铁混凝剂有聚合氯化铁和聚合硫酸铁两种。前者与聚合氯化铝相似,是在一定温度和压力下用碱中和氯化铁溶液制成的。后者是以硫酸亚铁和硫酸为原料,以亚硝酸钠为催化剂,用纯氧作氧化剂,在高压反应釜中缩合制成。

目前在水处理中,多采用聚合硫酸铁,它的各项质量标准应符合 GB 14591—2006《水处理剂聚合硫酸铁》的规定。

聚合硫酸铁产品按状态分为Ⅰ型和Ⅱ型。Ⅰ型为外观呈红褐色黏稠透明液体;Ⅱ型为外观呈淡黄色无定型固体粉末。

聚合硫酸铁有以下优点:适应原水浊度变化范围(60～225 mg/L)比较宽,在投药量为 9.4～22.5 g/m³ 的情况下,均可使澄清水浊度达到饮用水标准;原水经聚合硫酸铁处理后,

pH 值变化小,既能符合国家饮用水规定的 6.5～8.5 的标准,也能满足锅炉补给水的要求;对原水中溶解性铁的去除率可达 97%～99%,在设备运行正常的情况下,不会发生混凝剂本身铁离子后移的现象;药剂用量少。

铁盐与铝盐相比:铁盐生成的絮凝物密度大,沉降速度快,最优 pH 值范围比铝盐宽;混凝效果受温度的影响比铝盐小;一旦运行不正常,出水中的铁离子会使水带色。由于用铝盐作混凝剂时,受温度的影响很大,每当冬季水温低时,原水如不经过预热,混凝处理就会发生困难。为了克服这一缺点,可以采用铁盐、铝盐作混合混凝剂,即在水中先后加入氯化铁和硫酸铝进行混凝处理。$FeCl_3$ 和 $Al_2(SO_4)_3$ 加入量的比例,一般取 1:1(以不带结晶水的化合物质量计)。

(3)电化学混凝

在上述化学混凝过程中,需要在水中投加一定量的混凝剂,从而使出水中的阴离子含量增加。为了避免这一缺点,近年来研究应用了电化学混凝。

电化学混凝的过程是,将金属铝或铁作为阳电极置于被处理的水中,然后通以直流电,此时阳极会进行电化学溶解,溶解下来的 Al^{3+} 或 Fe^{3+} 起的作用与化学混凝基本相同。

电化学混凝的优点为,凝絮形成快且不易被打碎,不受 pH 值影响。缺点为电能消耗大。为此,常常在水中加少量硫酸铝后再通电,这样可保留其优点而降低耗电量。

电化学混凝的效果与水的 pH 值、水温、水中所含离子的组成及电流密度等都有一定的关系。其装置运行的参考数据为:电流密度 $2\ mA/cm^2$,Al^{3+} 剂量 $3\ mg/L$。其处理后的效果大致可达到:出水浊度小于 $10\ mg/L$,色度降低 80%,总硬度降低 15%～20%,含铁量降低 60%,含硅量降低 70%,溶解氧降低 50%。

在电化学混凝设备的运行过程中,电极表面会生成沉淀物。为了消除这些沉淀物,可定期倒换正负电极,也可设置能移动的刷子将之清除。

2.2.4.2 助凝剂

当由于原水水质方面的原因,单独采用混凝剂不能取得良好的效果时,需投加一些辅助药剂来提高混凝处理的效果,这种辅助药剂称为助凝剂。助凝剂也有许多种,有无机类的也有有机类的。

(1)无机类助凝剂

无机类的助凝剂有以下三种类型:①调节混凝过程中 pH 值的酸碱类物质;②起破坏有机物和氧化作用的氧化剂物质,如氯和漂白粉等;③增大絮凝物的密度和牢固性,提高絮凝物的沉降速度的物质,如水玻璃等。

(2)有机类助凝剂

有机高分子絮凝剂既可单独作混凝剂又可作助凝剂用,是一种水溶性的化合物,其分子呈链状,由大量的链节组成。它们有的在水中可以电离,属于高分子电解质,根据絮凝剂基团电离后所带电荷的性质,分为阴离子型、阳离子型和非离子型三种。

高分子絮凝剂在水中电离后,如化合物的链节上带许多负电荷的,称为阴离子型絮凝剂,它对天然水体中带负电荷的胶体颗粒主要起吸附架桥作用;如链节上带正电荷的,则称为阳离子型絮凝剂,它对天然水体中带负电荷的胶体颗粒主要起电性中和、压缩双电层和吸附架桥作用,因此适应的 pH 值范围较宽,对大多数水质都有效;在水中不电离的称非离子型絮凝剂,它是一种无离子化基团的高分子化合物,主要起吸附架桥作用,适应的 pH 值范围也比较宽。目前使用较多的聚丙烯酰胺(PAM)就是一种典型的非离子型絮凝剂。

在我国,目前使用最广的有机高分子絮凝剂为聚丙烯酰胺(常称三号絮凝剂),常作为助凝剂与其他混凝剂一起使用。当处理低浊度水时,宜先投加其他混凝剂,使杂质颗粒先行脱稳,待混凝约经 30 s 后再加聚丙烯酰胺,使产生絮凝作用;当处理浊度较高的水时,宜先加聚丙烯酰胺,使它能充分发挥吸附作用,然后加其他混凝剂,使其余胶粒脱稳和絮凝。

在使用有机高分子絮凝剂时,搅拌速度不宜过快,否则会打碎絮凝体,使高分子链折回到已被吸附胶体的另一吸附位上,从而起不了架桥作用。另外,有机高分子絮凝剂应避免过量加药,以防脱稳的胶体再稳,影响混凝效果。有机高分子絮凝剂的最适宜加药量应通过调整试验求得。聚丙烯酰胺的投加量一般不超过 1 mg/L。

在商品聚丙烯酰胺中有时会含有少量未聚合的丙烯酰胺单体,这种单体是有毒的,我国规定饮用水中丙烯酰胺的最高允许含量为 0.5 μg/L。此外,有机高分子絮凝剂的价格较贵,这些都影响了它的推广应用。

2.3　水的沉淀软化处理

水的沉淀软化处理就是向水中投加化学药剂,使其与水中的 Ca^{2+}、Mg^{2+} 离子进行化学反应,生成难溶于水的化合物[$CaCO_3$、$Mg(OH)_2$]而沉淀析出,从而降低水的硬度,所用的化学药剂称为沉淀剂。在化学沉淀软化法中,最常用的药剂是石灰(CaO),因为石灰价格便宜、处理效果好、资源广。但石灰在投加时易粉末飞扬,有工作条件差、运行人员劳动强度大等缺点。另外,市售石灰大都纯度较低,常含大量渣子,易使设备产生堵塞和磨损的问题。

沉淀软化法除了用石灰作沉淀剂外,根据水质情况,还可采用石灰—纯碱法、石灰—氯化钙法、石灰—纯碱—磷酸三钠法、氢氧化钠法等。

2.3.1　石灰沉淀软化处理

2.3.1.1　石灰软化处理的原理

石灰在水中溶解反应后成为熟石灰[$Ca(OH)_2$],石灰软化处理就是在水中加入适量的 $Ca(OH)_2$,并使其首先与水中游离的 CO_2 反应,然后多余的石灰再与水中的 $Ca(HCO_3)_2$ 及 $Mg(HCO_3)_2$ 反应,生成难溶于水的沉淀物而除去:

$$CO_2 + Ca(OH)_2 \rightarrow CaCO_3 \downarrow + H_2O$$
$$Ca(HCO_3)_2 + Ca(OH)_2 \rightarrow 2CaCO_3 \downarrow + 2H_2O$$
$$Mg(HCO_3)_2 + 2Ca(OH)_2 \rightarrow Mg(OH)_2 \downarrow + 2CaCO_3 \downarrow + 2H_2O$$

从上述反应可以看出,经石灰处理后,水的碳酸盐硬度和碱度同时得到了降低。至于非碳酸盐硬度,用石灰是无法消除的,因为虽然石灰也可与镁的非碳酸盐硬度作用,生成

$Mg(OH)_2$ 沉淀，但同时却生成了等物质量的钙的非碳酸盐硬度，其反应式如下：

$$MgCl_2 + Ca(OH)_2 \rightarrow Mg(OH)_2 \downarrow + CaCl_2$$

$$MgSO_4 + Ca(OH)_2 \rightarrow Mg(OH)_2 \downarrow + CaSO_4$$

石灰处理的主要目的是降低水的碱度和碳酸盐硬度。降低水的碱度，即减少重碳酸盐含量，防止二氧化碳的腐蚀，同时也可以有效地控制锅水碱度和 pH 值，减少排污；降低硬度，减轻离子交换软化或除盐处理的负担，提高水处理设备的运行周期和经济运行效果；在降低碱度和碳酸盐硬度的同时，含盐量也随之降低，改善锅水水质，减少排污。因此，石灰处理适用于高碱度、高硬度的原水。

2.3.1.2　石灰处理的沉淀过程

从理论上来讲，石灰处理后水中的碳酸盐硬度可降低到只有 $CaCO_3$ 的溶解度量，但实际上 $CaCO_3$ 在水中的残留量常高于理论量。这是由于石灰处理时，生成的沉淀物常常不能完全形成大颗粒，其中有些呈胶体状态残留于水中。特别是当水中存在有机物时，它们吸附在胶体颗粒上，起保护胶体的作用，使这些胶体在水中更稳定，这种现象对于下一步的水处理工艺也是不利的。因此石灰处理工艺中的重要问题就是组织好沉淀过程，促使其完全沉淀。

促使沉淀完全，常采用的措施有两种：一种是利用先前析出的沉淀物（称为泥渣）作为接触介质，就像 2.2.3.6 所述的接触介质促进沉淀一样；另一种是在石灰处理的同时，进行混凝处理。混凝处理之所以能改进石灰处理的沉淀过程，是因为：混凝过程可以除去某些对沉淀过程有害的有机物；混凝处理所形成的凝絮可以吸附石灰处理所形成的胶体，形成共沉淀；混凝处理还可除去水中悬浮物并减少水中胶态硅的含量，提高水的澄清效果。石灰处理中所用的混凝剂，一般为铁盐（如 $FeSO_4 \cdot 7H_2O$），因为此时水的 pH 值较高。

2.3.1.3　石灰的用量

在运行中，石灰用量要掌握适当，不能太多或太少，太少会使反应不完全，太多会使水中残留有 $Ca(OH)_2$，结果都会造成出水中残留的硬度和碱度偏高。由于石灰处理时实际发生的反应很复杂，前面所述的反应式只不过是其中主要的反应，在运行中影响石灰添加量的因素也较多，因此石灰的最适宜加药量不能按理论来估算，而要用调整试验来求取。不过，在进行设计工作或拟订试验方案时，需要预先知道石灰加药量的大概值，可按下式估算：

$$G_{SH} = (28/\varepsilon)\{[1/2CO_2] + [1/2Ca(HCO_3)_2] + 2[1/2Mg(HCO_3)_2] + \alpha\} \qquad (2.2)$$

式中，G_{SH}——处理每吨水所需的石灰投加量，g/t；

28——1/2CaO 的摩尔质量，g/mol；

ε——石灰中 CaO 纯度；

$[1/2CO_2]$、$[1/2Ca(HCO_3)_2]$、$[1/2Mg(HCO_3)_2]$——分别为这些化合物在原水中的浓度，mmol/L；

α——完全反应所需的石灰过剩量，一般可取 0.2 mmol/L(1/2CaO)。

当同时加入铁盐混凝剂时，铁离子与原水中的 HCO_3^- 会发生如下反应：

$$Fe^{3+} + 3HCO_3^- \rightarrow Fe(OH)_3 \downarrow + 3CO_2 \uparrow$$

反应的结果是原水中的 HCO_3^- 减少，CO_2 增多。

2.3.2　其他沉淀软化处理

如上所述,石灰处理只能降低水中的碳酸盐硬度,而不能降低非碳酸盐硬度和过剩碱度。为此,还可采用下述沉淀软化法。

2.3.2.1　石灰—纯碱

这种方法是在水中同时投加石灰和纯碱。加石灰的处理目的和以上所述的相同,加纯碱处理的目的是降低非碳酸盐硬度,其反应式如下:

$$\begin{matrix} CaSO_4 \\ CaCl_2 \end{matrix} + Na_2CO_3 \rightarrow CaCO_3 \downarrow + \begin{matrix} Na_2SO_4 \\ 2NaCl \end{matrix}$$

$$\begin{matrix} MgSO_4 \\ MgCl_2 \end{matrix} + Na_2CO_3 + Ca(OH)_2 \rightarrow CaCO_3 \downarrow + Mg(OH)_2 \downarrow + \begin{matrix} Na_2SO_4 \\ 2NaCl \end{matrix}$$

因此,用这种方法,可同时降低碳酸盐硬度和非碳酸盐硬度,水的软化程度比单独用石灰处理时要高,总残留硬度甚至可降至 0.3～1.0 mmol/L。对于低碱度、高硬度的原水,宜采用此方法。

采用石灰—纯碱法处理时,处理每吨水所需的纯碱用量(G_{CJ})可按下式估算:

$$G_{CJ} = (YD_F + D_N + \alpha)53/\varepsilon, g/t \tag{2.3}$$

式中,YD_F——原水的非碳酸盐硬度,mmol/L;

$\quad D_N$——混凝剂加入量,mmol/L;

$\quad \alpha$——纯碱的过剩量,一般可取 0.5～1.2 mmol/L(1/2 Na$_2$CO$_3$);

$\quad 53$——1/2 Na$_2$CO$_3$ 的摩尔质量,g/mol;

$\quad \varepsilon$——纯碱中 Na$_2$CO$_3$ 的纯度。

2.3.2.2　石灰—氯化钙处理

这个方法可用来降低水中的负硬度。加石灰处理的目的和以上相同,降低负硬度(即过剩碱度)的反应式如下:

$$\begin{matrix} 2NaHCO_3 \\ 2KHCO_3 \end{matrix} + CaCl_2 + Ca(OH)_2 \rightarrow 2CaCO_3 \downarrow + \begin{matrix} 2NaCl \\ 2KCl \end{matrix} + 2H_2O$$

采用石灰—氯化钙法处理时,处理每吨水的氯化钙用量(G_{LG})可按下式估算:

$$G_{LG} = (JD - YD - e)55.5/\varepsilon, g/t \tag{2.4}$$

式中,JD——原水的总碱度,mmol/L;

$\quad YD$——原水的总硬度,mmol/L;

$\quad e$——所需保留的碱度,一般为 1～1.5 mmol/L;

$\quad 55.5$——1/2CaCl$_2$ 的摩尔质量,g/mol;

$\quad \varepsilon$——CaCl$_2$ 纯度。

如果计算结果 $G_{LG} \leqslant 0$,则说明无须加氯化钙。

2.3.2.3 热法石灰—纯碱—磷酸盐处理

此法是用石灰和纯碱对加热至 $80\sim100$℃ 的水进行初步沉淀处理,反应原理同石灰—纯碱法。为了改善沉淀条件,可同时向水中加入铝盐作混凝剂。由于经这种方法初步处理的水,硬度还不能降得很低,为了进一步降低硬度,可用磷酸三钠进行补充处理,其离子反应式如下:

$$3Ca^{2+}+2PO_4^{3-}\rightarrow Ca_3(PO_4)_2\downarrow$$

$$3Mg^{2+}+2PO_4^{3-}\rightarrow Mg_3(PO_4)_2\downarrow$$

经此法处理后水的残留硬度可降至 $0.35\sim0.7$ mmol/L。

2.4 沉淀处理的设备及其运行

沉淀处理的设备可分为沉淀池和澄清池两类。运行时,池中不带悬浮泥渣层的设备称沉淀池,带泥渣层的称澄清池。

沉淀池是一种用来使浑水中悬浮物进行沉降分离的池子,结构很简单。当生水中悬浮物的含量较大(>3000 mg/L)时,可用沉淀池来进行预处理。沉淀池也可用来进行混凝或做其他加药沉淀处理,但这时,应将加有药品的水先通过混合器和反应器,再进入沉淀池,所以用沉淀池进行混凝或沉淀软化预处理时,系统的附属设备较多,一般用在产水量很大时的预处理。澄清池是利用悬浮泥渣层与水中杂质颗粒相互碰撞、吸附、黏合,以提高澄清效果的一种沉淀设备。利用澄清池进行沉淀处理时,药品和水的混合、反应、沉淀物分离等许多作用都在此池内进行,因此其处理系统只有加药设备和澄清池两部分,当要求产水量不太大时,该系统在投资和运行方面都较优越。由于锅炉的用水量不太大,所以一般均采用澄清池系统进行预处理。

2.4.1 沉淀池

沉淀池类型较多,我们只介绍两种常用的沉淀池,即平流式沉淀池和斜管(或斜板)沉淀池。

2.4.1.1 平流式沉淀池

平流式沉淀池(也称卧式沉淀池)是使用最早的一种沉淀设备。由于它结构简单、运行可靠,对水质适应性强,管理方便,既可构筑于地面,也可埋筑在地下,因此不仅适用于大型水处理厂,对处理水量较小的锅炉水处理也适宜。

平流式沉淀池是一个矩形结构的池子,常称为矩形沉淀池。整个池子可以划分为四个区,即:进水区、沉淀区、出水区和存泥区,其构造如图 2.2 所示。

(1)进水区

通过混凝处理后的水先进入沉淀池的进水区。

进水区设有多孔隔墙,其作用是水能均匀分配入池,避免水流过快,冲起进口部分的泥沙,影响沉淀效果。

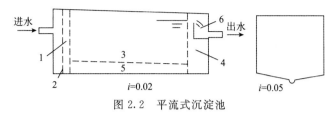

图 2.2　平流式沉淀池

1—进水区；2—多孔隔墙；3—沉淀区；4—出水区；5—存泥区；6—出水槽

(2)沉淀区

沉淀区的容积应能保证沉淀水有合适的水平流速和足够的流经时间(也称停留时间)，以保证其中的悬浮物在水的流动过程中沉降。一般而言，有混凝处理时，池内水的水平流速为 5～20 mm/s；无混凝处理(自然沉淀)时，池内水的水平流速不超过 3 mm/s，停留时间则应根据原水水质、处理方法和对沉淀后水质的要求，并参照不同悬浮物的沉降速度，通过试验或计算而定，一般停留时间可采用 1～2 h。当处理低温、低浊度或高浊度水时，沉淀水的停留时间可适当延长。混凝沉淀时，出水悬浮物含量一般不超过 15 mg/L。

(3)出水区

出水区的作用是使清水从池中均匀流出。采用出水堰出水的，应使堰顶尽量保持水平，以免沿堰流出的水量不均匀。沉淀效果除受反应效果的影响，池中水平流速、沉淀时间等因素也有影响，而沉淀池的布置形式及排泥效果等均影响沉淀池有效容积及进出水的均匀性、池内水流平稳性等。

(4)存泥区

存泥区的作用是积存沉淀的泥渣和排除泥渣。为了便于排除积存的泥渣，沉淀池底部的存泥区应筑成带有坡度(i)的倾斜状，其纵向坡度为 0.02，横向坡度为 0.05。沉淀池中积存泥渣的排除，往往是运行中的一个重要问题，利用底部的坡度和水力喷射等方法，可以排除大量泥渣，但仍免不掉每 1～2 年人工清除一次。

2.4.1.2　斜管(或斜板)沉淀池

斜管(或斜板)沉淀池是在平流式沉淀池基础上发展起来的。它是一种在沉淀池内设置许多直径较小的平行倾斜管或间隔较小的平行倾斜板的一种沉淀装置，如图 2.3 所示。由于斜管或斜板的设置，令沉降过程在斜管或斜板中进行，则可以使水中絮凝物的分离速度加快，从而缩短沉降时间，改善了沉淀效果，也减少沉淀池体积。

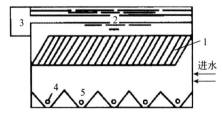

图 2.3　斜管(或斜板)沉淀池

1—斜管；2—集水管；3—集水槽；4—排泥管；5—集泥斗

沉淀水由多孔墙均匀分配进入池内,并沿池截面积平均上升,进入沉淀区。为了使水流均匀进入池内,有些沉淀池在进水端还设置了整流墙,以控制进水流速,避免絮体破碎。由于沉淀区中设置了许多密集的斜管(或斜板),沉淀水流在由下向上通过斜管(或斜板)装置时,便发生了水中悬浮杂质在斜管(或斜板)内的沉降过程:沉淀物被斜管(或斜板)截留,并不断积聚,向下自动落入池底积泥区,而沉淀后的清水则向上进入清水区,并由集水槽流出。

同时,沉淀区被斜管(或斜板)分割成许多小区域,这样的效果一是由于颗粒沉降的路程较短——只相当于斜管管壁间距(或两块斜板间的垂直距离),故沉降时间短,可以提高沉降效率;二是因为有斜管(或斜板)的缓冲分割,所以沉淀水流比较平稳,不易产生涡流,这也有利于沉淀物颗粒的沉降。因此斜管(或斜板)式沉淀池有沉淀效率高,池子容积小,占地面积小等优点。

这种沉淀池可以在原有的沉淀池内加装斜管(或斜板),即可提高沉淀效率50%～60%,同面积的处理水能力提高3～5倍;但是由于水在池内沉淀时间较短,也带来了运转中对水量、水质变化适应能力较差,需加强运行管理的问题。

斜管(或斜板)沉淀池按水流方向,一般分为上向流、下向流和平向流三种。上向流的水流方向是水流自下向上流动的,而沉泥是自上向下滑动的,两者流动的方向正好相反,故常称为异向流,斜管沉淀池均属异向流。下向流的水流方向和沉泥的滑动方向都是自上向下的,故常称为同向流。同向流的特点是,沉泥和水为同一流向,但清水流至沉淀区底部后仍需返回到沉淀池顶部引出,使沉淀区的水流过程复杂化。平向流的水流方向是水平的,而沉泥仍然是自上向下滑动的,两者的流动方向正好垂直。

2.4.2 澄清池

澄清池的特点主要有三点:一是利用活性泥渣与原水进行接触絮凝;二是将混合、絮凝沉淀合在一个池内完成;三是节约用药量,占地面积小,可充分发挥混凝剂的作用和提高单位容积的产水能力。澄清池具有生产能力高,沉淀效果好等优点,但管理复杂。

澄清池按泥渣的工作状态可分为循环泥渣型(也称泥渣回流型)和悬浮泥渣型(也称泥渣过滤型)两种形式。

循环泥渣型澄清池是在澄清池中有若干泥渣作循环运行,即泥渣区有部分泥渣回流到进水区,与进水混合后共同流动,待流至泥渣区进行澄清分离后,这些泥渣又返回原处。这类澄清池中有机械搅拌澄清池和水力循环澄清池。

悬浮泥渣型澄清池是指澄清池在运行时,有一层由于水的流动而悬浮着的活性泥渣层。水在通过此活性泥渣层时互相接触,进行混凝反应,就完成了水的澄清工作。脉冲澄清池就属于这一类澄清设备。

2.4.2.1 机械搅拌澄清池

机械搅拌澄清池也称机械加速澄清池。其特点是利用机械搅拌的提升作用,来完成泥渣循环回流和接触反应。这种澄清池不仅适用于一般的澄清,也可用于水的石灰软化澄清。

机械搅拌澄清池通常是由钢筋混凝土构成,横断面呈圆形,内部有搅拌装置和各种导流隔墙,构造如图2.4所示。

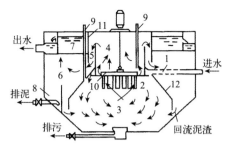

图 2.4　机械搅拌加速澄清池

1—进水管；2—进水槽；3—第一反应室(混合室)；4—第二反应室；5—导流室；6—分离室；
7—集水槽；8—泥渣浓缩室；9—加药管；10—机械搅拌器；11—导流板；12—伞形板

原水由进水管 1 进入截面为三角形的环形进水槽 2,通过槽下面的出水孔或缝隙,均匀地流入第一反应室 3。

在第一反应室中,由于搅拌器上叶片的搅动,原水与混凝剂混合,并使加药后的原水与大量的回流泥渣均匀混合,进行了接触反应,然后经叶轮提升至第二反应室 4 继续反应,以结成较大的絮粒。

水流经设在第二反应室上部四周的导流室 5 消除了水流的紊动后,进入分离室 6。分离室中由于其截面较大,故水流速度很慢,可使泥渣和水分离。分离出的水流入集水槽 7。

由分离室分离出来的泥渣大部分回流至第一反应室,部分泥渣进入泥渣浓缩室 8。进入第一反应室的泥渣又重新随进水流动,进入泥渣浓缩室的泥渣则定期排走。澄清池底部设有排泥管,供排空之用;环形进水槽上部设有排气管,以排除随水带入的空气。

2.4.2.2　水力循环澄清池

水力循环澄清池结构简单,容易建造,投资低,运行管理方便。缺点是单池出力不宜超过 300 m^3/h,稳定性较差,如流量或水温变动易使泥渣悬浮层扰动,而影响出水水质。

(1)混凝过程

原水在泵前加入混凝剂,经水泵送入底部的喷射器,进水由喷嘴高速冲出,通过混合室,进入喉管,在混合室形成负压,吸入大量回流泥渣,在喉管由于水的快速流动,水、混凝剂、泥渣可以得到充分的混合,因此,当水流到第一反应室时,就会迅速形成良好的絮凝物,再经第二反应室,由于沿程的过水断面是逐渐扩大的,因而流速逐渐减小,有利于絮凝物进一步长大。

(2)澄清过程

水进入污泥悬浮层后,由于流速大为下降,泥渣在重力的作用下和水分离,分离出来的泥渣大部分流回底部再循环,小部分通过排污口排掉。在水中保护一定数量的泥渣层,可使沉淀过程更完全,沉淀效率提高,污泥悬浮层起接触介质的作用,即在其表面上起着吸附、催化、截留以及泥渣颗粒作为结晶核心的作用。

水力循环澄清池通常是由钢筋混凝土构成,横断面呈圆形,池内设有喷嘴、混合室、喉管、反应室和分离室等,见图 2.5。其工作过程如下:药剂随原水一起进入喷嘴,在高速射流下,在混合室中形成负压,吸入大量回流泥渣,经喉管充分混合后,依次进入第一反应室、第二反应室、分离室及集水槽。水在进入第一反应室到流出第二反应室的过程中,由于沿程的过水断面是逐渐扩大的,因而流速逐渐减少,有利于絮凝物的长大。水流进入分离室后,由于流速大为下降,泥渣在重力作用下和水分离。在分离室分离出来的泥渣,大部分回流底部再循环,小部分经泥渣浓缩室后排掉。

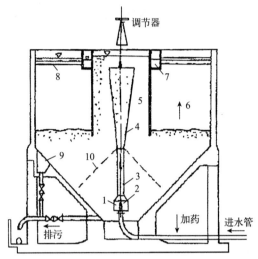

图 2.5　水力循环澄清池

1—混合室;2—喷嘴;3—喉管;4—第一反应室;5—第二反应室

6—分离室;7—环形集水槽;8—穿孔集水管;9—污泥斗;10—伞形罩

2.4.2.3　脉冲澄清池

脉冲澄清池是利用脉冲配水方法,自动调节悬浮层泥渣浓度的分布,进水按一定周期充水和放水,使悬浮层泥渣交替地膨胀和收缩,增加原水颗粒与泥渣的碰撞接触机会,从而提高澄清效果。

脉冲澄清池的工作过程如图 2.6 所示。

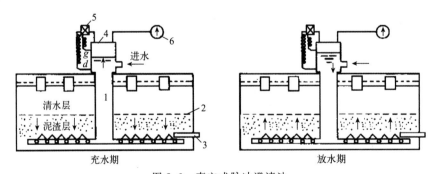

图 2.6　真空式脉冲澄清池

1—落水井;2—集泥室上缘;3—排泥管;4—真空室;5—空气阀开关;6—真空泵

加药后的原水由进水管引入真空室。在这里由于真空泵在抽气,产生真空,室中水位随之上升;当升到预定的高水位时,电磁阀自动开放,空气进入真空室,破坏了真空,于是水从真空室急剧下落,经底部配水系统支管上的孔眼喷出。此时经孔眼流出的水,除了先前积存在真空室的以外,还有从进水管流入的。喷出的水在遇到挡板时,由于涡流作用,水和药剂进行了混合,最后由挡板间的狭缝中冲出,冲动泥渣层,使其上升。通过泥渣层的清水经集水管排出。当真空室中水位下降到预定的降水位时,电磁阀自动关闭。由于真空泵继续抽气,真空室中水位又上升,进入下一脉冲周期。

脉冲周期一般为 30～40 s。真空室中水位上升时称为“充水”,时间约 25～30 s;真空室水位下降时称为“放水”,时间约 5～10 s。

2.4.3　澄清池的运行

虽然都是带有泥渣运行的设备,但不同类型的澄清池都有其自己的运行特点,因此,这里只对它们运行的共同点作个概述。

2.4.3.1　澄清池的运行

(1)运行前的准备工作

澄清池在投入运行前,必须先做好各项准备工作。新池或经检修后启动时,应把池内打扫干净,并检查有关设备运行的各部分是否完好;配制好各种合适浓度的药液,并预先做好各种药剂最佳加药量的试验及加药器的加药量调节试验。

(2)启动

当各项准备工作完成后,就可向澄清池中灌水。此时,有的澄清池应考虑是否会有因浮力或应力等原因而损害设备本身的情况,并采取适当措施。

当澄清池由空池投入运行时,首先需要在池内积累泥渣。在这个阶段中,应将进水速度减慢(如水流量为额定流量的 1/3 或 1/2),并适当加大混凝剂的投加量(如加入正常情况下 2～3 倍的药量),当泥渣层形成后,再逐步增大进水速度至水流量为额定量,减少混凝剂加药量为正常值。为了加速泥渣的形成,在这一阶段也可投加一些黏土。

(3)运行

澄清池的运行,实际上就是进水、加药和出水、排泥呈动态平衡的过程,运行操作就是控制好这种动态平衡,使其保持在最佳条件下工作。

运行中要控制的主要环节是排泥量和泥渣循环量。此外,间歇运行、负荷变动、水温波动和空气的混入等因素,都会影响运行的效果。

①排泥量和泥渣循环量。为了保持澄清池中泥渣的平衡,必须定期自池中排除一部分泥渣。排泥量要掌握适当,如排泥量不够,会出现反应室和分离室中泥渣层不断升高或出水变浑等现象;如排泥量过多,则会使反应区泥渣浓度过低,以致影响沉淀效果。排泥的间隔时间与泥渣的形成量有关,可由运行经验决定。为了保持泥渣循环式澄清池的各个部分有合适的泥渣浓度,可调节其泥渣循环量,以达到最佳的澄清效果。

②间歇运行。由运行经验得知,澄清池如暂时停止运行(3 h 以内),那么在其启动时无须

采取任何措施,或只要经常搅动一下,以免泥渣被压实即可。但如停运时间稍长(3～24 h),则由于泥渣易被压实,有时甚至有腐败现象,因此恢复运行时,应先将池底污泥排出一些,然后增大混凝剂投加量,减少进水量,等出水水质稳定后,再逐渐调整至正常状态。如停运时间较长,特别是在夏季,泥渣容易腐败发臭,故在停运时应将池内泥渣排空。

③水温变动。进水水温如有改变,特别是水温升高较快时,会因高温水和低温水之间密度的差异,产生对流现象,从而影响出水水质。

④空气混入。对于澄清器,由于其水流的方向一直是由下往上的,因此当水中夹带有空气时,就会形成气泡上浮搅动泥渣层,使泥渣随出水带出,影响水质。对于水力循环澄清池等,水流要经过两次转折再进入分离室,故一般情况下气泡不会带入泥渣层。

2.4.3.2 监督和调整

澄清池在运行中需要监督的有两个方面:一个是出水水质,另一个是澄清池各部分的运行工况。

澄清池出水水质的监督项目,根据处理方式的不同而有所不同,一般混凝处理需测定浊度、pH 值、耗氧量、铝或铁离子残留量等。如进行混凝—石灰处理,则除上述项目外,还应监测硬度和碱度等。

运行工况的监督项目有:清水层的高度,反应室、泥渣浓缩室和池底等部位的悬浮泥渣量等。此外,还应记录好进水的流量、加药量、水温、排泥时间、排泥门的开度等各个参数。

当澄清池投入运行后,为了摸清其最佳的运行工况,可在运行一段时间后进行调整试验。调整试验所要解决的问题一般有两个:一是最佳加药量,另一是最佳运行条件。在各种具体条件下,由于澄清池的类型、原水水质、投加药品等不同,澄清池的工作情况各不相同。为此,对各澄清池的运行条件不能统一规定,而应通过调整试验和积累经验,求得最佳的运行条件。

2.5 过滤处理

天然水经过混凝澄清处理后,水中的大部分悬浮物被去除,其中水浊度一般小于 10～20 mg/L。这样的水质仍不能满足离子交换工艺的要求。因为含有细小悬浮物的水在进行离子交换时会附着在交换树脂表面,阻碍离子交换反应的进行,并会增加树脂层的阻力;细小的胶体状物质还可能渗入到阴离子交换树脂的网状结构内部。由于再生时分子体积增大,卡在微孔中不易洗脱,从而污染阴离子交换树脂,并使阴床产生出水电导率增高、正洗水量增加等问题。

进一步除去水中悬浮物常用的方法是过滤,即用多个介质将水中的悬浮固形物除去,从而获得清水的工艺过程。

所以过滤处理常置于混凝和澄清以后,作为水的整个连续澄清过程的一个部分。过滤装置的进水浊度一般为 10～20 mg/L,出水浊度可以达到小于 1 mg/L。不经澄清的直流混凝过滤(即接触过滤),在入口水浊度不大的情况下,也可取得良好的效果。过滤在降低水中浊度的同时,还可以除去水中的有机物、臭味和色度等。

锅炉给水处理系统中,常采用粒状滤料的过滤方法,因为这种方法的设备比较简单,且当滤层失效后易于用反洗的方法恢复其过滤能力。

2.5.1　过滤原理

过滤的作用就是通过适当的滤层较为彻底地除去水中的悬浮物杂质。经过研究,一般认为过滤是表面吸附和机械阻留等的综合结果。首先,当水开始自上部进入滤层时,水中部分悬浮物由于吸附和机械阻留作用,被滤层表面截留下来。此时,悬浮物之间会彼此发生重叠和架桥等作用,所以过了一段时间后,在滤层表面就好像形成了一层附加的滤膜。在以后的过滤中,这层滤膜就会起主要的过滤作用,这种过滤过程称为薄膜过滤。

在实际过滤运行中,起过滤作用的不仅是滤层的表面,事实上当水流进入滤层中间时,也会因吸附和混凝的结果起到截留悬浮物的作用。

2.5.2　滤料的选择

可以做滤料的物质很多,不同的过滤技术也需要不同的滤料。锅炉水处理常用的滤料有石英砂、无烟煤、大理石等,用于水的混凝、澄清后的过滤处理。

用作滤料的物质,应具备以下条件:

(1)化学稳定性好,不影响出水水质。滤料应有足够的化学稳定性,以免在过滤和冲洗的过程中发生溶解,引起水质劣化。

对石英砂、无烟煤等进行酸性、碱性和中性溶液的化学稳定试验得出:石英砂化学性质较好,在中性和酸性介质中稳定,在碱性介质中略有溶解,作为滤料有较广泛的应用;白云石和无烟煤在碱性水中比较稳定。

石英砂可以用作凝聚处理后的过滤,也可以用于其他各种处理后的过滤;石灰处理后的水可采用大理石或无烟煤过滤;镁剂除硅后的水,可采用白云石或无烟煤过滤。磷酸盐、食盐过滤器的滤料可采用石英砂和无烟煤;离子交换床的底部垫层,可采用石英砂。

(2)机械强度良好,使用中不碎裂。滤料应该有足够的机械强度,以减少因颗粒间互相摩擦而破碎的现象。如果滤料的机械强度不好,会在运行中有大量的粉末产生,这些碎末过多,会因被反洗水带走而造成滤料损失;而且过多的碎末淤积在滤层中,又会增加过滤时的水头损失,使每次反洗后的过滤时间(也称过滤周期)缩短,出水量减少。

关于机械强度的测试,可以用滤料的破碎率或磨损率来表示,一般要求其年损耗率不大于 2%。

(3)外形。滤料外形应接近球形,表面粗糙有棱角。这种颗粒水力特性好,阻力小,颗粒间的孔隙比较大,含污能力强;表面粗糙的颗粒比表面积大,利于对悬浮物的吸留。

(4)粒度大小适当,均匀性好。粒度是表征滤料颗粒大小情况的参数,它有两种表示方法:

①粒径范围。这是工业使用中常用的表示方法。按滤料的最大和最小颗粒的粒径来表示滤料颗粒大小的范围。一般讲,采用石英砂作滤料时,其粒径为 0.5～1.0 mm;用无烟煤作滤料时,其粒径为 1.0～2.0 mm。

②粒径和不均匀系数。用粒径范围来表示滤料粒度情况虽然比较直观,但是由于它只能表示滤料的最大粒径和最小粒径的大小,所以颗粒的粒径都介于这两者之间,但不能表示出滤料中大小不同颗粒的分布情况。这就在使用中出现一个问题,如果滤料颗粒的大小分布不均匀会有两个后果:一是如果滤料颗粒分布"偏小",则细小的颗粒集中在滤层表面,会使过滤时污物都堆积在滤料表面,使水头损失增加得太快,过滤周期变短,出水量减少;二是如果滤料颗粒分布"偏大",则会使反洗操作困难,反洗强度太大易在反洗时带出微小滤料,造成反洗"跑料",而反洗强度太小则不能松动下部大颗粒滤料,造成"积泥"。

为了全面表征滤料粒度状况,引入"粒径"和"不均匀系数"两个概念。

粒径是表示滤料颗粒大小概况的一个指标。滤料粒径情况对过滤影响很大。不同的滤料和不同的过滤概况,对滤料粒径有不同的要求。在使用时应因地制宜,根据具体情况选用,不宜过大或过小。滤料粒径过大时,细小的悬浮物会穿过滤层,而且在反洗时不能使滤层充分松动,结果反洗不彻底,沉积物和滤料结成硬块,因而产生水流不均匀,出水水质降低,滤床"失效"很快等问题。粒径过小,则水流阻力大,过滤时滤层水头损失也增加很快,从而缩短过滤周期,反洗水耗量也会相对增加。粒径通常有两种表示方法:平均粒径 d_{50},表示有 50%(质)滤料能通过筛孔孔径(mm);有效粒径 d_{10},表示有 10%(质)滤料能通过筛孔孔径(mm)。之所以称 d_{10} 为有效粒径,因为当不同滤料的 d_{10} 相等时,由于较小的颗粒是产生水头损失的有效部分,所以即使它的颗粒大小分布不一样,在过滤时产生的水头损失往往是一样的。

不均匀系数(K_{80})是指 80%(质)滤料能通过的筛孔孔径(d_{80})与 10%滤料能通过筛孔孔径(d_{10})的比值,即

$$K_{80} = \frac{d_{80}}{d_{10}} \tag{2.5}$$

在普通过滤中,当用石英砂或大理石作滤料时,其有效粒径可采用 0.35 mm,不均匀系数应小于 2;当用无烟煤时,其有效粒径可采用 0.6 mm,不均匀系数应不大于 3。

(5)价格便宜,便于取材。

2.5.3　影响过滤运行的因素

过滤设备的运行情况是:运行时水流从上向下通过滤层,除去水中的悬浮物;当粒状滤料工作到滤层中截留有大量泥渣时,为了恢复它的过滤能力,需要将滤层进行冲洗。首先是用快速水自下而上通过滤层,以清除滤层中在运行时所截留的泥渣和因滤料碎裂所生成的粉末,这称为反洗;反洗后是按与过滤运行方向相同的方式通水,将不合格的出水排走,这称为正洗。待正洗至出水合格时,便可重新投入运行。因此,过滤运行呈循环状态,由过滤、反洗和正洗三个步骤组成一个周期。两次反洗之间的实际运行时间称为过滤周期。

过滤的运行效果通常由两个方面来评价:一是出水水质,往往用浊度来表示;二是滤层的截污能力,又称泥渣容量,是指在保持滤池出水水质合格的条件下,在整个过滤周期中,单位体积的滤料所能截留的泥渣质量。

截污能力与滤料粒径和水处理方式有关。滤料粒径大,形成的滤孔通道体积大,截污能力也大。同时滤料粒径大,悬浮物也易于渗透到滤层深处,使截污能力相应增大。如果滤料粒径

过大,水中的悬浮物颗粒易产生穿透,从而影响出水浊度。过滤水中的杂质随处理方式不同,其被截留的能力也不同。据测试,当滤料粒径为 0.5~1.0 mm 时,对于未经处理的水,其截污能力为 0.5~1.0 kg/m³;对于经石灰处理的水,其截污能力为 1.5~2.0 kg/m³;对于经混凝处理的水,其截污能力为 2.5~3.0 kg/m³。

水的过滤处理与水的混凝处理一样,也是一个比较复杂的物理化学过程。因此,影响过滤效果的因素也很多,主要有滤速、反洗和水流的均匀性等。

2.5.3.1　滤速

滤速(v)可按下式计算:

$$v=Q/F, \quad \text{m/h} \tag{2.6}$$

式中,Q——过滤器的出力,m³/h;

F——过滤器的过滤截面积,m²。

由上式可知,通常所谓滤速并非水通过滤料层孔隙的速度,而是没有滤料时,水通过空过滤器的速度,也称为"空塔流速",它是表示滤池中水流快慢的一种相对数据。

过滤过程是过滤层由上至下逐渐被水中悬浮物饱和的过程。因此,滤速的大小不仅影响到悬浮物向滤料表面的输送,而且对已被滤料所吸附的悬浮物有水力剪切的作用。如果滤速太快,水力剪切作用大于吸附作用,就会使出水浊度上升,水头损失增加,缩短过滤周期。如果滤速过慢,则意味着过滤器单位面积的出力减少,如要达到一定出力,就得增大过滤面积,使设备变得庞大,且增加投资。因此,过滤器的最佳过滤速度应根据滤料特性和进出水的水质条件等,通过调试确定。在过滤已经过混凝和澄清处理的水时,滤速一般为 10~12 m/h。

过滤时最大允许滤速主要取决于滤料的粒径。粒径越小,允许的滤速越小。

2.5.3.2　反洗

滤池的反洗周期按两个办法确定。

一是定期反洗。当滤池运行一定时间(例如 1 周)后,即停止过滤运行,开始反洗工作。

从理论上讲,滤池运行状况的好坏,可以用测定出水的浊度来监督。但是随着滤出悬浮物在滤料间的堆积,滤层的水流阻力逐渐增大。此时虽然出水浊度不会发生大的改变,但如不及时反洗,则会由于泥渣的过多积聚,造成滤料层结构的变化:滤料间孔道横断面和形状发生改变;滤层被压实;水流阻力增大,从而使滤层"破裂",造成过滤水短路,出水水质变差。同时滤料中杂质积累过多,也会使下部滤料结块,造成反洗困难等一系列问题,所以滤池必须按一定周期反洗一次。

二是控制滤池水头损失,也即当水通过滤层压力降大于 0.05 MPa 时,必须对滤池进行反洗工作。

反洗时水流速度的大小可用"反洗强度"来表达,其单位是 L/(m²·s),表示每秒钟内流过每平方米过滤截面的反洗水量。反洗强度应掌握适当,既要足以使滤层充分松动,使颗粒间能相互碰撞和摩擦,同时冲走泥渣和微小的滤料碎末,又不至于将正常的滤料颗粒带走。

在各种具体运行条件下,最适宜的反洗强度应通过实验求得。因为它与滤料颗粒的粒径、密度、层高以及水温等许多因素有关,很难估算。一般来说,石英砂的反洗强度为 15~

18 L/(m²·s);而无烟煤因密度较小,反洗强度为 10~12 L/(m²·s)。

反洗时,由于水流快速向上流动,使得滤料颗粒松动,滤层发生膨胀。滤层膨胀后所增加的高度与膨胀前的高度之比称为滤层膨胀率,这是用来衡量反洗强度的一个指标。一般滤层的膨胀率为 25%~50%,反洗时间为 5~10 min。

为了提高反洗效果,减少反洗用水,有些过滤设备还装设有压缩空气管道,以便借助压缩空气把滤料搅动起来。

2.5.3.3　水流的均匀性

过滤设备在过滤或反洗的过程中,都要求沿滤层截面各部分的水流分布均匀,否则,就会影响其发挥最大的效能。然而,由进水总管进入的水,在通过滤池的各个部位时,由于所流经路程远近不同,所以沿途压力损失总有差别,这样也就不可能做到各部分的水流绝对平均。

在过滤设备中,对水流均匀性影响最大的是配水系统(或称排水系统)。配水系统是指安置在滤层下面,过滤时收集过滤水,反洗时用来送入冲洗水的装置。为了使水流均匀,配水系统的设计必须合理。

2.5.4　过滤装置

过滤装置的分类方法很多,通常将过滤装置分为压力式过滤器和重力式滤池两大类。

压力式过滤器为密闭的、立式圆柱形钢制容器,器内放置滤料,原水用泵打入,水的过滤是在压力下进行,所以这种过滤器又称机械过滤器,结构和运行都比较简单。锅炉水处理常用的机械过滤器有单流式机械过滤器和双流式机械过滤器两种。

重力式滤池简称滤池。因其在运行时依靠水的重力流入池中进行过滤或反洗而得名,包括多层滤料过滤器、无阀滤池、虹吸滤池、普通快滤池(四阀)、双阀快滤池和移动罩滤池等。

下面简要介绍常用的几种过滤装置。

2.5.4.1　单流式机械过滤器

(1)结构

这种过滤器是一个密闭的立式圆柱形钢制容器,其结构如图 2.7 所示。过滤器内填装有合适的滤料,并设有进水装置、配水系统,有的还装有进压缩空气的装置。器外设有各种必要的管道、阀门和仪表等。

在单流式机械过滤器中,为了满足反洗时滤层膨胀的需要,进水装置与滤层之间需留有一段空间。由于运行时此空间一直充满着水,可以起促进水流均匀的作用,因此这类过滤器的进水装置一般比较简单,如大都在进水管出口端设置一个口向上的漏斗。

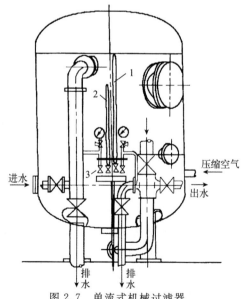

图 2.7　单流式机械过滤器

1—空气管;2—监督管;3—采样阀

过滤器中配水系统是一个重要的部件,它的作用除了保证水流在滤层中分布均匀外,还可防止滤料泄漏。配水系统的类型较多,目前常用的有:排水帽式、支管开缝式和滤布式(穿孔板夹铺滤布或支管包滤布)等。

(2)使用

普通单流式过滤器运行流速一般为 8～10 m/h。当它运行至水流通过滤层的压力降达到规定值时,需停止运行,进行反洗。此时,应先将过滤器内的水排放到滤层上缘为止(可从过滤器上监督管中的流水情况来判断),然后送入强度为 18～25 L/(m² · s)的压缩空气,搅动吹洗3～5 min 后,在继续供给压缩空气的同时,向过滤器内送入反洗水,其强度应使滤层膨胀 10%～15%。反洗水送入 2～3 min 后,停送压缩空气,继续用水反洗 1～2 min,此时反洗水的强度应增至使滤层膨胀率达到 40%～50%。最后,用水正洗,直至出水合格,又可开始过滤运行。

单流式过滤器中装载的滤料一般是粒径为 0.6～1.2 mm 的石英砂,滤层高约 0.7 m,其允许压力降约为 49 kPa,但过滤器不可运行至此极限值。一般刚反洗干净时,水流通过滤层的压力降约 4.9 kPa,周期运行到压力降为 20～30 kPa 时,就应进行反洗。除了按水流通过滤层的压力降来确定是否需要反洗外,也可以按一定的运行时间来进行反洗。不管按何种方法确定,其允许的运行周期都应通过调整试验求得。

2.5.4.2　多层滤料过滤器

普通单流式过滤器,在反洗液的冲洗下,滤料自然按"上细下粗"排列。因此这种过滤器主要是利用滤层表面的薄膜作用进行过滤,而下层滤料大都未能发挥其过滤作用,因此它的平均截污能力低,运行周期短,而且滤层的水头损失增加很快。为了改善这种情况,设计了多层滤料过滤器。目前使用的多层滤料过滤器,多数为双层或三层滤料。

(1)双层滤料过滤器

它的结构与普通过滤器相同,只是在滤床中分层安放着两种不同的滤料。上层为相对密度小、粒径大的滤料,下层为相对密度大、粒径小的滤料。通常采用的是:上层为无烟煤(相对密度 1.5～1.8),下层为石英砂(相对密度 2.65 左右)。由于它们的相对密度差别较大,因此即使无烟煤颗粒的粒径较大,反洗后仍能处于颗粒较小的石英砂的上面。这样,可使整个滤层的颗粒形成"上粗下细"的排列,这对过滤非常有利。

双层滤料过滤器能否达到良好的运行效果,关键是反洗时两种滤料能否良好分层。为了在反洗时不使两种滤料混层,必须适当选择两种滤料的粒径。实践表明,当无烟煤的相对密度为 1.5 时,最大的煤粒粒径与最小的石英砂粒径之比应不大于 3.2。在实际应用中,很难做到两种滤料完全不混层,一般要求控制混层厚度小于 10 cm 即可。

普通的石英砂过滤器可直接改为双层滤料过滤器,此时可将其上层 200～300 mm 高度的最小颗粒取走,使余下的石英砂表面层的颗粒粒径为 0.65～0.75 mm,然后再装入粒径为1.0～1.25 mm 的无烟煤滤料。这样,过滤时水中大部分悬浮物就会渗入无烟煤颗粒间的孔隙中,并得以截留,剩余的可被下层石英砂所阻留。

(2)三层滤料过滤器

三层滤料床的原理和结构与双层床相似,它相当于在双层滤料床下面加了一层相对密度更大,颗粒更小的滤料。常采用的大密度滤料有石榴石、磁铁矿或钛铁矿等,它们的化学性质稳定,其中石榴石的密度为 4.2 g/cm³,磁铁矿的密度为 4.7～4.8 g/cm³。

三层滤料的粒径范围一般为:上层的无烟煤 0.8～2.0 mm;下层的大密度滤料 0.2～0.5 mm;中层的石英砂粒径可根据上下两种滤料的条件确定,要求无明显混杂。各层滤料的厚度在总厚度中所占比例可根据进水水质情况确定,一般为:下层滤料约占 5%～10%;中层滤料约占 25%～35%;上层滤料约占 60%～65%。

双层滤料过滤器虽然比单层的截污能力强、流速高(一般为 12～16 m/h),但由于下部石英砂的粒径较大,为防止悬浮物穿过滤层,滤速还是不能过大。而在三层滤料过滤器中,由于滤料的粒径从上至下由大到小地排列,而且下层的滤料粒径小、表面积大,滤层的截污能力可得到充分发挥,因而其滤速可提高到 30 m/h 以上,仍可有效地防止悬浮物的穿透。因此,这类过滤器的优点为滤速高,截污能力强,过滤周期长,出水水质好,而且对于进水浊度高和浊度波动大的水源适应性也比较强,它的水流阻力与单层过滤器的相当。

2.5.4.3 无阀滤池

无阀滤池因其没有阀门而得名,它的结构形式很多,有压力式的,也有重力式的。压力式和重力式无阀滤池的结构原理是相同的,下面以重力式无阀滤池为例进行介绍。

(1)组成部分

重力式无阀滤池的组成如图 2.8 所示,它的主体自上而下分成三部分:即冲洗水箱、过滤室和集水室。此外,还有进水装置和冲洗用的虹吸装置等。

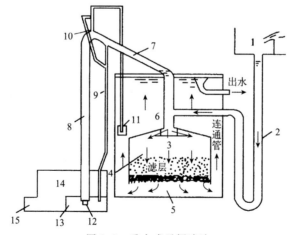

图 2.8　重力式无阀滤池

1—进水槽;2—进水管;3—挡板;4—过滤室;5—集水室;6—冲洗水箱;7—虹吸上升管;8—虹吸下降管;
9—虹吸辅助管;10—抽气管;11—虹吸破坏管;12—锥形挡板;13—水封槽;14—排水井;15—排水管

(2)过滤流程

原水通过进水槽由 U 形进水管送入过滤室,过滤后的水汇集到下部集水室,再由连通管上升至上部冲洗水箱。当此水箱水满后,便开始向外送水。

无阀滤池反洗后刚投入运行时,滤层较清洁,虹吸管内外的水位差(即滤池的水头损失)在初期一般只有 200 mm 左右。随着过滤的进行,滤料截留的杂质渐增,滤层中的阻力也随之增大,但因进水流量不变,所以虹吸上升管中的水位便自动地慢慢上升,这样使得滤层上面的水压增加,克服了滤层中增加的阻力。因此,滤池基本上保持等速过滤的状态。

(3)自动冲洗过程

当虹吸上升管中的水位上升到虹吸辅助管上端管口时,水便会从辅助管中急速下落,落下的水流对抽气管接入处的空气同时产生了抽吸作用。由于抽气管上端与虹吸管顶部相通,因此,主虹吸管(虹吸上升管和虹吸下降管的总称)中的空气便通过抽气管被不断抽走(随水流到排水井后逸入大气),从而使主虹吸管产生了负压,这时虹吸上升管和下降管的水位均迅速上升,当这两股上升的水流汇合后,便形成了虹吸。虹吸的流量约为滤池进水量的 5～6 倍,此时不但进水管来的水被带入虹吸管,而且过滤室中的水也立即被虹吸管抽走,冲洗水箱中的水迅速倒流至滤层中,这样便形成了自动反冲洗。随着反冲洗的进行,冲洗水箱的水位不断下降,当水位降到虹吸破坏管的管口以下时,空气便大量由破坏管进入虹吸管,虹吸作用即被破坏,冲洗结束,再次开始过滤。

无阀滤池从开始过滤到虹吸管中开始抽气之间的时间称为工作周期,它一般在十几小时到几十小时之间。反洗时,虹吸形成时间约 2～3 min,冲洗时间约 4～5 min。

无阀滤池也可采用双层或三层滤料,其过滤效果与压力式过滤器基本相同。它的优点是:结构简单、造价低、运行管理方便。缺点是:虹吸管必须很高,以使其中形成的水头压力与滤池失效时的阻力相适应;装铺和更换滤料较困难;反洗后,不能进行正洗排水,这对过滤初期的出水水质会有些影响。

2.5.4.4　纤维束过滤器

利用纤维材料作为过滤介质的过滤设备,国内外都有研究,有使用纤维球的,也有使用纤维束的。用纤维球作为过滤介质,由于反洗十分困难,通常要使用机械搅拌器,将其搅动蓬松后,才能得到较充分的反洗,因此,导致设备结构复杂、造价较高、操作烦琐、管理困难,但制约其应用的最大原因是纤维球在机械搅拌器的搅动下会很快磨损,出水中常常伴有破碎的纤维泄漏,影响水质。目前应用较为广泛的是使用纤维束作为过滤介质的过滤设备,根据反洗方式,纤维束过滤器又分为有胶囊、无胶囊两大类。由于纤维束过滤器品种较多,对具有代表性的胶囊纤维束过滤器作简要的介绍。

(1)纤维束过滤器的特点

束状纤维作为过滤器的滤元,其滤料直径可达几十微米甚至几微米,比表面积大,解决了粒状滤料的过滤精度受滤料粒径限制等问题。微小的滤料直径,极大地增加了滤料的比表面积和表面自由能,增加了水中杂质颗粒与滤料的接触机会和滤料的吸附能力,使得其具有以下特点:

①过滤效果好,在正常运行条件下,出水浊度<1.0 FTU。

②过滤精度可调,通过调整胶囊充水量(有囊设备)或者活动孔板的限位高度(无囊设备),控制纤维束的密度程度,达到所需的过滤精度。

③过滤速度快,可达 30～50 m/h,是传统过滤器的 3～5 倍。

④载污容量大,一般为 5～10 kg/m³,是传统过滤器的 2～4 倍。

⑤水头损失小,周期平均水头损失为 0.02～0.05 MPa。

⑥占地面积小,相当于传统过滤器的 1/3～1/5。

⑦自耗水率低,为周期制水量的 1%,传统过滤器为周期制水量 3% 以上。

由于纤维束过滤器具有上述特点,又将其称为高效纤维过滤器。

(2)工作原理

束状丙纶纤维悬挂在过滤器上部的多孔板上,构成过滤层,在纤维束中安置有胶囊,胶囊将滤层空间分隔成可通水的过滤室和能压缩纤维堆积密度的加压室,如图 2.9 所示。过滤时,胶囊内充有一定体积的水,纤维即处于压实状态。过滤过程中,由于运行水流的挤压,胶囊会自动沿水流方向体积逐渐增大,滤层沿水流动的方向的截面逐渐缩小,使纤维堆积密度逐渐增大,相应滤层空隙逐渐减小,实现了理想的深层过滤。当滤层需要清洗时,可将胶囊内(加压室)的水排出,纤维束即处于松散状态,即可用水方便地进行清洗。通过调节胶囊充水量,即可控制过滤精度、截污容量、过滤阻力等。

为了保证滤料的清洗效果,装填的纤维束应保持一定的松散度,且在过滤器下部设有压缩空气的配气管。

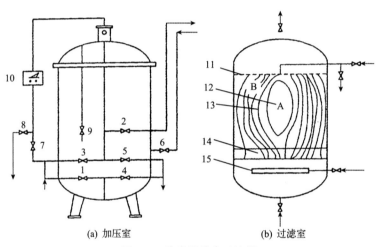

(a) 加压室　　　　　　(b) 过滤室

图 2.9　胶囊纤维束过滤器

1—原水进口阀;2—清水出口阀;3—下向洗水进口阀;4—下向排水;5—上向排水;6—空气进口阀;7—胶囊冲水阀;
8—胶囊排水阀;9—排气阀;10—自控装置;11—多孔隔板;12—胶囊;13—纤维;14—管型重坠;15—配气管

(3)运行

①胶囊充水(若胶囊内已充满了水可省略)。加压室充水前过滤器内应处于常压满水状态。打开胶囊充水阀,按规定的水量将胶囊充满水,胶囊压力达到 0.03~0.05 MPa 之间时,关闭胶囊充水阀。

过滤器内没有水或水位低于胶囊上部时,不能进行胶囊充水作业,以防胶囊因应力疲劳而损坏;胶囊充水量虽然可根据用水水质调节,但严禁充水量超过规定的极限值,否则胶囊可能会爆裂。

②投入运行。打开原水进水阀、上向洗排水阀,用水自下而上通过过滤层,控制适当的运行流速(一般为 30 m/h),待出水合格后,关闭上向洗排水阀,打开清水出水阀,投入运行。

(4)清洗

当运行至水流通过滤层的压力降达到规定值时(一般约为 0.10 MPa),需停止运行,进行清洗。清洗步骤如下：

①胶囊排水。当过滤器运行到终点时,关闭清水出水阀,打开胶囊排水阀,调节上向洗排水阀的开度,维持过滤器的压力在 0.06~0.1 MPa,利用滤层水的压力将胶囊内的水挤压排掉,使纤维呈松散状态。

②下向洗。关闭原水进水阀、上向洗排水阀和胶囊排水阀,打开下向洗进水阀、下向排水阀、排气阀和空气进口阀,用水自上而下清洗,同时通入空气(压缩空气或罗茨风机鼓风),这样纤维在空气擦洗下相互摩擦,洗掉附着的悬浮物。下向洗强度为 6~10 L/(m² · s),相应下向洗流速为 30 m/h,调节下向洗进水阀、下向排水阀的开度,使滤床在下向洗过程中保持满水状态(以排气阀有微量出水为准)。

③上向洗。关闭下向洗进水阀和下向排水阀,打开原水进水阀、上向洗排水阀,用水自下而上清洗,同时仍通入空气进行擦洗和赶走漂浮物,水流速不能太快,否则会造成掉坠和纤维上浮。上向洗清洗强度为 3~5 L/(m² · s),相应上向洗流速为 15 m/h。

下向洗和上向洗的空气压力一般控制在 0.05 MPa 左右,最大不得超过 0.10 MPa,空气流量一般为 4~5 m³/(min · m²),相应上向洗流速为 15 m/h。

④排气。关闭压缩空气进水阀,继续上向洗 3~5 min,将过滤器内残留的空气排出后,上向洗结束。

⑤胶囊充水。胶囊充水后可转为备用或投入运行。

2.5.4.5 活性炭过滤器

活性炭过滤器的结构与单流式机械过滤器完全相同,不同之处是以活性炭作为滤料,活性炭是一种吸附力较强的吸附剂,其过滤作用主要以物理吸附为主。活性炭过滤器兼有除有机物、除残余氯和除悬浮物等功能。通常用活性炭吸附过滤可降低水中有机物含量,其吸附效果与活性炭的活化特性及水中有机物的组成等有关,一般其吸附率约为 20%~80%;水中残余氯去除率可达 100%。

(1)活性炭吸附原理

通常由动物炭、木炭或沥青炭等经过药剂或高温焙烧等活化处理而制成。经活化处理后,活性炭的表面和内部形成了无数相互连通的毛细孔道,孔径由 1 nm 到 100 nm 不等,因而具有很大的吸附比表面积,一般可达 500~1500 m²/g。用于过滤的活性炭通常制成粒径为 1~4 mm 的颗粒,使用时可根据需要进行选取。

活性炭是非极性吸附剂,对某些有机物具有较强的吸附能力。活性炭的吸附力以物理吸附为主,一般是可逆的,因此,通过反洗可以恢复大部分吸附能力。

在除残余氯这一过程中,除了活性炭对 Cl_2 的物理吸附作用外,还由于活性炭表面具有某种催化作用,可促使游离氯 Cl_2 的水解,并加速新生态氧[O]的产生。而新生态氧可与活性炭中的碳或其他易被氧化的组分反应,更促进了游离氯的除去。其主要反应式为:

$$Cl_2 + H_2O \rightarrow HCl + HClO$$

$$HClO_{(在活性碳作用下)} \rightarrow HCl + [O]$$

$$C + 2[O] \rightarrow CO_2 \uparrow$$

(2)活性炭过滤器使用条件

有机物、残余氯对离子交换树脂和反渗透膜都会造成污染,因此,当进入离子交换设备或反渗透装置的水中有机物或残余氯含量超过最高允许值时,就应进行活性炭过滤处理。

活性炭过滤器用于去除悬浮物或有机物时,一般运行流速应控制在 $10\sim12$ m/h 范围内。活性炭受悬浮物或有机物污染而影响吸附过滤时,通常可采用反冲洗的方法来清洗。如果活性炭的吸附性能已消失(吸附了大量不可逆的有机物),则应进行再生处理,或者更换新的。活性炭的再生方法一般有:①用蒸汽吹洗;②高温焙烧,使所吸附的有机物分解与挥发;③用合适的溶液,如 NaOH 或 NaCl 溶液等浸泡,把所吸附的杂质解吸下来;④用有机溶剂萃取。然而,这些再生技术迄今仍不成熟,有待进一步地研究探索。

2.6 其他过滤方式

2.6.1 混凝过滤

当原水中悬浮物含量不大时,可以不设沉淀设备,直接在滤池中进行混凝和过滤。由于此法是将沉淀澄清和过滤处理两个操作单元合在一起,故又称为一次澄清或一次净化。混凝过滤有两种做法:一种是当加有混凝剂的水中生成微小絮状物时,将水引入过滤器,这称为微絮凝物过滤;另一种是在絮状物生成之前,水已到达滤层中,水中胶体和滤料凝聚在一起,此法称为凝聚过滤。

混凝过滤按水流方向的不同可分为直流式和接触式两种,简要分述如下。

2.6.1.1 直流混凝过滤

简称直流混凝,它的方法就是将混凝剂投加到一般滤池的进水管道内。为了保证混凝剂在进入滤池前能很好地与水混合,并完成水解过程,加药地点应设在原水进入滤池前的一定距离处。当加有混凝剂的水进入滤池时,因流速大减,于是在水层中开始形成凝絮。然后,凝絮和滤料颗粒的接触,大大加速了混凝过程,其作用和澄清池中以泥渣作为接触介质相同。用这种混凝方法时,其加药量可以比用澄清池混凝时少,因为它只是用来消除水中杂质的稳定性,使它们易于黏附在滤料颗粒的表面。

直流混凝过滤时,由于水中形成的沉淀物全部进入滤池,滤池的负担较大,所以当进水中悬浮物含量较大时不宜采用。一般直流混凝可用于悬浮物含量不大于 100 mg/L 的水。为了改善运行条件,可采用双层或三层滤料,这样当水中悬浮物含量不超过 150 mg/L 时,还可采用直流混凝。

2.6.1.2 接触混凝过滤

简称接触混凝,其方法是将加有混凝剂的水自下而上地通过滤层,这样水流先接触的是粗粒滤料,然后才接触细粒滤料,可使水中悬浮物和混凝过程深入到滤层中,从而提高整个滤层的截污能力,且使滤层水头损失的增长速度减慢。接触混凝所用过滤设备的滤层较高,一般为 2 m；滤料较粗，用石英砂时粒径为 0.5～2.0 mm。它适用于悬浮物含量不大于 150 mg/L 的水。

试验结果表明，接触混凝的过滤周期与进水水质、滤料的颗粒大小、滤料级配、过滤速度以及絮凝物特性等都有一定的关系。

接触混凝的滤速不能太快，一般应为 5～6 m/h，否则小颗粒的滤料易被带出。为了提高流速，又避免滤层浮动，可在滤层上部设置一多孔隔板，以抑制滤料的浮动。

2.6.2　变孔隙过滤

变孔隙过滤是一种特殊设计的过滤设备，也可用于混凝过滤。在这种过滤器中，滤层由两种不同粒径的滤料混合而成。其配比为：占滤层总体积约 96% 的，是粒径为 1.2～2.8 mm 的粗滤砂；另外 4% 左右的是粒径为 0.5～1.0 mm 的细滤砂，两者混合后滤层的高度为 1.5～2 m。

在变孔隙滤层中，细滤料均匀地混杂在粗滤料的孔隙中间，使得整个滤层孔隙率大为降低，这样当水流通过滤层时通道曲折变长，有利于截留悬浮物。

运行经验表明，变孔隙过滤器运行状况是否良好，关键是反冲洗效果是否好。一般反冲洗过程为：先用水反洗 2 min；然后用空气擦洗，同时配以水反洗，时间也为 2 min；最后再用水反洗 2 min，反洗强度为 15～16 L/(m² · s)。反洗完后，还需通压缩空气，使大小滤料充分混合，才能投入运行。

在变孔隙过滤器中，进行的主要是渗透过滤。它有滤层阻力小，截污能力大，滤速较高等优点。

参考文献

李祥.2005.火电厂污染控制新技术与环境监测技术规范及污染损害赔偿计算标准实务全书.合肥:安徽音像
　　出版社.
宋业林.2007.锅炉水处理实用手册.2 版.北京:中国石化出版社.
周英,赵欣刚.2002.锅炉水处理实用技术培训教材.北京:地震出版社.

第3章

膜处理技术

3.1 概　况

膜分离技术起步于 20 世纪 60 年代,它具有分离过程无相变的特点,基本在常温下进行,分离范围从小分子到大分子,从细菌到病毒,从蛋白质、胶体到多糖等。膜分离技术的特点:

①多数膜分离过程无相变发生,能耗通常较低。

②一般无须从外界加入其他物质,可节约资源和保护环境。

③可使分离与浓缩、分离与反应同时实现,大大提高了分离效率。

④通常在温和条件下进行,因而特别适用于热敏性物质的分离、分级、浓缩与富集。

⑤规模和处理能力可在很大范围内变化,而效率、设备单价、运行费用等都变化不大。

⑥结构紧凑,操作方便,应用范围广。

膜分离技术与其他分离技术(蒸馏、冷冻、萃取)相比,节能效果显著,因而受到各国的高度重视,不少国家把膜技术纳入国家计划和关键技术。

3.1.1　概念

广义的膜分离:用天然或人工合成的高分子膜,以外界能量或化学位差为推动力,对双组分或多组分的溶质或溶剂进行分离、分级、提纯和浓缩的方法,统称为膜分离法。包括膜浓缩和膜分离。

狭义的膜分离:在分离过程中,通过半透膜选择性让溶剂或者某种溶质组分通过,使溶液中溶剂与溶质分离或者使不同溶质从溶液中分离,此分离过程称为膜分离。

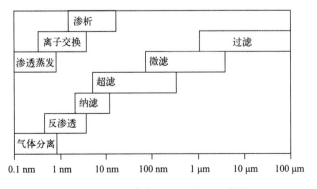

图 3.1　各种膜分离过程的应用范围

膜分离技术与传统分离技术不同,它是基于材料科学发展而形成的分离技术,具有过程简单、在常温下进行、无相态变化、无化学变化、操作简单、分离效率高等优点。

膜分离法有两类,一类是以压力为推动力的膜分离,如超滤和反渗透;另一类是以电场力为推动力的分离过程,所用的特殊半透膜称为离子交换膜,这类分离技术有电渗析、电脱盐。

3.1.2　膜材料的分类

膜是膜分离技术的核心,膜的化学性质和结构对膜分离的性能起着决定性作用。膜材料的基本要求是具有良好的成膜性、热稳定性、化学稳定性等。膜可以是天然存在的,也可以是合成的。合成膜进一步可分为无机(合)膜和有机(聚合物)膜。常用的无机膜:陶瓷膜、微孔玻璃膜、金属膜和碳分子筛膜等。有机膜的主要膜材料是有机聚合物:纤维素衍生物、乙烯类高分子、含硅高分子、聚烯烃(聚乙烯、聚丙烯等)、聚砜类、聚酰胺类等。

目前,聚合物膜在分离用膜中占主导地位。聚合物膜种类很多,常用的聚合物膜列于表 3.1 中。

表 3.1　常用的聚合物膜

材料	缩写	工艺过程*
醋酸纤维素	CA	MF,UF,RO
三醋酸纤维素	CTA	MF,UF,RO
CA-CTA 混合物	—	RO
混合纤维素酯	—	MF
硝酸纤维素	—	MF
芳香聚酰胺	—	MF,UF,RO
聚酰亚胺	—	UF,RO
聚苯并咪唑	PBI	RO
聚苯并咪唑酮	PBIL	RO
聚丙烯	PAN	UF
聚砜	PS	MF,UF
聚苯醚	PPO	UF
聚碳酸酯	—	MF
聚醚	—	MF
聚四氟乙烯	PTFE	MF
聚偏氟乙烯	PVF2	UF,MF
聚丙烯	PP	MF
聚甲基丙烯酸甲酯	PMMA	UF

＊注:工艺过程中 MF 表示微滤,UF 表示超滤,RO 表示反渗透。

聚合物膜通常在较低的温度下使用(最高不超过 200℃),而且要求待分离的原料流体不与膜发生化学作用。当在较高温度下或原料流体为化学活性混合物时,可以采用由无机材料制成的分离膜。无机膜大多以金属及其氧化物、陶瓷、多孔玻璃等为原料,制成相应的金属膜、陶瓷膜、玻璃膜等。这类膜的优点是耐热、机械和化学稳定性好、使用寿命长、污染少且易于清洗、孔径分布均匀等。其主要缺点是易破损、成型性差、造价高。

无机膜的发展大大拓宽了膜分离技术的应用领域。目前,无机膜的增长速度远大于聚合物膜。此外,无机材料还可以和聚合物制成杂合膜,该类膜有时能综合无机膜与聚合物膜的优点而具有良好的性能。

膜的种类繁多,可厚可薄,其结构可能是均质的,也可能是非均质的,大致可以按以下四个方面进行分类:

(1)根据膜的相态,可以分为固态膜和液态膜。

(2)根据材料来源,可分为天然膜和合成膜。

(3)根据膜的结构,可分为多孔膜和致密膜。

(4)根据膜断面物理形态,固体膜可分为对称膜、非对称膜。对称膜又称为均质膜,是指各向均质的致密或多孔膜,物质在膜中各处的渗透率相同。非对称膜的特点是膜的断面不对称,因此又称不对称膜,它由同种材料制成的表面活性层与支撑层两层组成。膜的分离作用主要取决于表面活性层。表面活性层很薄,起主要分离作用,支撑层呈多孔状,仅起支撑作用。非对称膜又可分为一般非对称膜和复合膜,一般非对称膜的表层与支撑层是同种材料。复合膜通常有两种或两种以上不同的膜功能,可分为离子交换膜、渗析膜、微孔过滤膜、超过滤膜、反渗透膜、渗透汽化膜和气体渗透膜。

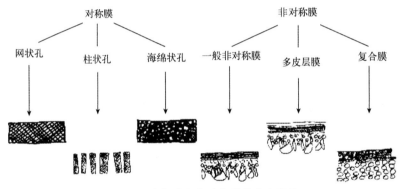

图 3.2 对称膜和非对称膜的基本结构

3.1.3 膜分离的原理

在膜分离过程中,膜具有选择透过性,当膜两侧存在某种推动力(如压力差、浓度差、电位差等),原料侧组分选择性地透过膜从而达到分离提纯的目的。原料组分在膜两侧的传递过程极为复杂,多孔膜有筛分机理、微孔扩散模型、优先吸附—毛细管流动模型;非多孔膜主要是溶解—扩散理论模型等。下面介绍三种典型的理论模型:

(1)筛分机理。假定膜的表面具有无数微孔,膜的孔径分布比较均一,依据分子大小的差异,大于膜孔径的分子被截留,而小于膜孔径的分子可以穿过膜介质达到分离的目的。筛分机理适用于超滤、微滤过程。

(2)溶解—扩散机理。假设溶质和溶剂都能溶解于膜中,然后各自在浓度差或压力差造成的化学位差下扩散通过膜,再从膜下游解吸,见图3.3。溶质和溶剂在膜相中溶解度和扩散型的差异强烈地影响着它们的通量大小。溶解－扩散机理适用于致密膜的分离过程。

（3）优先吸附－毛细管流动模型。由于膜的化学性质对溶质具有排斥作用,因此溶质是负吸附,水是优先吸附。因此,膜与水界面附近溶液浓度剧烈下降,而水在膜表面形成纯水层,纯水层厚度与膜的表面性质密切相关。另一方面,由于膜表面存在毛细孔,毛细孔孔径为临界孔径时,膜的透过率最高。

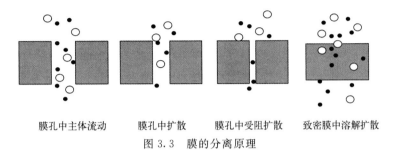

　　膜孔中主体流动　　　膜孔中扩散　　　膜孔中受阻扩散　　　致密膜中溶解扩散

图 3.3　膜的分离原理

3.1.4　膜的性能

膜的性能主要有两个参数表征:选择性和水通量。

3.1.4.1　选择性

膜对于一组混合物的选择性可用截留率 R 或分离因子 a 来表示。对于溶剂（通常为水）和溶质的稀溶液,以溶质截留率 R 表示选择性比较方便。

（1）截留率:

$$R = \left(1 - \frac{C_p}{C_b} \times 100\%\right)$$

式中,C_b,C_p 分别为溶质在截留液和透过液的浓度。如果 $R=1$,则 $C_p=0$,表示此类溶质全部被截留,完全从溶剂中分离;如果 $R=0$,$C_p=C_b$,则此类溶质全部自由透过膜,没有从溶剂中分离。

对于有机物混合物系,分子量是表征分子大小的特征参数。溶质分子量与膜分离的截留率之间的关系曲线被称为截留曲线,如图 3.4 所示。截留曲线陡直的膜,说明其分离的分子量范围窄,但是分离完全;截留曲线平缓的截留曲线,虽然分离的分子量范围宽,但分离不完全。

膜制造厂商通常从截留曲线中取截留率为 90% 或 95% 所对应的分子量,称为膜的截留分子量。截留分子量大致反映膜的孔道大小。

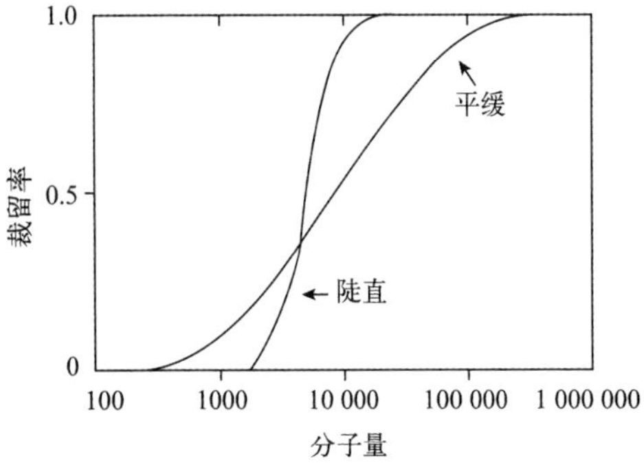

（2）分离因子（分离系数）:

$$a = \frac{y_A}{y_B} / \frac{x_A}{x_B}$$

式中,x_A,x_B 分别表示 A,B 在原料中的浓度;y_A,y_B 分别表示 A,B 在渗透物中的浓度。

图 3.4　截留曲线图

3.1.4.2 水通量

纯水在一定压力与温度(0.35 MPa,25℃)下试验,单位时间内透过单位面积膜的水流量,单位为 L/(m² · h)。同类膜的孔径越大,水通量越大,但水通量不能代表大分子料液的透过速度,因为大分子溶质会沉积在膜表面,使滤速下降。

3.1.5 膜组件

为了方便使用、安装、维修,膜通常以某种形式组装在一个基本单元设备内,这个基本单元设备叫膜组件。目前,膜组件主要有板式膜、卷式膜、管式膜和中空纤维膜。

3.1.5.1 板式膜

板框式膜组件使用平板式膜,由导流板、膜、支撑板(间隔器)交替重叠组成,见图3.5、图3.6。料液沿导流板上的流道与孔道一层层往前流,从膜上部出口流出,汇集成浓水;渗透液穿过膜面,经支撑面上的狭缝流入支撑板内部,从支撑板外侧出口流出,汇集成(渗透液)产水。板框式膜组件的优点是组装方便,膜的清洗、更换比较容易,料液流通界面大,不易堵塞,同一设备可根据生产需要组

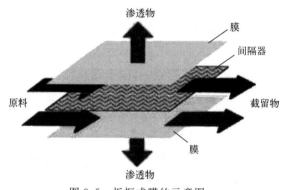

图 3.5 板框式膜的示意图

装不同数量的膜组件。其缺点是需密封边界线长,为了保证膜两侧密封,要求部件的加工精度高。由于单个板式膜面积小,为了使料液达到一定浓缩度,需要多次循环,成本高。

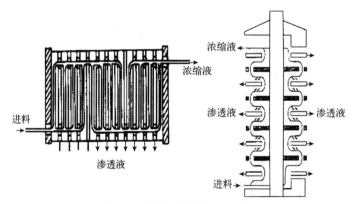

图 3.6 板框式膜组件结构图

3.1.5.2 卷式膜

卷式膜组件是目前市场使用最广泛的膜形式,其主要优点是结构紧凑、填装密度大、使用操作简便。因此在大多数用膜场合,都是以卷式膜的形式出现的。卷式膜组件主要由平板膜

卷制而成,包括了平板膜片、进料格网、透析液格网、胶水和透析液收集管等组件,如图 3.7 所示。卷式膜的缺点是清洗不方便,膜损坏后不易更换。

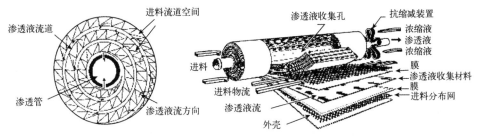

图 3.7　卷式膜组件结构示意图

3.1.5.3　管式膜组件

管式膜的结构与换热器类似,管内和管外分别走料液和透过液,如图 3.8 所示。管式膜的排列有列管、排管和盘管。管式膜分为内压和外压两种,外压即为膜在支撑管外侧,内压为膜在管的内侧。

管式膜的流道较大,对料液中杂质含量要求不严,可用于处理高固含量的料液。

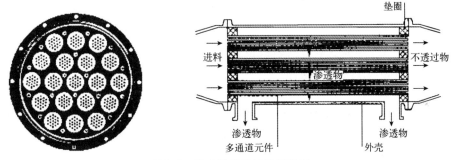

图 3.8　管式膜组件结构示意图

3.1.5.4　中空纤维膜

中空纤维膜与管式膜类似,差别在于膜的规格不同,很多根(几十万至上百万根)中空纤维组成的中空纤维束代替管式膜,单根中空纤维外径约 $40\sim250~\mu m$,如图 3.9 所示。

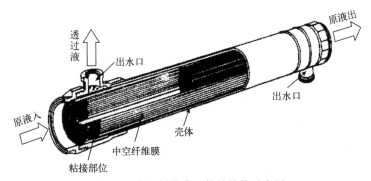

图 3.9　中空纤维膜组件的结构示意图

3.1.5.5 常见膜组件对比

常见膜组件对比见表 3.2。

表 3.2 常见膜组件对比

项目	卷式	中空纤维	管式	板框式
填充密度（m²/m³）	200～800	500～30000	30～328	30～500
流动阻力	中等	大	小	中等
抗污染	中等	差	极优	好
易清洗	较好	差	优	好
膜更换方式	组件	组件	膜或组件	膜
组件结构	复杂	复杂	简单	非常复杂
膜更换成本	较高	较高	中	低
料液预处理	需要	需要	不需要	需要
高压操作	适合	适合	困难	困难
相对价格	较高	低	较高	高

3.1.6 膜的污染与控制

膜的污染是指在膜分离过程中,水中的微粒、胶体粒子或溶质大分子在膜表面或膜孔内吸附、沉积造成膜孔径变小或堵塞,导致膜的有效面积发生变化或者膜性能变化。膜表面附着层来源:悬浮物形成的滤饼、水溶性大分子形成的凝胶、难溶性分子的结垢、水溶性大分子在膜表面和孔内的吸附、微生物在膜表面繁殖。在压力、流速、温度和料液组分都一定时,膜污染将造成膜的渗透通量迅速下降,甚至不能继续使用。

影响膜污染的主要因素包括三个方面:膜的性能、料液性质、膜分离操作条件。其中膜的性能包括膜材料亲水性、孔径大小、电荷性质、表面光滑度等,孔径大通量高的膜易堵塞,带负电荷的膜有利于防止污染,亲水性膜受吸附污染的程度小,膜表面光滑度高有利于抗污染。料液性质包括悬浮固体浓度、粒径分布、溶解性有机物浓度、黏度等。悬浮固体物颗粒大小、浓度和黏度对膜的污染产生巨大影响。与膜污染直接相关的操作条件包括膜通量、操作压力、膜面流速和运行温度。一般认为超过临界膜通量和操作压力,污染加重。曝气有利于增大膜面流速,从而减少膜表面的沉积,显著改善膜污染,而运行温度改变将引起料液黏度变化,从而间接影响膜的污染。

膜污染的控制有四个方面:①选择合适的膜可以有效缓解膜污染;②改善料液性质,降低优势污染物浓度,改善影响膜污染的污泥特性参数(如 SDI 等),降低料液黏度,可以缓解膜的污染;③优化膜分离操作条件,采用错流过滤、提高曝气密度、定期反冲洗等操作有利于降低膜的污染;④通过定期清洗,可以使膜的有效面积或膜性能基本得以恢复。

膜自身发生不可逆转的变化,导致膜性能改变,称为膜的劣化。劣化因素有膜的水解、膜的氧化、高压致密、膜干燥失效、生物降解等。高压致密是指分离膜长期处于高压下会发生被压密,造成渗透量缓慢下降的现象。

3.1.7　膜处理的基本操作

3.1.7.1　死端过滤与错流过滤

膜分离过滤操作按照渗透方向和进水方向的关系,划分为死端过滤和错流过滤膜分离。进水与浓水流动方向和膜面垂直,水全部通过膜,待分离的溶质组分全部被截留的操作方式,称为死端过滤操作。进水与浓水的流动方向和膜平面平行的操作方式称为错流过滤操作。死端过滤操作的特点是原料中被截留组分的浓度随时间不断增加,膜通量会逐步衰减。错流过滤操作的特点是流体流动产生剪切力带走膜表面的沉积物,减缓污染层堆积,改善膜分离过程,使过滤操作可以长时间连续进行,见图 3.10。

错流过滤操作中流体剪切力和惯性举力能促进膜表面的溶质向流体主流体反向运行,提高分离效率。错流操作有并流、逆流、混流和完全混合四种,见图 3.11,其中最理想的状态是完全混合,但难以完全达到混流,因此混流操作在实际运行中效果最好。

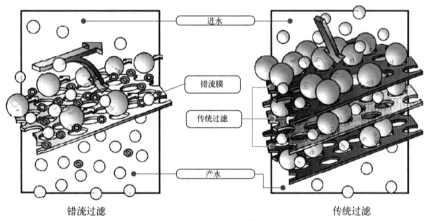

图 3.10　错流过滤和传统过滤

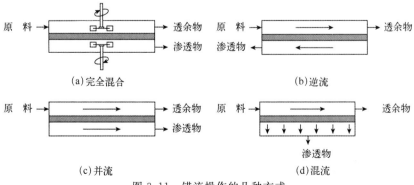

图 3.11　错流操作的几种方式

3.1.7.2　膜分离工艺的段与级

多个膜组件以串联或并联方式连接在一起,构成膜分离的多段或多级过程。

透过液(或产品水)流经多个压力容器(膜壳),构成多级过程。采用多级过程,使分离更加彻底。单级和多级过程又有单程系统和循环系统(如图3.12)。单程系统是指原料没有循环,原料体积在整个系统内逐渐减少。循环系统是指原料通过泵加压而多次流过每一级。

原水(或浓水)流经多个压力容器(膜壳)构成多段过程,浓水流经压力容器的次数,为段数。采用多段系统可以提高系统的回收率,段数越多,回收率越高。如图3.13所示,按照水处理流程,第一段膜组件(压力容器)内,一部分透过膜分离成为产品水,进水经过分离后保留的浓缩水,进入第二段膜组件(压力容器)内。由于浓缩水的流量变小,第二段膜组件的压力容器数量须减少。根据应用经验,上一段和下一段的比例为2:1。如果第一段膜组件的回收率为50%,那么第二段膜组件的回收率为75%。

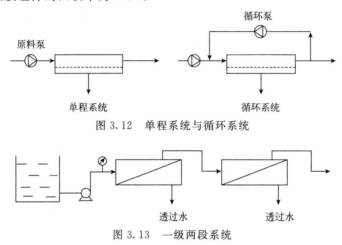

图 3.12　单程系统与循环系统

图 3.13　一级两段系统

3.1.7.3　膜分离技术的分类

按照膜本身对溶液的分离效果,可将膜分离技术按以下分类。

(1)以压力差为推动力,有微滤(MF)、超滤(UF)、钠滤(NF)、反渗透(RO)等类别,这四种技术的膜材料主要区别是孔径依次减小,各种膜在不同应用环境中所起的作用不同。通常,微滤(MF)主要截留悬浮颗粒物、细菌、病毒等,超滤(UF)和钠滤(NF)通常用来分离较大的分子,反渗透(RO)和钠滤(NF)能够将离子从水溶剂中分离出来。NF膜通常截留多价或二价离子,而允许单价离子通过,这也是钠滤的特有能力。主要膜分离过程与常规方法的比较见表3.3。

表 3.3　工业化膜分离技术及其特性

膜的分离过程	微滤(MF)	超滤(UF)	钠滤(NF)	反渗透(RO)
膜类型	对称膜、非对称膜	非对称膜	非对称膜	非对称膜
膜的孔径(μm)	4~0.02	0.2~0.02	<0.002	<0.002
膜的功能	脱除微粒	脱除胶体、各类大分子	脱除盐类及低分子物	脱除盐类及低分子物

续表

膜的分离过程	微滤（MF）	超滤（UF）	钠滤（NF）	反渗透（RO）
透过物质	水、溶剂、溶解物	溶剂、离子和小分子	水和溶剂	水和溶剂
工艺特征	属于精密过滤，其本原理是筛孔分离过程	以筛分为分离原理，以压力为推动力	介于反渗透和超滤之间，以压力为推动力	以压力为推动力
常用的膜材质	陶瓷、聚丙烯聚偏二氟乙烯	陶瓷、聚砜聚偏二氟乙烯醋酸纤维素膜	醋酸纤维素、聚酰胺	醋酸纤维素膜、聚酰胺
膜组件类型	中空纤维、管式	中空纤维、管式	管式、卷式	管式、卷式
主要用途	精密过滤，纯水制备前处理	水的深度净化、纯水制备前处理	水的净化、软化	纯水制备，海水淡化，工业废水处理

（2）以电化学势为推动力，有电渗析、电去离子等类别。膜材料有阴阳离子交换膜，组件采用板式膜或卷式膜。

3.2　超滤

3.2.1　概述

超滤（UF）即超过滤，是利用膜的"筛分"作用进行分离的膜过程，膜孔径约 $0.1 \sim 5~\mu m$ 之间，在静压差的作用下，小于膜孔的粒子通过膜，大于膜孔的粒子则被阻挡在膜的表面上，使大小不同的粒子得以分离，运行压力约为 $0.1 \sim 0.5 MPa$。UF 主要从液相物质中分离大分子物质（蛋白质、核酸聚合物、淀粉、天然胶、酶等）、胶体分散液（黏土、颜料、矿物料、乳液粒子、微生物）以及乳液（润滑脂、洗涤剂、油水乳液）。超滤系统见图 3.14。

在一定的压力作用下，含有大、小分子溶质的溶液流过 UF 膜表面时，溶剂和小分子物质（无机盐等）透过膜，作为透过液被收集起来，而大分子溶质（如有机物大分子、胶体等）则被膜截留在浓缩液中被回收。

超滤膜一般由高分子材料和无机材料制备，膜结构是非对称的，由一层极薄的（$0.1 \sim 1~\mu m$）具有一定孔径的表皮层和一层较厚的（$125~\mu m$ 左右）具有海绵状或指状结构的多孔层组成，前者起分离作用，后者起支撑作用。目前商品化的超滤膜有：聚砜、聚醚砜、磺化聚砜、聚偏二氟乙烯、聚丙烯、纤维素、聚酰亚胺、聚醚酰亚胺、聚脂肪酸。除了这些有机聚合材料外，无机（陶瓷）材料也可以制成超滤膜，特别是氧化铝（Al_2O_3）和氧化锆（ZrO_2）。

图 3.14　超滤系统

UF 过程中溶质的截留包括:在膜表面上的机械截留(筛分)、在膜孔中的停留(阻塞)、在膜表面及膜孔内的吸附等三种方式。超滤膜的分离效果见表 3.4。

膜组件,超滤通常采用中空纤维膜,原水在中空纤维膜组建的外侧或内腔加压流动,分别构成外压式与内压式两种过滤类型,见图 3.15。

表 3.4　超滤膜的分离效果

水中的成分	滤除效果	水中的成分	滤除效果
悬浮物,颗粒大于 $2~\mu m$	100%	溶解性固体去除	>30%
SDI	出水小于 1	胶体硅、胶体铁、胶体铝	>99.0%
病原体	>99.99%	微生物	99.999%
浊度	出水小于 0.5NTU		

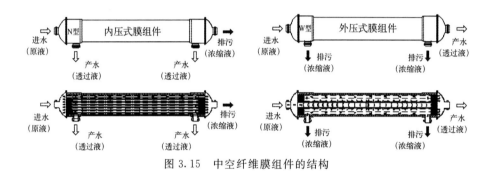

图 3.15　中空纤维膜组件的结构

3.2.2　超滤的操作条件

(1)操作压力。在一定范围内,膜通量随着操作压力的增加而增大,但当压力增加至某一临界值时,膜通量将趋于恒定(达到临界通过量)。操作压力不能过高,否则膜将可能被压密。

(2)流速。提高料液流速,可有效减轻膜表面的浓差极化,但流速也不能太大,否则产生过大的压力降,浪费能耗。对于湍流系统,流速为 $1\sim3~m/s$;对于层流系统,流速通常小于 $1~m/s$。

(3)温度。温度越高,料液黏度越小,扩散速度越大,膜通量越大。水溶液的操作温度为 $0\sim25℃$,电涂料 $0\sim30℃$,蛋白质 $0\sim55℃$。

(4)料液浓度。随着超滤过程进行,料液主体浓度逐渐增高,黏度和边界层相应增大,浓差极化越显著。

3.2.3　超滤装置的设计

3.2.3.1　设计步骤

(1)确定原水水质,包括水源类型、浊度、电导率、化学耗氧量(COD)、pH 值、温度等。

(2)选择预处理系统。

(3)选择超滤操作方式。

(4)确定平均水通量和系统回收率。

(5)确定实际产水量、膜面积、膜组件数量、进水泵与循环泵选择。

(6)选择辅助系统:反冲洗系统、正洗系统、化学清洗系统、化学加强反洗系统。

3.2.3.2　设计基本条件

(1)进水水质要求:水中不溶性固体含量小于 5%,颗粒粒度小于 $100\ \mu m$,全量过滤要求浊度小于 15 NTU,溶解物质在操作中不产生沉淀。

(2)出水指标:SDI<2,浊度≤0.1 NTU,细菌去除 99.99%。

(3)超滤膜设计参数:设计水通量 $60 \sim 120\ L/(m^2 \cdot h)$,膜压差 10~70 kPa,设计工作压力 0.35 MPa。反洗流量 2~4 倍产水流量,反洗频率 20~60 min/次,反洗时间 30~80 s/次,化学清洗频率 2~6 月/次。

3.2.3.3　设计实例

(1)设计条件

项目用途:反渗透预处理;产水量 $30\ m^3/h$。

原水类型:地下水;浊度<5 NTU;悬浮物<5 mg/L;pH=8.3;二价铁含量 0.05 mg/L。

预处理的选择:根据反渗透的进水要求,采用 $20\ \mu m$ 的保安过滤器,采用全量过滤操作。

(2)膜组件的选择

见表 3.5。

表 3.5　商品化的超滤膜组件

序号	项目	参数	参数
1	组件型号	Ultra－Flux－55	Ultra－Flux－61
2	装填膜面积(m^2)	55	61
3	组件规格(in)	12	12
4	过滤有效长度(mm)	1308	1714
5	装丝规格	UltraPES0.7	UltraPES0.7
6	装丝根数	27594	21168
7	组件外壳材料	环氧玻璃钢	环氧玻璃钢
8	pH 值范围	2~13	2~13
9	最高操作温度(℃)	40	40
10	过滤类型	内压式	内压式
11	主要应用	地下水、地表水、循环排污水等一般水源处理	循环排污水、二级生化水处理的中水,电镀、印染、造纸等污水处理。

(3)工艺流程

采用一级一段单程系统工艺流程单泵增压,见图3.16。

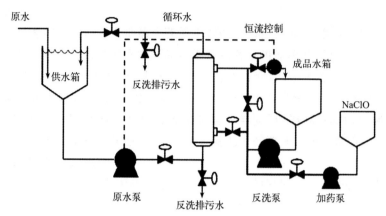

图3.16 超滤工艺流程图

(4)产水量的计算

反洗频率30 min/次(t_1);反洗时间40 s(t_2);正洗时间10 s(t_3,反洗前后各一次);每次反洗正冲时间(t_4)。

每天反洗次数 $n=(3600×24)/(t_1×60+t_4)=45$ 次;

每天反洗及正洗时间 $t_{反洗正冲}=t_4×n=5400$ s;

每天实际产水时间 $T=24×3600-t_{反洗正冲}=81000$ s$=1350$ min;

要求超滤设备连续供水量 $Q_0=30$ m³/h;

实际需求的产水量 $Q_1=30×24×1350/60=32$ m³/h;

设备自耗水量(反洗水流量约为产水量的3倍,正洗用原水,不消耗产水)$Q_z=3×Q_0×n×t_2/(3600×24)=1.87$ m³/h;

需要超滤设备产水量 $Q=Q_1+Q_z=33.87$ m³/h;

需要超滤膜面积(根据厂商资料,反渗透膜的透水量 $q=85$ L/m²·h)$S=Q/q=33.87×1000/85=399$ m²;

需要膜组件数量 $N=S/F=399/55=7.3$,取值8支(其中,F 为膜的装填面积,数据来源于厂家资料);

辅助系统设计:原水泵与正洗泵共用,出力 $Q=34$ m³/h;反洗泵出力 $3Q_0=3×30=90$ m³/h。

(5)超滤膜的运行

运行前准备:为了防止细菌在膜组件内生长,成品超滤组件内灌注了保护液,一般为甲醛(1 wt%)溶液或苯甲酸(500 wt%)溶液,所以安装时要注意防护。

环境温度5~35℃,pH值范围:醋酸纤维素膜pH=4~8,磺化聚醚砜膜pH=2~12。避免阳光暴晒,避免膜组件干燥。

超滤装置安装后调试前检查阀门是否安装正确,自动阀工作是否正常,检查仪表是否正常。

运行控制:PLC 程序控制。

运行压力控制:原水泵压力 0.55～0.65 MPa,经过自动调压阀调节为 0.10～0.25 MPa 之间;进水和产水压降小于 0.17 MPa,进水和浓水压降小于 0.1 MPa,任何一个超标就应停止工作,进行化学清洗。

停运及保护:系统停运后,膜组件应冲满水,防止膜脱水失效。短时间停运,每天运行 1 h 左右,用新鲜水换出元件内存留的水;长时间停运(7 天以上),应向装置内注入保存液,防止细菌滋生繁殖。

水力冲洗可分为等压冲洗(膜两侧无压力差)和差压冲洗(反冲洗法)。

(6)化学清洗

根据清洗剂的性质可分为酸洗、碱洗、氧化清洗和生物酶清洗四种。常用的化学清洗配方见表 3.6。

表 3.6　超滤膜的反渗透清洗方法

污染原因	化学清洗剂	清洗时间
有机物或细菌污染	100 mg/L NaClO+0.04 wt% NaOH,pH<12	60～90 min
金属或无机物污染	柠檬酸或盐酸,pH>2	60～90 min

化学清洗步骤:用产水在清洗箱内配制药液;在进行清洗之前,将超滤装置内的水排净;先采用正洗方式对系统进行循环化学清洗,约 30～40 min,如果需要,再进行化学清洗剂的浸泡;用进水低压低流量冲洗超滤装置,将装置内废液排放至污水池内,进行处理。

3.3　反渗透

3.3.1　概述

当把相同体积的稀溶液和浓液分别置于容器的两侧,中间用半透膜阻隔,稀溶液中的溶剂将自然地穿过半透膜,向浓溶液侧流动,浓溶液侧的液面会比稀溶液的液面高出一定高度,形成一个压力差,达到渗透平衡状态,此种压力差即为渗透压。若在浓溶液侧施加一个大于渗透压的压力时,浓溶液中的溶剂会向稀溶液流动,此种溶剂的流动方向与原来渗透的方向相反,这一过程称为反渗透(RO)。反渗透原理如图 3.17 所示。

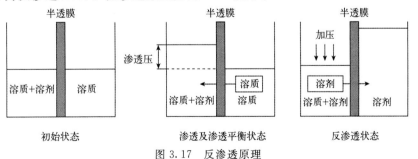

图 3.17　反渗透原理

商业化的反渗透膜主要有两种:醋酸纤维素(CA)膜和聚酰胺(PA)复合膜(TFC)。CA 膜具有耐氯性能,不易发生污堵,因而通常应用于市政饮用水或饮料行业,但 CA 膜具有易水解、使用寿命短、运行压力高的缺点。表 3.7 中列出典型的 CPA 膜的性能。

表 3.7　某公司 1989 年上市的芳香族聚酰胺复合膜系列(CPA)的性能

型号		CPA2	CPA2-HR	CPA3	CPA3-LD	CPA4
类型	膜材质	芳香族聚酰胺复合材料				
	有效膜面积　ft²	365	356	400	400	400
性能	脱盐率% 平均	99.5	99.7	99.7	99.7	99.7
	脱盐率% 最低	99.2	99.6	99.6	99.6	
	透过水量 gpd	10000	100000	11000	11000	6000
	透过水量 m²/d	37.9	37.9	41.6	41.6	22.7
使用条件	最高操作压力　PSI(MPa)	600(4.14)				
	最高进水量　gpm(m³/h)	75(17.0)				
	最高进水温度　℃	45				
	进水 pH 范围	3.0~10.0				
	进水最高浊度　NTU	1.0				
	进水最高 SDI　(15 min)	<5				
	最高进水自由氯浓度　ppm	<0.1				
	单支膜元件上浓缩水与透过水量的最小比例	5:1				
	单支膜元件最高压力损失	10psi (0.07 MPa)				

3.3.2　反渗透膜的理论模型

3.3.2.1　溶解—扩散模型

Lonsdale 等人提出解释反渗透现象的溶解—扩散模型。他将反渗透的活性表面皮层看作致密无孔的膜,并假设溶质和溶剂都能溶于均质的非多孔膜表面层内,各自在浓度或压力造成的化学势推动下扩散通过膜。溶解度的差异及溶质和溶剂在膜相中扩散性的差异影响着它们通过膜的能量大小。其具体过程为:第一步,溶质和溶剂在膜的料液侧表面外吸附和溶解;第二步,溶质和溶剂之间没有相互作用,他们在各自化学位差的推动下以分子扩散方式通过反渗透膜的活性层;第三步,溶质和溶剂在膜的透过液侧表面解吸。

在以上溶质和溶剂透过膜的过程中,一般假设第一步、第三步进行得很快,此时透过速率取决于第二步,即溶质和溶剂在化学位差的推动下以分子扩散方式通过膜。由于膜的选择性,使气体混合物或液体混合物得以分离,而物质的渗透能力,不仅取决于扩散系数,并且决定于其在膜中的溶解度。

3.3.2.2　优先吸附—毛细孔流理论

当液体中溶有不同种类物质时,其表面张力将发生不同的变化。例如水中溶有醇、酸、醛、脂等有机物质,可使其表面张力减小,但溶入某些无机盐类,反而使其表面张力稍有增加,这是因为溶质的分散是不均匀的,即溶质在溶液表面层中的浓度和溶液内部浓度不同,这就是溶液的表面吸附现象。当水溶液与高分子多孔膜接触时,若膜的化学性质使膜对溶质负吸附,对水是优先的正吸附,则在膜与溶液界面上将形成一层被膜吸附的一定厚度的纯水层。它在外压作用下,将通过膜表面的毛细孔,从而可获取纯水。

3.3.2.3　氢键理论

在醋酸纤维素中,由于氢键和范德华力的作用,膜中存在晶相区域和非晶相区域两部分。大分子之间存在牢固结合并平行排列的为晶相区域,而大分子之间完全无序的为非晶相区域,水和溶质不能进入晶相区域。在接近醋酸纤维素分子的地方,水与醋酸纤维素羰基上的氧原子会形成氢键并构成所谓的结合水。当醋酸纤维素吸附了第一层水分子后,会引起水分子熵值的极大下降,形成类似于冰的结构。在非晶相区域较大的孔空间里,结合水的占有率很低,在孔的中央存在普通结构的水,不能与醋酸纤维素膜形成氢键的离子或分子则进入结合水,并以有序扩散方式迁移,通过不断地改变和醋酸纤维素形成氢键的位置来通过膜。

在压力作用下,溶液中的水分子和醋酸纤维素的活化点——羰基上的氧原子形成氢键,而原来水分子形成的氢键被断开,水分子解离出来并随之移到下一个活化点并形成新的氢键,于是通过一连串的氢键形成与断开,使水分子离开膜表面的致密活性层而进入膜的多孔层。由于多孔层含有大量的毛细管水,水分子能够畅通流出膜外。

3.3.3　反渗透膜元件

常用的反渗透膜材料有:醋酸纤维素或三醋酯纤维、聚酰胺或聚砜材料。

常用的膜元件有卷式膜元件和中空纤维膜元件。卷式膜由平板膜片制造,首先将平板膜片折叠,然后用胶黏剂密封成一个三面密封一端开口的膜封套。膜封套内置有多孔支撑材料,将膜片隔开并构成产水流道。膜封套的开口端与塑料穿孔中心管连接并密封,产水将从膜封套的开口端汇入中心管,未透过膜的水和浓缩的溶解固体以及悬浮固体一起沿膜表面流过,并随着浓水口流出,见图 3.18。中空纤维膜组件结构见图 3.9,3.15。

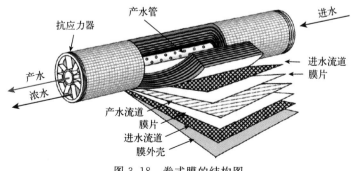

图 3.18　卷式膜的结构图

3.3.4 反渗透的技术性能

3.3.4.1 脱盐率和透盐率

脱盐率是指通过反渗透膜从系统进水中去除可溶性杂质浓度的百分比。

透盐率是指进水中可溶性杂质透过膜的百分比。

$$脱盐率＝(1－产水含盐量/进水含盐量)×100\%$$
$$透盐率＝100\%－脱盐率$$

膜的脱盐率表示膜限制溶解性离子穿过膜的能力,通常以百分比表示。膜元件的脱盐率在其制造成形时就已确定,脱盐率的高低取决于膜元件表面超薄脱盐层的致密度,脱盐层越致密,脱盐率越高,同时产水量越低。由于膜本身和膜制造工艺的限制,要达到100%的脱盐率是不切实际的。反渗透对不同物质的脱盐率主要由物质的结构和分子量决定,对高价离子及复杂单价离子的脱盐率可以超过99%,对单价离子如钠离子、钾离子、氯离子的脱盐率稍低,但也超过了98%,对分子量大于100的有机物脱除率也可超过98%,但对分子量小于100的有机物脱除率较低,见表3.8。

表 3.8　不同离子的脱盐率

离子名称	脱盐率(%)	离子名称	脱盐率(%)
钠 Na^+	99.0～99.4	铝 Al^{3+}	99.5～99.8
钙 Ca^{2+}	99.8	铵根 NH_4^+	85.0～99.0
镁 Mg^{2+}	99.8	铜 Cu^{2+}	99.0～99.4
钾 K^+	99.0～99.4	镍 Ni^{2+}	99.5～99.8
铁 Fe^{2+}	99.0～99.4	锌 Zn^{2+}	99.5～99.8
锰 Mn^{2+}	99.0～99.4	氯化物 Cl^-	99.0～99.4
铬 Cr^{6+}	99.0～99.4	硅酸根 SiO_2^{2-}	98.0～99.0

3.3.4.2 产水量(水通量)

产水量(水通量)是指单位面积的反渗透膜在恒定压力下单位时间内透过的水量。水通量的计算公式:

$$J_w＝A \cdot (\Delta p－\Delta \pi)$$

式中,J_w——膜的透水系数,单位是加仑每平方英尺每天(gfd);

$A(25℃)$——25℃时的纯水渗透系数,是表示反渗透膜元件产水量的重要指标,单位gfd/psi;

Δp——膜两侧的压差(进水压力－产水压力);

$\Delta \pi$——膜两侧的渗透压差(进水渗透压差－产水压差)。

其中$(\Delta p－\Delta \pi)$被定义为"净推动力",在其他条件一定的时候,净推动力与水通量成正比。在一般苦咸水处理环境中，$\Delta\pi$ 远远小于 Δp，因此，J_w 近似正比于 Δp。一些溶液的透压值见表 3.9。

表 3.9　部分盐类的渗透压

盐类	浓度(%)	近似渗透压力 psig(bar)
氯化钠($NaCl$)	0.5	55(3.8)
	1.0	125(8.6)
	3.5	410(28.3)
硫酸钠(Na_2SO_4)	2	110(7.6)
	5	304(21.0)
	10	568(39.2)
氯化钙($CaCl_2$)	1	90(6.2)
	3.5	308(21.2)
硫酸铜($CuSO_4$)	2	57(3.9)
	5	115(7.9)
	10	231(15.9)

3.3.4.3　回收率

回收率指膜系统中给水转化成产水或透过液的百分比。膜系统的回收率在设计时就已经确定，是基于预设的进水水质而定的。根据具体应用，回收率通常在 70%～80% 之间。如果进水总溶解固体(TDS)含量高，则采用较低回收率；相反，如果进水 TDS 低，则可以采用较高的回收率。

可以推断，反渗透系统回收率在 50% 时，浓水中 TDS 含量大约为进水 TDS 含量的两倍；当系统回收率为 75% 时，浓水含量将为进水 TDS 的 4 倍，因为几乎全部 TDS 都被截留在这四分之一的浓水一侧。如果被反渗透截留的一些离子具有饱和特性，该特性可能引起离子在膜表面的沉积和结垢，阻碍产水流过膜，并最终损坏系统，最典型的这类离子是铁和钙。因此几乎所有的反渗透生产商都规定进水中铁浓度应小于 0.05 mg/L。碳酸钙沉积是硬度、碱度、pH 值、TDS、温度的复合函数，可以通过 Langelier 饱和指数(LSI)公式进行分析。

回收率＝(产水流量/进水流量)×100%

反渗透系统运行中，多数溶解性离子和有机物被膜元件截流，并随浓水一同排放。排放浓水必须有足够的流量，以带走杂质，并防止膜进水侧发生机械性堵塞或沉淀。

一些溶解固体，如硅、钡、锶、钙或镁，如果和碳酸根、硫酸根等阴离子同时存在，将比其他溶解固体更能限制 RO 装置的回收率，这是由它们在水中溶解度的限制引起的。例如进水中的二氧化硅通常是 RO 回收率的限制因素，因为当浓度达到 100～120 mg/L 时，硅将会从溶液中析出。这也就是说，如果进水二氧化硅浓度达到 30 mg/L，那么回收率应控制在 75% 以下，因为这种回收率下，盐分被浓缩 4 倍，二氧化硅浓度将浓缩到 120 mg/L。

3.3.4.4 浓差极化

错流膜分离过程中,靠近膜表面会形成一个流速非常低的边界层,边界层中溶质浓度比主流体溶质浓度高,这种溶质浓度在膜表面增加的现象叫作浓差极化。边界层会存在浓度梯度或分压差,边界层的存在降低了膜分离的传质推动力,渗透物的通量也降低。由于边界层组分浓度梯度而引起的传质阻力增加的现象被称为浓差极化,见图 3.19。浓差极化的危害主要有增加了透过液浓度、降低产水量和分离效率。

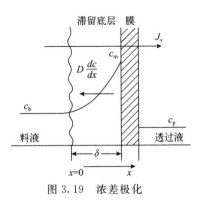

图 3.19　浓差极化

3.3.5　影响因素

膜的水通量和脱盐率是反渗透过程中关键的运行参数,这两个参数将受到操作压力、温度、回收率、进水含盐量、进水 pH 值因素的影响。

3.3.5.1 操作压力

为了实现溶液反渗透,必须从外界施加一个大于进水原液渗透压的驱动力,这一外界压力为操作压力。通常,操作压力比渗透压大几十倍。操作压力决定了反渗透的水通量和溶质透过滤。加大操作压力可以提高水通量,同时由于膜被压实,溶质透过率会减小。经验表明,操作压力从 2.75 MPa 提高到 4.22 MPa 时,水的回收率提高 40%,而膜的寿命缩短一年。因此要根据进水盐浓度、膜性能等确定操作压力的大小。

3.3.5.2 温度

温度升高,水的黏度降低,水透过膜的速度增加,与此同时溶质透过率也略有增加。温度升高,膜高压侧传质系数增加,膜表面溶质浓度降低,也使膜浓差极化现象减弱。试验表明,进水水温每升高 1℃,产水量就增加 2.7%～3.5%(以 25℃ 为标准)。

温度上升,渗透性能增加,在一定水通量下要求的净推动力减少,因此运行压力降低。同时,溶质透过率随温度升高而增加,盐透过量增加,直接表现为产水电导率升高。

在反渗透装置的运行过程中,进水温度宜控制在 20～30℃,低温控制在 5～8℃,因为低温造成膜水通量显著下降;上限不大于 30℃,因为 30℃ 以上时多数膜的耐热稳定性明显下降。通常,醋酸纤维素膜和聚酰胺膜的最高允许温度为 35℃,复合膜为 40～45℃。

3.3.5.3 进水 pH 值

一般膜材料会给定进水 pH 值范围,例如醋酸纤维膜 pH 值宜控制在 4～7 之间,目的是防止膜在酸、碱条件下的水解。

3.3.6　典型的反渗透工艺

反渗透主要由膜组件、泵、过滤器、阀、仪表及管路等组装成系统,如图 3.20。反渗透有连续式、部分循环式和全循环式三种流程。连续式分单段连续式和多段连续式,单段连续式的回收率不高,实际生产中很少应用,而多段连续式可提高水的回收率。

单段系统由一个或一个以上膜组件并联在一起,所有组件产水汇集到产水总管中,组件的浓水汇集到浓水总管中,浓水可以直接排放,也可以循环利用(回到 RO 高压泵入口或原水箱),浓水循环可提高系统的回收率。一般而言,单段系统回收率往往小于 50%。

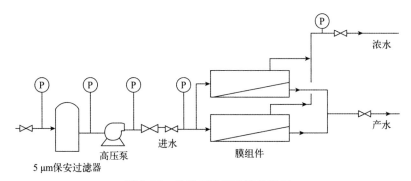

图 3.20　单段反渗透系统示意图

为了提高系统回收率,可以采用二段或三段设计。进水通过压力容器的流量分布成圣诞树型,在第一段进水流量最高,然后逐段递减,随着进水流量降低,平行的膜组件也逐段递减。所有组件的产水汇集到总管中,组件的浓水汇集到浓水总管中,浓水可直接排放,也可循环利用(回到 RO 泵入口或原水箱),浓水循环可提高系统回收率,见图 3.21。

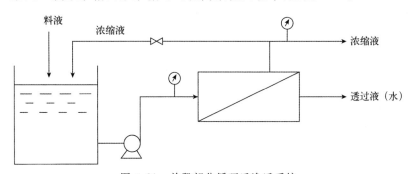

图 3.21　单段部分循环反渗透系统

这种膜组件逐段递减的圣诞树型设计,目的是优化流过膜表面的水流分配。系统分配均匀可以更好地冲洗膜表面,防止悬浮固形物在膜表面累积,引起膜污染。一般苦咸水 RO 系统设计中,单支膜元件的回收率为 9% 左右;对于流行的六芯膜组件构成的 RO 二段系统,第一段回收率为 50% 左右,第二段的回收率为 50% 左右,其系统总回收率为 70%~80%。第一段和第二段的进水量约为 2:1,因此第一段和第二段的膜组件数一般也为 2:1。

对于一个含三只组件的系统,其中两个组件并联作为第一段,而第三个组件和前面两个组件串联作为第二段,见图 3.22。

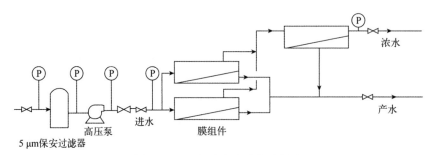

图 3.22　两段反渗透系统示意图

为了得到品质更高的产品水,可以采用多级反渗透系统。多级反渗透系统实际上是将两个传统的反渗透系统串联起来,即第一级的产水直接作为第二级的进水。第一级浓水直接排放或循环进入原水箱,第二级的浓水水质往往比原水水质还要好,可以直接全部回流到第一级的高压泵进口。二级反渗透系统最好在二级分别设泵。由于第二级的进水悬浮物和 TDS 很低,因此第二级的平均通量可以设得较高。六芯膜组件的两级系统,其回收率可以达到 $85\% \sim 90\%$。

由于第一级反渗透的产水偏酸性,不利于系统脱 CO_2 和 SiO_2,因此可以在第二级进水中加碱(NaOH 溶液),提高 pH 值,这样可以大幅度提高 CO_2 和 SiO_2 去除效果,降低产水电导率。

3.3.7　反渗透膜的污染与处理

反渗透膜常见的污染:沉淀物沉积、胶体沉积、有机物沉积、微生物繁殖等。

3.3.7.1　结垢

结垢是指在膜处理装置浓缩过程中,当溶解固体的浓度超过其溶解度限值时,这些杂质将在膜表面沉积。天然水中,最可能在运行中发生沉降的杂质有 $CaCO_3$、$MgCO_3$、$CaSO_4$、$BaSO_4$、$SrSO_4$、硅酸盐,结垢通常在下游中更为严重。常用的方法就是水体中加入阻垢剂。

3.3.7.2　污堵

由于进水中杂质在膜表面沉积或被膜表面吸附而引起膜性能下降的现象称为污堵。这种类型的污染常在上游膜元件中更为严重。污堵表现为中度到严重的通量下降、盐透过率增加和系统压降增大。造成污堵的污染物类型包括:微生物污染和微生物黏液、胶体和颗粒物质、天然水中腐殖质、富里酸、丹宁酸等杂质及水处理中添加的絮凝物剂等。

3.3.7.3　老化

膜装置进水中可能存在氧化剂有氯、臭氧和高锰酸钾,容易造成膜的老化。以城市自来水为水源会存在游离氯,或者前置过滤处理中加入氯杀菌剂。

当使用聚酰胺膜时,必须从水中去除上述所有氧化剂,否则会缩短膜的使用寿命。

当使用醋酸纤维素膜时,进水中绝对不能含有三价铁离子、臭氧和高锰酸钾,而应含有 $0.5\sim1$ mg/L 的游离氯。

3.3.7.4　反渗透的预处理

预处理过程很大程度上取决于进水是地下水还是地表水。通常,地下水产生污堵的倾向性较低,而大部分地表水产生污堵的倾向性大。浅水井中的水没有经过足够的自然过滤或生物降解,也可能具有和地表水一样的污堵倾向性。淤塞指数(SDI)是用于度量水体污堵倾向性的指标,进入 RO 膜元件的 SDI 应小于 5。但是,如果进水具有较高的胶体物质含量,也可能造成严重污堵,因为 SDI 值表征不了胶体浓度。

图 3.23 为地表水经过预处理进入反渗透的工艺流程。原水投加消毒剂(NaClO)的作用是杀灭微生物;投加阻垢剂是为了缓解反渗透膜面上结垢;投加 $NaHSO_3$ 的作用可以消除水体中的活性氯,防止膜的老化。

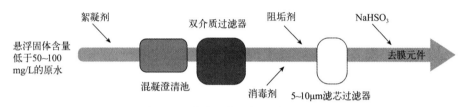

图 3.23　膜处理典型的预处理流程图

(1)阻垢剂和分散剂

随着浓水在膜组件内的浓缩,一些盐类将达到其溶解度限值,阻垢剂能延缓其发生结垢。不同类型的阻垢剂可以防止不同盐类的结垢,阻垢剂应选择配方来缓解碳酸钙、硫酸盐、硅酸盐和其他杂质的沉积。由于有些阻垢剂含有有机物,这些有机物是微生物的营养成分,会促进微生物在膜装置中的生长。如有可能,这类阻垢剂应尽量少用或避免使用。

(2)离子交换软化

离子交换软化也常用于小型反渗透系统前置预处理,用于防止反渗透膜的结垢。软化器可以去除二价和多价阳离子,这些离子在浓水浓缩过程中易生成沉淀。另一方面,二价和多价阳离子浓缩后,将压缩胶体双电层,从而破坏胶体之间的稳定,促使胶体颗粒凝聚沉积,造成反渗透膜污染。

(3)保安过滤器

通常用 $5\sim10$ μm 纤维过滤滤芯,不得使用螺线滤芯。因为多数螺线滤芯都采用表面活性剂(湿润剂)处理,这些药剂在运行中会释放出来,干扰下游反渗透的运行。也不得使用棉芯过滤器,因为其可能释放纤维碎屑,造成膜的污染。

(4)亚硫酸氢钠

亚硫酸氢钠($NaHSO_3$)能够快速与氧化剂发生反应,进而去除氧化剂。通常以焦亚硫酸钠($Na_2S_2O_5$)的形式购买,一个焦亚硫酸钠分子可以分解成两个亚硫酸氢钠和一个水分子。

亚硫酸氢钠最佳加药点在保安过滤器和水泵之间,这样保安过滤器内的微生物会受到氧化剂的控制。

游离氯在水中以次氯酸和次氯酸盐的形式存在。亚硫酸氢钠和次氯酸的反应式如下：

$$HSO_3^- + HClO \longrightarrow SO_4^{2-} + Cl^- + 2H^+$$

因此，理论上每去除 1 mol 游离氯需要加入 1 mol 亚硫酸氢钠。从亚硫酸氢钠的分子量来计算，需要表 3.10 所示浓度以去除游离氯。

表 3.10　去除 1 mg/L 游离氯所需要的亚硫酸氢盐

化合物	焦亚硫酸钠	亚硫酸氢钠	亚硫酸钠
mg/L	1.34	1.47	1.78

为了安全起见，进水中加入 2 倍理论所需亚硫酸氢钠用量。即每 1 mg/L 游离氯需要 3 mg/L 亚硫酸氢钠。

亚硫酸氢钠溶入水后，会和水中氧气发生反应，其浓度随时间下降。因此，溶解在水中的亚硫酸钠应在一定时间范围内使用，如表 3.11 所示。

表 3.11　亚硫酸氢钠不同浓度下的存放时间

亚硫酸盐的浓度 wt%	2	10	20	30
最长的使用时间	1 星期	3 星期	1 个月	6 个月

(5)活性炭

在小型反渗透系统中，可以使用活性炭代替亚硫酸氢钠消除氧化剂。活性炭过滤器不应释放任何碳粉末，因为碳粉末会沉积在膜表面，而且一旦沉积，几乎不可能去除。因此，活性炭过滤器和膜装置之间必须设保安过滤器，用来截留少量的碳粉末。活性炭床也经常滋生细菌，会造成微生物污染，但活性炭可以很好吸附非极性的有机物，防止这类物质对膜造成污染。

(6)预处理设备的选型

预处理设备的选择应在原水的性质和浊度、有机物浓度的基础上进行，如表 3.12 所示。

表 3.12　预处理设备的选型

水源	主要水质参数	推荐使用处理设备
河流	浊度>25*NTU	澄清池*+MMF 或 MF
	浊度 10～25NTU	凝聚+MMF 或 MF
	浊度<10NTU	(可能需要絮凝物)MMF 或 MF
湖泊等地表水	硬水和总有机碳	石灰软化+澄清池+MMF
	浊度>25*NTU	澄清池+MMF 或 MF
	浊度<25NTU	MMF 或 MF
井水	铁+锰	加氯+MMF
		绿砂过滤
	浊度<10 NTU	UF/MMF 或 MF

水源	主要水质参数	推荐使用处理设备
苦咸水	浊度>10 NTU	MMF
	浊度<10 NTU	UF/MF 或 MMF
海/洋水	浊度>50NTU	澄清池* ＋MMF
	浊度<50NTU	MMF 与 MF 供应商确认
	浊度<50NTU	MF

注:MF=微滤,UF=超滤,MMF=多介质过滤;

* 总悬浮固体含量大于 100 mg/L 时,需澄清。

3.3.7.5　反渗透的清洗

反渗透一旦出现下列的情况之一,就应该进行清洗:

(1)产水量(膜通量)比正常值下降 5%～10%;

(2)为了保证产品水量,操作压力增加 10%～15%;

(3)透过水的电导率上升 5%～10%;

(4)多段反渗透系统中,通过不同段的压力明显下降。

常用清洗方法:反冲洗、负压清洗和化学清洗。反冲洗:采用气体、液体作为反冲洗介质,给膜管施加反向压力,使膜表面及膜孔内吸附的污染物脱离膜表面,从而使膜通量得以恢复。负压清洗:通过一定真空抽吸,在膜功能侧形成负压,以除去膜表面和膜内部的污染物质。化学清洗:根据污染物种类、数量、性质和膜材料选择适当的化学清洗液,通过在线或离线清洗方式清洗。

3.4　电渗析

在电场作用下,溶液中带电的溶质粒子(如离子)通过膜而迁移的现象称为电渗析(ED)。利用电渗析进行提纯和分离物质的技术称为电渗析法,它是 20 世纪 50 年代发展起来的一种新技术,最初用于海水淡化,现在广泛用于化工、轻工、冶金、造纸、医药工业,尤以制备纯水和在环境保护中处理三废最受重视,例如用于酸碱回收、电镀废液处理以及从工业废水中回收有用物质等。电渗析技术不是过滤型膜分离技术,它对原水的水质要求相对较低,具有较强的抗污染能力。

3.4.1　电渗析器的基本原理

电渗析器是在外加直流电场下,含盐分的水流经阴阳离子交换膜和隔板组成的隔室时,水中阴离子、阳离子开始定向移动,阴离子向阳极方向移动,阳离子向阴极方向移动。由于离子交换膜具有选择透过性,阳离子交换膜只允许阳离子自由通过,阴离子交换膜只允许阴离子自由通过,这样在两个膜的中间隔室中,盐的浓度就会因为离子的定向迁移而降低,而靠近电极的两个隔室则分别为阴、阳离子的浓缩室,最后在中间的淡化室内达到脱盐的目的,见图3.24。

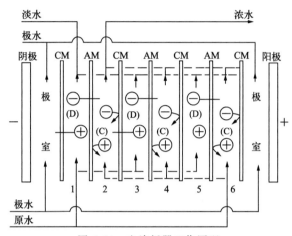

图 3.24　电渗析器工作原理

AM—阴膜;CM—阳膜;D—淡化室;C—浓缩室

根据电渗析原理制取淡水时,要消耗一定量的浓水和极水,为了减少水消耗量,可采用浓水循环和极水循环。另一方面,循环后浓水浓度提高,膜的选择透过性降低,因而降低电流效率,增加耗电量。在浓水直接排放情况下,淡水:浓水:极水(水量比)=1:1.2:0.2至1:0.6:0.2,水的利用率约为45.5%～55.5%。

在电渗析器中,电渗析过程中除了发生我们所希望的反离子迁移外,还发生次要的传递或迁移:同性离子迁移、电解质渗析、压差渗漏、水的电解和水的渗透。这些次要过程对电渗析是不利因素,但是它们都可以通过改变操作条件予以避免或控制。

(1)同名离子的迁移:离子交换膜的选择透过性往往不可能是100%,因此总会有少量的电荷相反离子透过阴、阳离子交换膜,阴离子透过阳膜,阳离子透过阴膜。

(2)离子的浓差扩散:由于浓缩室和淡化室中的溶液中存在着浓度差,总会有少量的离子由浓缩室向淡化室扩散迁移,从而降低了渗析效率。

(3)水的渗透:尽管交换膜是不允许溶剂分子透过的,但是由于淡化室与浓缩室之间存在浓度差,在渗透压的作用下,部分溶剂分子(水)向浓缩室渗透。

(4)水的电渗析:由于离子的水合作用和形成双电层,在直流电场驱动下,水分子也可从淡化室向浓缩室迁移。

(5)水的极化电离:当溶液中的离子迁移速度低于膜内离子迁移速度时,膜表面离子浓度趋向零,随着过程的进行,迫使中性水分子解离成 OH^- 和 H^+ 以维持膜内外离子迁移的平衡。水的极化电离消耗电能,使电流效率降低;极化时浓水侧容易形成沉淀堵塞水流通道,由于沉淀和结垢影响了膜的性能。

(6)水的压差渗透:由于浓缩室和淡化室之间存在流体压力的差别,迫使水分子由压力大的一侧向压力小的一侧渗透。

3.4.2　电渗析器的结构

利用电渗析原理进行脱盐或处理废水的装置,称为电渗析器,其结构图如图 3.25 所示。电渗析器由膜堆、极区、夹紧装置三大部件组成。

(1)膜堆:膜堆的结构单元包括阳膜、隔板、阴膜。一个结构单元也叫一个膜对,一台电渗析器由许多膜对组成,这些膜对总称为膜堆。隔板常用 1~2 mm 的硬聚氯乙烯板制成,板上开有配水孔、布水槽、流水道、集水槽和集水孔。隔板的作用是使两层膜间形成水室,构成流水通道,并起配水和集水的作用。

阴、阳离子交换膜按膜中活性基团的均一程度分为均相膜和异相膜。异相膜是把粉末树脂与黏胶剂混合后制成的膜;均相膜是直接使离子交换树脂的合成与成膜工艺结合制成的膜。电渗析膜的性能参数有交换容量、含水量、膜电阻、离子迁移数和选择透过度、机械性能、水的渗透量。

(2)极区:极区的主要作用是给电渗析器供给直流电,将原水导入膜堆的配水孔,将淡水和浓水排出电渗析器,并通入和排出极水。极区由托板、电极、极框和弹性垫板组成。电极托板的作用是加固极板和安装进出水接管,常用厚的硬聚氯乙烯板制成。

电极的作用是接通内外电路,在电渗析器内造成均匀的直流电场。阳极常用石墨、铅、铁丝涂钉等材料;阴极可用不锈钢等材料制成。极框用来在极板和膜堆之间保持一定的距离,构成极室,也是极水的通道。极框常用厚 5~7 mm 的粗网多水道式塑料板制成。垫板起防止漏水和调整厚度不均的作用,常用橡胶或软聚氯乙烯板制成。

(3)压紧装置:其作用是把极区和膜堆组成不漏水的电渗析器整体,可采用压板和螺栓拉紧,也可采用液压压紧。

(4)电渗析器系统的组装:电渗析器系统的基本组装形式如图 3.26 所示。在实践中通常用"级"、"段"和"系列"等术语来区别各种组装形式。电渗析器内电极对的数目称为"级",凡是设置一对电极的叫作一级,两对电极的叫二级,依此类推。电渗析器内,进水和出水方向一致的膜堆部分称为"一段",凡是水流方向每改变一次,"段"的数目就增加 1。

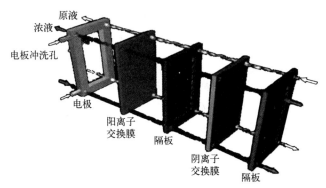

图 3.25　电渗析器的结构图

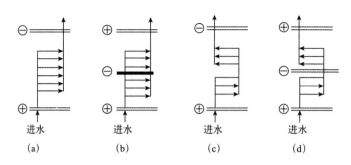

图 3.26　电渗析系统的组装

(a)一级一段并联；(b)二级一段并联；(c)一级二段并联；(d)二级二段串联

3.4.3　电渗析器的性能

环境标准 HJ/T 334—2006《环境保护产品技术要求电渗析装置》对电渗析器的型号规格、基本要求、进水水质、制造材料、性能、试验方法做了具体规定。

3.4.4　电渗析的进水要求

电渗析器运行对进水的要求为：水温 $5\sim40℃$；耗氧量（COD_{Mn}）<3 mg/L；游离氯<0.2 mg/L；铁<0.3 mg/L；锰<0.1 mg/L；浊度<1.0 NTU；污染指数 SDI<10。

3.5　电除盐 EDI

3.5.1　概述

电去离子（electrodeionization，EDI）是结合了电渗析与离子交换两项技术各自的特点而发展起来的一项新技术，与普通电渗析相比，由于淡水室中填充了离子交换树脂，大大提高了膜间导电性，显著增强了由溶液到膜面的离子迁移，破坏了膜面浓度滞留层中的离子贫乏现象，提高了极限电流密度；与普通离子交换相比，由于膜间高电势梯度，迫使水解离为 H^+ 和 OH^-，H^+ 和 OH^- 一方面参与负载电流，另一方面又可以对树脂起就地再生的作用，因此 EDI 不需要对树脂进行再生，可以省掉离子交换所必需的酸碱贮罐，也减少了环境污染。

EDI 装置模块有板式和卷式两种，见图 3.27，图 3.28。

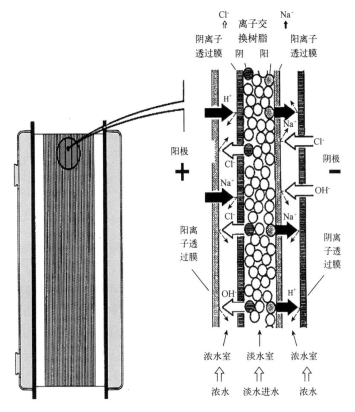

图 3.27　板式 EDI 的工作原理

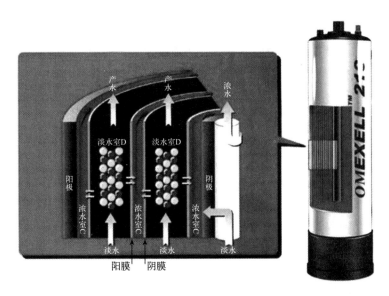

图 3.28　卷式 EDI 工作原理图

板式 EDI 的内部部件为板框式结构,与板式电渗析器的结构类似,主要由阳电极板、阴电极板、板框、阴离子交换膜、阳离子交换膜、淡水隔板、浓水隔板和端压板等部件按一定顺序组装而成,设备的外形为方形。

卷式 EDI 模块主要由电极、阴离子交换膜、阳离子交换膜、淡水隔板、浓水隔板、浓水配集管等组成。

EDI 膜堆是 EDI 工作核心,是由阴、阳离子交换膜,淡、浓水室隔板,离子交换树脂和正负电极按一定顺序排列组合并夹紧所构成的单元。在每个单元内有两类不同的室:待除盐的淡水室和收集所除去杂质离子的浓水室。淡水室用混匀的阳、阴离子交换树脂填满,相当于一个混床。所用的树脂是磺酸型阳树脂和季胺型阴树脂,淡水室中的树脂必须装填紧密,以减少树脂表面水层和防止树脂乱层,采用 $100\ \mu m$ 均粒树脂。

EDI 包含多个模块单元,它的工作原理有以下几个过程:

(1)电渗析过程。在外加电场作用下,水中电解质通过离子交换膜进行选择性迁移,从而达到去除离子的作用。

(2)离子交换过程。由淡水室中阳、阴离子交换树脂对水中电解质的交换作用,达到去除水中离子的目的。在 EDI 中,离子交换只是手段,不是目的。在直流电场作用下,阴阳离子定向迁移,不再单靠阴阳离子在溶液中的运动,因而提高了离子的迁移速度,加快了离子的分离。

(3)电化学再生过程。树脂床利用加在室两端的直流电进行连续地再生,电压使进水中的水分子分解成 H^+ 和 OH^-,水中的这些离子受相应电极的吸引,穿过阳、阴离子交换树脂向所对应膜的方向迁移,当这些离子透过交换膜进入浓水室后,H^+ 和 OH^- 结合成水。这种 H^+ 和 OH^- 的产生及迁移正是树脂得以实现连续再生的机理。

当进水中的 Na^+ 及 Cl^- 等杂质离子吸附到相应的离子交换树脂上时,这些杂质离子就会发生离子交换反应,并相应地置换出 H^+ 和 OH^-。一旦在离子交换树脂内的杂质离子也加入到 H^+ 和 OH^- 向交换膜方向的迁移,这些离子将连续地穿过树脂直至透过交换膜而进入浓水室。这些杂质离子由于相邻隔室交换膜的阻挡作用而不能向对应电极的方向进一步地迁移,因此杂质离子得以集中到浓水室中,然后可将这种含有杂质离子的浓水排出膜堆。

3.5.2　EDI 装置的特点

(1)可连续运行,产品水质稳定。

(2)简单地实现全自动控制。

(3)不会因再生而停机。

(4)不需要化学再生。

(5)运行费用低,除了清洗用化学药剂外无须任何酸碱配料。

(6)占地面积小。

(7)产水率高,可达 95%。

(8)设备单元模块化,可灵活的组合达到产品水量。

EDI 初期投资大,维修困难,对细菌的抗污染能力较低。

3.5.3　EDI 工艺参数

(1)　EDI 的进水要求

EDI 的进水要求是一级反渗透或与之水质相当的水,水质指标如表 3.13 所示。

表 3.13　EDI 进水水质

项目	进水要求	单位
TEA(总可交换总阴离子,包括 CO_2)	<25	$\times 10^{-6}$(以 $CaCO_3$ 计)
电导率	<40	$\mu S/cm$
pH	6.0~9.0	
硬度	<1.0	$\times 10^{-6}$(以 $CaCO_3$ 计):
二氧化硅	<0.5	$\times 10^{-6}$
有机物 TOC	<0.5	$\times 10^{-6}$
游离氯	<0.05	$\times 10^{-6}$
SDI_{15}:	<1.0	
Fe,Mn,H_2S	<0.01	$\times 10^{-6}$
浊度	<1.0	NTU
色度	<5	APHA
油脂	未检出	$\times 10^{-6}$
二氧化碳的总量	<10	$\times 10^{-6}$
温度	5~35,最佳 25	℃

(2)系统中 CO_2 的影响

CO_2 是一个关键因素,因为 CO_2 分子可以透过 RO 膜进入后续的 EDI 系统,加重阴离子交换树脂的负担,因此在一些情况下,通过在系统中加 NaOH 来增加 pH 值,把 CO_2 转化成碳酸盐和重碳酸盐。

(3)工作压力

淡水进水最高压力不能超过 0.6 MPa,最佳运行压力在 0.4~0.5 MPa。压力过大可能造成离子交换膜破损。

参考文献

邵刚.2000.膜法水处理技术.2 版.北京:冶金工业出版社.

周柏青.2006.全膜水处理技术.北京:中国电力出版社.

GE 公司.2007.水处理膜产品技术手册.

第4章

锅内加药水处理

锅内加药水处理就是针对水垢形成的原因和过程,有针对性地向锅水中投加特定的水处理药剂,把易形成水垢的物质转变为悬浮的、有流动性的水渣,通过排污排掉,从而防止或减缓水垢的形成,同时对防止锅炉腐蚀也有一定意义。

根据锅炉给水水质不同,工业锅内加药处理可分为单纯锅内加药阻垢处理和锅内水质调节处理两种情况。

4.1 水垢的形成及其危害

在锅炉内受热面水侧金属表面上生成的固态附着物被称作为水垢。水垢是一种牢固附着在金属表面上的沉积物,它对锅炉的安全经济运行有很大的危害。

自从在锅炉运行中把水作为热交换工质之日起,受热表面和传热表面的结垢就成为热交换工艺中主要困扰问题之一。200余年来,人们对锅炉水垢的垢种、成垢的原因已有充分研究,推出了各种防垢技术,但至今仍未得到彻底解决,在防垢的同时发展了清洗技术,作为保持受热面和传热表面的辅助手段。

水垢形成的主要原因有:

①锅炉给水的杂质进入锅炉后,经过不断地蒸发和浓缩,浓度不断地增大,当杂质浓度达到饱和或过饱和程度,就会析出为沉淀物。

②某些盐类杂质的溶解度与温度成反比,这些盐类在温度升高时,溶解度急剧下降而形成水垢。

③不同的盐类相互作用或受热分解,生成难以溶解的化合物。

上述沉淀物一部分黏附在热负荷较大的受热面上,形成坚硬或松软的水垢,另一部分则悬浮在炉水中,随炉水循环而流动,称之为"水渣"。当受热面处水循环不良、流速较低时,水渣沉积在受热面上形成二次水垢,或者沉积于流速本来就不高的锅筒、集箱下部形成泥垢,随定期排污而排出炉外。因此,水垢的产生,除与锅炉给水中杂质的成分和含量有关外,很大程度还取决于锅炉的运行状态。水的蒸发强度越大,循环速率越高,就越容易生成容易被水循环破坏的疏松沉淀物,可以减少水垢在锅炉蒸发面上集结的数量。与此相反,蒸发强度越小,循环速率越低,就越容易在锅炉蒸发面上结成水垢。

4.1.1 水垢的种类及其鉴别方法

4.1.1.1 水垢的分类

水垢往往不是单一的化合物,而是由许多化合物组成的混合物,其外观、物理特性及化学组分因水质不同、生成的部位不同而有很大差异。如直接使用天然水或自来水作为锅炉补给水的热力设备,其水垢的主要化学组分为钙镁的碳酸盐和氢氧化物;如以一级钠离子交换软化水作为锅炉补给水的热力设备,其水垢的主要化学组分为碳酸钙、硫酸钙、硅酸钙等;以二级钠离子交换软化水作为锅炉补给水的热力设备,其锅炉水冷壁管内的水垢化学组分常以复杂的硅酸盐为主;以除盐水作为锅炉补给水的热力设备,其水垢的主要化学组分主要是 Fe、Cu 的氧化物。

(1)钙、镁水垢

在钙,镁水垢中,以钙镁盐类为主,有时可达 90％以上。按其化学组分又可分为碳酸钙水垢($CaCO_3$)、硫酸钙水垢($CaSO_4$、$CaSO_4 \cdot 2H_2O$)、硅酸钙水垢($CaSiO_3$)、镁垢[$Mg(OH)_2$、$Mg_3(PO_4)_2$]等。

碳酸盐水垢常在给水管路、热交换设备、省煤器、过热器、锅筒、水冷壁管和下联箱等部位生成。硫酸盐水垢和硅酸盐水垢主要是在热负荷较高的受热面上,如水冷壁管、蒸发器和蒸汽发生器内生成。

钙镁盐类之所以能在受热面上析出形成水垢,一是因为随着水的温度升高,某些钙镁化合物在水中的溶解度下降;二是因为水在蒸发过程中,水中盐类逐渐浓缩;三是因为水受热过程中,水中一些钙镁的碳酸盐受热分解:

$$Ca(HCO_3)_2 \rightarrow CaCO_3 \downarrow + CO_2 \uparrow + H_2O$$

$$Mg(HCO_3)_2 \rightarrow Mg(OH)_2 \downarrow + 2CO_2 \uparrow$$

当水中这些钙镁盐类的离子浓度超过其溶度积时,就会从水中析出并附着在受热面上,逐渐成为坚硬的沉积物,即水垢。

钙、镁水垢的形成速度主要与锅炉的热负荷和结垢物质的离子浓度有关。在水的 pH 值为 7～11 范围内,结垢物质的离子浓度超过溶度积时,钙、镁水垢的形成速度可用以下经验公式表示:

$$A_{Ca,Mg} = 1.3 \times 10^{-13} SG_{Ca,Mg} \times q^2 \tag{4.1}$$

式中,$A_{Ca,Mg}$ 为钙镁水垢的形成速度[$mg/(cm^2 \cdot h)$];q 为锅炉受热面上的热负荷(W/m^2);$SG_{Ca,Mg}$ 为锅炉水中钙镁离子的含量(mg/kg)。

(2)硅酸盐水垢

硅酸盐水垢的化学组分比较复杂,大部分是铁、铝的硅酸化合物。在这种水垢中,往往含有 40％～50％的 SiO_2,25％～30％的铁、铝的氧化物以及 10％～20％的 Na_2O,钙镁化合物一般只有百分之几。所以,这类水垢其化学组分及结构与一些天然的矿物基本相同,如方沸石($Na_2O \cdot Al_2O_3 \cdot 4SiO_2 \cdot 2H_2O$)和钠沸石($Na_2O \cdot Al_2O_3 \cdot 3SiO_2 \cdot 2H_2O$)等。

在锅炉补给水中,铁、铝的化合物和硅的化合物含量偏高及锅炉受热面上热负荷过高等因素是生成硅酸盐水垢的主要原因。关于硅酸盐水垢的形成过程,目前有两种看法:一种看法认为,硅酸盐水垢是在高热负荷的炉管管壁上从高度浓缩的锅炉水中直接结晶出来的;另一种看法认为,硅酸盐水垢是在高热负荷的作用下,黏附于锅炉管壁金属表面上的一些附着物之间发生化学作用生成的:

$$Na_2SiO_3 + Fe_2O_3 \rightarrow Na_2O \cdot Fe_2O_3 \cdot SiO_2$$

目前的水处理工艺虽然已比较成熟和完善,锅炉补给水的水质也已相当纯净,但因补给水处理不当而使铁、铝的化合物和硅的化合物带入锅炉水中的现象时有发生,而且硅酸盐水垢很难用酸洗的方法去除,所以在受热面上一旦生成硅酸盐水垢,将会给热力设备的安全运行带来不良影响。

(3)氧化铁垢

氧化铁垢的外观呈咖啡色,内层呈黑色或灰色,水垢的下面尚有少量白色盐类的沉积物。其主要化学组分是铁的氧化物,有时高达 $70\%\sim90\%$,另外还有少量金属铜、铜的氧化物以及一些钙、镁、硅和磷的盐类。

氧化铁垢的生成部位,主要是在一些高参数大容量锅炉热负荷比较高的管壁上。在锅炉管壁上形成氧化铁垢主要与炉水中铁的氧化物含量及锅炉的热负荷有关。炉水中的铁氧化物有的是随锅炉补给水带入锅内的,有的是运行中或停炉期间因腐蚀作用产生的。氧化铁垢的形成速度与锅炉炉管承受的热负荷有很大关系。氧化铁垢的生成速度,按以下经验公式计算:

$$A_{Fe}=K_{Fe} \cdot SG_{Fe} \cdot q^2 \qquad (4.2)$$

式中,A_{Fe} 为氧化铁垢的形成速度 $[mg/(cm^2 \cdot h)]$;SG_{Fe} 为锅炉水中铁的含量 (mg/kg);K_{Fe} 为比例系数,一般在 $5.7\times10^{-14}\sim8.3\times10^{-14}$ 之间;q 为炉管局部的热负荷 (W/m^2)。

研究表明,氧化铁垢的主要化学组分是磁性 Fe_3O_4,因为它最稳定。其他形式的氧化铁 (Fe_2O_3) 都会转化为 Fe_3O_4。

热负荷越大,给水含铁量越高,氧化铁垢的形成速度越快。研究表明,当炉管热负荷达到 $3.5\times10^5 W/m^2[3\times10^5 kcal/(cm^2 \cdot h)]$ 时,只要炉水中的含铁量超过 $100~\mu g/L$ 以上,就会形成氧化铁垢。

关于氧化铁垢的形成过程有两种观点:一种观点认为,当锅炉金属遭受到碱性腐蚀等腐蚀时,金属腐蚀产物在锅炉运行过程中直接在管壁上沉积并转化为氧化铁垢;另一种观点认为,锅炉水中铁的化合物主要为呈胶体态的氧化铁,并带有正电荷,而热负荷很高的管壁表面一般都呈现负电性,在静电引力的作用下,带正电荷的氧化铁便向显负电性的金属表面上聚集,逐渐转化为氧化铁垢。

防止氧化铁垢生成的途径,一是尽量减少锅炉给水中的含铁量,减小运行或停用期间的腐蚀;二是避免锅炉超负荷运行和改善锅炉运行工况,控制锅炉管壁上的热负荷在允许范围之内。

(4)铜垢

当热力设备的含铜部件(如高、低压加热器)遭受腐蚀时,铜的腐蚀产物便随给水带入锅炉内部而形成铜垢。在这种垢中,金属铜的含量比较高,可占 20% 以上,而且沿垢层厚分布非常不均匀,表面部分高达 $70\%\sim90\%$,靠近锅炉金属层深处只有 $10\%\sim20\%$。

铜垢也是经常在热负荷高的部位产生,并在此进行以下电化学过程:

$$阳极过程\ Fe\rightarrow Fe^{2+}+2e$$
$$阴极过程\ Cu^{2+}+2e\rightarrow Cu$$

在沸腾的碱性锅炉水中,铜主要是以络合离子状态存在。在热负荷高的部位,锅炉水中部分络合离子的离解倾向增大,使锅炉水中铜离子含量升高,促使上述阴极过程进行。另一方面,锅炉金属在高热负荷的作用下,金属表面上的保护膜遭到破坏,促使上述阳极过程进行。

金属铜在锅炉水中开始析出时呈一个个小丘状,小丘的直径大约为 $0.1\sim0.8$ mm,然后许多小丘连成一片成为海绵状沉淀层。运行过程中,锅炉水充灌到这些小孔中,并很快蒸干,而锅炉水中的各种盐类则留在这些小孔中。这一方面使垢中铜的含量相对降低,另一方面使这种垢具有导电性。

铜垢的形成速度与热负荷之间的关系,可用以下经验公式表示:

$$A_{Cu}=K_{Cu}(SG_{Cu})^{1/n}q(q-q_0) \tag{4.3}$$

式中,A_{Cu} 为铜垢的形成速度$[mg/(cm^2 \cdot h)]$;SG_{Cu} 为锅炉水中铜的含量(mg/kg);q_0 为产生铜垢的最低热负荷(W/m^2);K_{Cu} 为比例系数;n 为表明锅炉水中铜离子浓度与总含铜量之间关系的数值。

防止铜垢生成的方法,一方面应减缓铜部件的腐蚀,降低给水中的含铜量;另一方面应严禁超负荷运行。

(5)磷酸盐铁垢

磷酸盐铁垢的化学成分主要是磷酸亚铁钠$(NaFePO_4)$和磷酸亚铁$[Fe_3(PO_4)_2]$,一般呈灰白色或接近白色,敲击时很容易脱落。磷酸盐铁垢一旦发生,发展速度很快,短时间就可能发生爆管事故,磷酸盐铁垢生成的主要原因是锅水磷酸根含量过高、铁含量较大、NaOH 浓度很低,其反应式为:

$$Na_3PO_4+Fe(OH)_2=NaFePO_4+2NaOH$$

防止磷酸盐铁垢生成的方法,在运行时尽量减少锅水含铁量,锅水磷酸根含量维持在标准范围内,同时保持锅水有一定的 OH^-,即锅水的 pH 值在合格的范围内。

4.1.1.2　水渣分类

水渣与水垢一样,也是一种含有许多化合物的混合物,而且随水质不同差异很大。在以除盐水、蒸馏水为锅炉补给水的锅炉中,水渣的主要组分是一些金属的腐蚀产物,如铁的氧化物$(Fe_2O_3$、$Fe_3O_4)$、铜的氧化物$(CuO$、$Cu_2O)$、碱式磷酸钙$[Ca_{10}(OH)_2 \cdot (PO_4)_6]$、蛇纹石$(MgO \cdot 2SiO_2 \cdot 2H_2O)$和钙镁盐类$(CaCO_3$、$Mg(OH)_2$、$Mg(OH)_2 \cdot CaCO_3$、$Mg(PO_4)_2)$,有时水渣中还含有一些随给水带入的悬浮物。

由于各种水渣的化学组分和形成过程不同,有的水渣不易黏附于锅炉金属的受热面上,在锅炉水中呈悬浮状态,这种水渣可借锅炉排污排出炉外,如碱式磷酸钙和磷酸镁等。有的水渣则易黏附于受热面上,经高温焙烧可形成软垢,如氢氧化镁和磷酸镁等。

4.1.2　水垢对锅炉的危害

4.1.2.1　水垢的危害

人们称水垢是锅炉的"百害之源",究其原因是由于水垢的导热性能太差,仅为锅炉传热钢材的数十分之一到数百分之一(见表 4.1)。

水垢热导率,因其化学成分和存在状态(特征)的不同而有很大差别,就是同一种水垢,疏松多孔的要比致密坚硬的水垢热导率要小得多,因水垢热导率很低而造成如下危害。

表 4.1　钢材及各种水垢热导率

名称	特征	热导率[W/(m·℃)]
钢材		45～70
碳酸盐水垢	结晶形硬垢	0.6～6.0
	非晶形软垢	0.23～1.16
硫酸盐水垢	坚硬	0.6～3.0
硅酸盐水垢	坚硬	0.06～0.23
氧化铁垢	坚硬	0.116～0.23
混合型水垢	坚硬	0.8～3.5
含油水垢	坚硬	0.116

(1)增加燃料的消耗

当锅炉结有水垢,由于水垢的导热性能很小,会降低热力设备的传热效率,为保证锅炉的出力,就必须提高火侧的温度,从而使热损失增加:一是向外界辐射的热损失增加;二是排烟的热损失增加。由于锅炉的工作压力不同,以及水垢的种类及厚度的不同,燃料浪费的数量也就不同,即锅炉工作压力越高、水垢热导率越低、水垢越厚,燃料浪费量越大。工业锅炉受热面结有 1 mm 的水垢,燃料消耗会增加 3‰～8‰。

(2)造成锅炉受热面过热引发金属受热面过热事故

锅炉受热面如结有水垢,由于水垢传热不良,为了保持一定的工作压力和蒸发量,这样只有增加火侧的温度。水垢越厚,热导率越低,锅炉火侧的温度就越高。当温度超过金属所能承受的允许温度时,就会导致锅炉钢板、炉管过热,并引起蠕变、鼓包、泄漏、裂纹、爆管等事故,甚至使锅炉报废。在高参数锅炉的水冷壁管上,只要结有 0.1～0.5 mm 厚的水垢,就可能引起爆管。

金属受热面壁温因水垢产生的温差按式(4.4)计算:

$$\Delta t = (\frac{\delta}{\lambda} + \frac{1}{\alpha})q \tag{4.4}$$

式中,Δt 为因水垢而产生的温差(℃);δ 为水冷壁管内壁表面上水垢的厚度(m);λ 为水垢的导热系数[W/(m·℃)];α 为金属管壁对管内工质的放热系数[W/(m²·℃)];q 为锅炉受热面热负荷(W/m²)。

因为在式(4.4)中,$1/\alpha$ 比 δ/λ 小得多,故式(4.4)可改写为式(4.5):

$$\Delta t = \frac{\delta}{\lambda}q \tag{4.5}$$

例如:工作压力 1.4 MPa 的工业锅炉,未结水垢时,锅炉受热面金属温度只有 215～250℃;当结 0.8 mm 厚水垢时,温度升高约 58％,此时温度可达 360℃,当结垢 0.9 mm 时,金属温度升高到 380℃;当结垢 1 mm 时,金属温度高达 390℃。对于 20♯钢,当其温度达到 315℃时,其力学性能下降,当达到 450℃时,就会因过热而蠕变。因此,化学清洗规则中规定,锅炉受热面被水垢覆盖80％以上,并且水垢平均厚度达到 1 mm 以上时,就应当进行化学清洗除垢。

(3)发生沉积物下腐蚀,缩短锅炉使用寿命

在锅炉运行中,锅水从水垢的孔隙中渗入垢层,并很快被蒸干,从而使锅炉水在垢层下高度浓缩,各种杂质的浓度变得很高,如 NaOH 可达到 50％以上。若水中有游离氢氧化钠时,使沉积物下的炉水 pH 值升得很高,当 pH>13 时,就会发生碱性腐蚀;当给水带入氯化物时,那么沉积物下就会发生酸性腐蚀。这种结垢与腐蚀又是相互促进的。

沉积物下腐蚀的危害性很大。当发生沉积物下碱性腐蚀时,会使金属发生腐蚀坑陷,腐蚀达到一定深度时,便会因过热而鼓包或爆管;当发生沉积物下酸性腐蚀时,其危害性就更大,遭到腐蚀部位的金相组织发生了变化,使金属变脆,严重时,管壁未变薄就会造成金属裂纹、穿孔、爆管。

(4)破坏水循环,造成安全事故

锅炉水循环有自然循环和强制循环两种形式。前者是靠上升管和下降管的汽水比重不同产生的压力差而进行的水循环。后者主要是依靠水泵的机械动力的作用而迫使循环的。无论是哪一种循环形式,都是经过设计计算的,也就是说保证有足够的流通截面积。当炉管内壁结生水垢后,会使得管内流通截面积减少,流动阻力增大,破坏了正常的水循环,使得向火侧的金属壁温升高。当管路完全被水垢堵死后,水循环则完全停止,金属壁温则更高,长期下去就易因过热发生爆管事故。水冷壁管是均匀布置在炉膛内的,吸收的是辐射热。在离联箱400 mm 左右的向火侧高温区,如果结生水垢,就最易发生鼓包、泄漏、弯曲、爆管等事故。

(5)降低锅炉出力

由于水垢导热系数很小,因此它的导热热阻相当于受热面金属导热热阻的 6～1000 倍,其对锅炉受热面的传热影响是相当严重的。锅炉结垢后,其总传热系数将下降,要保持锅炉与未结垢时同样的出力,即保持其传热量不变,只有增加受热面的温压,这样势必增加锅炉的排烟热损失。同时,由于烟气温度升高,炉墙的散热损失也会增加,这样也增加了锅炉散热效率,使锅炉效率下降。另一方面,当水垢厚度增加时,水垢的导热热阻增加,受热面的总传热系统下降,如果保持烟气的温度不变,蒸汽的品质不变(即蒸汽或热水的温度不变),势必造成锅炉的总传热量下降,这一方面导致锅炉的出力下降,满足不了设计的要求,影响了生产工艺,同时也降低了锅炉的效率。

(6)增加检修和清洗费用

锅炉结有水垢后,用人工是难以清除的,要采用专用的煮炉药剂或进行化学清洗,特别是水垢引起锅炉的泄漏、裂纹、变形、腐蚀等问题,不仅损害了锅炉,而且还要耗费大量人力、物力、财力去检修。这样不但缩短了运行周期,也增加了检修费用。

(7)增加了对大气的污染

由于水垢降低了锅炉的效率,就等同于增加了锅炉运行对环保的压力。实际上,由于水垢的生成,锅炉的效率下降,导致排烟热损失和锅炉散热损失的增加。要达到同样的锅炉出力,只能增加燃料的消耗量。由此,同一台锅炉将会排放更多的二氧化碳、硫化物、氮氧化物、粉尘以及其他有害物质,使大气受到更加严重的污染。

4.1.2.2 水渣的危害

水渣虽然质地比较疏松,也不易黏附于锅炉金属的受热面上,但集聚过多也会影响蒸汽质量。如果排污不及时,锅炉水中的水渣过多可能堵塞管路,而且在热负荷高的情况下,水渣也可转化为水垢。

4.2 工业锅炉的单纯锅内加药处理

4.2.1 概述

工业锅炉的单纯锅内加药水处理一般是指:在锅炉补给水未采取软化或除盐处理措施,在含有硬度的给水中加入合适的防垢剂,使之在锅内与水中硬度物质发生化学或物理化学作用,生成松散而又有流动性的水渣通过锅炉排污除去,或者生成非沉淀性螯合物,并阻止水垢的结晶生长,从而达到防止或减缓锅炉结垢和腐蚀的目的。

4.2.2 锅内加药处理的适用范围及作用特点

4.2.2.1 适用范围

根据 GB 1576—2008《工业锅炉水质》标准规定:额定蒸发量小于或等于 4 t/h,且额定蒸汽压力小于或等于 1.3 MPa 的自然循环蒸汽锅炉、对水汽质量无特殊要求的汽水两用锅炉、额定功率小于或等于 4.2 MW 非管架式承压的热水锅炉和常压热水锅炉,均可采用单纯锅内加药水处理。

应当注意的是,一些结构特殊的锅炉,即使其水容量较小,也不宜采用单纯的锅内加药处理,例如贯流式和直流盘管式锅炉,应采用给水软化处理再加上适当的锅内加药水质调节处理。

4.2.2.2 加药作用

通过在锅内加药的方式有效地控制锅水中的离子平衡,抑制晶体沉淀物的生长与黏结,使之形成流动性的泥渣而排除,从而防止或缓减水垢的形成。其作用可归结如下:

(1)锅水维持碱性工况(有足够的 CO_3^{2-} 和 OH^-)或磷酸根工况(有足够的 PO_4^{3-} 和 OH^-),阻止钙、镁离子生成 $CaCO_3$、$CaSO_4$、$CaSiO_3$ 等硬垢,而形成钙、镁盐的流动性泥渣。

(2)向锅水中补加促使泥渣形成的结晶中心。

(3)使经药剂作用后形成的沉淀与锅炉金属表面带相同电荷,或在锅炉金属表面形成电中性的隔离层,从而使析出的沉淀不会黏结到锅壁上形成水垢。

4.2.2.3　使用特点

锅内加药水处理的优点是:设备简单,投资少;操作方便,易管理。如使用得当,可达到较好的防垢效果。另外,锅内加药处理法相对于锅外离子交换法而言,可节约大量用水,减少对环境的污染。

锅内加药处理的缺点是:锅炉排污控制要求较严格,排污量和热损失相对较大,且影响防垢效果的因素较多,一般不易达到锅炉无垢运行,因此单纯的锅内加药处理通常只适用于小型工业锅炉。

4.2.3　锅内加药处理的常用药剂类型及其性能

4.2.3.1　加药处理常用药剂的类型

根据水处理目的的不同,锅内加药处理的药剂主要有防垢剂和降碱剂两大类,其次还有缓蚀剂、消沫剂、防油垢剂等类型,在进行锅内加药处理时,可根据锅炉类型、给水水质、运行要求等配置成复合型药剂使用。

(1)防垢剂

防垢剂主要是与给水中硬度成分发生化学反应,使硬度成分转变成不易在受热面上黏附的水渣的药剂。如烧碱($NaOH$)、纯碱($NaCO_3$)、磷酸盐、有机羧酸盐、有机聚膦酸盐等。

(2)降碱剂

降碱剂主要是用来降低给水或锅水中的碱度,以降低锅水排污率,防止汽水共腾和苛性脆化的药剂。如磷酸、草酸、磷酸二氢钠、硫酸铵等。

(3)缓蚀剂

缓蚀剂主要用来防止锅炉金属(水侧)的腐蚀。缓蚀剂主要有亚硫酸钠、亚硝酸钠、有机除氧药剂等。过去常用的联胺、重铬酸钠等,因为毒性很大,近年已很少采用。

(4)消沫剂

消沫剂主要是用来防止由于锅水浓度过高而发生的起沫或汽水共腾,以提高蒸汽质量。消沫剂主要有酰胺类消沫剂和聚酯型消沫剂。

(5)防油垢剂

防油垢剂主要是用来吸附锅水中的油脂,以防止难以清除的含油水垢的结生。防油垢剂主要有活性炭、胶体石墨、木炭粉等。

4.2.3.2　几种常用的锅内加药水处理药剂的性能和作用

(1)氢氧化钠($NaOH$)

氢氧化钠俗称火碱、烧碱和苛性钠,是一种白色的固体,吸水性强,极易溶于水而放出大量的热量,有强烈的腐蚀性,是一种强碱。$NaOH$ 的主要作用是:

①能有效地消除给水中的硬度。其化学反应式为:

$$Ca(HCO_3)_2 + 2NaOH = CaCO_3\downarrow + Na_2CO_3 + 2H_2O$$

$$Mg(HCO_3)_2 + 4NaOH = Mg(OH)_2\downarrow + 2Na_2CO_3 + 2H_2O$$

$$CaCl_2 + 2NaOH = Ca(OH)_2\downarrow + 2NaCl$$

$$MgSO_4 + 2NaOH = Mg(OH)_2\downarrow + Na_2SO_4$$

从上述反应可知，只有非碳酸盐硬度才消耗氢氧化钠，而碳酸盐硬度与氢氧化钠反应后，除了生成 $CaCO_3$、$Mg(OH)_2$ 沉淀，还同时生成了等物质量的 Na_2CO_3，它在锅炉的高温、高压下又会部分水解成氢氧化钠。

②能防止一些结垢物质在金属受热面上结生水垢。锅水中存在大量 $CaCO_3$ 晶粒，如果同时存在大量的氢氧根离子（OH^-）时，它能吸附在带正电荷的 $CaCO_3$ 晶粒周围，不仅可阻止 $CaCO_3$ 晶粒间互相合并长大，同时还可以阻止带负电荷的 $CaCO_3$ 晶粒向带有同性电荷的锅炉金属表面附着，从而防止 $CaCO_3$ 水垢的结生。

③保持锅水的碱度，防止锅炉腐蚀。当锅水 OH^- 保持一定的浓度时（pH 值为 9～11），锅炉金属表面生成的保护膜就比较稳定，从而可以阻止氧对锅炉金属的腐蚀。

（2）碳酸钠（Na_2CO_3）

碳酸钠俗称纯碱，为白色粉状固体，易溶于水，其水溶液呈碱性。碳酸钠的主要作用为：

①能与水中的非碳酸盐发生硬度反应：

$$CaCl_2 + Na_2CO_3 = CaCO_3\downarrow + 2NaCl$$

$$CaSO_4 + Na_2CO_3 = CaCO_3\downarrow + Na_2SO_4$$

$$MgCl_2 + Na_2CO_3 = MgCO_3\downarrow + 2NaCl$$

$$MgSO_4 + Na_2CO_3 = MgCO_3\downarrow + Na_2SO_4$$

其中 $MgCO_3$ 又会水解成溶解度更小的 $Mg(OH)_2$ 沉淀：

$$MgCO_3 + H_2O = Mg(OH)_2\downarrow + CO_2\uparrow$$

②在锅水中会部分水解成 NaOH，因此具有氢氧化钠的作用。其水解反应为：

$$Na_2CO_3 + H_2O = 2NaOH + CO_2\uparrow$$

由于碳酸钠的水解率将随着锅炉压力的增高而增大，碳酸钠水解后生成 CO_2 将随着锅水的蒸发而进入蒸汽系统，当碳酸钠水解率较大时，大量 CO_2 易引起热网管线和用汽设备的腐蚀，尤其当锅炉给水未除氧或除氧效果不好时，氧和二氧化碳的共同作用将使腐蚀更为严重。因此，碳酸钠只适用于压力较低的工业锅炉单纯锅内加药处理，而不宜用作软化处理后的调节处理，也不宜用作中、高压锅炉的锅内加药处理。

（3）磷酸三钠（$Na_3PO_4 \cdot 12H_2O$）

磷酸三钠为白色晶体，在干燥的空气中能风化，加热至 100℃ 以上时，就会失去结晶水而成为无水物，溶于水，其水溶液呈碱性。

磷酸三钠不仅是非常有效的阻垢剂，而且能在金属表面形成钝化保护膜，加上磷酸盐的水解不受温度、压力的影响，因此也常作为各种压力的汽包锅炉的锅内加药处理的药剂。Na_3PO_4 的主要作用是：

①与水中的硬度物质反应，生成水渣。其化学反应式为：

$$3CaCl_2 + 2Na_3PO_4 = Ca_3(PO_4)_2\downarrow + 6NaCl$$

$$3CaSO_4 + 2Na_3PO_4 = Ca_3(PO_4)_2\downarrow + 3Na_2SO_4$$

$$3MgCl_2 + 2Na_3PO_4 = Mg_3(PO_4)_2\downarrow + 6NaCl$$

$$3MgSO_4 + 2Na_3PO_4 = Mg_3(PO_4)_2\downarrow + 3Na_2SO_4$$

在沸腾的锅水中,当 pH 值达到 10 左右时,磷酸根离子还能与钙离子生成流动性很强且非常松软的碱式磷酸钙水渣,它易随锅炉排污除去,而不会黏附在锅内变成水垢。其反应式为:

$$10Ca^{2+} + 6PO_4^{3-} + 2OH = Ca_{10}(OH)_2(PO_4)_6\downarrow$$

由于碱式磷酸钙是一种溶度积极小(其 $K_{sp}=1.6\times10^{-58}$)的难溶化合物,所以只要锅水中保持一定量的过剩 PO_4^{3-},就能使锅水中的 Ca^{2+} 含量非常小,以致它与锅水中的 SO_4^{2-} 或 SiO_3^{2-} 的浓度之积不会达到 $CaSO_4$ 或 $CaSiO_3$ 的溶度积,这样就可避免锅炉受热面上结生难以清除的硫酸盐和硅酸盐水垢。

②增加水渣的流动性。由于磷酸三钠与钙镁盐类反应后生成的磷酸钙和磷酸镁是具有高度分散力的胶体颗粒,在锅水中能作为结晶晶核,使 $CaCO_3$ 和 $Mg(OH)_2$ 在其周围析出,形成流动性较强的水渣,从而不易黏附在金属面上。

在磷酸盐水渣中,磷酸镁的黏性较大,有时会在水流滞缓的部位因排污不及时而转化成二次水垢。但当锅水中含有 Na_2SiO_3 时,则能生成流动性较强的蛇纹石水渣($3MgO\cdot2SiO_2\cdot2H_2O$),其反应式如下:

$$Mg_3(PO_4)_2 + 2Na_2SiO_3 + 2NaOH + H_2O \rightarrow 3MgO\cdot2SiO_2\cdot2H_2O + 2Na_3PO_4$$

③能使已结生的硫酸钙和碳酸钙等老水垢疏松而脱落。如果锅水保持一定的 pH 值和 PO_4^{3-} 浓度,那么已结生的硫酸钙、碳酸钙或硅酸钙水垢就可能因转化成溶度积极小的碱式磷酸钙而疏松脱落。

④在金属表面上形成磷酸铁保护膜,防止锅炉金属的腐蚀。

(4)磷酸氢二钠(Na_2HPO_4)和磷酸二氢钠(NaH_2PO_4)

磷酸二氢钠和磷酸氢二钠的作用与磷酸三钠相似,但由于它们的水溶液分别接近中性或偏酸性,因此它们能起到降低锅水碱度的作用。故当给水中钠钾碱度较高时,宜采用磷酸氢二钠或磷酸二氢钠来代替磷酸三钠,其化学反应式如下:

$$2Na_2HPO_4 + Na_2CO_3 = 2Na_3PO_4 + H_2O + CO_2\uparrow$$

$$NaH_2PO_4 + 2NaHCO_3 = Na_3PO_4 + 2H_2O + 2CO_2\uparrow$$

(5)六偏磷酸钠[$(NaPO_3)_6$]

六偏磷酸钠俗称磷酸钠玻璃,是磷酸钠聚合体的一种,干燥时呈玻璃状固体,质地坚硬,有较强的吸湿性,潮解后变黏。六偏磷酸钠在水中的溶解度很大,其水溶液具有弱酸性,水解后生成磷酸二氢钠。它的主要作用是:

①防止给水系统产生水垢。六偏磷酸钠能与水中的钙镁离子形成较为稳定的络合离子,即$[Ca_2(PO_3)_6]^{2-}$和$[Mg_2(PO_3)_6]^{2-}$,而且即使水中存在较多的阴离子,也不会破坏络离子而产生钙镁沉淀物。这样,就可以保证在给水正常温度下,防止给水系统因产生水垢而堵塞,尤其是可以消除由于给水硬度大而引起的注水器堵塞的故障。

②代替磷酸钠的作用。六偏磷酸钠在酸性或碱性溶液中都能水解为磷酸二氢钠:

$$(NaPO_3)_6 + 6H_2O \rightarrow 6NaH_2PO_4$$

在锅水中遇到氢氧化钠时,能生成磷酸三钠,故可起到磷酸三钠的作用。其化学反应式如下:

$$(NaPO_3)_6 + 12NaOH \rightarrow 6Na_3PO_4 + 6H_2O$$

然而也正出于这个原因,在配制防垢剂时,应注意避免将六偏磷酸钠与氢氧化钠直接混合。

(6)栲胶

栲胶又称为血料,主要成分为丹宁(约占60%),是红棕色非晶形粉末。栲胶的主要作用是:

①络合、凝聚作用。栲胶中的丹宁能与水中的钙、镁离子生成络合物,因此可阻止硬度物质产生沉淀。同时由于丹宁的凝聚作用,可使已析出的碳酸钙等沉淀晶粒凝聚成絮状的水渣,易随锅炉排污而除去,防止水垢的生成。

②生成电中性绝缘层的作用。丹宁能在锅炉金属表面生成电中性的丹宁酸铁绝缘保护膜,可消除金属表面与致垢物质间的静电吸引作用,从而抑制结垢物质在金属受热面上黏附。

③吸氧防腐作用。在碱性的锅水介质中,丹宁具有较强的吸氧作用,能减少氧对金属的腐蚀。

④促使老水垢脱落作用。栲胶具有较强的渗透能力,丹宁酸能与老水垢作用,可使其疏松脱落。

(7)腐植酸钠

腐植酸钠是一种复杂的芳香族有机物,呈黑褐色颗粒状,它没有固定分子结构和相对分子质量,可以溶于水,水溶液呈棕褐色,为弱碱性。腐植酸钠的主要作用是:

①防垢作用。在碱性条件下,腐植酸钠能与硬度物质反应生成水渣,并且腐植酸钠胶溶物对沉淀物质有分散、吸附、络合等作用,所以它可阻止沉淀晶粒的长大,而且所生成的水渣黏度小,流动性强,易随锅炉排污而除去,从而防止水垢的生成。

②缓蚀作用。腐植酸钠在碱性条件下,可在锅炉金属表面生成一层致密、均匀、附着力较强的黑色保护膜,可起到较好的缓蚀作用。

③促使老水垢脱落作用。腐植酸钠也具有较强的渗透能力,它能渗入到水垢和金属的接触面上,并与水垢中的钙镁盐发生复分解反应,使老水垢与金属的附着力降低而脱落。

(8)有机聚膦酸盐

有机聚膦酸盐的品种很多,目前用于锅炉水处理的主要有:氨基三甲叉膦酸(ATMP)、乙二胺四甲叉膦酸(EDTMP)、羟基乙叉二膦酸(HEDP)等。其主要作用有:

①螯合作用。有机聚膦酸盐能与锅炉水中的钙镁离子生成稳定的非晶形性螯合物,因而可降低水中的钙镁离子浓度。

②开尔文效应。有机聚膦酸盐不仅能与钙镁离子直接生成稳定的螯合物,而且还能和 $CaCO_3$ 晶体中的 Ca^{2+} 形成稳定的螯合物,从而使较大的 $CaCO_3$ 晶体分散变小,而细小的 $CaCO_3$ 晶体由于被螯合物所包围,难于发生有效碰撞而再长大,这样小颗粒的 $CaCO_3$ 晶体在水中"溶解性"增大,从而提高了晶体颗粒的"溶解性",这种效应在结晶学上称为开尔文效应。

③晶格歪曲作用。有机聚膦酸盐对垢层结晶体的生长能起干扰作用,使水垢的晶体结构

发生畸变,晶格扭曲和错位,以致不能有序地排列成长,不但抑制了水垢的形成,而且可使已生成的硬垢变得松软,很容易被水冲刷而分散。

(9)有机聚羧酸盐

有机聚羧酸盐的品种也非常多,常用的有:聚丙烯酸钠、聚甲基丙烯酸、水解聚马来酸酐、马来酸酐·丙烯酸共聚物、苯乙烯磺酸、马来酸(酐)共聚物等。有机聚羧酸盐的主要作用是:

①吸附与分散作用。有机聚羧酸盐在水中能离解,其离解后的阴离子对水中析出的碳酸钙等致垢晶粒有较强的吸附力,从而使被吸附后的晶体表面带负电荷,这样由于静电的排斥作用,不但使晶体间不能合并长大,而且也使它们难于在带负电荷的锅炉金属面上附着成水垢。

另外,有机聚羧酸盐能使所吸附的晶体颗粒均匀分散,使其始终以小晶体形式悬浮于锅水中,从而阻止水垢的生成。

②晶格歪曲作用。有机聚羧酸盐也有类似有机聚膦酸盐那样能使垢层晶格歪曲、错位的作用,从而阻止了垢层的生长。

③再生自解脱膜作用。有机聚羧酸盐能在受热面上形成一种与垢层共沉淀的膜,这种膜增厚到一定程度就会破裂,并会带着垢层一起从受热面上自行脱落,这就是再生自解脱膜。因此,有机聚羧酸盐不但有阻垢作用,同时还有较好的除垢作用。

(10)复合防(阻)垢剂

上述各种药剂都有其各自的特性。对于锅内加药处理来说,要达到良好的阻垢、防腐效果,往往需根据实际情况选用不同的药剂,按一定的比例配制成复合型防垢剂。

复合配方中的各种药剂不但可发挥各自的特性,而且由于协同效应,往往能获得比单一使用时更好的阻垢、除垢和防腐的效果。

①复合防垢剂的作用要求

a. 能与钙镁盐类反应,生成松散的水渣,可随锅炉排污除去,或生成非沉淀的稳定螯合物,达到防止结垢的作用。

b. 能使锅水保持一定的 pH 值和碱度,使金属保护膜稳定,从而防止锅炉金属的腐蚀;同时也可更好地达到防垢的效果。

c. 能促使已生成的水垢脱落,起到除垢的作用。

d. 能在金属表面生成良好的保护膜,以防止金属的腐蚀。

此外,有的复合防垢剂还配有除氧剂,以防止锅炉的氧腐蚀。

②复合防垢剂的选配

由于锅炉的炉型和各地的原水水质不同,所以复合防垢剂的配制应根据因炉、因水制宜的原则进行选配。

a. 因炉制宜。因炉制宜主要是针对热水锅炉、蒸汽锅炉、汽水两用锅炉等不同类型或对锅壳式、贯流式、直流盘管式等不同结构的锅炉,选用或配制不同的复合防垢剂。

例如热水锅炉,压力和锅水温度相对较低,循环水量较大,但排污量和补给水量较少,除首次加药外,运行中需加的药量较少,这类锅炉较适宜采用能使水渣分散性好,并具有防腐作用的有机类防垢剂;而蒸汽锅炉,不但压力和锅水温度相对较高,受热面上较易结生硬垢,而且由于锅水的蒸发浓缩,补给水量大,运行中需加的药量也大,又由于蒸汽品质的要求,不宜采用会使水渣过于分散的药剂,以免蒸汽带水而影响蒸汽质量,一般应选用热稳定性好,能使水渣黏性小、流动性大,易随锅炉排污除去的药剂。另外对于一些结构特殊,炉管较细,水容量较小的锅炉,如贯流式锅炉,最好选用能与钙镁离子形成非沉淀性络合物的药剂。

b. 因水制宜。复合防垢剂的选配,除需考虑炉型和蒸汽质量的要求,同时还需考虑原水水质。常见的原水及其相应的处理药剂有下列四种类型:

(a)硬度较低的非碱性水质。对于硬度含量不太高($\leqslant 4.0$ mmol/L),且二氧化硅含量较低的水质,采用价格较便宜的"三钠一胶"(即碳酸钠、氢氧化钠、磷酸三钠和栲胶)或"四钠"(即上述三钠加腐植酸钠)配方,就可以取得较好的水处理效果。

(b)二氧化硅含量较高的非碱性水质。对于总硬度较低,但 SiO_2 含量较高(MgO/SiO_2 质量比<1)的水质,可采用适当增加 NaOH 用量,以增加锅水中的 OH^-,这样可使大部分胶体状 SiO_2 转变成可溶性硅酸钠,以减少硅垢的生成;或适当提高磷酸盐的用量,维持锅水中剩余的 PO_4^{3-} 含量在 $10\sim30$ mg/L 之间;也可选用适当的有机水质稳定剂、腐植酸钠等,以改变水渣、水垢的性质和结构。

(c)高硬度的水质。对于总硬度较高(>4.0 mmol/L)的水质,如果原水中碳酸盐硬度较高,可采用石灰软化预处理措施,以降低原水中的硬度和部分碱度;或尽量采用以氢氧化钠为主的配方,以增加锅水中的 OH^- 浓度,减缓 $CaCO_3$ 晶粒的长大和向锅炉金属表面的附着。对于镁硬度较高的原水,为防止黏性较大的磷酸镁沉淀物生成二次水垢,应尽量少用或不用磷酸盐作防垢剂。另外,选用适当的有机水质稳定剂、腐植酸钠等,也可取得较好的防垢效果。

(d)高碱度水质。当水中的钠钾碱度(即负硬度)>2.0 mmol/L 时,可选用磷酸氢二钠或磷酸二氢钠作为降碱剂,不但可起到阻垢的作用,而且对保证蒸汽质量,防止锅水碱度过高都有较好的效果。

4.2.4　锅内加药处理常用药剂的用量计算

锅内加药处理药剂用量的确定通常有两种方法,一是根据原水的硬度、碱度和锅水需维持的碱度、锅炉排污率等参数,并按化学反应物质的量进行计算确定;二是按实验数据或经验用量进行计算。

4.2.4.1　氢氧化钠和碳酸钠加药量计算

(1)锅炉开始投入运行时给水所需加碱量

$$X_1=[JD_锅-(JD-YD)] \cdot M \cdot V \qquad (4.6)$$

式中,X_1 为锅炉开始投入运行时,需加的 NaOH 或 Na_2CO_3 的量(g);$JD_锅$ 为锅水需维持的碱度(mmol/L);JD 为给水总碱度(mmol/L);YD 为给水总硬度(mmol/L);M 为碱性药剂的摩尔质量,用 NaOH 为 40(g/mol),用 Na_2CO_3 为 53(g/mol);V 为锅炉水容量(t)。

一般当不加有机阻垢剂时,碱度维持在 $12\sim18$ mmol/L;如同时加有机阻垢剂,则维持在 $8\sim12$ mmol/L;考虑到点火运行后锅水将浓缩,故在计算时可取锅水标准的下限值进行计算。

(2)锅炉运行时给水所需加碱量

①对于非碱性水可按下式计算:

$$X_2=[JD_锅 \cdot P-(JD-YD)] \cdot M \qquad (4.7)$$

式中，X_2 为每吨给水中需加的 NaOH 或 Na_2CO_3 的量（g/t）；P 为锅炉排污率（%），一般为 5%～10%；其余符号同上式。

如果 NaOH 和 Na_2CO_3 同时使用，则在上述各公式中应分别乘以其各自所占的质量分数。如 NaOH 的用量占总碱量的 η%，则 Na_2CO_3 占（$1-\eta$）%，两者的比例应根据给水水质而定。一般对于高硬度水、碳酸盐硬度高或镁硬度高的水质，宜多用 NaOH，而对于以非碳酸盐硬度为主的水质，特别是硫酸根含量较高时，应以加 Na_2CO_3 为主，少加或不加 NaOH。

②对于碱性水，也可按（4.7）式计算，但如果当 $JD_锅$ 以标准允许的最高值代入后，计算结果仍出现负值，则说明原水的钠钾碱度较高，将会引起锅水碱度超标，宜采用偏酸性药剂，如 $Na_2HPO_4 \cdot NaH_2PO_4$ 或其他偏酸性水质稳定剂。

③当测出的锅水碱度不符合控制值要求时，加碱量应进行调整，可按下式（4.8）计算：

$$X' = [(JD_锅 - JD_实) \cdot V + (YD - JD) \cdot Q + JD_锅 \cdot P \cdot Q] \cdot M \tag{4.8}$$

式中，X' 为调整锅水碱度，每班给水中需加的 NaOH 或 Na_2CO_3 的量（g）；JD 实为加药时实际测得的锅水总碱度（mmol/L）；Q 为锅炉每班给水量（t）；其余符号同上式。

4.2.4.2　磷酸三钠（$Na_3PO_4 \cdot 12H_2O$）用量计算

磷酸三钠在锅内加药处理中，一般用作水渣调节剂或用于消除残余硬度。当单纯采用锅内加药水处理时，通常加药量不按化学反应式计算，而是按经验用量计算。

（1）锅炉刚投入运行时磷酸三钠用量（Y_1）的经验计算式：

$$Y_1 = 65 + 5YD \tag{4.9}$$

式中，Y_1 为磷酸三钠用量（g/t）；YD 为原水硬度（mmol/L）。

（2）锅炉运行时磷酸三钠用量（Y_2）的经验计算式：

$$Y_2 = 5 \times YD \tag{4.10}$$

式中，Y_2 为磷酸三钠用量（g/t）；YD 为原水硬度（mmol/L）。

4.2.4.3　其他药剂的用量的计算

（1）栲胶。栲胶主要起泥垢调节和防止氧腐蚀的作用，按经验投加量投加，一般为 5～10 g/t。

（2）腐植酸钠。腐植酸钠同样起泥垢调节剂和防止氧腐蚀的作用，其经验投加量为 3～5 g/t。

（3）有机聚膦酸盐经验投加量（按 100% 纯度）为 1～2 g/t。

（4）有机聚羧酸盐经验投加量（按 100% 纯度）为 3～5 g/t。

上述各式的加药量仅为理论计算值或经验值，实际运行时，由于各种因素的影响，加药后锅水的实际碱度有时与欲控制的碱度会有一定的差别，这时应根据实际情况，适当地调节加药量和锅炉排污量，使锅水指标达到国家标准。

【例 4.1】　某工厂蒸发量为 2 t/h 的锅炉，水容量为 4.0 t。给水采用单纯的锅内加药处理，测得原水的平均硬度为 3.6 mmol/L，碱度为 2.1 mmol/L。若要求维持锅水碱度为 12 mmol/L，锅炉排污率控制为 6%，每班实际运行时间为 8 h，问锅炉开始投入运行时和每班运行时需加氢氧化钠、碳酸钠、磷酸三钠各多少？（其中要求氢氧化钠占总碱量的 20%）

解:(1)锅炉开始投入运行时需加药剂量:

$NaOH$ 用量 $=[JD_锅-(JD-YD)] \cdot M \cdot V\eta=[12-(2.1-3.6)]\times40\times4.0\times0.2=432g$

$$Na_2CO_3 \text{ 用量} =[JD_锅-(JD-YD)] \cdot M \cdot V(1-\eta)$$
$$=[12-(2.1-3.6)]\times53\times4.0\times(1-0.2)=2290 \text{ g}$$

$Na_3PO_4 \cdot 12H_2O$ 用量 $=(65+5YD) \cdot V=(65+5\times3.6)\times4.0=332 \text{ g}$

(2)锅炉运行时每班需加的药剂量:

由于运行时锅炉给水量可近似看作锅炉蒸发量与排污水量之和,故运行时每班给水量 Q 为:

$$Q=2\times(1+6\%)\times8=17 \text{ t}$$

$$NaOH \text{ 用量} =[JD_锅-P-(JD-YD)] \cdot M \cdot Q \cdot \eta$$
$$=[12\times6\%-(2.1-3.6)]\times40\times17\times0.2=302 \text{ g}$$

$$Na_2CO_3 \text{ 用量} =JD_锅 \cdot P-(JD-YD)] \cdot M \cdot Q \cdot (1-\eta)$$
$$=[12\times6\%-(2.1-3.6)]\times53\times17\times(1-0.2)=1600 \text{ g}$$

$Na_3PO_4 \cdot 12H_2O$ 用量 $=5YD \cdot Q=5\times3.6\times17=306 \text{ g}$

4.3 工业锅炉锅内水质调节处理

4.3.1 概述

锅外水处理虽然能除去补给水中的大部分硬度,但有时给水中仍会有残余硬度存在。为了防止这些残余硬度物质在锅炉受热面上结生水垢,常需进行锅内水质调节处理。此外,为了防止或减缓金属的腐蚀,锅内还需要通过加药来调节锅水的 pH 值与碱度。

锅炉水质调节的目的:有针对性地向锅炉给水投加一定数量的药剂,使锅炉给水中的结垢性物质转变为流动性好的水渣或螯合物,然后通过排污将水渣从锅内排出;有效地抑制锅水侵蚀性,并使金属表面形成有效的防腐保护膜;消除锅内的油脂、泡沫和汽水共腾现象,提高蒸汽质量;中和锅水中强碱性物质,既防止苛性脆化、碱性腐蚀,又可避免过量排污造成的热能的损失。锅内添加水质调节剂对确保锅炉安全经济运行、节约能源、延长锅炉使用寿命有着非常重要的作用。

随着科学技术的迅速发展,今日的锅炉追求着以最小的体积,生产出最大的蒸汽,这使得锅炉传热面负荷很大,因此,对给水和炉水的要求更加严格。现在,"锅内水处理"的说法已经被更为准确的"锅内水质调节"所取代。

4.3.2 工业锅炉加药补充处理

4.3.2.1 磷酸盐处理

对于补给水采用离子交换软化或除盐处理的锅炉,为防止残余硬度在高温受热面上结生水垢,常采用加磷酸盐作补充处理。这是由于磷酸盐不仅阻垢性能好,并能在一定程度上调节锅水的 pH 值,而且适用于任何压力的汽包锅炉。

(1)锅炉启动时磷酸三钠用量的估算

锅炉给水,需要补水启动时的磷酸三钠用量(Y_1')可按下式计算:

$$Y_1' = 4(28.5YDC + e)V/\varepsilon \tag{4.11}$$

式中,4 为 $Na_3PO_4 \cdot 12H_2O$ 与 PO_4^{3-} 的摩尔质量比;28.5 为使 1 mol($1/2Ca^{2+}$)变成 $Ca_{10}(OH)_2(PO_4)_6$ 水渣所需 PO_4^{3-} 的质量(g/mol);YDC 为给水的残余硬度,(mmol/L);e 为锅水应维持的 PO_4^{3-} 浓度(mg/L)(按相应压力的锅水磷酸根标准控制);V 为锅炉水容量(t);ε 为工业磷酸三钠($Na_3PO_4 \cdot 12H_2O$)的纯度,一般为 95%～98%。

(2)运行中的锅炉磷酸三钠用量的估算

锅炉运行时每吨给水中磷酸三钠加药量(Y_2')可按下式计算:

$$Y_2' = 4(28.5YDC + eP)Q/\varepsilon \tag{4.12}$$

式中,P 为锅炉排污率(%);Q 为每小时锅炉给水量(t/h);其余符号同式(4.11)。

锅炉给水量(Q)等于蒸发量(D)与排污水量($D \times P$)之和。当锅炉补给水采用除盐处理时,排污率较低可忽略不计,则锅炉给水量约等于锅炉蒸发量。

【例 4.2】 某厂锅炉蒸发量为 10 t/h 的锅炉,水容量为 12 t。给水采用离子交换软化处理,测得软水平均残余硬度为 0.02 mmol/L,要求维持锅水 PO_4^{3-} 15 ml/L,若锅炉排污率为 5%,每班实际运行 8 h,求锅炉开始投入运行时和每班运行时需加的磷酸三钠量?(磷酸三钠纯度为 95%)

解:(1)锅炉开始投入运行时磷酸三钠加药量:

$$Y_1' = 4(28.5\ YDC + e)\ V/\varepsilon = 4 \times (28.5 \times 0.02 + 15) \times 12 \div 0.95 = 787\ \text{g}$$

(2)运行时每班磷酸三钠加药量:

$$\text{每班给水量} = (10 + 10 \times 5\%) \times 8 = 84\ \text{t}$$

$$Y_2^1 = 4(28.5YDC + eP)Q/\varepsilon = 4 \times (28.5 \times 0.02 + 15 \times 5\%) \times 84 \div 0.95 = 467\ \text{g}$$

即锅炉开始投入运行时需加 787 克磷酸三钠,运行时每班需加 467 克。

(3)注意事项

①锅水中的磷酸根浓度应根据给水水质来控制。当给水无硬度时,锅水磷酸根浓度宜控制在标准低限为好;当给水中有硬度时,为了防止受热面结垢,磷酸根浓度应控制稍高些为好。

②磷酸盐处理时给水硬度不应过高。因为给水硬度若过高,加药量就需增大,不仅锅水的含盐量增高,而且水渣量会增多,既容易影响蒸汽质量,也易造成排污过多的热能浪费,或排污不及时导致水渣转化为水垢。

③工业磷酸三钠中 $Na_3PO_4 \cdot 12H_2O$ 的含量应≥95%,然而近年来发现市场上有的劣质工业磷酸三钠有效含量仅不到 40%,其中有的还掺有对锅炉有危害的硫酸钠等杂质。如果使用这种劣质磷酸三钠作锅内水处理药剂,不但起不到防垢防腐作用,有时甚至反而增加锅炉结垢和腐蚀的可能性。因此,对用于锅炉水处理的药剂应注意鉴别其产品质量。

4.3.2.2　化学除氧处理

为了防止给水系统和锅炉本体发生氧腐蚀,蒸汽压力大于 1.0 MPa 的自然循环蒸汽锅炉和汽水两用锅炉、贯流锅炉、直流锅炉还应采取化学除氧辅助处理措施,除去热力除氧后残留的溶解氧。

4.3.2.3　降碱处理

当工业锅炉碱度超标时,通常是采取增加排污量来降低锅水碱度,如果锅水碱度超标是由于偶然因素造成,且不是长期连续的超标,这种处理方法是可行的;若因补给水碱度较高造成锅水碱度长期连续超标,增加锅炉排污量,必然导致锅炉热效率降低,能耗增加,不利于节能降耗,此时应加降碱剂来降低锅水碱度,防止碱性腐蚀、苛性脆化和汽水共腾的发生。

常用的降碱剂有:磷酸、草酸、磷酸二氢钠、硫酸铵等。磷酸、草酸、磷酸二氢钠可以中和锅水中的碱度,是强酸弱碱盐,在锅内与碱性物质发生如下反应:

$$(NH_4)_2SO_4 + 2NaOH \rightarrow Na_2SO_4 + 2H_2O + 2NH_3 \uparrow$$
$$(NH_4)_2SO_4 + Na_2CO_3 \rightarrow Na_2SO_4 + (NH_4)_2CO_3$$

硫酸铵与锅水中氢氧化钠反应生成的氨是挥发性物质,带入蒸汽可防止热交换器和回水回收系统的腐蚀。不论是加入何种降碱剂,都会增加锅水的溶解固形物,如果加入的磷酸、磷酸二氢钠造成锅水磷酸根超标才能控制碱度在标准范围内,加入的硫酸铵导致锅水溶解固形物超标,或者锅水有硬度可能导致生成硫酸钙水垢,在这些情况下都不适合采用加降碱剂的方法来降低锅水碱度,最好办法是在锅外水处理时进行软化降碱处理,或者是采取反渗透的处理措施,也可以增加回水回收利用率,降低补给水量。

4.3.2.4　调节锅水 pH 值

随着科技的发展,节能降耗技术的推广,反渗透除盐装置在工业锅炉水处理系统应用越来越广泛,反渗透除盐装置能去除原水中95%以上的溶解杂质,碱度成分几乎被全部除去,但不能除去水中CO_2,所以反渗透产品水一般 pH 值小于7,在锅内即使经蒸发浓缩,锅水 pH 值也会低于10,会引发锅炉腐蚀。因此,无论是用反渗透产品水作为补给水,还是用离子交换除盐水作为补给水,锅内都应加入碱性物质,调节锅水 pH 值在标准范围内。加入的碱性物质通常有磷酸三钠、氢氧化钠。因除盐水较为纯净,缓冲性很差,加入很少的碱性物质就可以将锅水 pH 值提高至标准范围内。

4.3.2.5　挥发性碱和成膜胺处理

给水中重碳酸盐在锅内受热分解产生的 CO_2 随蒸汽进入热交换器和回水回收系统,由于蒸汽冷凝水比较纯净(在不受被加热介质污染情况下,相当于一次蒸馏水),缓冲性很小,CO_2溶于其中,导致 pH 值显著降低,热交换器和回水回收系统无法回收利用会发生较严重的酸腐蚀,在有溶解氧情况下,腐蚀速度急剧增加,往往造成回水铁含量超标而无法回收利用,因此,应加入挥发性碱或成膜胺,防止热交换器和回水回收系统腐蚀,提高回水回收利用率,促进节能降耗。

常用的挥发性碱有氨、联氨、吗啉、环己胺、哌啶及其他挥发碱,在用挥发性碱调节锅炉给水 pH 值时,挥发碱浓度在水汽循环系统内各部位的分布是不均匀的。从金属材料腐蚀的观点来看,最佳的挥发碱应当具有合适的汽液分配系数和理想的解离常数值,而且在高流速下对金属材料有最小的冲蚀腐蚀性及在高温下应具有较好的热稳定性。目前还没有具备这些特性的单一挥发碱。为此，采用混合挥发性碱处理防腐蚀效果会更好。采用挥发性碱处理时，热交换器和回水回收系统无铜、铝材质，控制回水 pH 值在 8.5～10.0 范围内；热交换器和回水回收系统有铜、铝材质，控制回水 pH 值在 7.0～9.0 范围内。回水中的铁含量、铜含量、铝含量、硬度和油脂以不影响锅炉给水水质为准。

锅炉水处理中采用的成膜胺主要是 $CnH_{2n+1} \cdot NH_2$ 的直链化合物，其中以 $n=10～18$ 碳原子的直链伯胺缓蚀效果最好。其缓蚀作用是由于在金属表面上形成一层憎水性有机保护膜，所以金属表面的润湿性最小。这层保护膜在金属和侵蚀性（含 O_2 和 CO_2）的水之间起屏蔽层的作用。胺是以单分子层形式吸附的，可均匀地吸附在整个金属面上。

仲胺和叔胺的缓蚀效果比伯胺差。不饱和胺，亦即在分子的碳原子之间含有双键的胺，也不能形成致密的胺膜，而且形成的膜很容易破裂。

目前应用较普遍的是十八胺膜，即 $C_{18}H_{37}NH_2$。该物质密度为 0.78～0.83 g/cm^3，熔点为 35～40℃，凝点为 42～50℃，沸点为 280～320℃，闪点为 130～150℃，不溶于水，在水中呈乳浊液，但可溶解于乙醇和异丙醇中，也可溶解于醋酸、醚和其他有机溶剂中。

利用成膜胺解决生产返回水管道的 CO_2 腐蚀问题，是一种经济有效的方法，某厂的试验结果如表 4.2 所示。

表 4.2　生产返回水管路的防蚀效果

	回水管道起始端	回水管道末端
加胺前腐蚀速度，$g/(m^2 \cdot h)$	0.06	0.143
加胺后腐蚀速度，$g/(m^2 \cdot h)$	0.0005	0.036
缓蚀效率，%	99.2	97.5

十八胺的热分解反应与温度和时间有关，在 80℃ 以上可发生析氨反应，并生成仲胺和叔胺：

$$2R-NH_2 \rightarrow R_2NH + NH_3$$
$$3R-NH_2 \rightarrow R_3NH + 2NH_3$$

或者
$$R-NH_2 + R_2NH \rightarrow R_3N + NH_3$$
$$R-NH_2 \rightarrow R'-CH = CH_2 + NH_3$$

反应式中，R 为直链烃基；R' 为链烯烃终端基（中间产物）。十八碳胺的最终分解温度高于 450℃，生成低沸点化合物和气体 NH_3，H_2，CO，CH_4。

其他成膜胺还有以下四种：

(1)有机羧酸和聚胺的合成物，例如油酸和二乙基三胺作用得到的酰胺混合物。

(2)通式为 $CnH_{2n+1}CONH_2$ 与 $CnH_{2n+1}CH_2OH$ 的混合物（n 值介于 13 到 21），例如十八烷醇和硬脂酸酰胺的混合物。

(3)具有 ^{12}C 到 ^{18}C 侧链的咪唑啉和具有相同侧链的嘧啶的混合物。

(4)长链聚胺离子表面活性剂与聚丙烯酸酯的混合物。

4.3.2.6 消泡处理

当水汽分界面堆积较多泡沫时,为了净化蒸汽,防止汽水共腾现象的发生,应加除沫剂消除泡沫。消沫剂主要有酰胺类、聚合酯类、醇类和氨基化合物等。

4.4 锅内加药方法与装置

4.4.1 锅内加药方法

锅内加药方法:一是间断加药,二是连续加药。小锅炉采用间断加药较多,即每隔一定时间,例如每天或每班一次或数次,向锅水或给水中加药。连续加药是以一定浓度的药液,连续地向锅水或给水中加药的方法。这种加药方法要求锅水中保持一定量的药液浓度,使各项水质指标保持平稳,有效地起到防垢作用。

间断加药方法具有设备简单、投资省、易操作等优点,但锅水的药液浓度变化较大,且操作人员的因素对加药效果影响较大,如掌握不好易出现锅水相关指标的测定值过高或过低的现象。

4.4.2 加药装置

间断方法有多种:如设有给水箱的,可直接将配制好的一定量的药液加到给水箱中;如没有给水箱的,可在给水管路中装设加药罐,通过给水泵(图 4.1)或注水器(图 4.2)将药液直接加入到锅炉中。

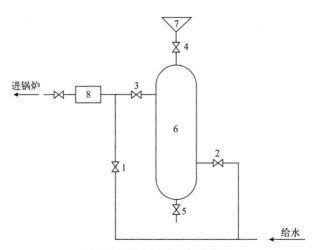

图 4.1　给水泵简易加药装置

1—旁路阀;2—药罐进水阀;3—加药调节阀;4—进药阀;

5—药罐排污阀;6—加药罐;7—加药漏斗;8—给水泵

间断加药的操作方法,以最常用的给水泵简易加药装置为例:如果药剂为固体,则先将其放入耐碱的容器中,用热水将其溶解成一定浓度的药液,然后按图4.1进行下列操作:

(1)关闭阀 2 和阀 3,打开阀 5 排去加药罐底部沉积的杂质后再关闭。

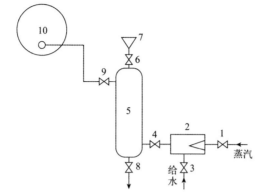

图 4.2　注水器加药装置

1—蒸汽阀;2—注水器;3—注水器进水阀;4—水汽出口阀;5—加药罐;

6—进药阀;7—加药漏斗;8—药罐排污阀;9—锅炉进水阀;10—锅筒

(2)开启阀 4,将药液加入到加药罐中(弃去不溶的沉淀物),加完后关闭阀 4。

(3)关闭阀 1,开启阀 2 和阀 3,利用给水泵将药液带入锅水中。

连续加药的装置最常用的为活塞泵加药装置(图4.3),加药操作较为简单:将一定量的药剂加入到药罐后,就能利用活塞泵自动将药剂连续而均匀地加到锅炉中。锅水中药剂浓度的调整可通过调节药液出口阀的开度来控制。

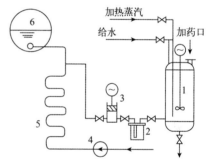

图 4.3　活塞泵加药装置系统图

1—电动机械搅拌器;2—过滤器;3—活塞加药泵;

4—给水泵;5—省煤器;6—锅筒

4.4.3　锅内加药处理的注意事项

(1)根据化验结果调整加药量

采用锅内加药处理,应定期进行水质化验监测,如锅水相关指标不合格的,应及时调整加药量。采用间断加药的,应按时按量加药,避免一次性大量加药。

(2)先除垢再防垢

对于已结有较多水垢的锅炉,采用锅内加药处理前,应预先将水垢清除,以免锅炉在运行中由于药剂的作用使水垢脱落后造成堆积或堵塞管道,严重时甚至发生鼓包或爆管事故。

(3)合理排污

锅炉是否合理排污,对锅内加药处理的效果影响很大。如排污过少或不及时,锅内水渣沉积过多,不但易使水渣转化成二次水垢,而且影响蒸汽质量;但如果排污过多,不但浪费药剂,损失热能,而且降低了锅水中的药剂浓度,也不利防垢。对于采用间断加药方法的,一般应先排污后加药。

(4)定期停炉检查

锅内加药处理的效果如何,只有在停炉检查时才能看到,所以一般锅炉每运行半年左右,应停炉检查防垢效果。根据 GB/T 1576—2008《工业锅炉水质》标准规定:单纯采用锅内加药处理的锅炉,受热面平均结垢速率不得大于 0.5 mm/a。如果防垢效果不理想,应查清原因,及时调整药剂种类或药剂用量,并彻底清除锅内的水渣或水垢。

(5)防止省煤器管阻塞

对有省煤器且出口温度超过 70℃ 的锅炉,采用锅内加药处理时,药液宜直接加到锅筒或省煤器出口的给水管道中,以防药剂与钙、镁离子在省煤器中受热反应,产生沉淀而阻塞省煤器管。

4.5 锅炉排污

4.5.1 锅炉排污的目的和意义

为了控制锅炉水质的各项指标在标准范围内并保证蒸汽的纯度,锅炉运行过程中就需要对一部分杂质含量大的锅炉水、沉淀的泥垢和水渣进行排放,并补充相同数量杂质含量小的给水。以上作业过程称为锅炉的排污。

4.5.1.1 排污的目的

排污的目的主要有以下三个方面:

(1)排除锅炉水中溶解盐量和过剩的碱量,使锅炉水质各项指标控制在国家标准要求的范围内。

(2)排除锅炉内结生的泥垢或水渣。

(3)排除锅炉水表面的油脂和泡沫。

4.5.1.2 排污的意义

(1)锅炉排污是保证锅水水质达到标准要求的重要手段之一。

(2)实行科学有效地排污,保持锅炉水质达标,是减缓或防止水垢结生,保证蒸汽质量和防止锅炉金属腐蚀的重要措施。

4.5.2　排污的方式和要求

4.5.2.1　排污的方式

(1)连续排污

连续排污是指连续不断地从锅炉水表面,将浓度较高的锅炉水排出的方式。它是降低锅炉水中的含盐量和碱度以及排除锅炉水表面的油脂和泡沫的重要方式。连续排污也叫表面排污。

(2)定期排污

定期排污就是从锅炉水循环系统的最低点(如汽包底部、下锅筒或水冷壁下联箱)根据水质情况定期排放一部分含水渣较高的锅炉水,以改善锅炉水的质量。所以定期排污也称间断排污或底部排污。

定期排污一般是在降负荷时进行,其间隔时间主要与锅炉水的水质和锅炉的蒸发量大小有关。定期排污时间很短,一般不超过 $0.5 \sim 1.0$ min,每次排污水量大约为锅炉蒸发水量的 $0.1\% \sim 0.5\%$。另外,定期排污还能迅速地调节锅炉水相关指标,以补连续排污的不足。小型锅炉只有定期排污装置。

(3)表面定期排污

在一些工业锅炉中,虽然锅炉本体具备连排装置,但连排阀门并不处于常开状态,而是定期开启,这种方式也称为表面定期排污。

4.5.2.2　排污的要求

锅炉排污质量,不但取决于排污的量以及排污的方式,而且只有按照排污的要求去进行,才能保证排污效果。对排污的主要要求是:

(1)勤排。排污次数要多一些,特别用底部排污来排除沉淀物时,短时间的多次排污要比长时间的一次排污的效果好得多。

(2)少排。每次排污量要少,这样既可以保证不影响供气,又可使锅炉水质量始终控制在标准范围内,而不会使锅炉负荷产生较大的波动。

(3)均衡排。在锅炉负荷稳定的情况下,每次排污的时间间隔大体相同,使锅炉水质量经常保持在均衡状态下。

(4)在锅炉的低负荷下排污。此时因为水循环速度低,水渣容易下沉,定期排除效果好。

为了更好地做到节能减排,锅炉排污间隔时间及排污量的主要依据是锅水的化验分析结果。同时,在控制锅水水质的过程中,应尽量将给水碱度控制在较低值,以降低锅炉排污率。其中,降低给水碱度可选择合适的水处理方法或添加合适的降碱药剂。

4.5.3 锅炉的排污装置

4.5.3.1 连续排污装置

连续排污装置,见图4.4。

此装置一般采用 Φ28～60 mm 的钢管做排污管,其上方均匀开孔以连通吸污管(直径略小于排污管,上有椭圆形截口和斜劈形开口),其装置位置与汽包纵向一致。吸污管顶端一般在正常水位下 80～100 mm 处。设置在此处的原因主要有两点:一是由于此处连续蒸发,锅水浓缩含盐量较高,二是此处可避免排污时将蒸汽带走。

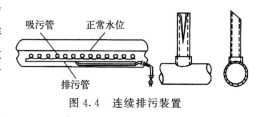

图 4.4 连续排污装置

为了减少因连续排污失去的水量和热量,一般将连续排污水引进扩容器,在其中由于压力突然降低,可使部分排污水变成蒸汽,这些蒸汽可加以利用。排污水还可通过热交换器进行热量交换后排出。

4.5.3.2 定期排污装置

定期排污装置,见图4.5。

此装置设置在下锅筒底部,用以排除在下锅筒底部的水渣。在有水冷壁管的下联箱底部设有定期排污管道,以排除联箱底部的水渣。排污管道的管径通常在 Φ50 mm 以上。

定期排污时间间隔较长,排出的水量相对较少,热量也不多,对此,一般都没有回收利用。但为了避免排污时产生的噪音或烫伤事故,有的加装扩容器进行降压降温后排至地沟。

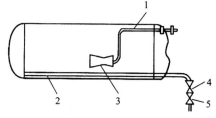

图 4.5 定期排污装置

1—扩散管;2—定期排污管;
3—扩散器;4—慢开阀;5—快开阀

4.5.4 排污率和蒸发倍数

锅炉排污总是会损失一些热量和水量,据有关资料报道,排污每增加1%就会使燃料消耗量增加0.3%。所以,应在保证锅炉水水质的前提下,尽量减少锅炉排污水量。表4.3是我国规定的锅炉排污率。为了防止锅炉内水渣沉积,锅炉最小排污率不小于0.3%。

表 4.3 工业锅炉最大允许排污率(%)

除盐水或蒸馏水	2
软化水	10

4.5.4.1　蒸发倍数(K)

含有溶解物质的水,进入锅炉后随着锅炉水的不断蒸发,逐渐浓缩达到锅炉水溶解固形物的最大允许量。此时锅炉水的蒸发倍数(K)就是所允许的最大蒸发倍数。由于蒸汽携带盐量很少,一般近似的认为 $RG_汽$ 为 0。

$$Q_给 \cdot RG_给 = Q_污 \cdot RG_锅 + Q_汽 \cdot RG_污 = Q_污 \cdot RG_{给(锅)} \tag{4.13}$$

锅炉水最大蒸发倍数:

$$K = Q_给 / Q_污 = RG_锅 / RG_{给(倍)} \tag{4.14}$$

式中,$Q_给$ 为锅炉的给水量(t/h);$Q_污$ 为锅炉的排污水量(t/h);$Q_汽$ 为锅炉的蒸发量(t/h);$RG_锅$ 为锅水中溶解固形物的最大允许量(mg/L);$RG_给$ 为给水带入锅内的溶解圆形物含量(mg/L);$RG_汽$ 为蒸汽中的溶解固形物含量(mg/L)。

4.5.4.2　排污率(P)

锅炉排污率就是锅炉排污水量占锅炉蒸发量的质量分数,可用下式表示:

$$P = Q_污 / Q_汽 \times 100\% \tag{4.15}$$

式中,P 为锅炉排污率(%);$Q_污$ 为锅炉的排污水量(t/h);$Q_汽$ 为锅炉的蒸发量(t/h)。

根据物料平衡关系可知,若某物质比较稳定,则该物质随给水带入锅内的量应该等于该物质随排污水排掉的量与该物质被蒸汽带走的量之和,即:

$$Q_给 \cdot S_给 = Q_污 \cdot S_污 + Q_汽 \cdot S_汽 \tag{4.16}$$

由于蒸汽携带盐量很少,一般近似地认为 $S_汽$ 为 0,则上式为:

$$Q_给 \cdot S_给 = Q_污 \cdot S_污 + Q_汽 \cdot S_汽 = Q_污 \cdot S_污 \tag{4.17}$$

因为 $Q_给 = Q_污 + Q_汽$,所以:

$$P = Q_污 / Q_汽 \times 100\% = S_给 / (S_污 - S_汽) \times 100\% \tag{4.18}$$

式中,$Q_污$ 为锅炉的排污水量(t/h);$Q_汽$ 为锅炉的蒸发量(t/h);$Q_给$ 为锅炉的给水量(t/h);$S_给$ 为给水中某物质的含量(mg/L);$S_污$ 为排污水中某物质的含量(mg/L);$S_汽$ 为蒸汽中某物质的含量(mg/L)。

在实际应用中锅炉排污率是按水质分析结果进行计算的,"某物质"一般是指含盐量、溶解固形物、碱度和氯离子这几类指标,则式(4.18)可改写成:

$$P = RG_给 / (RG_锅 - RG_给) \times 100\% \tag{4.19}$$

或:

$$P = Cl^-_给 / (Cl^-_锅 - Cl^-_给) \times 100\% \tag{4.20}$$

式中,$RG_给$ 为给水中溶解固形物含量(mg/L);$RG_锅$ 为锅炉中溶解固形物含量极限值(mg/L);$Cl^-_给$ 为给水中氯离子含量(mg/L);$Cl^-_锅$ 为给水中氯离子含量极限值(mg/L)。

一般锅水中所含的各物质中氯离子最为稳定,且测定方便,因此工业锅炉通常以测定氯离子含量来计算排污率。

锅炉排污率,也可根据蒸发倍数进行概算:

$$P = 1/K \times 100\% = Q_污 / Q_给 \times 100\% \tag{4.21}$$

式中，$Q_污$ 为锅炉的排污水量(t/h)；$Q_给$ 为锅炉的给水量(t/h)。

利用上式计算锅炉排污率只是进行估算，因为在公式中未考虑锅炉采用磷酸盐处理时带来的影响，特别是以除盐水或蒸馏水作补充水时，炉水含盐量很低，炉水投加的磷酸盐在锅炉水的总含盐量中占的比例相对较大，使计算结果容易偏低。如以总含硅量替代总含盐量相对误差较小。

【例 4.3】 一台 1.3 MPa 水管锅炉，经化验锅水中溶解固形物 $RG_锅 = 1500$ mg/L，氯离子 $Cl_锅^- = 300$ mg/L，给水氯离子 $Cl_给^- = 49$ mg/L，求锅水中氯离子控制极限值 $Cl_锅^-$ 及排污率 P。

解：查 GB1576 标准可知锅水溶解固形物极限值 $RG_锅 = 3500$ mg/L；

因此有下列关系：

$$1500 : 300 = 3500 : X$$

（X 为该锅水氯根含量最高值）

$$X = 700 \text{ mg/L}$$

根据公式(4.20)

$$P = 49/(700 - 49) \times 100\% = 7\%$$

答：该锅炉氯离子控制极限值为 700 mg/L；排污率为 7%。

【例 4.4】 一台型号为 DZL2-0.98 的锅炉，给水的溶解固形物为 350 mg/L，氯离子含量为 30 mg/L，求该锅炉锅的排污率和最大蒸发倍率？

解：(1)已知 $RG_给 = 300$ mg/L；从 GB1576 中查得锅炉水最高溶解固形物标准 $RG_锅 = 4000$ mg/L。

根据公式(4.19)

$$P = 350/(4000 - 350) \times 100\% = 9.6\%$$

$$K = 1/P = 1/0.096 = 10.4 \text{（倍）}$$

(2)

$$RG_锅/RG_给 = Cl_锅^-/Cl_给^-$$

$$4000/350 = Cl_锅^-/30$$

$$Cl_锅^- = 343 \text{ mg/L}$$

根据公式(4.20)

$$P = 30/(343 - 30) \times 100\% = 9.6\%$$

答：该锅炉的排污率为 9.6%，最大蒸发倍率为 10.4 倍。

4.5.4.3　由已知排污率到排污阀开启时间的推算

已知排污率 P，排污量也就知道了。又已知某压力下某种口径的排污阀全开时每秒钟的排污量，就可以推算出排污阀开启时间总秒数。表 4.4 表示排污阀门全开时每 10 秒钟排水量，单位：L 或 kg。

表 4.4　排污阀门全开时每 10 秒钟排污量

锅炉压力（MPa） 排污阀管径（mm）	0.5	1.0	1.5	2.0	2.5
5	5.1	7.2	8.8	9.3	11.1
8	12.5	17.6	22.0	24.8	27.7
10	20.4	28.7	34.7	39.7	45.0
15	45.0	64.0	79.0	79.0	100.0
20	77.0	110.0	135.0	154.0	125.0
25	126.0	181.0	217.0	250.0	277.0
30	177.0	250.0	303.0	345.0	385.0
40	323.0	455.0	555.0	670.0	715.0
50	506.0	715.0	833.0	1000.0	1110.0

【例 4.5】　一台压力为 1 MPa、蒸发量为 2 t/h 的锅炉，已知最大排污率为 10%，排污阀口径 Φ 30 mm，试计算阀门每班开启总秒数。

解：每班（8 h）最大排污量 = 10% × 2 t/h × 8 h = 1.6 t。

每秒钟可排污量，查表得：250 kg × 0.001 t/kg ÷ 10 s = 0.025 t/s。

则阀门开启时间 = 1.6 t ÷ 0.025 t/s = 64 s。

答：阀门每班开启总时间为 64 s。

4.5.4.4　排污阀开启时间的分配原则

阀门开启的分配可按照排污点数和化验次数均匀分配。如已知排污阀开启时间 64 s，共 3 个排污点，每个点排污约 21 s，如每班化验两次，则每次每点排污约 11 s。

这个分配方法不是绝对的，还要参考排污点位置、化验的结果和取样的时间等因素。

4.5.4.5　排污量的宏观控制

所谓排污量的宏观控制，就是按照计算的最大排污率，推算出排污阀门开启时间，然后将每班开启总秒数按排污点数和化验次数尽可能均匀分配。依次实施排污，就能够在保证水质达标的同时，有效地控制排污率。

综上所述，正确实施排污控制和排污指导，包括质量要求和数量要求两个方面，质量方面是要使排污有效地发挥降低表面浓缩物和去除底部沉积物两个功能，使锅水水质达到标准要求；数量方面是要在允许范围内有效地实现对排污量的宏观控制。总原则是在水质达标情况下，尽量减少能量损失。

参考文献

郝景泰，等.2000.工业锅炉水处理技术.北京：气象出版社.

熊蓉春，魏刚.2002.热水锅炉防腐阻垢技术.北京：化学工业出版社.

杨麟，王骄凌，等.2009.GB/T 1576—2008 工业锅炉水质.

杨麟，周英，等.2011.锅炉水处理及质量监督检验技术.

张辉.2004.工业锅炉水处理技术.北京：学苑出版社.

第5章

锅炉用水的净化——锅外水处理

5.1 离子交换树脂

5.1.1 交换树脂的种类及其命名

5.1.1.1 交换树脂的种类

离子交换树脂的种类很多,有天然和人造合成,有机和无机,阳离子型和阴离子型等之分,其中合成离子交换树脂因其结构特征不同,又有凝胶型和大孔型之分。一般常规分类如表5.1所示。其中无机类交换树脂由于交换能力很小,化学稳定性又差,已极少采用。

磺化煤是用粉碎的烟煤经发烟硫酸磺化处理后制成,其活性基团除以磺化时引入的磺酸基($-SO_3H$)为主外,还有一些煤质本身原有的基团以及因硫酸的氧化作用所生成的羧基($-COOH$)等,所以它实质上是一种混合型离子交换树脂。磺化煤虽然价格较便宜,但由于它存在交换能力小、机械强度低、化学稳定性差等缺点,所以已逐渐被合成离子交换树脂所代替。

表 5.1 离子交换树脂的分类

性质	无机		有机				
来源	天然	合成	人造	合成			
名称	海绿砂	沸石	磺化煤	阳离子交换树脂		阴离子交换树脂	
				强酸性	弱酸性	强碱性	弱碱性
活性基团类型	钠离子交换	钠离子交换	阳离子交换	磺酸基 $-SO_3H$	羧酸基 $-COOH$	Ⅰ型三甲基胺基 $-N(CH_3)_3$ / Ⅱ型二甲基乙醇胺基$(CH_3)_2$ $-N<^{C_2H_5OH}$	伯、仲、叔胺基 $-NH_2$ $=NH$ $\equiv N$

离子交换树脂(简称树脂)是用化学合成法制成的,它是由许多低分子化合物经聚合或缩合反应、头尾相交而形成长链的高分子化合物。其中低分子化合物称为单体;使单体相互交联成网状结构的化合物称架桥物质(也称交联剂);化合后形成的长链称为骨架。聚合时,所用交联剂占单体和交联剂总量的质量分数称为交联度,交联度越大,骨架中的网状结构越紧密。因此,交联度的大小对树脂的性能影响较大,如树脂的机械强度和密度随交联度的增大而加大;而树脂的含水率、交换能力、溶胀性等,却随交联度的增大而减小。

合成后的高分子化合物称为白球,只是半成品,尚无交换离子的能力。将白球作进一步的化学处理,使骨架中引入可进行离子交换的活性基团,便可得各种离子交换树脂。交换树脂的化学性质取决于引入的基团性质。例如:由苯乙烯和二乙烯苯共聚形成聚苯乙烯白球,再经过浓硫酸磺化处理,引入活性基团$-SO_3H$,因引入的活性基团为强酸性的磺酸基,易电离出H^+,可与水中的阳离子进行交换。因此,它被称作苯乙烯系强酸性阳离子交换树脂。

5.1.1.2　离子交换树脂的结构类型

按离子交换树脂的结构类型,可分为凝胶型、大孔型,如图 5.1 所示。

(1)凝胶型树脂

用纯单体混合物经缩合或聚合而成的,外观呈透明状的均相凝胶结构的离子交换树脂统称为凝胶型树脂。凝胶树脂的骨架结构呈微孔状。微孔随交联度增加而变小,随凝胶体的溶胀而变大,平均孔径约 1～2 nm。树脂处于干燥状态时,孔实际上不存在,因此它的抗污染能力和抗氧化性较差,易受有机物和胶体硅等的污染。另外,由于

(a)凝胶型　　　　　　(b)大孔型

图 5.1　离子交换树脂结构

孔径过小,使得它的交联度不能过大,通常只有 1％～7％,因此其机械强度也较低。除高流速水处理系统外,在一般水处理中大多采用凝胶型离子交换树脂。

(2)大孔型树脂

这种树脂由于在制造过程中需添加惰性有机溶剂作为致孔剂,聚合后须将溶剂抽提除去,然后再经化学反应活化处理,导入离子交换基团,因其孔径比凝胶型树脂大得多,一般在 20～200 nm 以上,故称为大孔树脂。大孔树脂合成工艺及相应的后处理比凝胶树脂复杂。

大孔型树脂实际上由许多小块凝胶型树脂所构成,孔眼存在于这些小块凝胶之间,所以它的交联度可比凝胶型树脂大得多,一般可达 16％～20％,从而使其机械强度也大得多,且不易降解。由于孔径大,有机物、胶体硅等虽然易被树脂截留,但也易从孔中清洗出来,所以它的抗污染能力和抗氧化性均较强。大孔树脂的缺点有交换容量较低,再生剂耗量较大,价格较贵等。

5.1.1.3　离子交换树脂的命名

GB/T 1631—2008《离子交换树脂命名系统和基本规范》对国产离子交换树脂的命名做出明确规范。

(1)全称

有机合成离子交换树脂的全称由分类名称、骨架名称和基本名称三部分按顺序依次排列组成。

分类名称:按有机合成离子交换树脂本体的微孔形态分类,分为凝胶型和大孔型等。

骨架名称:按有机合成离子交换树脂骨架材料命名,分为苯乙烯系、丙烯酸系、酚醛系、环氧系等。

基本名称:基本名称为"离子交换树脂"。凡属酸性反应的,在基本名称前冠以"阳"字;凡属碱性反应的,在基本名称前冠以"阴"字。

此外,根据有机合成离子交换树脂中活性基团的性质,分为强酸性、弱酸性、强碱性、弱碱

性、螯合性等,分别在基本名称前冠以"强酸"、"弱酸"、"强碱"、"弱碱"、"螯合"等字样。

(2)型号

有机合成离子交换树脂的产品型号,以三位阿拉伯数字表示。对于凝胶型树脂,在三位数字后再用"×"符号连接第四位阿拉伯数字,表示其交联度。

凡大孔型树脂,在型号前加"大"字的汉语拼音首位字母"D"。凝胶型树脂,在型号前不加任何字母。

各位数字所代表的意义如下:

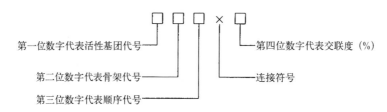

表 5.2　第一位数字代表的活性基团代号

代号	0	1	2	3	4	5	6
活性基团	强酸性	弱酸性	强碱性	弱碱性	螯合性	两性	氧化还原性

表 5.3　第二位数字代表的骨架代号

代号	0	1	2	3	4	5	6
骨架类别	苯乙烯系	丙烯酸系	酚醛系	环氧系	乙烯吡啶系	脲醛系	氯乙烯系

例如 001×7,代表凝胶型苯乙烯系强酸阳离子交换树脂,其交联度为 7%,它的旧牌号为"732";D311,代表大孔型丙烯酸系弱碱阴离子交换树脂,它的旧牌号为"703"。

5.1.2　离子交换树脂的性能

5.1.2.1　物理性能

(1)外观

①颜色。离子交换树脂因其组成的成分、基团、结构等不同而呈现出不同的颜色。如苯乙烯树脂大都呈黄色,也有些树脂呈白色、黑色或棕褐色等。一般交联剂加入量较多,或原料中杂质较多时,制出的树脂颜色稍深。通常凝胶型树脂呈半透明状,而大孔树脂则不透明。

树脂生产的本身颜色一般与其物理性能和化学性能并无大的关系。在使用中,因交换离子的转换,树脂颜色也会发生一些变化。树脂受到铁离子或有机物等杂质的污染,颜色明显变深、变暗,就会影响树脂的性能,尤其是交换能力会大大降低,在这种情况下,应对树脂进行复苏处理。

另外,虽然有时同一型号的树脂,各批生产的颜色会略有不同,但同一批生产的树脂颜色应是均匀一致的。如果树脂中明显混杂有不同颜色的颗粒,则该树脂的质量就很难保证,购买时应注意鉴别。

②形状。离子交换树脂一般均呈球形状。呈球状颗粒的树脂与树脂总量的质量分数称为圆球率。对于交换柱水处理工艺来说，圆球率越大越好，一般应达 90% 以上。

③粒度。离子交换树脂的粒度，是指树脂以出厂时的活性基团形式，在水中充分膨胀后的颗粒直径。将树脂在充分吸水膨胀后进行筛分，累计其在 20，30，40……目筛网上的留存量，以 90% 粒子可以通过其对应的筛孔直径，称为树脂的"有效粒径"。大粒径树脂为 $0.6 \sim 1.2$ mm，中粒径的树脂为 $0.3 \sim 0.6$ mm 标准型（凝胶型），小粒径树脂为 $0.02 \sim 0.1$ mm。树脂颗粒的大小，对离子交换水处理工艺有较大的影响。颗粒大，离子交换速度慢，树脂交换容量小；颗粒小，水流通过树脂层的压力损失大，通常需要较高的工作压力。对一般交换器来说，树脂粒度宜选用 $20 \sim 50$ 目（$0.3 \sim 1.2$ mm）之间为佳。

(2)密度

离子交换树脂的密度是水处理工艺中的实用数据，由于离子交换树脂在应用中呈湿态，所以根据其含义不同，常用湿真密度和湿视密度来表示。

①湿真密度。指树脂在水中经过充分浸泡膨胀后质量与自身所占体积（不含树脂颗粒的堆积空隙）的比值。树脂颗粒的湿真密度：

$$湿真密度 = \frac{湿树脂质量}{湿树脂的真体积} \quad g/mL$$

一般该数值在 $1.04 \sim 1.3$ g/mL 之间，阳树脂的湿真密度通常比阴树脂大。

②湿视密度。指树脂在水中经充分浸泡膨胀后的堆积密度：

$$湿视密度 = \frac{湿树脂质量}{湿树脂的堆体积} \quad g/mL$$

此值一般在 $0.60 \sim 0.85$ g/mL 之间，通常阴树脂较轻，偏于下限；阳树脂较重，偏于上限。湿视密度常用来估算交换树脂的装载量。

【例 5.1】 一台直径为 1.0 m，树脂装载高度需 1.5 m 的交换器，如所用阳离子交换树脂的湿视密度为 0.82 g/mL，需几千克该树脂？

解：$m = \pi R^2 h \rho \times 1000 = 3.14 \times (1.0/2)^2 \times 1.5 \times 0.82 \times 1000 = 966$ (kg)

式中，R 为交换器半径，m；h 为树脂层高度，m；ρ 为树脂湿视密度，g/mL。

答：需 966 kg 该树脂。

(3)溶胀性

将干燥的离子交换树脂浸入水中时，其体积往往会变大。有时树脂在失效时和再生后，体积也会发生变化，这种现象称为树脂的溶胀性。离子交换树脂的溶胀性与树脂内的亲水基团以及树脂外的溶液有关。同一类型的树脂，其交换容量越大，亲水基团越多，溶胀性也就越大；溶液中电解质浓度越大，树脂外溶液的渗透压反而减小，树脂的溶胀就小，所以"失水"的树脂，应先浸泡在盐水中，使树脂慢慢膨胀，不致破碎。亲水基团上可交换离子的水合离子半径越大，树脂的溶胀性越大，对于强酸和强碱性离子交换树脂，各种离子对其溶胀性大小的影响次序为：

$$H^+ > Na^+ > NH_4^+ > Mg^{2+} > Ca^{2+}$$
$$OH^- > HCO_3^- \approx CO_3^{2-} > SO_4^{2-} > Cl^-$$

例如,强酸性阳离子交换树脂由 Na 型转为 H 型,强碱性阴离子交换树脂由 Cl 型转为 OH 型,其体积将约增加 $5\% \sim 10\%$。

(4)溶解性

离子交换树脂是一种不溶于水的高分子化合物,但在产品中免不了会含有少量低聚合物。这些低聚合物较易溶解,因此有些新树脂在使用初期,往往会因低聚合物逐渐溶解,而使出水带有颜色。

离子交换树脂在使用中,有时也会发生某些高分子转变成胶体渐渐溶入水中的现象,此即称为"胶溶"现象。促使"胶溶"发生的因素有:树脂的交联度小、电离能力大、离子的水合半径大以及树脂受高温或被氧化的影响等,特别是强碱性阴树脂,易受这些影响而产生胶溶现象。另外,离子交换树脂处于纯水中要比在盐溶液中易胶溶,Na 型树脂比 Ca 型易胶溶。再生后备用的离子交换器刚投入运行时,有时会出现出水带黄色的现象,就是树脂发生胶溶的缘故。

(5)耐用性

树脂颗粒使用时有转移、摩擦、膨胀和收缩等变化,长期使用后会有少量的损耗和破碎,当树脂破碎严重时,将会造成水流阻力急剧增加,从而使设备出力达不到要求,影响正常运行。因此,树脂需要较高的机械强度和耐磨性。

树脂产品的耐磨性与其交联度有关,交联度大的树脂耐磨性好。但树脂的不当使用,如树脂经常干燥失水,或受氧化性物质(游离氯)的氧化,会严重影响其耐磨性。

一般交换器内树脂使用后,其机械强度应保证每年的损耗率不超过 $3\% \sim 7\%$。树脂损耗超过正常值时,除了检查树脂流失情况,还应考虑树脂是否存在破损严重。

5.1.2.2　化学性能

(1)树脂的稳定性

①树脂的热稳定性。树脂属于高分子有机化合物,类似塑料、橡胶。因此各种离子交换树脂所能承受的温度都是有限度的,超过此温度,树脂就会发生热分解。

树脂的热稳定性与构成树脂的各部分成分相关。通常阳离子交换树脂比阴离子交换树脂耐热性能好,钠型树脂比氢型、氢氧型树脂耐热性好。一般阳离子交换树脂在 100℃ 以下,阴离子交换树脂在 60℃ 以下使用都是安全的。带有羟基的酚醛阴树脂只允许在 30℃ 以下长期运行。

②树脂的化学稳定性。一般情况下,强酸、强碱性树脂可在 pH 值为 $1 \sim 14$ 条件下使用。弱酸性阳树脂可在 pH 值为 >4 时使用,弱碱性阴树脂应在 pH 值为 <9 条件下使用。

大部分的氧化性物质(活性氯、双氧水、次氯酸、臭氧等)会对树脂有不同程度的破坏,交换器进水应该除去这些物质。

(2)离子交换树脂的选择性

离子交换树脂对溶液中各种离子的亲和能力并不相同,亲和力强的离子被树脂优先结合。树脂对离子亲和能力与树脂本身的性能、溶液中离子的性质、溶液的离子浓度等因素相关。在常温低浓度水溶液中,存在以下规律:

①强酸性阳离子交换树脂对常见阳离子的选择性顺序为:

$$Fe^{3+} > Al^{3+} > Ca^{2+} > Mg^{2+} > K^+ \approx NH_4^+ > Na^+ > H^+$$

②弱酸性阳离子交换树脂对常见阳离子的选择性顺序为：

$$H^+ > Fe^{3+} > Al^{3+} > Ca^{2+} > Mg^{2+} > K^+ \approx NH_4^+ > Na^+$$

③强碱性阴离子交换树脂对常见阴离子的选择性顺序为：

$$SO_4^{2-} > NO_3^- > Cl^- > OH^- > HCO_3^- > HSiO_3^-$$

④弱碱性阴离子交换树脂对常见阴离子的选择性顺序为：

$$OH^- > SO_4^{2-} > NO_3^- > Cl^- > F^- > HCO_3^-$$

从上述规律可以看出，弱酸性树脂很容易被酸再生；弱碱性树脂也很容易被碱再生，它对 HCO_3^- 交换能力很弱，对 $HSiO_3^-$ 则不能交换。由此可见，设置弱型交换树脂可降低再生剂的耗量，但如果要求除去水中的 Na^+ 和 $HSiO_3^-$ 时，则必须设置强型交换树脂。

另外还可以看出，Na^+ 和 $HSiO_3^-$ 总是最后被交换，因此对于 H 型离子交换树脂，通常将出水漏 Na^+ 作为交换器运行控制终点，而对于强碱性 OH 型离子交换树脂，则将出水漏 $HSiO_3^-$ 作为交换器运行控制终点。

上述选择性顺序只适用于低浓度溶液，如在高含盐量溶液中，选择性顺序会有一些不同，某些低价离子会居于高价离子之前。例如钠离子交换器再生时，在一定浓度的盐液中，有时树脂对 Na^+ 的吸取会优先于 Ca^{2+}、Mg^{2+}。

(3)离子交换反应的可逆性

离子交换反应是可逆的。当具有一定硬度的水通过钠离子交换树脂时，水中的 Ca^{2+}、Mg^{2+} 与树脂中的 Na^+ 进行交换反应，使出水得到软化。如果以 R 代表树脂中的离子交换基团，则其反应式为：

$$2RNa + Ca^{2+}(Mg^{2+}) \longrightarrow R_2Ca(R_2Mg) + 2Na^+$$

当反应进行到树脂失效后，用食盐溶液处理失效树脂，即利用离子交换反应的可逆性，使食盐中的 Na^+ 再与树脂中的 Ca^{2+}、Mg^{2+} 进行交换反应，使树脂恢复软化能力。其反应式如下：

$$R_2Ca(R_2Mg) + 2Na^+ \longrightarrow 2RNa + Ca^{2+}(Mg^{2+})$$

当水溶液中 Ca^{2+}、Mg^{2+} 浓度很高，反应朝正方向进行，当水中 Na^+ 浓度高时，反应朝逆方向进行，也即是离子交换软化水处理的工作原理。由此可见，离子交换反应的可逆性，是离子交换树脂可以反复使用的基础。

(4)酸、碱性

H 型阳离子交换树脂和 OH 型阴离子交换树脂的性能与电解质酸、碱相同，在水中有电离出 H^+ 和 OH^- 的能力，其酸碱性的强弱，主要取决于树脂所带交换基团的性质。

例如：磺酸型($R—SO_3H$)是强酸性阳离子交换树脂；

羧酸型($R—COOH$)是弱酸性阳离子交换树脂；

季铵型($R\equiv NOH$)是强碱性阴离子交换树脂；

伯铵($R—NH_3OH$)、仲铵($R\!=\!NH_2OH$)、叔铵($R\equiv NHOH$)型是弱碱性阴离子交换树脂。

强酸性 H 型离子交换树脂在水中电离出 H^+ 的能力较大，所以它容易与水中其他各种阳离子进行交换反应；而弱酸性 H 型离子交换树脂在水中电离出 H^+ 的能力较小，故当水中有一定量的 H^+ 时，就显示不出交换能力。强碱性和弱碱性阴离子交换树脂的情况与此类似。

(5)中和、水解

离子交换树脂的中和与水解的性能和一般电解质一样。例如,H 型离子交换树脂能与碱溶液发生中和反应,当强酸性 H 型树脂遇到强碱时,中和反应可进行得很完全:

$$RSO_3H + NaOH \rightarrow RSO_3Na + H_2O$$

OH 型离子交换树脂与酸的中和反应也类似。因此,和一般化合物酸碱性强弱的测定一样,H 型或 OH 型离子交换树脂酸碱性的强弱,也可用测定滴定曲线的办法求得。

离子交换树脂的水解反应也和一般电解质的水解反应一样,当水解生成物有弱酸或弱碱产生时,水解度就会增大,如:

$$RCOONa + H_2O \rightarrow RCOOH + NaOH$$

$$RNH_3Cl + H_2O \rightarrow RNH_3OH + HCl$$

所以,具有弱酸性基团和弱碱性基团的离子交换树脂的盐型,容易水解。

5.1.2.3 交换容量

树脂的交换容量是指单位质量或体积(g 或 mL)的离子交换树脂能够交换离子的物质的量(mol)。交换容量是评价树脂工艺性能的重要指标。

由于离子交换树脂在不同形态时,其质量和体积有所不同,因此在表示交换容量时,为统一起见,一般阳离子交换树脂以 Na 型为准(也有以 H 型为准的);阴离子交换树脂以 Cl 型为准。在实际应用中,交换容量常用以下三种方法表示。

(1)全交换容量。全交换容量表示一定量的离子交换树脂中活性基团的总量,它反应出交换树脂中所有交换基团全部起作用时所能交换离子的量。

离子交换树脂全交换容量的大小与树脂的种类和交联度有关。对于同一种交换树脂来说,交联度一定时,它是一个常数,可以用化学分析的方法测定。一般树脂出厂质量证明书中,大都用质量单位来表示全交换容量。例如钠离子交换软化水处理常用的国产 001×7 强酸性阳离子交换树脂的全交换容量一般 $\geqslant 4.2$ mmol/g。

(2)再生交换容量。每克树脂在一定的再生剂条件下,所取得再生树脂的交换容量,表示树脂中原有化学基团再生复原的程度,也表示树脂的再生效率。通常,再生交换容量为总交换容量的 50%～90%(一般控制在 70%～80%),而工作交换容量为再生交换容量的 30%～90%。

(3)工作交换容量。工作交换容量是指交换树脂在湿视密度和实际应用的工作状态下,从工作开始到离子开始泄露(穿透点)时,离子交换树脂所能达到的实际交换容量,常用单位 mol/m³ 来表示。它与树脂种类和总交换容量以及具体工作条件(如进水水质、水温、流速、再生条件、残余容量等)有关。工作交换容量一般为全交换容量的 60%～70%。

5.1.3 离子交换树脂的使用、贮存及污染后的处理

离子交换树脂虽然有很高的稳定性,但是如果使用或贮存不当,也易受到污染或破损,从而导致其交换能力下降甚至丧失。因此在实际工作中,应充分注意树脂的正确使用和保管,防止污染,避免破碎,并在树脂一旦受污染后及时进行处理。

5.1.3.1　树脂的使用

新树脂在使用之前,应首先进行预处理,其目的是洗去树脂表面的可溶性杂质及树脂在制造过程中所夹杂的金属离子,并使树脂转型成所需要的形式。树脂经适当的预处理后,不仅可提高其稳定性,而且还可以起到活化树脂、提高工作交换容量和出水质量的作用。

如果新树脂在运输或贮存过程中脱了水,则不可将新树脂直接浸入水中,须先放在20%～25%的食盐水中浸泡一定时间,然后逐渐用水稀释,以防树脂因急剧膨胀而破裂。

树脂的预处理可在交换器内进行。树脂装入交换器时,可采用水力输送或人工填装。填装后,宜先对树脂进行反洗,直至洗出水澄清且不呈黄色为止,充分除去混在树脂中的机械杂质和细碎粉末,然后作下一步的清洗转型。

①钠离子交换树脂的处理。低压锅炉采用钠离子交换软化处理时,所用交换器内壁大都只涂刷了防腐漆,而未经衬胶等防酸处理,所以不能在交换器内对树脂进行酸、碱处理。由于强酸性阳树脂通常都以 Na 型出厂,因而对用于钠离子交换软化处理的新树脂,一般不再作酸碱预处理和转型处理,但新树脂最好用 10%～15% 的食盐水浸泡 18～20 h,然后用水清洗至出水合格,方可投入运行。

②H 型阳离子交换树脂的预处理。将阳树脂浸泡于 2%～4% NaOH 溶液中,经 4～8 h 后进行小流量反洗,至洗出水澄清、耗氧量稳定,且呈中性为止,然后再将树脂浸泡于 5% HCl 溶液中,经 4～8 h 后进行正洗,至排水 Cl⁻ 含量与进水相接近为止。

(3)OH 型阴离子交换树脂的预处理。将阴树脂浸泡于 5% HCl 溶液中,经 4～8 h 后,用氢离子交换器的出水进行小流量反洗,至排水 Cl⁻ 含量与进水相接近为止,然后再用 4% NaOH 溶液浸泡,经 4～8 h 后再用氢离子交换器的出水进行正洗,至排水接近中性为止。

H 型和 OH 型离子交换树脂预处理后,还需再次用正常再生的步骤进行动态的转型,并清洗至出水合格,才能投入运行。

5.1.3.2　树脂的贮存

树脂贮存时,主要应注意以下几点:

(1)湿态保存。树脂如失水风干会大大影响其强度和使用寿命,因此树脂贮存时,可将树脂浸泡在清水或食盐水中,塑料袋(桶)密封保存,防止水分蒸发。定期检查包装的密封和完整,防止因包装破损而使树脂失水。

(2)盐型存放。交换器如停用时间较长,一般应将已使用过的树脂转成盐型,而不要以失效态存放。通常阴、阳树脂都可用 10% NaCl 溶液处理,使阳树脂转成 Na 型,阴树脂转成 Cl 型。

(3)防冻防热,避光保存。树脂在贮存和运输过程中,温度不宜过高或过低,一般最高不超过 40℃,最低不得在 0℃ 以下,不要放在阳光直接照射的地方;冬季应注意保温,如无保温条件,可将树脂贮存在相应浓度的食盐水中,以免冻裂。

(4)防止污染和发霉。新树脂贮存时,应避免铁容器,避免接触氧化剂、油类及有机溶剂等,以防树脂污染。交换器长时间使用时,要防止微生物繁殖和藻类生长,必要时可作灭菌处理:可用 1%~2% 的过乙酸或 0.5%~1% 甲醛灭菌溶液浸泡数小时,然后用水冲洗至不含灭菌剂为止。

此外,树脂在贮存时还应防止重物的挤压,以免破碎。如使用多种型号交换树脂的,要分别存放,并保护好包装上的标签,以防不同类型的交换树脂混用。

5.1.3.3 树脂的污染及污染后的处理

污染有两种情况:一是受到氧化剂等污染,树脂的化学结构受到破坏,交换基团降解或交联键链断裂,称为树脂变质或"老化",树脂变质后将无法恢复;二是树脂内的交换微孔被杂质堵塞,或者活性基团被一些亲和力极强的离子占据,致使这部分树脂的活性基团失去再生能力,造成树脂层交换容量明显下降,这种现象称为树脂"中毒"。树脂"中毒"可通过适当的处理来清除污染物,使树脂性能恢复的处理称为树脂"复苏"。

(1)树脂变质

树脂变质的主要原因是由于水中含有氧化剂,尤其是自来水中残留的游离余氯含量过高(≥0.5 mg/L)时,就会使树脂结构遭到破坏。树脂变质的现象为:颜色变浅,透明度增加,强度下降容易破碎,工作交换容量降低。

自来水通常残留一定浓度的活性氯,从而抑制微生物繁殖。除去水中活性氯,常用方法有两种:一种是在交换器前设置活性炭过滤器,另一种是在交换器入口投加亚硫酸钠。

(2)铁污染

树脂受铁污染的原因,主要是水源水或再生剂中含铁量过高(≥0.3 mg/L)及钢制的水处理设备(特别是未作内衬的钠离子交换器及铁制的盐水罐)防腐不良所造成。树脂受铁污染的现象为:颜色明显地变深、变暗,严重时甚至变成暗褐色或黑色,工作交换容量大大降低,出水的水质变差。

树脂受铁污染后可用盐酸处理进行复苏。对于除盐系统,可用原有的酸再生系统配制所需浓度的酸液,在交换器中进行酸洗处理;对于钠离子交换器,必须将树脂转移到能耐酸的容器中进行酸洗,以免酸腐蚀金属。酸洗前,应先取少量树脂通过化验室试验来确定最适宜的酸液浓度和酸洗时间。一般可采用 8%~12% HCl 溶液将树脂浸泡或低流速循环,最好二者交替进行,时间约 10~20 h。在酸清洗期间,应定期测定清洗液的酸度,如铁污染较严重,应在中途更换或补充新鲜酸液,以使复苏彻底。

钠离子交换树脂和阴离子交换树脂在酸洗结束并用水清洗后,应用相应的再生剂进行转型处理。如钠离子交换树脂酸洗后,先用清水清洗树脂至排水接近中性,然后用 1%~2% NaOH 浸泡或低流速循环 2~4 h,再用 10% 食盐水浸泡 15~20 h,最后再用清水清洗至出水氯离子含量接近进水含量。

为防止铁污染,首先应注意设备及管道的防腐,对有锈蚀的交换器须及时进行除锈并涂刷防腐材料,锈蚀严重的管道应及时更换;对除盐系统而言,应注意再生剂的质量。另外,对含铁量高的水源,离子交换器前宜设置除铁预处理装置。

(3)有机物污染

水中存在的油脂类、腐植酸及其他有机物,极易堵塞离子交换树脂的微孔,对活性交换基团起封闭作用,从而严重影响树脂的工艺性能。

树脂受有机物污染的现象为:树脂层结块,颜色变深发黑,交换容量明显下降,再生困难,出水水质变差。这些现象极易与树脂受铁污染的现象混淆,其区别办法为:取少量受污染的树脂放入小试管中,加入少量水后摇动 2~5 min,然后仔细观察水面,如有"彩虹"现象出现,则树脂是受有机物污染。也可将少量树脂浸泡在 5%~10%HCl 溶液中,经 2~4 h 后,若溶液颜色变成黄绿色,且树脂颜色转浅,则树脂是受铁污染。

树脂受有机物污染后的复苏方法:一般可用 2%~4% NaOH 和 8%~10% NaCl 混合溶液,加热至 40~50℃后,对树脂进行碱洗。碱洗可分 2~4 次进行,每次持续时间为 6~8 h,中间用水冲洗。用此混合液处理阴树脂时,树脂易漂浮在混合液的上层,影响处理效果,操作时应加以注意。

要防止有机物污染,关键是要控制进水的有机物含量。对含有有机物高的原水,应采取混凝、过滤或活性炭过滤等预处理,防止有机物进入离子交换器。如果原水中经常含有氧化剂、铁化合物、有机物等杂质,将极大地影响凝胶型离子交换树脂的正常运行。在这种特殊情况下,建议改用具有较强的抗氧化性和抗污染能力的大孔型离子交换树脂。

5.2　离子交换器

离子交换工艺需要将交换剂放在离子交换器(或称为床)内进行,离子交换剂失效后通过再生来恢复离子交换能力。为了提高离子交换工艺的经济性和技术适用性,产生了不同树脂的组合、不同的床型以及各种离子交换系统。常用的离子交换器有固定床(离子交换器)和连续床两类。

离子交换器内装设的交换剂在交换过程中处于固定位置,此类离子交换器称为固定床,并且原水的交换处理和树脂失效后再生是在同一交换器内、不同时间里分别进行的。

连续床离子交换器是离子交换树脂在动态下运行的交换器,并且原水的交换处理和树脂失效后的再生是在不同装置内同时进行的。

固定床的优点是设备简单,操作方便,对各种水质适应性强,出水水质较好;缺点是树脂用量大,利用率低,再生和清洗时间长,设备利用率和生产效率低。

5.2.1　固定床

固定床离子交换器根据交换器内树脂的种类可分为单床、双床和混床。装填单一树脂的为单床;装填强、弱两种树脂的为双床;装填阴、阳两类树脂的为混床。一般情况下,固定床是指单床式固定床。

固定床离子交换器,按再生时再生液的流向可分为顺流再生式离子交换器和逆流再生式离子交换器;按交换器中所填装的交换树脂类型又可分为 Na 型离子交换器(又称软水器)、H 型离子交换器(又称阳床)和 OH 型离子交换器(又称阴床)等。

5.2.1.1 顺流再生式离子交换器

(1)顺流再生式离子交换器的结构

①交换器主体。是一个密闭的圆柱形壳体,其直径按制水出力大小而有多种规格。柱体内设有进水、进再生液和出(排)水装置,并填装有一定高度的交换树脂层,如图5.2所示。

②外部管路。有进水管、再生液管、排水管,其系统如图5.3所示。

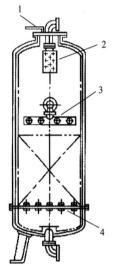

图5.2 顺流再生离子交换器的结构
1—放气管;2—进水装置;3—再生液分配装置;
4—底部配水/集水装置

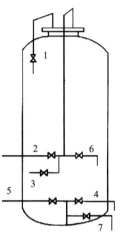

图5.3 顺流再生交换器外部管路系统
1—放气管;2—进水管;3—进再生液;4—出水管;
5—反洗进水;6—反洗排水;7—正洗排水

③进水分配装置。常用的有辐射型、圆环型、支管型等,如图5.4所示。其主要作用是布水均匀且出口面积满足最大进水流量的要求。

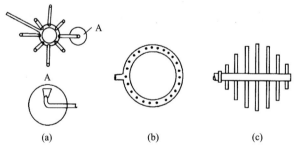

图5.4 顺流再生离子交换器的进水分配装置
(a)辐射型;(b)圆环型;(c)支管型

④出(排)水装置。离子交换器的排水装置有许多种,如母管支管式(图5.5(a))、多孔板式(图5.5(b))、穹形板加石英砂垫层(图5.6(a))、大水帽加石英砂垫层(图5.6(b))等。小型交换器多采用前两种装置,而大型交换器则多采用后两种装置。多孔板式布水也采用多层孔板加40~60目的涤纶网布和塑料纱窗。

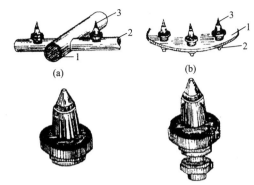

图 5.5　水帽式排水装置

(a)母管支管式;(b)多孔板固定水帽式

(a)1—母管;2—支管;3—拧水帽;　(b)1—多孔板;2—螺母;3—固定水帽

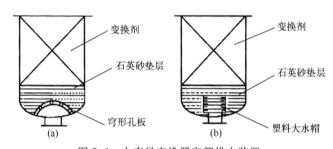

图 5.6　大直径交换器底部排水装置

(a)穹形板加石英砂垫层;(b)塑料大水帽加石英砂垫层

此外,一般交换器壳体上都设置有有机玻璃观察孔,以便观察交换树脂的反洗、再生情况;小型交换器的上下封头一般可用法兰连接,以便于检修;大型交换器的上下封头往往与筒体焊成一体,为了便于检修,必须装设人孔。

在交换器的外部还装有各种管道、阀门、取样监视管以及进出口压力表等,有的还装有流量计。

为了在反洗时能使交换树脂层有足够的膨胀余地,并防止细小的交换树脂颗粒被带走,在交换器上部的进水装置至交换树脂层表面应留有一定的空间,此空间称为水垫层。一般水垫层的高度即为交换树脂的反洗膨胀高度,通常为交换树脂层高的 50%～80%。

(2)顺流再生离子交换水处理工艺的优缺点

①顺流再生离子交换水处理工艺具有以下优点:

a. 设备简单,造价低。

b. 操作方便,容易掌握。

c. 由于每个周期都进行反洗,所以适应悬浮物含量高的原水。

d. 在原水含盐量或硬度不高,运行流速不大的情况下出水水质和运行周期能够满足一般锅炉要求。

②顺流再生离子交换水处理工艺的缺点:

a. 由于树脂再生效率低,在原水含盐量和硬度较高的情况下,尽管降低流速,出水水质也难以达到要求。

b. 为了保证出水质量,必须使树脂床底层也具有足够的再生度,因此消耗再生液较多,运行费用高。

c. 由于流速受阻限制,设备出力较小。

(3)顺流再生离子交换器的运行

顺流再生式离子交换器失效后再生操作步骤为:

其液流流向如图 5.7 所示。

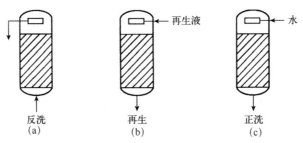

图 5.7　顺流再生操作过程及液流流向
(a)反洗;(b)进再生液;(c)慢洗和快洗

①反洗。顺流再生离子交换器达到制水周期后,第一步先进行反洗。反洗的目的:松动被压实的交换树脂层,洗去交换树脂层中的悬浮杂质,排出破碎颗粒,排出树脂中积存的气泡等。

反洗要用清水,反洗效果取决于反洗水在交换器截面分布的均匀性和树脂床层的膨胀率。布水越均匀,且树脂层膨胀率越大,反洗越彻底。

②再生。再生操作是将一定浓度的再生液,以 4～6 m/h 左右的流速,自上而下流过树脂层。再生液与树脂层接触时间,一般要保证 30～60 min。再生液的配置最好用产品水。

③置换。再生操作结束后,树脂层上部空间和树脂层中间留有尚未充分利用的再生剂,为了进一步发挥这些再生液的作用,在停止输送再生液后,仍利用再生液管,继续以再生过程中相同的流速输入清水或产品水,逐步把再生剂置换出来,置换时间一般为 30 min 左右。

④正洗。置换后,树脂层内还残留着再生液以及少量杂质。离子交换器投入运行前期,采取与交换相同的方向和流速进一步清洗,该过程称为正洗。正洗出水水质符合表 5.4,即可认为正洗结束。

表 5.4　离子交换器正洗出水水质指标

指标 设备类型	硬度(μmol/L)	氯离子(mg/L)	钠离子(μg/L)	电导率(25℃) (μS/cm)	SiO$_2$(μg/L)
软水器	≤30	与进水相近	—	—	—
阳床	≈0	—	≤100	—	—
阴床	≈0	—	—	≤10	≤100
混床	≈0	—	—	≤0.3	≤20

⑤制水。固定床离子交换器制水过程中,水的流速是一个重要条件。进水流速与进水水质、出水水质、水流通过树脂层阻力损失及运行周期等因素有关。表5.5列出了强酸性阳离子交换树脂(床层高1.5m)在不同进水硬度情况下的建议流速。

表 5.5　不同进水水质的运行流速

原水硬度(mmol/L)	运行流速(m/h)
<1	40～60
1～2	30～40
2～3	20～30
3～6	15～20
≥6	10～15

5.2.1.2　逆流再生式离子交换器

(1)逆流再生离子交换器的结构

这里指的是制水时水流从上至下,再生时液流从下至上的逆流再生式离子交换器。其主要结构和交换器外部的管路系统如图5.8和图5.9所示。

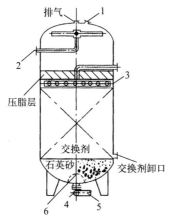

图 5.8　逆流再生式离子交换器的结构图
1—进气管;2—进水管;3—中排装置;
4—出水管;5—进再生液管;6—穹形多孔板;

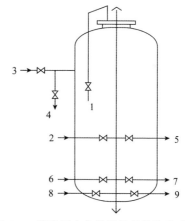

图 5.9　逆流再生交换器外部的管路系统
1—排气管;2—上进水;3—中排进水;4—中排排水;
5—上排水;6—反洗进水;7—出水;8—进再生液;9—正洗排水

与顺流再生式离子交换器相比,它们的主体、进水装置、底部排水装置等基本相同,其区别主要有:

①再生液进口。再生液改为由下部进入交换器,不另设进再生液的装置,利用底部排水装置进再生液。

②顶压装置。大直径离子交换器,为了防止树脂乱层,需在顶部设进气管或进水管,再生时用压缩空气顶压或水顶压。由于顶压操作比较烦琐,顶压逆流再生固定床逐步被无顶压逆

流再生固定床所取代。

③中间排液装置(简称中排装置)。在树脂层表面设中间排水装置,其主要作用是排出再生废液、置换水和由顶部向下流的压缩空气和顶压水。在生前,反洗水通过此装置对上层的树脂进行小反洗(或表面)。常用的中排装置有鱼刺式、母管支管式、环形母管支管式,分别如图5.10所示。

在上述中排装置中,一般可在支管上采取开孔、开缝隙或装水帽等措施。在开孔或开缝隙的支管外部需要套上网套,网套一般为两层:可先包上25目塑料窗纱,用80~90℃热水浇烫,使窗纱紧箍在支管上,然后外包60目涤纶网布,用尼龙绳扎紧。

中排装置可采用钢管涂环氧树脂等防腐涂料、不锈钢或工程塑料管等材料制成。由于中排装置往往要承受较大的压力,因此支管须有足够的强度。一般母管上面应有加强筋,母管两端与交换器筒壁间必须用支架加固,以免再生或反洗时因操作不当而损坏中排装置。

对于直径不太大的交换器,也可采用低流速再生来防止乱层,这样就可以不必进行顶压,设备上的进气管也可省去,有些小直径交换器甚至可不设中排装置。

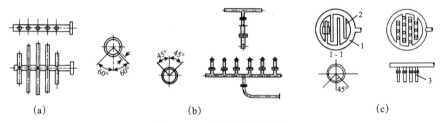

图5.10 中排装置示意图
(a)鱼刺式;(b)母管支管式;(c)环形母管支管式

④压脂层。在中排装置之上,交换树脂层上需加一层厚约150~200 mm的压层,其作用主要有两点:一是过滤掉水中的悬浮物等杂质,并可在每次再生前通过小反洗洗去这些杂质,这样就不必每次再生都进行大反洗,可避免交换树脂乱层;二是在采用预压再生时,可使顶压的压缩空气和再生废液均匀地进入中排装置而排走。压层的材料可采用密度比树脂小的聚苯乙烯白球,也可直接用离子交换树脂作压层。但这时应注意,压层树脂往往是得不到再生的,即通常处于深度失效状态,所以一旦发生误操作,失效树脂进入交换树脂层的下部,就会影响出水水质。

因此,若要将原有顺流再生交换器改成逆流再生交换器,采用低流速再生最为方便,只需把进再生液的位置由上部改为下部,废液从反洗排水管排出(无中排装置)即可。

⑤树脂床层高度和反洗空间高度。离子交换树脂床层高度至少1.5 m,一般为1.5~2.5 m。逆流再生交换器反洗间隔长,反洗时需要的反洗强度和反洗空间也比顺流再生交换器大,一般不小于树脂层高的50%~70%。

(2)逆流再生离子交换器的优缺点

①逆流再生的优点:

a. 再生剂比耗降低。逆流再生离子交换器失效时,树脂层中的离子分布状态与顺流再生是相同的,然而,逆流再生工艺的不同点,在于一是再生之前不需要将全部树脂进行反洗,这样失效树脂层的离子分布状态不发生改变;二是再生剂自上而下地流过树脂层,这样保护层没有失效的树脂仍然保留原有型态,不需要消耗再生剂。

由于树脂床层未被搅乱,失效床层的层态分布满足了逐层排列的有力再生条件,即再生液首先再生亲和力小的离子,再由这些亲和力小的离子交换亲和力大的离子,例如,用 H^+ 交换 Na 型树脂,出来的 Na^+ 再交换 Mg^{2+} 或 Ca^{2+} 型树脂等,这就缩小了再生过程中离子亲和力之间的差距,从而提高了再生的效率。

顺流再生时,一般再生剂比耗为 2~3,而逆流再生的再生剂比耗为 1.2~1.5,节约近一倍的再生剂。

b. 出水质量提高。在离子交换器失效时,工作层转移至底部,保护层消失。再生过程中,最后的工作层和新鲜的再生剂接触,再生更加彻底。这一层彻底再生的树脂层,再运行中重新充当了保护层,因此逆流再生离子交换器的出水水质比顺流大大提高。

工作交换容量较高再生后树脂的工作交换容量取决于树脂再生度。逆流再生工艺在同等再生条件下,可以取得更高的再生度。

②逆流再生的缺点:

a. 设备复杂,增加设备费用。

b. 操作步骤多,运行比较麻烦。

c. 结构设计和操作条件要求严格,一旦再生操作不当导致树脂层乱层,将显著降低树脂再生度。

d. 对置换用水要求高,否则出水水质会变差。

(3)逆流再生离子交换器的运行

①顶压逆流再生操作

逆流再生式离子交换器再生操作中,很重要的一点是再生过程中交换树脂不能乱层,否则就会失去逆流再生的优点。目前普遍使用的逆流再生式固定床离子交换器中,直径较大的交换器往往设有中排装置,再生时采用压缩空气顶压(简称气顶压)或水顶压来防止乱层。

a. 气顶压逆流再生:气顶压法是在再生和置换的整个过程中,从交换器顶部进入压缩空气,防止树脂床层浮动而被水力冲乱,顶压空气和再生废液同时从中排装置排出。

气顶压再生过程:

步骤及液流流向如图 5.11 所示。

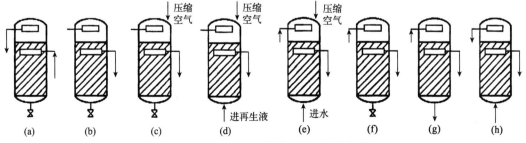

图 5.11　逆流再生操作过程及液流流向

(a)小反洗;(b)上部排水;(c)顶压;(d)进再生液;(e)置换反洗;(f)小正洗;(g)正洗;(h)大反洗

b. 水顶压逆流再生：水顶压法是在再生和置换的整个过程中，从交换器顶部引入顶压水，顶压水通过压缩层把压脂层"压住"，防止乱层。顶压水流量与树脂粒径、密度、再生剂流速和中间排水装置开孔面积等因素有关。

水顶压再生过程：

②顶压再生操作各步骤的目的及要求

a. 小反洗：为了保持树脂层不乱，每次再生前只进行中间排水装置以上压脂层的反洗。反洗水从中间排水管进入交换器，从顶部排出。流速一般为 10 m/h 左右，以出口水中不带树脂颗粒为度，洗至出水清澈为止。

b. 放水：在气顶压法时，将交换器中间排水装置以上水全部放掉，即小反洗后，待树脂层自由沉降下来后，打开空气门和中间排水管，将中间排水管以上的水排净。水顶压法省略此步骤。

c. 顶压：气顶压的压缩空气压力为 0.03～0.05 MPa，最高达 0.07 MPa。水顶压时，在送入再生剂之前将顶压水送入，并保持顶压水流量为再生剂流量的 1～1.5 倍。在再生和置换整个过程中，顶压用的空气或水应该稳定不中断。

d. 再生：根据再生剂耗量，严格控制再生剂浓度和接触时间，再生剂与树脂接触时间一般为 30～40 min，再生液流速一般为 2～4 m/h。为了得到最佳再生效果，配置再生液的水应使用离子交换系统的产水。再生液可以使用射流器或泵送入，但不得带入空气。

e. 置换：进完再生液后，继续用合格的产品水置换再生液。置换水的流速保持和再生剂流速一致，直到再生废液基本排尽为止。置换结束后，先关闭置换水进水阀，再关闭顶压水或空气阀。

f. 小正洗：从顶部进水，中间排水装置排水，目的是洗去压脂层中的再生液残液。气顶压法操作时，小正洗前先从中间排水装置进水，顶部排水，目的是排除交换器中压脂层中的空气。

g. 正洗：小正洗后，关闭中间排水装置的排水阀，开启下部排水阀门，用较大流量的水按顺流方向进行冲洗，直至出水质量合格为止，流速一般为 15 m/h 左右。

h. 大反洗：逆流再生离子交换器中，为了获得较高的再生效率，再生时通常只进行小反洗。但是交换器长期运行后，树脂层不断被压实，或因积累的悬浮物造成结块，造成水流阻力过大，甚至出现偏流现象，影响了树脂层的交换容量和出水质量，增大了再生剂比耗。为此，数个运行周期后应进行一次大反洗。大反洗周期与进水浊度有关，一般 10～20 运行周期大反洗一次。经过大反洗后，交换树脂层被完全打乱，为了使底部交换树脂层再生彻底，大反洗后的这一次再生剂用量需比平时多 50% 左右。

③无顶压逆流再生操作

a. 有中排装置时的操作：有中排无顶压逆流再生的操作步骤及各步的目的与气顶压逆流再生操作基本相同，只是不需顶压。另外，在无顶压逆流再生时为了不使交换树脂乱层，除采用低流速外，还可在压层上部充满水以产生静压。实践证明，有静压水时的再生效果比无静压水时的再生效果好。因此，无顶压逆流再生的操作也可参照图 5.11 进行，只是可省略图中的 (b) 和 (c) 两步。即小反洗结束后，先关闭放空阀，再关闭小反洗进、出水阀，在静压水存在下直接由底部进再生液,从中排排废液。

为了避免交换树脂乱层,确保再生效果良好,无顶压逆流再生时应控制再生流速(包括置换反洗的流速),一般为 1.5～2.0 m/h。进再生液时间约需 45～80 min。

b. 无中排装置时的操作:目前小直径的逆流再生离子交换器大多不设中排装置,再生时也采用低流速来防止乱层。其操作步骤除了不进行顶压再生操作步骤中的 a.b.c.h 步外,其余操作都与其相似,即交换树脂失效后:进再生液→置换反洗→正洗合格→运行,经过 5～10 周期,在进再生液之前反洗一次。由于无中排装置,所以反洗、进再生液和置换反洗时的废液都是从上部排出,各步的流速控制与带中排无顶压再生相同。

c. 无顶压逆流操作的两步关键:中间排水装置的小孔流速要求不大于 0.25 m/s,此时中间排水装置开孔面积为再生液管截面积的 6 倍左右。压脂层高度增加到 200 mm 以上,利用压脂层本身的重力可以平衡再生液向上的推托力,防止乱层。

表 5.6　逆流再生固定床的操作程序

工艺参数	操作步骤	1	2	3	4	5	6	7	8	9	10	11
	操作项目	正洗	运行	停运	小反洗	静置沉降	放水	进酸/碱	置换	小正洗	正洗	大反洗
	流速,m/h	10～15	20～30		5～10			4	4～8	10～15	10～15	
	操作时间,min	10			5	1	3					
阀门操作	进水	—	—								—	—
	出水		—									
	小反洗进水				—							
	反洗排水				—							
	中间排水							—	—	—		
	进酸/碱							—				
	空气门	—		—								
	正洗排水	—									—	
	大反洗排水											—
再生系统	再生水							—	—			
	进酸门							—	—			
	喷射器进水门							—	—			

注:"—"表示阀门开启。

5.2.2　浮动床

浮动床水处理工艺是一种逆流再生的固定床离子交换器。它不仅具有一般逆流再生的优点,而且具有运行流速高、再生时不易乱层、操作容易、设备体积小等优点,故受到越来越多的重视。这种水处理工艺不仅可用于钠离子交换软化处理,也适用于阴、阳离子交换的化学除盐。近年来,我国还将浮床工艺开发应用于自动再生离子交换器中,取得了较好的效果。

5.2.2.1　浮动床工作原理

如图 5.12 所示,浮动床的工作是树脂层(也称床层)的运行和再生这两种工况交替循环的过程。在运行状态时,入口水由底部进入浮动床,经下部分配装置后,均匀地进入床层,靠上升水流将整个树脂层以密实的状态向上浮起至顶部(称为成床),同时水在向上流的过程中完成离子交换反应,并经上部分配装置引出体外。当床层失效后,利用排水或停止进水的办法使树脂层整体自由下落(称为落床),于是浮动床转入停运状态。

再生时,再生液由上部进入,经上部分配装置后,均匀地自上而下流过床层进行再生,然后用合格的水继续自上而下地进行清洗,至出水合格便可投入运行。一般投入运行时,应先进行成床后的向上流清洗(也称顺洗),至出水合格后才可送入给水箱。

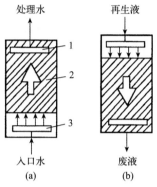

图 5.12　浮动床工作示意
(a)运行状态;(b)再生状态
1—上部分配装置;2—床层;
3—下部分配装置

5.2.2.2　浮动床的设备结构

浮动床的本体结构如图 5.13 所示,其壳体一般是钢制的,出力不大时也可用环氧玻璃钢或有机玻璃。在壳体上设有视镜,以观察床层的运行情况。在内部有上、下分配装置、床层、惰性树脂(白球)层等,下面分别作简要说明。

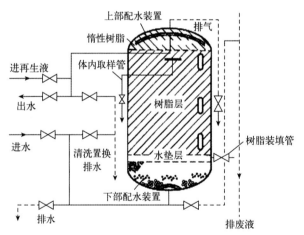

图 5.13　浮动床本体结构

(1)顶部分配装置

小型设备仍以孔板水帽或孔板滤网式为宜,大型设备多选用弧形支管式。无论哪种形式都应符合下列条件才能取得较好的运行效果:

①出水装置尽可能靠近顶部。

②开孔布置合理,配水均匀。

③开孔面积不宜太小,一般为出水管管截面积的 3～4 倍。

④在运行时,为了防止树脂流失,出水装置上包扎滤水网,通常采用 18 目窗纱,外层用 50 目涤纶筛网。

(2)底部进水装置

对于直径小于 1.5 m 的小型离子交换器,一般采用孔板水帽或孔板滤网式进水装置。为了缓解进水冲力,通常在进水管出口加装挡板。对于大型离子交换器,多采用穹形孔板加石英垫层的形式。

(3)再生液分配装置

旧设备改装的浮床,通常是出水装置与再生液分配装置为一体。因为浮床工作流速比再生液流速大 6～10 倍,同一装置很难保证再生液分配均匀,这一点很可能造成浮床工作交换容量偏低。因此应另外专设再生液分配装置为好,一般采用环形管开孔外包尼龙网的形式。

(4)惰性树脂层

浮床上面填充一层形状类似离子交换树脂的白球,其性能稳定,机械性能好,密度小于 1 g/m³,粒径为 1.0～1.5 mm,装填高度一般为 200～300 mm。由于惰性树脂层比水轻,在浮床充满水后自动浮在顶部,不会和离子交换树脂混层。其作用主要有:①防止碎树脂堵塞滤网;②提高再生液分配的均匀性。

5.2.2.3　浮动床的操作

(1)浮动床的运行流速

浮动床的运行流速范围为 40～60 m/h,适宜的流速是 40 m/h,最低流速为 7 m/h,小于 7 m/h 时树脂层成扰动状态不能正常运行。树脂层高度一般为 1.5～3.0 m。

浮动床对原水含盐量适应性大,再生剂比耗为 1.1～1.4,再生剂利用率为 70%～90%。

(2)浮动床的运行操作

操作程序见图 5.14:

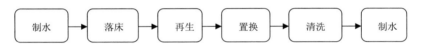

①落床。当浮动床出水达到失效控制标准时,停止制水,树脂层恢复原状(落床)。落床有两种方式:重力落床和压力落床。重力落床:关闭进水门和出水门,静止约 2～3 min,树脂由于自身比水重会自然沉降,适宜水垫层较低的设备。压力落床:关闭进水门,打开下部排水门,利用出水压力使树脂下落,约需要 1 min,适宜自控控制系统。

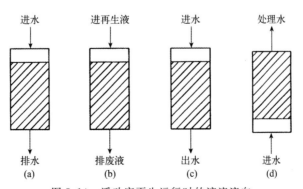

图 5.14　浮动床再生运行时的液流流向

(a)落床;(b)再生;(c)置换和正洗;(d)成床、顺洗和制水

②再生。落床后,开启再生液进口阀和倒 U 形管(为防止空气进入树脂层而设,顶部通大气)上的排水阀,使再生液自上而下流经床层,由倒 U 形管排出。浮动床的再生参数,可控制如下:Na 型离子交换浮动床再生用盐量为每 1 m³ 001×7 树脂,用 60~70 kg(按 100％NaCl 计);盐液浓度为 3％~4％;盐液流速为 5~7 m/h。H 型离子交换浮动床如用盐酸再生,酸液用量为每 1 m³ 001×7 树脂,用 40~50 kg(按 100％HCl 计);酸液浓度为 2％~3％;酸液流速:3~6 m/h。再生液配制及置换和正洗用水应选用合格产品水。

③置换和正洗。进完再生液后,关闭再生液进口阀,开启置换水进口阀(如用喷射器输送再生液,则只需关闭浓再生液入口阀即可)立即进行置换,此时流速应控制与再生时相同,置换时间一般为 15~30 min。然后调节水的流速至 10~15 m/h,进行正洗,洗至排水基本合格,时间一般需 15~20 min。正洗结束后,关闭清洗水进口阀和倒 U 形管上的排水阀,然后进行下述操作或转入短期备用。

④成床、顺洗及制水运行。开启下部进水阀和上部排水阀,以 20~30 m/h 的流速成床,使树脂以密实状整体向上浮起。然后继续用向上流的水进行清洗,直至出水水质达到合格标准(一般仅需 3~5 min)。出水合格后,即可开启浮动床出口阀,关闭上部排水阀,投入运行。

⑤体外清洗。当阳床运行 15~20 个周期后,阴树脂运行 20~30 周期,树脂受到污染、破损等因素影响,运行阻力增加,出水水质变差,需要体外清洗。常用的体外清洗方法有两种:

a. 气—水清洗法。如图 5.15 所示,这种方法是将需要清洗的树脂全部输送到空气清洗罐中,并使清洗罐中的水位高于树脂层表面 300~500 mm,然后从底部送入压缩空气进行空气清洗,使树脂颗粒上的污物转移到水中。压缩空气的压力一般为 0.4~0.6 MPa,强度为 10 L/(m²·s),清洗时间依床层的污染程度而定,一般为 5~10 min。接着从清洗罐底部进水,以 7~10 m/h 的流速进行反洗,反洗至排水澄清无悬浮物,一般需 10~20 min。最后再将树脂由清洗罐返回到浮动床中。

b. 水力清洗法。如图 5.15 所示,水力清洗法是将浮动床和体外清洗罐串联起来进行。清洗时,由浮动床的底部进水,先将床层中约一半的树脂输送到体外清洗罐中,然后在两罐串联的情况下进行反洗。反洗流速一般为 7~15 m/h,以不跑树脂为限。一直清洗至排水澄清无悬浮物为止,时间约需 40~60 min。清洗结束后,再用水力将树脂输送回浮动床。

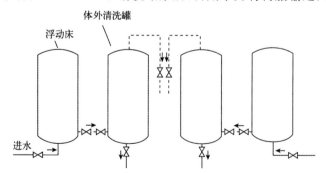

图 5.15 气—水清洗法和水力清洗法示意图

两种方法相比,清洗效果以气—水清洗法为好。但用此法时,体外清洗罐的容积要比浮动床的容积大一倍,而且所用压缩空气需经除油净化。水力清洗罐的容积只需与浮动床的容积相同即可满足要求。系统中如果有几台交换器,可共用一个清洗罐。

5.2.2.4 浮动床的特点

(1)优点

①出力大,浮动床离子交换器比顺流再生和逆流再生离子交换器更充分地利用交换器的容积(前者容积利用率95%以上,而后者只有60%左右),并且树脂床层明显增高,所以可以允许更高流速下运行。因此,同样体积的交换器,浮动床的出力要比一般固定床大得多。

②水质适应范围广。浮动床树脂装填量大,树脂层高,所以当水质很差时,可以降低流速来保证运行周期的制水量;反之,原水水质好,可以提高运行流速,减少设备,降低成本。

③再生剂利用率高。浮动床的再生剂比耗为 $1.1\sim1.4$,再生剂的利用率为 $70\%\sim90\%$ 。

④自耗水量小。浮动床树脂床层高,清洗水利用率高,自耗水小。

⑤出水水质好。浮动床树脂在水力筛分作用下,树脂粒径沿流向逐渐减小,不仅减小了流动阻力,也提高了出水水质。

(2)缺点

①因树脂在交换器内不能进行反洗,所以浮动床对进水浊度要求比较高。顺流再生工艺要求进水浊度小于5FTU,而浮动床要求进水浊度小于2FTU。

②浮动床需专门体外清洗装置。

③浮动床不适用于频繁启停运行、间断供水的系统。

5.2.3 混床

混合离子交换器,简称混床。混床是将阴、阳树脂按照一定比例均匀混合在同一交换器中,水通过混床就能完成多级阴阳离子交换过程,其除盐级数可达 $1000\sim2000$ 级复床。

(1)设备结构

混床本体由上部进水装置、下部配水装置、中间排液装置、进酸装置、进碱装置及压缩空气装置等部分组成。混床结构如图 5.16 所示。

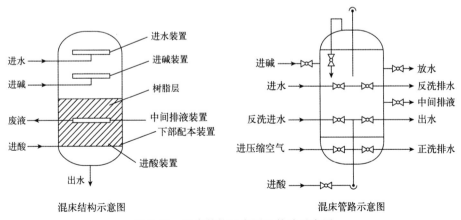

图 5.16 混床结构示意图及管路示意图

(2)混床树脂

为了便于混床中阴、阳树脂反洗分离,阳树脂湿真密度应比阴树脂大15%以上。混床流速可达40~60 m/h,为了适应高流速运行的需要,混床应该使用机械强度高、颗粒粒径稍大,且大小均匀的树脂。树脂粒径一般控制在0.45~0.65 mm,最好采用混床用均粒树脂。混床树脂层高度在600~1800 mm之间,低于600 mm时,一般流速下交换容量显著降低,出水水质不好;但树脂层高度超过一定值时,出水水质趋于稳定。由于混床中阳树脂工作交换容量通常是阴树脂的2~3倍,因此,阴、阳树脂比例通常设为2∶1~3∶1。

新投入运行的混床,阳、阴树脂有互相抱团现象,造成分层困难。混床中新树脂抱团,是因为阳树脂表面阳电荷与阴树脂表面的阴电荷发生静电吸引的缘故。为了消除抱团现象,在分层前,先用碱液通过树脂层,可消除抱团。

(3)混床的运行及再生操作

由于混床是将阴、阳树脂混装在同一交换器内运行的,因此其再生操作有很多特殊要求。下面介绍混床的运行及再生操作。

①运行制水

混床的运行制水与普通固定床相同,只是它采用更高的流速。

混床失效标准:当其用于一级除盐设备之后时,出水水质为电导率≤0.3 μS/cm;SiO_2≤20 μg/L。但由于混床一般置于一级除盐设备之后,进水水质较好(电导率≤10 μS/cm;SiO_2≤100 μg/L),运行周期长,树脂逐步被压实,因此也有通过进出口压差来控制再生的。

②反洗分层

反洗开始时,流速宜小,待树脂松动后,逐渐加大反洗流速至10 m/h左右,使整个树脂层膨胀率在50%~70%,维持10~15 min,停止反洗,关闭反洗进水阀和反洗排水阀,让树脂自然沉降,达到阴、阳分离。

③再生

混床的树脂再生有体外再生和体内再生两种方式。

体内再生,就是树脂在交换器内部再生的方法。根据进酸、进碱和冲洗步骤不同,它可分为两步法和同时再生法两种。

体外再生,再生时依靠进水压力将两种树脂全部或只有阴树脂移出交换器。阴树脂移到体外的再生罐内用碱再生,阳树脂留在混床内用酸再生。

④混脂

竖直再生和清洗后,将阴、阳树脂混合均匀。将交换器内的水盖过树脂层100~150 mm,从底部通入压缩空气(压力0.1~0.15 MPa,流量2.0~3.0 $m^3/m^2 \cdot s$),搅拌混合树脂。

5.2.4 离子交换辅助设备

5.2.4.1 再生系统

再生系统一般由三部分组成,即再生剂的贮存、再生液的配制和输送。通常钠型离子交换器采用食盐作再生剂,其再生系统主要是将固体的食盐配制成一定浓度的再生液,为了防止盐水中的杂质污染交换树脂,盐水必须经过滤后再输送至交换器内。而氢型离子交换器和氢氧型离子交换器,通常分别用酸和碱作再生剂,其再生系统主要是将酸或碱由酸碱贮存槽送至计量箱,然后由喷射器稀释后送入交换器。下面主要介绍食盐的再生系统。

(1)压力式盐溶解器

压力式盐溶解器不但可溶解食盐,而且有过滤盐水的作用,其结构如图 5.17 所示。食盐由加盐口加入后封闭,然后由进水管进水溶解食盐,使用时盐水在进水压力下通过石英砂滤层过滤,澄清的盐水由下部出水管引出,送至交换器进行再生。每次用完后应进行反洗,以除去留存在盐溶解器中的杂质。用压力式盐溶解器配制盐水溶液,虽然设备简单,但往往会造成开始时盐水浓度过高,逐渐稀释至后来浓度又过低,这种浓度变化的不均匀,对再生效果并不利。另外,盐溶解器内壁应有防腐层,否则设备易腐蚀。

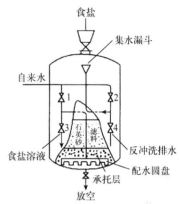

图 5.17　压力式盐溶解器
1—反洗进水阀;2—进水阀;
3—盐水出口阀;4—反洗排水阀

(2)喷射器输送再生液的系统

再生液存入计量箱,再生时通过喷射器稀释并送至交换器,如图 5.18 所示。所需的再生液浓度可通过调节计量箱出口阀和喷射器的进水开度来达到。这种系统较简单,操作也方便。

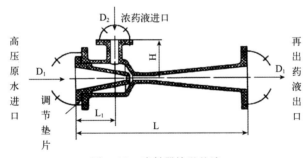

图 5.18　喷射器输送盐液

(3)用泵输送再生液的系统

如图 5.19 所示,在此系统中用泵先将酸、碱浓液送至高位酸、碱槽中,然后依靠重力自动流入计量箱,再生时用喷射器送至离子交换器中,这种系统用于氢离子交换器或有化学除盐的水处理系统。

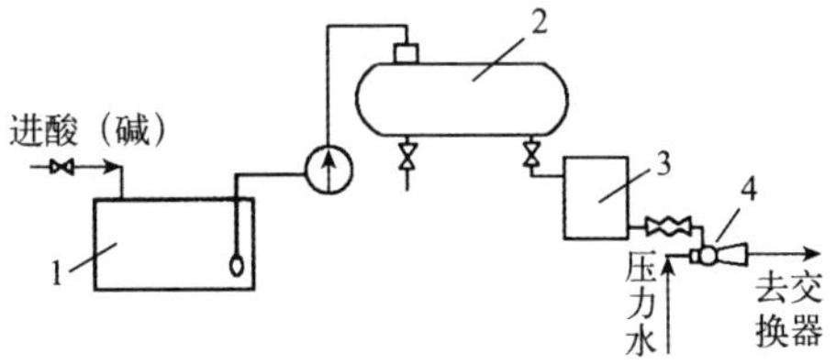

5.2.4.2 除碳器

除碳器是一种用鼓风脱气的方式解析出水中游

图 5.19　泵输送酸、碱系统
1—贮酸(碱)罐;2—高位酸(碱);
3—计量箱;4—喷射器

离二氧化碳的设备,水自设备上部引入,经喷淋装置,流过填料层表面,空气自下部风口进入逆向穿过填料层。水中的游离二氧化碳迅速解析进入空气中,自顶部排出。在水处理工艺中一般设置在氢离子交换器和反渗透设备的后面,正常配制情况下,经除碳器脱气后,水中残留的二氧化碳不超过 5 mg/L。

除碳器有大气式除碳器(鼓风填料)和真空除碳器两种,真空式除碳器也兼有除氧效果。在锅炉水处理系统中,大气式除碳器最为常用。

(1)除碳器的工作原理

原水中重碳酸根 HCO_3^- 与阳床出水 H^+ 结合成碳酸(H_2CO_3),水中 pH 值低于 4.3 时,水中碳酸化合物几乎全部以游离的 CO_2 形式存在。其反应式如下:

$$H_2CO_3 \rightarrow CO_2 \uparrow + H_2O$$

二氧化碳(CO_2)在水中溶解度符合亨利定律(即:任何气体在水中溶解度与该气体在水分上的分压成正比)。因此,只要降低水面上 CO_2 分压,就可除去水中游离的 CO_2。

(2)鼓风式除碳器的结构

圆筒形敞开式容器,柱体用金属或塑料制成,其构造如图 5.20 所示。内部结构有配水装置、填料层、鼓风装置等。填料的作用是增大空气与水流的接触面积。

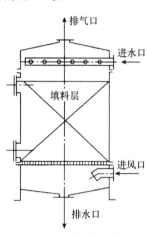

图 5.20 除碳器的结构图

(3)除碳器的运行

水从筒体上部进入,经配水装置淋下,流过填料层后,从下部排入水箱。同时利用鼓风机不断从下部送入新鲜空气,解析出来二氧化碳与同空气不断从顶部排出。

(4)除碳的效率的影响

当温度一定时,进水的 pH 值越低,除碳效果越好;温度越高,对脱除二氧化碳有利;填料的接触面积越大,对脱除二氧化碳有利。

5.2.5　水处理设备的防腐

在水处理系统中,酸和酸性水以及其他侵蚀性介质对水处理设备和管道的腐蚀是相当严重的。因此,为了保证水处理系统的安全运行,做好水处理系统的防腐工作是很重要的。

在我国水处理设备的定型产品中,除盐系统的阴、阳离子交换器本体、管道、阀门、贮酸箱、计量箱以及压力式盐溶解箱等大都采用橡胶衬里进行防腐。钠离子交换器的本体有的采用橡胶衬里或涂刷环氧树脂来防腐,也有的(如全自动软水器的交换柱)采用不锈钢或玻璃钢材料来制造。交换器内部的进、出水装置及逆流再生设备的中排装置等,通常采用聚氯乙烯塑料或不锈钢制造,也有的用碳钢制造,以衬胶防腐蚀。

在再生系统中,输送盐酸、碱、食盐溶液的管道和喷射器等常用碳钢制造,内部衬胶来防腐,也有的用质量好的工程塑料制造来防腐。由于水与浓硫酸混合时要发热,故稀释硫酸的喷射器不宜用上述材料,可用耐酸的陶瓷或玻璃钢制作。食盐溶解槽有的用硬聚氯乙烯塑料制作,有的用钢筋水泥整体浇制。由于 Cl^- 对普通不锈钢有腐蚀作用,故酸系统和食盐溶解槽一般不宜用不锈钢材料制作。

除碳器、混凝剂溶解槽等,常用碳钢衬胶结构或用硬聚氯乙烯塑料制作。除碳器下面的中间水箱常采用衬玻璃钢或衬软质聚氯乙烯来防腐。给水箱如用钢板制作,也必须进行防腐处理,一般可在内部涂刷环氧树脂或衬玻璃钢,但如有凝结水回收且温度很高时,应注意防腐材料的耐热性。

地沟有的用衬软聚氯乙烯塑料,有的涂沥青漆,有的衬环氧玻璃钢来防腐。

下面对各种防腐材料的使用条件简单地加以介绍。

5.2.5.1　橡胶衬里

橡胶分天然橡胶和合成橡胶两大类,水处理设备衬胶所用的一般是天然橡胶。衬胶就是把橡胶板按一定的工艺要求敷设在水处理设备和管道的内壁上,以隔绝侵蚀性介质对金属表面的接触,使金属免受腐蚀。

橡胶衬里长期使用的温度适用范围与所采用的橡胶种类有关。一般硬橡胶衬里的使用温度为 0～65℃,软橡胶、半硬橡胶及软硬橡胶复合衬里的使用温度为－25～75℃。温度越高,衬胶的使用年限越短。橡胶衬里的使用年限一般可达 10 年左右。橡胶衬里的使用压力一般为≤0.6 MPa,真空≤80 kPa。

橡胶衬里所用的胶片应符合下列质量要求:

①胶片应柔软光滑,表面平整,无孔洞、刀伤等缺陷。用电火花检查器检查无漏电现象,并不得有深度在 0.5 mm 以上的裂纹、坑洼等。

②胶片断面无硫黄分布不均匀现象。

③胶片表面和断面仅允许有直径小于 2 mm 的气泡,2～5 mm 直径的气泡每平方米不得多于 5 处。

④胶片厚薄应均匀,其误差不应超过规定的标准值。

橡胶衬里完成后应对衬胶质量进行检查,要求如下:

①橡胶与金属表面应黏贴牢固,无空气泡,无脱开和裂缝现象。用电火花检查器检查无漏电现象。

②衬里表面不允许有深度超过 0.5 mm 以上的外伤和夹杂物。

③不承压的管件,允许有不破的凸起气泡,但每个凸起气泡的面积不得大于 1 cm²,高度不得大于 3 mm,脱开总面积不得大于管件总面积的 2%。

④法兰边缘胶板的脱开不多于 2 处,总面积不大于衬里总面积 2%。

5.2.5.2　防腐涂料

用于钢制钠离子交换器的防腐涂料有过氯乙烯漆、防锈漆和环氧树脂等,其中防锈漆一般用来作底漆。目前使用较多的是环氧树脂涂料,它是由环氧树脂、有机溶剂、增韧剂、填料等配制而成,使用时再加入一定量的固化剂。常用的固化剂有冷固型固化剂(常温下就能固化)和热固型固化剂(需在较高温度下进行固化)。

防腐涂料在涂刷前应先将金属表面的焊瘤、锈蚀等铲除打磨干净,然后均匀地涂刷。涂层必须完整、细密、均匀,不应有流淌、龟裂或脱落现象。涂料与底漆应能牢固结合。涂刷层数和厚度应符合设计要求,一般至少涂刷 2～3 层,后一层须等前一层干燥后才可涂刷。

环氧树脂涂料的最高使用温度为 90℃ 左右,其优点为:耐腐蚀性比一般的防腐漆好,特别是耐碱性较好;有较强的耐磨性;对金属和非金属(除聚氯乙烯和聚乙烯等外)有极好的附着力;涂层有良好的弹性和硬度,收缩率小。若在其中加入适量的呋喃树脂,还可以提高其使用温度。

5.2.5.3 玻璃钢

用玻璃纤维增强的塑料俗称玻璃钢,它是用合成树脂作黏结材料,以玻璃纤维及其制品(如玻璃布等)为增强材料,按照各种成型方法制成。

水处理设备的玻璃钢衬里常用的是环氧玻璃钢,就是把环氧树脂涂料配好以后,在设备内壁涂一层涂料,铺一层玻璃布,这样连续铺涂数层干燥后而成。

环氧玻璃钢的最高使用温度应小于90℃,其优点为机械强度高,收缩率小,耐腐蚀性强,黏结力强,缺点是成本较高,耐温性较差。

5.2.5.4 塑料

(1)硬聚氯乙烯塑料

硬聚氯乙烯塑料是目前水处理设备中应用最广泛的一种塑料,它可在真空度较高的条件下使用。一般使用温度为$-10\sim50℃$。

硬聚氯乙烯设备及管道如安装在室外,应采取防止阳光直接照射的措施,尤其在炎热的夏天。必要时,可在外层涂反光性较强的涂料(如银粉漆、过氯乙烯磁漆等),以延长其使用寿命。

硬聚氯乙烯塑料的优点是:耐腐蚀性能良好,除了强氧化剂(如浓硝酸、发烟硫酸等)外,能耐大部分的酸、碱、盐类溶液的腐蚀,有一定的机械强度,以及加工成型方便,焊接性能良好等。

(2)软聚氯乙烯塑料

软聚氯乙烯塑料具有较好的耐热性、耐冲击性、一定的机械强度及良好的弹性、施工方便等优点。缺点是容易老化,故不宜用于直接受阳光照射的场所。目前在除盐系统中,多用在地沟衬里,以防腐蚀。

(3)工程塑料

工程塑料一般是指具有某些金属性能,能承受一定的外力作用,并有良好的机械性能,不易变形,而且在高、低温下仍能保持其优良性能的塑料。工程塑料的优点很多,如具有良好的抗腐蚀性、耐磨性、润滑性和柔曲性,工作温度范围较宽等。因此近年来应用广泛,在水处理设备和系统中应用发展也很快,常用的有 ABS、PVC 等工程塑料。

5.2.5.5 不锈钢

不锈钢一般可分为两大类:一类是铬钢,一般在空气中能耐腐蚀,常用的有 1Cr13、2Cr13、3Cr13、4Cr13 等;另一类是铬镍钢,可在强腐蚀性介质中不受腐蚀,常用的有 1Cr18Ni9、1Cr18Ni9Ti 和 0Cr18Ni12Mo2Ti 或 0Cr18Ni12Mo3Ti 等,它们都是奥氏体钢,是非磁性材料。在水处理设备中采用的不锈钢通常为铬镍钢。

(1)铬钢

铬钢在各种浓度的硝酸、浓硫酸、过氧化氢及其他氧化性介质中,都是十分稳定的,但在盐酸、稀硫酸、氯化物水溶液中却不耐腐蚀,也不能耐沸腾温度下的磷酸及高浓度磷酸的腐蚀。

铬钢在碱溶液中,只有当温度不高时才能耐腐蚀。亚硫酸能破坏铬钢。

(2)铬镍钢

一般铬镍钢在浓度≤95%的硝酸中,当温度低于70℃时是稳定的;在磷酸中,只有当温度低于 100℃，且浓度小于 60％时才能耐腐蚀；而在盐酸和硫酸中则不耐腐蚀。在苛性碱中，除熔融状态外，一般都是稳定的。在碱金属及碱土金属的氯化物溶液中，即使在沸腾状态下，也是稳定的。有机酸在室温时对铬镍钢不起作用；在其他有机介质中，铬镍钢大都是稳定的。

含钼成分的铬镍钢，如 Cr18Ni12Mo2Ti 和 Cr18Ni12Mo3Ti，在浓度小于 50％的硝酸中、浓度小于 50％的硫酸中、浓度小于 20％的盐酸中（室温）及苛性碱中，耐腐蚀性均高，并能有效地抑制 Cl^- 的点蚀。

由于不锈钢在不同条件下，对酸碱及氯化物的耐腐蚀性能不一样，故在水处理设备和系统中，选用不锈钢作为防腐材料时，要慎重考虑介质对其的影响。

5.3　水的离子交换净化处理

5.3.1　钠离子交换软化处理

钠离子交换是指采用钠型阳离子交换树脂去除原水中的 Ca^{2+} 或 Mg^{2+}，从而获得软化水的工艺过程。对于硬度不高的原水，一般采用 I 级钠离子交换；对于硬度高的原水，通常采用 II 级钠离子交换工艺。

5.3.1.1　钠离子交换反应

$$2RNa + \begin{matrix}Mg\\Ca\end{matrix}\left\{\begin{matrix}(HCO_3)_2\\SO_4\\Cl_2\end{matrix}\right. \rightarrow R_2\begin{matrix}Mg\\Ca\end{matrix}+\left\{\begin{matrix}2NaHCO_3\\Na_2SO_4\\2NaCl\end{matrix}\right.$$

根据钠离子交换反应式，钠离子交换器的出水表现如下特征：原水中的 Ca^{2+} 或 Mg^{2+} 被截留，出水硬度降低或消除；水中 HCO_3^- 等碱性物质未参与交换，因此出水的碱度不改变；1mol 的 Ca^{2+} 或 Mg^{2+} 置换成 2molNa^+，因此出水的含盐量略有增加。

钠离子树脂失效后，Na 型树脂全部转为 Ca 型和 Mg 型。用 8％～10％NaCl 溶液再生后，Ca 型和 Mg 型树脂又转化为 Na 型树脂，交换反应：

$$R_2Ca + 2NaCl \rightarrow 2RNa + Ca^{2+}$$
$$R_2Mg + 2NaCl \rightarrow 2RNa + Mg^{2+}$$

再生过程中，离子交换树脂恢复成 Na 型树脂，截留的 Ca^{2+}，Mg^{2+} 随同再生剂残液通过排污管排出。因此，钠离子交换器再生过程一定要关闭出水阀。

5.3.1.2　钠离子交换系统

间断运行或小型锅炉通常配一台交换器，如图 5.21 所示，但是软水箱的容积需要留有余量，保证交换器再生期间（1～2 h）的锅炉供水。为了保持水箱经常处于满水状态，水箱应设置水位自动控制装置。

对于连续运行的工业锅炉,通常配备两台或两台以上交换器,其中一台运行,另一台备用,以保证锅炉供水不间断,图 5.22 所示。

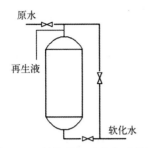

图 5.21　单筒钠离子交换系统图

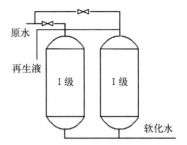

图 5.22　一用一备双桶钠离子交换系统

5.3.1.3　二级钠离子交换系统

当原水硬度较高时,一级钠离子交换器出水硬度达不到要求时,可串联第 II 级钠离子交换器,组成二级钠离子交换系统,如图 5.23 所示。其工艺特点为:

(1)提高出水水质的可靠性。由于原水硬度高,交换器的工作层增厚,第 I 级钠离子交换器很容易超出出水标准,此时第 II 级钠离子起保护作用,因此二级钠离子出水水质比较可靠。

(2)提高第 I 级钠离子交换器的利用率,由于第 II 级钠离子交换器的保护作用,第 I 级钠离子交换器的出水水质标准放宽。可以充分发挥它的交换能力。二级钠离子交换器的出水水质标准如下:

第 I 级出水残留硬度为 0.05~0.1 mmol/L;

第 II 级出水残留硬度 < 0.005 mmol/L。

(3)二级钠离子交换器流速高。I 级钠离子交换器的运行流速一般为 15~20 m/h,II 级钠离子交换器的运行流速可提高至 40~60 m/h,所以二级钠离子交换系统中,可以两台 I 级钠离子交换器串联一台 II 级钠离子交换器组合运行;如果一台 I 级钠离子交换器串联一台 II 级交换器,则可以选用直径小的 II 级钠离子交换器。

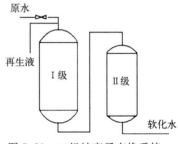

图 5.23　二级钠离子交换系统

5.3.2　离子交换软化脱碱处理

对于高碱度(如碱度大于 2 mmol/L)的原水,如果采用软化水作为锅炉给水,高温下 HCO_2^-、CO_3^{2-} 分解,造成锅炉游离 OH^- 增加,总碱度增加,造成蒸汽合冷凝水系统的酸腐蚀和锅水的碱腐蚀。为了控制锅水碱度合格,需要维持很大的排污率。因此,对于高硬度、高碱度的原水,必须考虑软化与脱碱相结合,提高锅炉运行的安全性、经济性。

软化脱碱的方法主要有钠离子交换软化加酸处理、氢—钠离子交换法。

5.3.2.1　钠离子交换软化加酸处理

对于碱度较高但总含盐量不太高的原水,也可采用钠离子交换软化加酸(通常加硫酸)处

理。其原理为:经 Na 离子交换后,除去了硬度,而碱度不变,加酸后发生如下中和反应:

$$2NaHCO_3 + H_2SO_4 \rightarrow Na_2SO_4 + 2CO_2 \uparrow + 2H_2O$$

由上式可知,中和后除去了碱度,但产生了 CO_2,若 CO_2 不除去则易引起系统的腐蚀。因此,这种处理工艺应和除碳器结合。

经过加酸处理以后,软水中含盐量将随之增加,加 1 mmol/L 硫酸,含盐量增加 49 mg/L。特别是在碱度很高的场合,可导致含盐量较高而大大增加排污率。所以,此法仅适用于碳酸盐硬度较高,而加酸处理后含盐量的增加还不至于导致锅炉排污量过高的情况下采用。另外,加硫酸后水中的 SO_4^{2-} 含量将增大,为了防止锅炉结生硫酸盐水垢,给水的硬度应严格控制在 0.03 mmol/L 以下。

钠离子交换软化加酸处理具有设备简单、占地面积小、投资少等优点,但也有增加了含盐量、酸碱度不稳定,尤其在原水水质变动较大情况下加酸量较难控制,如操作不慎易使锅水呈酸性而引起腐蚀等缺点。

为了防止酸性水进入锅炉,加酸时必须进行仔细的化验监督,以杜绝加酸过量,经加酸处理后的给水中,应使残留碱度 (JD_C) 不低于 0.5 mmol/L。

加酸量 (m_S) 可按下式计算:

$$m_S = (JD - JD_C) \times 49 \div \varepsilon \tag{5.1}$$

式中,m_S——每吨软化水的加酸量,(g/m^3);

JD——原水碱度,mmol/L;

JD_C——加酸后软水的残留碱度,mmol/L;

49——$(1/2H_2SO_4)$ 的摩尔质量,g/mol;

ε——所用浓硫酸的纯度,%。

5.3.2.2　氢—钠离子交换法

当原水碱度和硬度都较高,而锅炉对给水水质要求又较高时,可采用 H—Na 离子交换法来达到软化脱碱的要求。经 H—Na 离子交换法处理,不但可除去硬度,降低碱度,而且不增加给水的含盐量。在这种水处理系统中包括有 H^+ 交换和 Na^+ 交换两个过程,它有多种运行方式,下面介绍几种常用的方式。

(1)H—Na 离子交换软化脱碱原理

强酸性阳离子交换剂用酸再生后成为 H 型离子交换剂(RH)。原水经 H 离子交换器处理后,水中各种阳离子都被 H^+ 所交换,其交换反应可用(5.2)式综合表示:

$$2RJ + \begin{matrix} Ca \\ Mg \\ Na_2 \end{matrix} \left\}\begin{matrix} (HCO_3)_2 \\ SO_4 \\ Cl_2 \end{matrix}\right\} \rightarrow R_2 \begin{Bmatrix} Ca \\ Mg \\ Na_2 \end{Bmatrix} + \begin{Bmatrix} 2H_2CO_3 \\ H_2SO_4 \\ 2HCl \end{Bmatrix} \tag{5.2}$$

由上式反应可知,经 H 离子交换后,原水中各种强酸阴离子变成了强酸,此时交换器出水中的酸度和其原水中强酸阴离子的量相当。但如果 H 离子交换器运行到出现 Na^+(也称漏 Na^+)时并不立即再生,而是运行到出现硬度(也称漏硬度)时才进行再生,则这段时间内,出水中的酸度与原水中非碳酸盐硬度的量相当。

原水经 Na 离子交换器处理后,水中各种阳离子被 Na^+ 所交换,其交换反应可用式(5.3)

综合表示：

$$2RNa + \left.\begin{matrix} Mg \\ Ca \end{matrix}\right\} \left\{\begin{matrix} (HCO_3)_2 \\ SO_4 \\ Cl_2 \end{matrix}\right. \rightarrow R_2 \left.\begin{matrix} Mg \\ Ca \end{matrix}\right\} + \left\{\begin{matrix} 2NaHCO_3 \\ Na_2SO_4 \\ 2NaCl \end{matrix}\right. \tag{5.3}$$

由此反应式可知，经 Na 离子交换后，除去了硬度而碱度不变，即出水成为碱性水。

将 H 离子交换器处理后的酸性水与 Na 离子交换器处理后的碱性水互相混合，发生中和作用，其反应式如下：

$$2NaHCO_3 + H_2SO_4 \rightarrow Na_2SO_4 + 2H_2O + 2CO_2 \uparrow$$

$$NaHCO_3 + HCl \rightarrow NaCl + H_2O + CO_2 \uparrow$$

中和后产生的 CO_2 可以用除碳器除去。

采用 H—Na 离子交换处理时，应根据原水水质来合理调整两种交换器处理水量的比例，以保证中和后的混合水仍保持一定的碱度，这个碱度称为残留碱度。一般低压锅炉给水的残留碱度宜控制在 $0.5\sim1.2$ mmol/L（HCO_3^-）。

（2）H—Na 离子交换系统的常见形式

①并联 H—Na 离子交换系统

系统的设置如图 5.24 所示，将进水分成两部分，分别送入 H、Na 离子交换器，然后把两者的出水进行混合，再经除碳器除去 CO_2，即可作为锅炉给水。

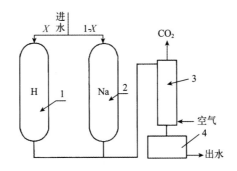

图 5.24　并联 H—Na 离子交换系统

1—H 离子交换器；2—Na 离子交换器；3—除碳器；4—水箱

②串联 H—Na 离子交换系统

系统的设置如图 5.25 所示，该系统也将进水分成两部分，一部分送入 H 离子交换器中，另一部分则直接与 H 离子交换器的出水混合。这样，经 H 离子交换后的水中酸度就和原水中的碱度发生中和作用，中和后产生的 CO_2 由除碳器除去，除碳后的水经过水箱由泵打入 Na 离子交换器。在这种系统中，除碳器应安置在 Na 离子交换器之前，否则如含 CO_2 的水先通过 Na 离子交换器，就会产生 $NaHCO_3$，使软水碱度重新增加：

$$H_2CO_3 + RNa \rightarrow RH + NaHCO_3$$

③H—Na 离子交换的处理水量配比

设 X 为 H 离子交换器处理水量占总水量的份额，则 $(1-X)$ 为并联系统中经 Na 离子交换器处理水量的份额或串联系统中不经 H 离子交换器处理的那部分水量的份额。

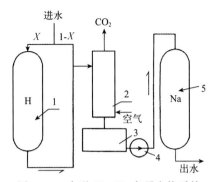

图 5.25　串联 H－Na 离子交换系统

1—H 离子交换器；2—除碳器；3—水箱；4—泵；5—Na 离子交换器

由于 H－Na 离子交换处理后，混合软水中必须保留一定的残留碱度，因此无论是采用并联还是串联系统，两种水互相中和后，都应满足下式要求：

$$(1-X)JD - XSD = JD_c \tag{5.4}$$

整理该式，得：

$$X = \frac{JD - JD_c}{JD + SD} \times 100(\%) \tag{5.5}$$

式中，JD——原水的碱度，mmol/L（HCO_3^-）；

　　JD_c——中和后水中应保留的残留碱度，应不小于 0.5 mmol/L；

　　SD——H 离子交换器出水酸度，mmol/L；当以漏 Na^+ 为交换器运行终点时，相当于原水中强酸阴离子的总含量；当以漏硬度为运行终点时，则相当于原水中非碳酸盐硬度的量。

由此可见，H 离子交换器和 Na 离子交换器的处理水量配比，因 H 离子交换器的终点控制不同而分为两种情况：

a. H 离子交换器以漏 Na^+ 为交换器运行终点时，其处理水量配比可直接按式(5.5)进行估算。

b. 如果 H 离子交换器在出现 Na^+ 后并不再生，而是以控制漏硬度为终点，这时对于非碱性的原水来说，其碱度也就是碳酸盐硬度，它与非碳酸盐硬度（相当于此时的出水酸度）之和即为原水的总硬度（YD），所以此时(5.5)式可改为：

$$X = \frac{JD - JD_c}{YD} \times 100(\%) \tag{5.6}$$

【例 5.2】　某锅炉所用的原水水质为：$YD = 5.6$ mmol/L、$JD = 4.8$ mmol/L，采用 H－Na 并联系统处理，要求：中和后的软化水残留碱度为 1.0 mmol/L，总处理水量为 20 t/h。如 H 离子交换器以漏 Na^+ 为终点时，出水的平均酸度为 2.3 mmol/L，求①H 离子交换器以漏 Na^+ 为终点，②交换器都以漏硬度为终点时，H 离子交换器和 Na 离子交换器的处理水量配比分别为多少？

解：①H 离子交换器以漏 N_a^+ 为终点时的水量配比：

$$X = \frac{JD - JD_c}{JD + SD} \times 100\% = \frac{4.8 - 1.0}{4.8 + 2.3} \times 100\% = 53.5\%$$

即当以漏 Na^+ 为终点时，H 离子交换器的处理水量为：53.5%×20=10.7 t/h；Na 离子交换器的处理水量为:$20-10.7=9.3$ t/h。

②H 离子交换器以漏硬度为终点时的处理水量配比:

$$X = \frac{JD - JD_c}{YD} \times 100\% = \frac{4.8 - 1.0}{5.6} \times 100\% = 68\%$$

此即表明,当 H 离子交换器漏 Na^+ 后,由于出水酸度降低,H 离子交换器的处理水量应增至为:$68\% \times 20 = 13.6$ t/h;Na 离子交换器的处理水量可减少为:$20-13.6=6.4$ t/h。

另外需说明的是,当 H 离子交换器以漏硬度为控制终点时,H-Na 离子交换系统(尤其是并联系统)中的处理水量配比,应在 H 离子交换器漏 Na^+ 后进行调整。否则若仍以(5.5)式计算量进行配比,混合后的软水碱度就会偏高;但若一直以(5.6)式计算量进行配比,则在 H 离子交换器漏 Na^+ 之前,混合后的软水不但碱度会过低,有时甚至会成为酸性水,影响锅炉的安全运行。如例 5.1 中,若 H 离子交换器的处理水量一直以 68% 配比,则在 H 离子交换器漏 Na^+ 之前,混合水的残留碱度为:

$$JD_c = (1-X)JD - XSD = (1-68\%) \times 4.8 - 68\% \times 2.3 = -0.02 \text{ mmol/L}$$

出现负值表明此混合水为酸性水。

④并联和串联 H-Na 离子交换系统的比较

从设备来说,由于并联系统中只有一部分原水送入 Na 离子交换器,而在串联系统中,全部原水最后都要通过 Na 离子交换器,所以在出力相同时,并联系统中 Na 离子交换器所需的容量较小,而串联系统的较大。因此,并联系统比较紧凑,投资较少。

从运行来看,串联系统的运行不必严格控制和调整处理水量的配比,因为串联时即使一时出现经 H 离子交换水和原水混合后呈酸性,由于还要经过 Na 离子交换(H^+ 都将被交换成 Na^+),所以最终出水不会呈酸性,故串联系统较为安全可靠,且 H 离子交换器的交换能力可以充分得到利用。而并联系统中的 H 离子交换器若要运行到漏硬度时进行再生,就必须及时调整并严格控制两交换器处理水量的配比,以保证混合后的软水保持一定的碱度。

5.3.2.3 弱酸型 H-Na 离子交换

用弱酸型 H 离子交换剂来脱除水中碱度是一种比较好的方法,因为弱酸性 H 交换剂只与水中重碳酸盐进行反应,与非碳酸盐硬度不发生反应(即与 SO_4^{2-}、Cl^- 等强酸阴离子的盐类不反应),交换后不产生强酸。它和碳酸氢盐的反应可用(5.7)式综合表示:

$$\text{R}(-\text{COOH})_2 + \left.\begin{matrix} \text{Ca} \\ \text{Mg} \\ \text{Na}_2 \end{matrix}\right\}(\text{HCO}_3)_2 \rightarrow \text{R}(-\text{COO})_2 \left\{\begin{matrix} \text{Ca} \\ \text{Mg} + 2\text{H}_2\text{CO}_3 \\ \text{Na}_2 \end{matrix}\right. \tag{5.7}$$

此外,弱酸型 H 离子交换剂失效后,很容易再生,酸耗低,通常再生剂比耗仅为 1.1 左右,排出的废酸 pH 值接近中性,也易处理。因此虽然弱型树脂价格较高,但由于运行的费用低,所以总的来说还是较为经济。

根据运行经验,当进水中的碳酸盐硬度和总硬度比值接近 $0.5\sim1$,总硬度大于 2 mmol/L 时,采用弱酸 H-Na 型离子交换系统,可获得良好的经济效益。

采用弱酸型 H 离子交换剂的 H-Na 离子交换系统如图 5.26 所示。

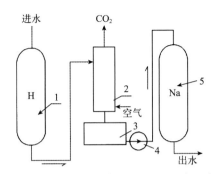

图 5.26　采用弱酸 H 型交换剂的 H—Na 离子交换系统
1—H 离子交换器;2—除碳器;3—水箱;4—泵;5—Na 离子交换器

5.3.3　自动控制钠离子交换器

自动控制钠离子交换器又称自动软水器,属于一种能够在运行至设定制水周期完成时自动进行反洗、吸盐、置换、正洗等再生过程的固定床离子交换器。自动控制钠离子交换器具有自动运行的功能,操作人员仅需要做好定期维护,无须专业的操作技能,即可获得合格的软化水。这类软水器在小型工业锅炉房内有着广泛的应用。

自动钠离子交换器现有两个技术标准:GB/T 18300—2011《自动控制钠离子交换器技术条件》、HG/T 3135—2009《全自动固定床钠离子交换器》。标准对自动钠离子交换器的技术要求、试验方法、验收规则以及进水水质等做出了具体的规定。

自动离子交换软水器的品牌和种类大致可分为两类:一类是进口或引进国外技术;另一类是我国自行设计生产。近年来,国产自动钠离子交换器获得快速发展,产品性能也比较可靠,而且价格经济实惠。

自动钠离子交换器主要由自动控制器、树脂罐和盐罐以及一些附属部件组成,其中控制器是核心部件。根据自动控制器的控制模式不同,可分为时间型控制器和流量型控制器以及在线监测控制器。

5.3.3.1　时间型控制器

时间型控制器是通过计时器走完设定的制水周期后自动启动再生的。再生启动的时间通常默认是在凌晨 2:30,因为低压锅炉通常会在凌晨暂停运行或低负荷运行。时间控制器上设定的制水周期通常以"天"为单位,最短周期为一天。制水周期可根据交换柱内树脂工作交换容量和树脂体积、进水硬度、进水流量来计算获得。

再生周期的设定,应根据交换器内树脂的填装量、工作交换容量、原水的硬度、软水的每日用量等因素而定,可按下式估算:

$$再生后可运行天数 = \frac{V_R E}{Y D Q_d T}（再生日期取其整数） \tag{5.8}$$

式中,V_R——交换柱内树脂的填装体积,m^3;

E——树脂的工作交换容量,mol/m^3,一般进口树脂可按 1000~1200 mol/m^3,国产树脂按 800~1000 mol/m^3 计算;原水硬度较小的可取较大值,原水硬度较大的取较小值;

YD——给水总硬度,mmol/L;

Q_d——交换器单位时间产水量,或锅炉进水量(也可近似按蒸发量算),t/h;

T——交换器或锅炉日运行时间,h/d。

时间型控制器通常由计时器(时间轮)、日期轮和再生操作盘、多路阀组件等部件组成。计时器承担计时功能,计时方式有两种:机械式(图 5.27)和电子式(图 5.28)。机械式计时器在计时马达的驱动下,24 h 准时走一圈。计时器走到凌晨 2:30,时间轮上的拨杆就带动日期轮往前走一格,即日期走一天。如果当天是再生日(再生周期的最后一天),那么日期轮走一格的同时,会启动再生控制盘,当即进入再生过程。如果当天不是再生日,那么日期轮走一格时,不会启动再生。因此,采用机械式计时器的时间型控制器,制水周期可以设置,但再生的启动时间固定在 2:30,无法改动。如果要调整再生时间,譬如再生时间调整为 4:30,唯一办法就是让计时器慢走 2 h。机械式计时器需要不间断供电,一旦断电,计时器就停摆,时间型控制器就会出错。

电子式计时器集成在控制器的电路板内部,不需要计时马达。再生时间可随意调整。

时间型控制器的特点:不管软水器是否制水,不管软水器负荷是否波动,制水周期结束后自动启动再生。因此,时间型控制器适用于用水负荷稳定,有规律运行的锅炉。

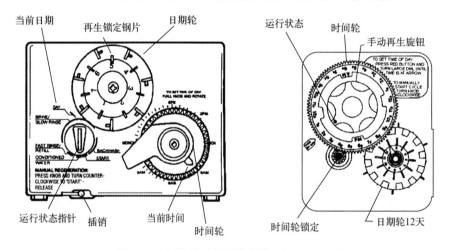

图 5.27　机械式时间型控制器面板(Fleck)

图 5.28　电子式时间型控制器(润新)

【例 5.3】一台蒸发量为 2 t/h 的燃油锅炉,所配的全自动离子交换器内装 0.15 m³ 树脂,锅炉每天实际运行约 10 h,如原水的硬度为 3.0 mmol/L,交换器应设定几天再生一次?

解：再生后可运行天数 $= \dfrac{0.15 \times 1\,000}{3.0 \times 2 \times 10} = 2.5\,(\mathrm{d})$

为了确保锅炉安全运行，严防软水硬度超标，根据计算结果取整数，宜定为 2 d（即隔天）再生一次。

5.3.3.2　流量型控制器

流量型控制器是指通过设定周期制水量启动再生的控制器。流量型控制器最显著的特点就是出水口附近安装有流量计。当实际制水流量达到设定的周期制水量时，再生启动。因此，流量型控制器适用于用水负荷不稳定，运行不规律的锅炉。

流量型控制器根据再生是否即时启动，可分为流量即时型和流量延时型。当实际制水量达到设定的周期制水量时，流量即时型控制器将立即启动再生，而流量延时型控制器将再生时间延迟至某一设定时刻。

关于周期制水量的计算，可参考下面例子。

【例 5.4】　某台锅炉配有一台进口的双柱流量型全自动软水器，每个交换柱内各装 200 kg 树脂，测得进水平均硬度为 4.0 mmol/L，若树脂的湿视密度为 0.8 t/m³，工作交换容量为 1000 mol/m³，保护系数取 0.8，则交换器流量宜设定为多少？

解：

$$Q = \frac{V_{\mathrm{R}} E \varepsilon}{Y D} = \frac{(0.2 \div 0.8) \times 1000 \times 0.8}{4.0} = 50\ \mathrm{m}^3$$

即该软水器可初步设定周期制水量为 50 m³。

5.3.3.3　在线监测型控制器

在线监测控制器通过检测软水器出水硬度，当出水硬度超出某一设定值时，启动再生。在线监测控制器既可以保证出水水质合格，又避免了交换器因为提前再生所造成的水和再生剂的浪费。

但目前市场上的硬度监测装置的可靠性和稳定性还有待提高，费用也比较高，因此该类控制器虽然具有显著优点，但距离广泛应用还存在距离。

5.3.3.4　全自动钠离子交换系统的安装

按配置的树脂罐的数量不同，全自动钠离子交换系统可分为单阀单罐、单阀双罐和多阀多罐系统。

(1)单阀单罐系统

单阀单罐即一个控制器控制一个树脂罐，通常用于用水量稳定且间歇运行的锅炉。单阀单罐系统的工艺见图 5.29。

单阀单罐系统的出水口应安装电磁阀，再生过程中电磁阀自动关闭，防止再生过程的废水流入软水器。

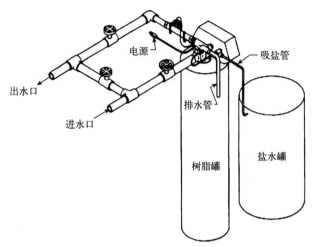

图 5.29　单阀单罐系统工艺图

(2)单阀双罐系统

单阀双罐即由一个控制器控制两个树脂罐,其中一个树脂罐运行制水,另一个处于再生或备用状态,见图 5.30。单阀双罐系统可以连续制水,适用于连续运行的锅炉。

单阀双罐系统中的备用罐如果备用时间太长,在刚刚投入运行的开始阶段,出水硬度往往会超标。为了解决这个问题,单阀双罐软水器最好采用延迟正洗,即进行再生的树脂罐运行至盐罐补水后暂停,直到要切换之前才进行正洗,这样就能保证备用罐切换后一开始就能达到出水合格。

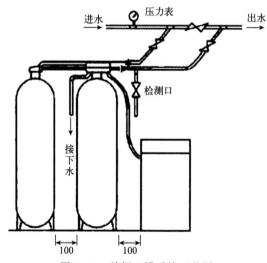

图 5.30　单阀双罐系统工艺图

(3)双阀双罐系统

双阀双罐通常由两套相同型号的单阀单罐软水器组合而成,两个控制阀之间有信号线连接,如图 5.31 所示。两个控制器通过信号线实现了互锁,当一套单阀单罐软水器运行时,另一套单阀单罐软水器处于待用状态,不能两套软水器同时运行。

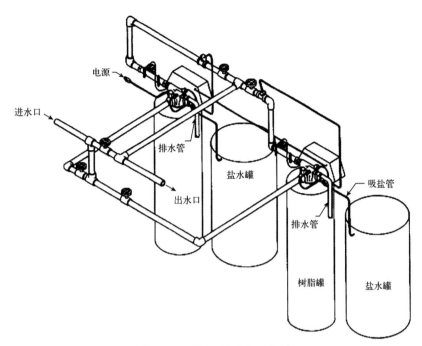

图 5.31   双阀双罐系统工艺图

(4)多阀多罐系统

当制水量大于 50t/h 时,自动钠离子交换器通常采用多阀多罐并联运行,由可编程逻辑控制器(PLC程序)控制,保证制水质量和产水量满足供水要求。

(5)树脂的装填

①装填前应将中心管(带布水器)放入树脂罐中央。(此时应用胶带封住中心管口,防止树脂进入中心管)。

②将树脂沿中心管周围空隙投入树脂罐,并使之在罐底铺平。树脂可以通过水流带入树脂罐。

③将树脂按照规定的装填量沿中心管周围投入树脂罐。

④上述操作应使中心管始终保持在树脂罐的中央位置。

⑤取下中心管的封口胶带,将中心管上部及树脂罐端面擦干净,控制器密封处涂上硅油。

⑥将上布水器按图示装入控制器。

⑦将控制器的承插口对正中心管,小心地顺时针方向转动控制阀,直至控制阀旋紧在罐体接口上。安装控制阀过程中,一定要确保中心管插入阀体。

(6)新设备试运行

①冲洗管道在新系统投入运行前,关闭进、出口阀,打开旁通阀冲洗管道,防止管道内杂质污染树脂,损坏控制器。

②软化罐进水、排气(对于流量控制型,需将流量计上软轴拖开,关闭旁通阀,打开出口阀,然后缓慢地打开进水阀门至 1/4 开度(此时应避免阀门开启过快,否则将会导致树脂的流失),此时可以听到空气从排水管排出的声音。

③待空气排净后,全部开启进水阀。

④向再生剂箱内加入不含碘的大粒食盐,用桶或水管向盐箱内加入再生一罐所需饱和盐量的水(仅在设备初次投入运行时操作)。

⑤接通电源,启动一次再生。再生完成后,从取样阀放取水样进行水质分析,合格后即可投入使用。

5.3.3.5 自动钠离子交换系统的运行

自动钠离子交换器的运行和再生程序以及水流方向与固定床离子交换器相同,运行及失效后的再生过程:

顺流再生过程:运行→反洗→吸盐、置换→盐罐补水→正洗→运行。

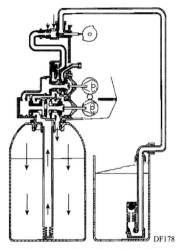

图 5.32 制水状态示意图

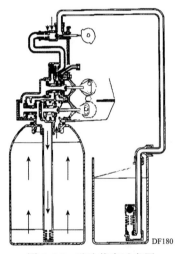

图 5.33 反洗状态示意图

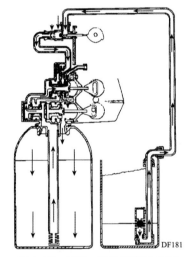

图 5.34 吸盐、置换状态示意图

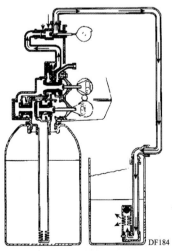

图 5.35 再生箱注水状态示意图

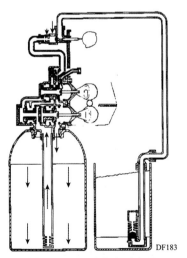

图 5.36 正洗状态示意图

5.4　水的离子交换除盐处理

当水中含盐量较大,或锅炉对水质要求较高,采用 Na 离子交换或 H－Na 离子交换法仍不能满足锅炉对给水水质的要求时,可采用化学除盐。这种用 H 型阳离子交换剂将水中各种阳离子都交换成 H$^+$,用 OH 型阴离子交换剂将水中各种阴离子都交换成 OH$^-$,从而除去水中盐分的工艺称为水的离子交换除盐或化学除盐。

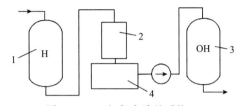

图 5.37　一级复床除盐系统

1—强酸性 H 型交换器;2—除碳器;

3—强碱性 OH 型交换器;4—中间水箱

化学除盐系统中,H 型阳离子交换器简称为阳床,OH 型阴离子交换器简称为阴床。阴床、阳床、除碳器组合成为一级复床,如图 5.37 所示。

5.4.1　离子交换除盐原理

当水通过强酸性 H 型离子交换树脂时,水中的各种阳离子被树脂中的 H$^+$ 交换后留在树脂上,而 H$^+$ 则到了水中,其交换反应可用下式综合表示:

$$R(SO_3H)_2 + Mg \begin{Bmatrix} Ca \\ Mg \\ Na_2 \end{Bmatrix} \begin{Bmatrix} (HCO_3)_2 \\ SO_4 \\ Cl_2 \end{Bmatrix} \rightarrow R(SO_3)_2 \begin{Bmatrix} Ca \\ Mg \\ Na_2 \end{Bmatrix} + H_2 \begin{Bmatrix} (HCO_3)_2 \\ SO_4 \\ Cl_2 \end{Bmatrix} \tag{5.9}$$

由上述反应可知,H 型离子交换器(也称阳床)出水的部分 H$^+$ 与进水中强酸性阴离子 SO_4^{2-}、Cl^- 构成 H_2SO_4 和 HCl 等强酸,部分 H$^+$ 与 CO_3^{2-}、SiO_3^{2-} 构成了 H_2CO_3 和 H_2SiO_3 等弱酸。在酸性水中 H_2CO_3 易分解为 CO_2,经除碳器除去(其残留量可达 5mg/L 以下),然后再进入强碱性 OH 型离子交换器(也称阴床)。这时水中各种阴离子被 OH 型树脂交换吸着,树脂上的 OH$^-$ 则被置换到水中,并与水中的 H$^+$ 结合成 H_2O,其交换反应可用下式综合表示:

$$R(\equiv NOH)_2 + H_2 + H_2 \begin{Bmatrix} (HCO_3) \\ HO_4 \\ Cl_2 \\ (HSiO_3)_2 \end{Bmatrix} \rightarrow R(\equiv N)_2 \begin{Bmatrix} (HCO_3) \\ HO_4 \\ Cl_2 \\ (HSiO_3)_2 \end{Bmatrix} + 2H_2O \tag{5.10}$$

在这种除盐系统中,如不设置除碳器,水中的 H_2CO_3 就会增加阴离子交换树脂负荷,而且再生时还要多消耗再生剂。

一级复床的产水水质:出水电导率小于 5 $\mu S/cm$,二氧化硅(SiO_2)小于 0.1 mg/L。

5.4.2　一级复床的运行

在一级复床系统中,不管是阳床先失效还是阴床先失效,都是同时再生。阳离子交换树脂通常用盐酸(HCl)作再生剂;阴离子交换树脂用氢氧化钠(NaOH)作再生剂。下面主要分述一级复床运行的控制。

5.4.2.1 强酸性 H 型离子交换器(阳床)的运行控制

由阳离子交换树脂对离子的选择性顺序可知,当含有 Ca^{2+}、Mg^{2+}、Na^+ 等离子的水自上而下通过阳床时,H 离子交换树脂将首先交换吸附 Ca^{2+},其次是 Mg^{2+},而后才交换吸附 Na^+,且进水中的 Ca^{2+}、Mg^{2+} 还会把已被树脂吸附的 Na^+ 置换下来,故当树脂失效时,出水中首先出现的阳离子就是 Na^+(称为漏钠)。所以,为了除去原水中所有的阳离子,阳床必须在出现漏 Na^+ 现象时即停止运行,进行再生。

经强酸性 H 离子交换处理后,出水水质的特征:硬度 ≈ 0;出水呈酸性,酸度值为水中强酸性阴离子摩尔浓度总和;如果进水的含盐量稳定,则出水的酸度也将保持平稳,直到阳床开始漏钠,出水酸度随之下降;绝大部分阳离子被除去,只含有少量的钠离子,浓度通常在 $100~\mu g/L$ 左右。强酸性阳离子树脂运行失效时,最先漏 Na^+,因此,通常应以测定出水的 Na^+ 含量来控制阳床运行的终点。

5.4.2.2 强碱性 OH 型离子交换器(阴床)的运行控制

由阴离子交换树脂对离子的选择性顺序可知,强碱性 OH 型离子交换剂对强酸阴离子的吸附能力很强,对弱酸阴离子(如 HCO_3^-)的吸附能力则较小,而对 $HSiO_3^-$ 的吸附能力最差,尤其当水中有大量 OH^- 存在时,除硅的作用往往不完全。

当阴床正常运行时,一般出水的 pH 值大都在 $7\sim9$ 之间,电导率为 $0.5\sim5~\mu S/cm$,含硅量以 SiO_2 计一般小于 $50~\mu g/L$,运行终点一般控制 SiO_2 小于 $100~\mu g/L$。

在一级复床运行中,当阴床与阳床同时失效时,一般阴床出水 pH 值变化不大,电导率和含硅量则都将很快上升。在实际工作中有时阴床和阳床并不同时失效,如当阴床失效,而阳床尚未失效时,则 pH 值将下降(有时甚至呈酸性),硅含量上升,而电导率则常常出现先略微下降而后很快上升的情况;反之,如阴床尚未失效,阳床已经失效,则出水的 pH 值、电导率和 Na^+ 含量都将上升,同时由于阴床中 NaOH 含量增加,影响交换剂除硅效果,以致出水中的硅含量也会上升。所以,阳床和阴床应分别进行监督,任何一个失效时停止运行,全部进行再生。

5.4.2.3 二级除盐系统

在一级除盐系统后面串联一级混床,构成二级除盐系统。一级除盐系统串联混床运行时,混床入口的含盐量可按 $20~mg/L$ 考虑,混床内阴、阳树脂的工作交换容量可按一般阴、阳树脂工作交换容量的 80% 选取。每台混床的周期制水量可按混床中强酸性阳离子树脂和强碱性阴离子树脂总体积的 $8000\sim10000$ 倍估算。

二级除盐系统的出水水质:pH 值为 $6.8\sim7.0$,含硅量(以 SiO_2 计)小于 $20~\mu g/L$,电导率为 $0.1\sim0.5~\mu S/cm$。

参考文献

郝景泰,等.2000.工业锅炉水处理技术.北京:气象出版社.

金明柏.2010.水处理系统设计实务.北京:中国电力出版社.

宋业林.2007.锅炉水处理实用手册.2 版.北京:中国石化出版社.

第6章

锅炉的腐蚀与保护

据统计,全世界每年因腐蚀而损失的金属约占总产量质量分数的10%,一个工业发达的国家每年仅由于金属腐蚀的直接损失就占全年国民经济总产值的4%,由腐蚀引起的停产、物料流失、设备更换、产品污染、环境污染、人员中毒、着火爆炸以及新技术不能及时工业化等间接损失往往比直接损失要大得多。

在整个腐蚀损失中,锅炉的腐蚀损失数额庞大,不可忽视,在著名的 Uhlig 调查中,1949年美国锅炉的直接腐蚀损失为 0.66 亿美元,占整个腐蚀损失质量分数的 1.22%。1996 年,美国锅炉的直接腐蚀损失为 3 亿美元,占整个腐蚀损失质量分数的 3%,由锅炉被迫停用引起的间接损失包括停产和不能生产的人工损失则更大。对现代锅炉来说,不定期停用的损失可能达每天二三百美元。在我国,每年锅炉腐蚀损失可能达 3 亿元以上。

锅炉及其管道的腐蚀会影响锅炉及热力系统的安全和经济运行。比如省煤器因腐蚀穿孔和给水泵叶轮的腐蚀、损伤等,都会造成事故停炉;发生在金属表面的均匀腐蚀,导致运行锅炉发生故障,以致锅炉提前报废,或缩短其使用年限;而且给水系统的腐蚀产物若被带入锅炉,还会污染锅水,引起锅炉内部的结垢和腐蚀。

全国各行各业都蒙受着腐蚀造成的损失。腐蚀是无声无息的,很容易被人们忽视,它不但使人们经济上受到损失,并且威胁生产安全,可能酿成灾难性事故。所以防止锅炉系统金属的腐蚀,是锅炉水处理工作者的一项重要工作。

6.1 金属腐蚀概论

6.1.1 金属腐蚀的分类

6.1.1.1 金属腐蚀的定义

腐蚀广义的定义是由于材料与环境反应而引起材料的破坏或变质。对于金属材料来说,腐蚀是指金属表面和周围介质发生化学或电化学作用,而遭到破坏的现象。例如铁器生锈和铜器长铜绿就是钢铁和铜发生腐蚀的结果。

金属腐蚀一般是从外到里发展,外表变化通常表现为溃疡斑、小孔、表面有腐蚀产物或金属材料变薄等;内部变化主要是指金属的机械性能、组织结构发生变化,如金属变脆、强度降低、金属中某种元素的含量发生变化或金属组织结构发生变化。

6.1.1.2 金属腐蚀的分类

金属腐蚀按其腐蚀过程的机理不同,可分为电化学腐蚀和化学腐蚀两大类。

（1）电化学腐蚀是指由于金属表面与介质发生至少一种电极反应的电化学作用而产生的破坏。在电化学腐蚀过程中有电流产生，金属在潮湿环境或者在水中易发生这类腐蚀。如锅炉中常见的氧腐蚀、酸性腐蚀等都属于电化学腐蚀。

（2）化学腐蚀是指金属表面与介质间发生纯化学作用，即不包括电极反应的作用而产生的破坏。在化学腐蚀过程中没有电流产生，而是金属表面和其周围的介质直接进行化学反应，使金属遭到破坏。如过热蒸汽对锅炉过热器管内壁的腐蚀是属于化学腐蚀。金属腐蚀还可按腐蚀形态划分为均匀腐蚀和局部腐蚀；按温度划分为高温腐蚀和低温腐蚀；按介质的种类划分为大气腐蚀、土壤腐蚀及海水腐蚀等。

6.1.2 电化学基本知识

6.1.2.1 电极电位

金属具有独特的结构形式，它的晶格可以看成是由许多整齐地排列着的金属正离子和正离子之间游动着的电子组成。如将铁浸入水溶液中，在水分子的作用下铁以铁离子的形式转入溶液中，并且有等电量的电子留在金属表面上。其转化过程可表示如下：

$$Fe + H_2O \rightarrow Fe^{2+} \cdot H_2O + 2e$$
（金属）（在溶液中）（在金属上）

发生了这种过程后，金属表面带有负电，水溶液则带正电。这样，在金属表面和此表面相接的溶液之间就形成了双电层，如图 6.1 所示。

由于金属表面和溶液间存在双电层，所以有电位差，这种电位差称为该金属在此溶液中的电极电位。可用能斯特公式表示其大小：

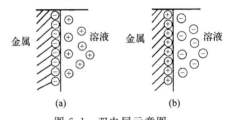

图 6.1 双电层示意图
（a）金属带负电荷；（b）金属带正电荷

$$\varphi = \varphi^0 + \frac{RT}{nF}\ln C \tag{6.1}$$

式中，φ——金属的电极电位，V；

φ^0——金属的标准电极电位，V；

R——气体常数，8.314 J/k·mol；

T——绝对温度，K；

n——金属离子的价数；

F——法拉地常数（96 500），库仑/mol；

C——金属离子的浓度，mol/L。

金属标准电极电位是指将金属浸在含有该金属离子浓度（活度）等于 1 mol/L 的溶液中的电极电位。

6.1.2.2 气体电极

气体电极是指当把某些贵金属浸入不含有自己阳离子的溶液中时，这些金属的表面能够吸附一些分子、原子或离子。如果这些吸附的物质是气体，而且这种气体能进行氧化还原反

应,那么就有可能建立起一个表征此气体的电极电位,这种电极称为气体电极,如

$$H_2 \Longleftrightarrow 2H \Longleftrightarrow 2H^+ + 2e$$

这一平衡电极电位称为氢电极电位。

6.1.2.3　平衡电位与非平衡电位

当某金属与溶液中该金属离子建立起如下平衡时

$$Me \Longleftrightarrow Me^+ + e$$

这个电极产生一个稳定的电极电位,该电位称为平衡电位或可逆电位,这种电极称为可逆电极。该电极电位可由实验测定或用能斯特公式计算。

假如将金属浸入溶液中,除了有这种金属的离子外还有别的离子也参加电极过程即电极上失去电子的是靠某一过程,而获得电子则靠另一过程,如

$$Me^+ \cdot e \Longleftrightarrow Me^+ + e$$

和

$$H^+ \cdot H_2O + e \Longleftrightarrow 1/2H_2 + H_2O$$

这样,在电极上得失电子的两种过程是不可逆的,这种电极称为不可逆电极。不可逆电极所表现出来的电位叫非平衡电位或不可逆电位。不可逆电位不能用能斯特公式计算。

6.1.2.4　原电池与腐蚀电池

将锌片与铜片浸入同一电解质中,当达到平衡后,锌、铜和溶液界面都分别建立起双电层。但由于这两种金属转入溶液中的能力不一,在锌片上聚集的电子比铜片上多,所以当用导线将两者连接时,就会发现有电流通过。此时,锌片上的电子通过导线流向铜片,原有双电层的平衡被破坏了,锌片上的锌离子将继续转入溶液。这个过程一直进行到锌片全部溶解为止。这种由化学能转变为电能的装置,称为原电池。它是由正、负极,电子,溶液组成的。

当某种金属和水溶液相接触时,由于金属的组织以及和金属表面相接触的介质不可能是完全均匀的,因此在金属的某两个部分会形成不同的电极电位,所以也会组成原电池。这种原电池是使金属发生电化学腐蚀的根源,称为腐蚀电池。如金属中夹带有杂质,金属的晶粒和晶界之间有能量的差别,金属加工时各部分的变形和内应力不同,金属所接触的溶液组成有差异,以及金属表面有差别和光照不均匀等。

在实际情况下,当金属遇到侵蚀性水溶液时,由于其化学的不均匀性,常常会在金属的若干部分形成许多肉眼观察不出来的小型腐蚀电池,这种小型电池称为微电池。金属遭到电化学腐蚀,大都是由于这些微电池作用的结果。

6.1.2.5　原电池的电动势

电动势是原电池两极间的最大电位差。电动势是原电池产生电流并使之流通的驱动力,其值可表示为:

$$E = \varepsilon_{\text{阳}} + \varepsilon_{\text{阴}} + \varepsilon_{\text{液界}} + \varepsilon_{\text{接触}} \tag{6.2}$$

式中,$\varepsilon_{\text{阳}}$——阳电极与其溶液之间的电位差,V;

$\varepsilon_{\text{阴}}$——阴电极与其溶液之间的电位差,V;

$\varepsilon_{\text{液界}}$——两溶液相接触时的电位差,V;

$\varepsilon_{接触}$——两极各与不同金属接触时(此处为导线)的电位差,V;

ε——表示各电位差的绝对值。

当用相对值 φ 表示:

$$E=\varphi_{阳}+\varphi_{阴}+\varphi_{液界}+\varphi_{接触} \tag{6.3}$$

因 $\varphi_{液界}$ 可用盐桥使之减少,而 $\varphi_{接触}$ 的值较小,故:

$$E=\varphi_{阳}+\varphi_{阴}=氧化电位+还原电位 \tag{6.4}$$

6.1.2.6 极化与去极化

原电池或腐蚀电池在开路状态下(即没有电流流通时)阳阴两极的电位差,称为该电池的电动势。在电路接通有电流通过时,腐蚀电池的电位差比原来的电动势有显著的降低。这时阴极电位变得更负,阳极电位变得更正;如两极的电位值互相接近,电位差也就降低了。这种电极电位的变化,称为极化。图6.2所示为电池闭合前与闭合后因电极极化而使电极电位改变的情况。

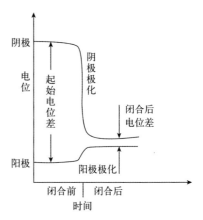

图6.2 电极极化使电极电位改变的情况

从图中可以看出,当电池接通后,阴极电位变低(称为阴极极化),阳极电位变高(称为阳极极化),阴极和阳极的电位差变小。

去极化是指促使原电池或腐蚀电池极化作用的减少或消除。

极化作用可使金属的腐蚀过程变慢,有时竟可使腐蚀过程完全停止。

去极化作用使腐蚀电池极化作用减小或消除,这时,腐蚀电池的电位差增大,因而可加速金属的腐蚀。

通常,在腐蚀电池中阳极极化的程度不大,只有当阳极上因腐蚀产物的积累使金属表面状态发生了变化,产生了所谓钝态的情况下,才显示出显著的极化。而在阴极部分,假使接受电子的物质不能迅速地扩散,或者阴极反应产物不能很快地排走,则由于金属传送电子的速度很快,由阴极传送过来的电子就会堆积起来,就会产生严重的阴极极化。由于发生极化作用,腐蚀电流的强度立即降低,腐蚀过程的进行就要缓慢得多。

所以,在发生电化学腐蚀的条件下,溶液中必定有易于接受电子的物质,它在阴极上接受电子,起消除阴极极化的作用。此种作用常称为去极化,起去极化作用的物质称为去极化剂,例如,当水溶液的pH值低时,水中 H^+ 浓度大,此时 H^+ 就是去极化剂,它的去极化作用如下反应式所示:

$$2H^+ +2e \rightarrow 2H \rightarrow H_2$$

这种 H^+ 充当去极化剂发生的金属腐蚀过程,称为氢去极化腐蚀。当水中有溶解氧(O_2)时,水中 O_2 可以成为去极化剂,氧的去极化作用为:

$$O_2 +2H_2O+4e \rightarrow 4OH^-$$

这种水中溶解氧(O_2)充当去极化剂,发生的金属腐蚀过程称为氧的去极化腐蚀。

6.1.2.7　保护膜

保护膜是指那些具有抑制腐蚀作用的膜。通常此膜为腐蚀产物,它能将金属与周围介质隔离开来,使腐蚀速度降低,有时甚至可以保护金属不遭受进一步腐蚀。并不是所有的腐蚀产物膜都能起到良好的保护作用,腐蚀产物必须具备下列性质才能起到保护作用。

①必须是致密的,即没有微孔,腐蚀介质不能透过。

②能将整个金属表面全部完整地遮盖住。

③不易从金属上脱落。

6.1.2.8　金属腐蚀速度的表示

金属的腐蚀速度一般有两种表示方法。

(1)腐蚀质量表示法

金属的腐蚀速度可以用样品腐蚀后质量的减少来评定。即单位时间内,在单位面积上腐蚀掉的金属质量,通常以 $g/m^2 \cdot h$ 为单位,可用下式计算:

$$V = \frac{m_1 - m_2}{St} \tag{6.5}$$

式中,V——由样品重量减少求得的腐蚀速度,$g/m^2 \cdot h$;

$\quad m_1$——原样品的质量,g;

$\quad m_2$——样品腐蚀后的质量,g;

$\quad S$——原样品的表面积,m^2;

$\quad t$——腐蚀时间,h。

(2)腐蚀深度表示法

金属的腐蚀速度可用单位时间内腐蚀的深度来表示,通常以 mm/a 为单位。这种方法主要用来比较各种介质的浸蚀性。因为当两种金属密度不同时,按质量计算若其腐蚀速度相等,它们的腐蚀深度显然是不等的,密度大的金属,其腐蚀深度要浅一些。因此,为了表示腐蚀的危害性,用腐蚀深度来评定腐蚀速度更为适当。腐蚀深度可以根据 V_w 按下式换算。

$$V_h = \frac{V_w}{\rho} \times \frac{24 \times 365}{1000} = 8.76 \frac{V_w}{\rho} \tag{6.6}$$

式中,V_h——按腐蚀深度表示的腐蚀速度,mm/a;

$\quad \rho$——金属的密度,g/cm^3;

$\quad 24 \times 365/1000$——单位换算因素。

【例 6.1】　某钢铁材料制成的试片经预处理后称得其重量为 10.5355 g,该试片浸入某介质 1 h 后,取出并经清除表面附着的腐蚀产物和清洗干燥后,称出其重量为 10.5283 g,试计算 V_w 和 V_h(该试片的尺寸为 30 mm×15 mm×3 mm,该钢铁材料的密度为 7.8 g/cm^3)。

解:已知 $m_1=10.5355$ g，$m_2=10.5283$ g，$t=1$ h

$$S=(30\times15+15\times3+30\times3)\times2=1170\times10^{-6}\ m^2$$

$$V_w=(m_1-m_2)/St=(10.5355-10.5283)/1\ 170\times10^{-6}\times1=6.154\ g/m^2\cdot h$$

$$V_h=8.76\ V_w/\rho=8.76\times6.154/7.8=6.91\ mm/a$$

6.2 影响电化学腐蚀的因素及防止方法

在锅炉给水系统中发生的腐蚀都属于电化学腐蚀，所以我们重点介绍有关电化学腐蚀的知识。

6.2.1 影响电化学腐蚀的因素

影响电化学腐蚀的因素主要包括金属本身的内在因素和周围介质的外在因素。内因主要表现在金属的种类、结构、金属中含有的杂质及存在其内部的应力，一旦设备制好后，内因就确定了；外因主要表现在水中的含盐量、溶解氧量、pH 值、温度与水的流速等，外因成为影响金属腐蚀的主要因素，我们对其进行重点讨论。

6.2.1.1 溶解氧量

氧是一种去极化剂，会引起金属的腐蚀。在一般条件下，氧的浓度越大，金属的腐蚀越严重。但在某种特定条件下，例如超纯水中，金属受溶解氧腐蚀的结果会在其表面产生保护膜，从而减缓腐蚀速度。此时，水中溶解氧的浓度越大，产生保护膜的可能性也就越大，所以，会使腐蚀减弱。但是这种条件一般不存在于锅炉运行环境中，在锅炉介质内，电导率的影响使得氧通常以加速腐蚀的物质存在。因此控制锅炉水质氧含量是十分重要的课题。

6.2.1.2 pH 值

水的 pH 值对金属的腐蚀产生极大的影响。pH 值低就是水中 H^+ 离子浓度大，此时 H^+ 离子充当去极化剂，产生的腐蚀称为氢去极化腐蚀。当水中溶解氧引起金属腐蚀时，pH 值的改变对腐蚀产生的影响，可用实验所得到的结果(图 6.3)来说明。

(1)当 pH 值很低时，也就是在含有氧的酸性溶液中，pH 值越低，金属腐蚀速度越大。这是因为在低 pH 值时，铁的腐蚀主要是由于 H^+ 离子的去极化作用而引起。

(2)当 pH 值在中性点附近时，曲线成水平直线

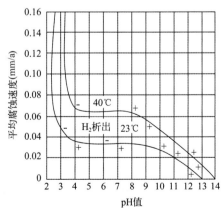

图 6.3 pH 值和平均腐蚀速度的关系

状,即腐蚀速度受 pH 值的变化影响很小,这是因为此时发生的主要是氧的去极化腐蚀,水中溶解氧的扩散速度决定了金属的腐蚀速度,而与 pH 值的关系不大。

(3)当 pH 值较高时,即 pH 值大于 8 以后,随着 pH 值的增大,腐蚀速度降低,这时因为 OH^- 离子浓度增高时,在铁的表面形成保护膜。因此锅炉水的 pH 值应该大于 8。

6.2.1.3　温度

一般情况下,在密闭系统中,温度越高,腐蚀速度越快。这是因为,温度升高时,各种物质在水中的扩散速度加快,同时化学反应速率加快。

电解质水溶液的电阻降低,这些都会加速腐蚀电池阴、阳两极的电极过程,使腐蚀速度加快。如果钢铁的腐蚀过程是在敞口系统中发生,那么温度升高到一定值时,腐蚀速度会下降。这是因为升温会使气体在水中的溶解度降低。当温度到达水的沸点时,由于气体在水中的溶解度为 0,就不再有溶解气体的腐蚀。因此,在这系统中,温度开始上升时,腐蚀速度加快,当温度高于 70℃时,腐蚀速度急剧下降,如图 6.4 所示。而承压锅炉运行条件不存在开口和气体逸出,故温度升高一定会加快腐蚀。

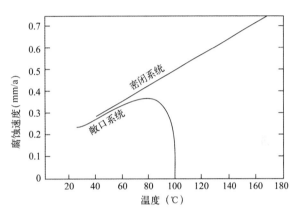

图 6.4　温度对钢在水中腐蚀速度的影响

6.2.1.4　水中盐类的含盐量和成分

一般来说,水的含盐量越高,腐蚀速度越快。因为水的含盐量越高,水的电阻就越小,腐蚀电池的电流就越大。但当水中含有 CO_3^{2-} 和 PO_4^{3-} 时,就会在铁的阳极区生成难溶的碳酸铁和磷酸铁保护膜,从而降低铁的腐蚀速度。如果水中含有 Cl^- 时,由于 Cl^- 离子容易被金属表面所吸附,并置换氧化膜中的氧,形成可溶性氯化物,所以能破坏氧化物保护膜,加速金属的腐蚀过程,并且 Cl^- 活性较高,在含量很低的时候也能发生明显腐蚀作用。

在一定的条件下,氯化镁能够在锅水中水解形成与铁起作用的盐酸,此时形成的氯化亚铁再与氢氧化镁相互反应重新出现氯化镁:

$$MgCl_2 + 2H_2O = Mg(OH)_2 \downarrow + 2HCl$$
$$Fe + 2HCl = FeCl_2 + H_2 \uparrow$$
$$FeCl_2 + Mg(OH)_2 = Fe(OH)_2 + MgCl_2$$

所以腐蚀不断进行。

6.2.1.5　水的流速

一般说来,水流速度越大,水中各种物质扩散速度也越快,从而使腐蚀速度加快。

在空气中氧进入水溶液而引起腐蚀的敞口式设备中,当水的流速达到一定数值时,多量的氧会使金属表面形成保护膜,所以腐蚀速度减慢;但当水的流速很大时,由于水流的机械冲刷作用,保护膜遭到破坏,腐蚀速度又会增高,见图6.5。同样由于承压锅炉不存在敞口情况,所以水的流速越快对于锅炉的腐蚀越强。

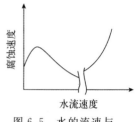

图 6.5　水的流速与腐蚀速度的关系

6.2.1.6　热负荷

热负荷越高,保护膜越容易受到破坏,即加快了金属的腐蚀速度。其主要原因是在高热负荷下,保护膜容易被破坏,这一方面是由于热应力的影响,另一方面也是由于金属表面上生成的蒸汽泡对膜的机械作用。此外,还发现随着热负荷的增高,铁的电位有降低的现象。热负荷可以看作是温度与流速的综合作用。

6.2.2　防止电化学腐蚀的方法

金属的电化学腐蚀是由于金属和周围介质接触时形成的腐蚀电池引起的。为了使金属不受腐蚀,主要办法是设法消除产生腐蚀电池的各种条件。大体上说,这可从金属设备的材料选择、提高金属材料的耐蚀性、改善金属材料的表面状态和减少金属材料接触的周围介质的侵蚀性等方面着手。

6.2.2.1　金属材料的合理选用

金属材料本身的耐蚀性,主要与金属的化学成分、金相组织、内部应力及表面状态有关,还与金属设备的合理设计与制造有关。从防止金属腐蚀的角度看,无疑应选用耐蚀性强的材料,但是金属材料的耐蚀性能是与它所接触的介质有密切关系的。现在为止,还没有找到一种对一切介质都具有耐蚀性的金属材料,所以应根据金属周围介质的性质来选用金属材料。在工业实践中,选用金属材料时,首先保证其机械强度、加工特性满足其设计使用参数,然后考虑耐蚀性能和材料价格等方面的因素。

6.2.2.2　水质调节

同金属相接触的介质,对金属材料的腐蚀的影响,在某些情况下是可以改变的,也就是说,通过改变介质的某些特性,可以减缓或消除介质对金属的腐蚀作用。例如,锅炉给水的除氧处理,就是为除掉锅炉给水对金属的氧腐蚀。又例如,在锅炉化学清洗时,在除垢用的酸液中加入少量的缓蚀剂等药品,就可以大大减少酸液对锅炉钢材的腐蚀。

金属腐蚀产物有时覆盖在金属表面上,形成一层膜。这种膜对腐蚀过程的影响很大,因为它能把金属与周围介质隔离开来,使腐蚀速度降低,有时甚至可以保护金属不遭受进一步腐蚀。但是,并不是所有的腐蚀产物膜都可以起到良好的保护作用。通常,金属表面是否形成良好的保护膜,是影响锅炉材料在使用介质中耐蚀性的一个重要因素。

对于已经建成投入使用的锅炉设备及其水汽系统等金属构件,设备和系统的金属材料已经确定了,主要是从水处理和水质调节的角度,也就是从介质处理的角度,来讨论如何减少或防止锅炉在热力系统中金属的腐蚀。目前介质的处理是锅炉防腐工作中最重要,也是影响因素最大的一个环节。

6.2.2.3　特殊的保护方法

在一些特殊场合,可以采用特殊的保护方法。如电化学保护技术中的阴极保护方法可用于防止或减缓凝气器铜管的腐蚀。

6.3　应力腐蚀

应力腐蚀是金属材料在应力和腐蚀介质共同作用下产生的腐蚀。从广义上说,应力腐蚀包括应力腐蚀破裂和腐蚀疲劳。它是一种危险的腐蚀形式,常常引起设备的突然断裂、爆炸,造成人身和财产的巨大损失。所以,应力腐蚀引起了广大腐蚀工作者的重视。但是,由于应力腐蚀是一个十分复杂的问题,它的破坏机理尚未完全弄清楚,还有待今后进一步研究。

锅炉等热力设备发生的应力腐蚀主要有:应力腐蚀破裂、碱脆、氢脆和腐蚀疲劳。

6.3.1　应力腐蚀破裂

金属材料的应力腐蚀破裂,是指金属在拉应力和特定的腐蚀介质共同作用下所产生的破裂。应力腐蚀破裂已成为电力、化工、石油、核能等工业部门设备的一种重要腐蚀形式。

应力腐蚀破裂的特点是:大部分表面实际上未遭破坏,只有一部分细裂纹穿透金属和合金内部。应力腐蚀破裂能在常用的设计应力范围之内发生,因此后果严重。

6.3.1.1　应力腐蚀破裂发生的条件

(1)力学条件

应力腐蚀破裂只有在拉应力作用下才会发生,而压应力是不会产生的,它反而可以减轻甚至抑制应力腐蚀破裂的出现。拉应力的来源主要有:金属部件在制造和安装过程中产生的残余应力;设备运行时产生的工作应力;温度变化产生的热应力;因生成的腐蚀产物体积大于所消耗的金属体积而产生的组织应力。

(2)材料条件

只有当金属材料在所处的介质中对应力腐蚀破裂敏感时,才会产生应力腐蚀破裂。金属材料敏感性的大小决定于它的成分和组成。成分的微小变化往往引起敏感性的显著变化,一般认为纯金属不会产生应力腐蚀破裂,但近来发现,99.99%的高纯铁及 99.99%的高纯铜也会发生应力腐蚀破裂。合金组织的变化,包括晶粒大小的改变、金相组织中缺陷的存在等,它们都直接影响金属材料对应力腐蚀破裂的敏感性。在所处介质中不敏感的金属材料,即使受应力的作用也不会发生应力腐蚀破裂。

(3)环境条件

一定的金属材料只有在特定的介质环境中才会发生应力腐蚀破裂,其中起重要作用的是某些特定的阴离子、络离子。如奥氏体不锈钢在溶液中,只有几毫克每升的氯离子就能引起应力腐蚀破裂。

合金发生应力腐蚀破裂时,其均匀腐蚀往往是很小的。如用低碳钢的锅煮氯化钠时,可能发生严重的均匀腐蚀,但不发生应力腐蚀破裂;而用来煮硝酸钠时,则发生严重的应力腐蚀破裂。煮锅开裂成碎裂块后,却未发生锈蚀。在一般情况下,合金的均匀腐蚀率超过 0.125～0.25 mm/a,就很少发生应力腐蚀破裂。

6.3.1.2　应力腐蚀破裂的发展过程

应力腐蚀破裂的发展过程可以分为破裂的形成、扩展、断裂三个阶段:

(1)裂纹的形成。形成期的长短取决于合金的性质、环境特性和应力大小,一般在材料使用以后两三个月到一年期间发生,短的仅几分钟,长的可达数年甚至更长。腐蚀对裂纹的最初形成起着主要作用,常常可以看到,应力腐蚀的裂纹是从蚀孔底部开始的。

(2)裂纹的扩展。在裂纹的前沿存在着拉应力,而拉应力的作用可撕裂保护膜,使裂纹端部保护膜受到破坏且不能修复,裂纹得以继续扩展。

(3)断裂裂纹扩展时,金属受力的截面减小,单位截面上承受的拉应力增大,直至断裂。

6.3.1.3　应力腐蚀破裂的形态特征

金属应力腐蚀破裂为脆性断裂。断口的宏观特征是,裂纹源及裂纹扩展区因介质的腐蚀作用而呈黑色或灰黑色,突然脆裂区的断口常有放射花样或人字纹。断口的微观特征比较复杂,它与合金成分、应力状态、金相结构和介质条件有关。破裂的形态有沿晶、穿晶和混合三种。

6.3.1.4　应力腐蚀破裂的影响因素

影响应力腐蚀破裂的主要因素有:合金成分及有关的冶金因素、力学因素和环境因素。

合金成分及有关的冶金因素的影响主要表现在合金成分对应力腐蚀破裂的敏感性影响相当大。许多元素是有害的,如氮、磷、铋等会降低合金抗腐蚀破裂的能力,但硅、镍等加入合金后,可以提高其抗应力腐蚀破裂的能力。

力学因素的影响主要表现在应力的改变对破裂时间的影响。一般当应力增大时,破裂时间缩短。在不同的水平下进行应力腐蚀实验,即测试材料在每一应力水平下的断裂时间,可以得到应力腐蚀破裂的临界值。当应力低于这个数值时,材料不会发生应力腐蚀破裂。当然,临界应力值与温度、合金成分和环境组分有关。

环境因素的影响主要表现在环境的温度、成分、浓度和 pH 值等影响合金对应力腐蚀破裂的敏感性。在一般情况下,环境温度越高,合金越容易发生应力腐蚀破裂;环境的成分直接影响合金应力腐蚀破裂的敏感性,应力腐蚀破裂发生在各种水溶液中也发生在某些液态金属、熔盐、高温气体和非水有机液中;环境的 pH 值对应力腐蚀破裂有重要影响。酸性溶液对低碳钢的硝脆起加速作用,因此,凡是水溶液呈酸性的硝酸盐类都能促进硝脆。值得注意的是,在研究 pH 值对应力腐蚀破裂影响的时侯,不仅要注意整体溶液的 pH 值,而且要注意处于裂纹尖端溶液的 pH 值。因为,裂纹尖端溶液的 pH 值与整体溶液的 pH 值不同,一般小 2～3 个单位。

6.3.2　锅炉的碱脆

碱脆是指碳钢在 NaOH 水溶液中产生的应力腐蚀破裂。它是在浓碱和拉应力联合作用下产生的,受腐蚀碳钢产生裂纹,本身不变形,但发生脆性断裂。所以,碳钢的这种应力腐蚀破裂称为碱脆,又称为苛性脆化。大多数蒸汽锅炉的水冷壁和联箱是用低碳钢制造的,锅炉运行时,如果在水冷壁和联箱的局部位置出现游离的浓碱,又受到拉应力的作用,就会产生碱脆。

6.3.2.1　锅炉碱脆的特点

锅炉碱脆是应力腐蚀破裂的一种,它具有应力腐蚀破裂的一般特点;同时,它是碳钢在锅炉运行的条件下发生的,所以,它又有某些特点,一方面碱脆经常出现在铆接锅炉的铆接处和胀管锅炉的胀接处;另一方面在破裂的部位,钢板不发生塑性变形,因此碱脆与过热出现的塑性变形有区别。裂纹附近的金属保持原有的机械性能,如强度、塑性、屈服点等都不发生变化;裂纹断口处常有黑色的 Fe_3O_4,这是和机械断裂不同的,机械断裂的断口有金属光泽。

6.3.2.2　锅炉碱脆产生的条件

锅炉碱脆产生的条件是:锅水中含有游离的 NaOH,锅水产生局部浓缩,受拉应力的作用。上述三个条件缺任何一个都不会产生碱脆。

通常,锅炉材料大多是碳钢,而碳钢在一定介质中对应力腐蚀破裂是敏感的,所以,产生应力腐蚀破裂的第一个条件是具备的;如果锅炉补给水的碳酸盐碱度过高,水处理不当,使锅水产生较高的游离 NaOH,锅水具有明显的侵蚀性,这样,特定介质这个条件也是具备的;再加上锅炉受到拉应力作用,就会使锅炉遭受应力腐蚀破裂。

6.3.2.3　锅炉碱脆的影响因素

影响锅炉碱脆的因素为:碳钢的成分、金相组织、热处理、锅水成分、应力大小等,现分别讨论如下:

(1)碳钢成分。碳钢的含碳量对碱脆有重要影响。随碳含量的下降,碱脆敏感性下降。

(2)热处理的影响。热处理可降低钢中的内应力,使钢具有合适的组织,降低钢对碱脆的敏感性。

(3)锅水成分的影响。锅水对锅炉碱脆的影响有两种情况,一种是锅水所含的成分使钢的电位离开碱脆的敏感电位,那么,它就能抑制碱脆。另一种是锅水某一物质使钢的电位移至碱脆的敏感电位范围,那它就促进碱脆。如在锅水中加入 $NaNO_3$,可以抑制碱脆;加入铅的氧化物,能促进碱脆。

6.3.2.4　锅炉碱脆的危害性

锅炉碱脆是一种十分危险的腐蚀形式,对锅炉的安全运行和操作人员的安全造成严重的威胁。其危害性主要表现在:

(1)裂纹是由锅炉内部的接触面向外发展的,初始的裂纹肉眼不易发现;当肉眼发现时,锅炉已处于临近爆炸或发生爆炸的危险。

（2）裂纹的发展速度不是与时间成一般线性关系的，而是加速发展。所以，常常不到检修的时候就已经造成严重事故。

（3）管子发生裂纹后，修复工作困难，裂纹不能补焊，而必须割除或换新的钢管或钢板。

6.3.2.5　锅炉碱脆的防止方法

防止锅炉产生碱脆的方法就是消除腐蚀产生的条件，主要表现为两个方面：一方面是降低锅炉部件所受的拉应力，即从改变锅炉部件的连接方式、改善锅炉的结构和安装方法和保持锅炉良好的运行状况等来实现。另一方面是消除锅水的侵蚀性，即保持相对碱度小于 0.2。通常采用的措施是控制给水碱度或降低锅水 NaOH 含量。

6.3.3　锅炉的氢脆

氢脆是氢扩散到金属内部使金属产生脆性断裂的现象。氢脆产生的裂纹，在断口上看往往是灰色的，基体上显出白色的亮区。氢脆裂纹很少分支，几乎是单方向的裂纹扩展。氢脆会使设备发生严重损坏，由于这种损坏往往没有先兆，不易引起人们警觉，所以，一旦发生，常常引起灾难性事故。氢脆不属于应力腐蚀破裂，其主要区别是：应力腐蚀破裂是金属阳极产生的破裂，氢脆是由于阴离子吸氢造成的脆性损坏。因此，可以用外加电流进行极化的方法来区别应力腐蚀破裂与氢脆。在应力的作用下，外加电流阳极极化能加速破裂的为应力腐蚀破裂，外加电流阴极极化能加速破裂的为氢脆。

6.3.3.1　氢脆产生的部位

锅炉腐蚀时，如果阴极过程为氢去极化，那就有氢脆的危险。如锅炉运行时，凝结水中漏入海水，导致锅水 pH 值下降，水冷壁管可能产生氢脆，出现裂纹和脆性断裂，有的部位还出现脱碳现象。锅炉进行酸洗时，在未清除的垢下，也有可能产生氢脆。

6.3.3.2　氢脆的防止方法

防止氢脆产生的主要方法是：改善水质，减少金属的腐蚀，使阴极产生的氢量下降；在金属材料中加入某些氢扩散率很低的合金元素，减少氢脆的敏感性。

6.3.4　锅炉的腐蚀疲劳

金属在腐蚀介质和交变应力（方向变换的应力或周期应力）同时作用下产生的破坏称为腐蚀疲劳。没有腐蚀介质作用，单纯由于交变应力作用使金属发生的破坏称为机械疲劳。

6.3.4.1　腐蚀疲劳与应力腐蚀破裂的区别

金属的腐蚀疲劳与金属的应力腐蚀破裂所产生的破坏，有许多相似之处，常常难以区分，但仔细分析还是容易区分的。它们之间的区别是：

（1）从应力条件看，应力腐蚀破裂是在拉应力下产生的，而腐蚀疲劳是在交变应力下产生的。

（2）从介质条件看，应力腐蚀破裂是在特定的介质中才会发生，而腐蚀疲劳的产生不需要特定的介质。

（3）从金属条件看，应力腐蚀破裂一般在合金中产生，而腐蚀疲劳不仅在合金中产生，而且在纯金属中也产生。

（4）从裂纹特点看，应力腐蚀破裂有主裂纹，又有分支裂纹，有沿晶、穿晶或混合形式的裂纹，而腐蚀疲劳有多条裂纹，一般很少分支或分支不明显，多是穿晶裂纹，断口常有贝纹。

6.3.4.2　腐蚀疲劳产生的部位

锅炉腐蚀疲劳产生的部位是：锅炉的集汽联箱，即联箱的排水孔处。其产生原因可能是：管板连接不合理，为直角连接，使蒸汽中的冷凝水和热金属周期接触，产生交变应力；或安装不合理，使冷凝水集中于底部，不能排出，造成腐蚀疲劳的条件。

锅炉启动频繁，启动或停用使锅炉水中含氧量较高，造成锅炉设备的点蚀坑，这些点蚀坑在交变应力的作用下就会变为疲劳源，产生腐蚀疲劳。

6.3.4.3　腐蚀疲劳的防止方法

防止腐蚀疲劳的方法主要有：降低交变应力，如锅炉的启、停次数不要太频繁，锅炉的负荷不要波动太大，锅炉结构和安装要合理，避免产生交变应力；降低介质的腐蚀性，减少锅水和蒸汽中的 Cl^-、S^{2-} 等腐蚀性成分的含量；做好停用锅炉的保护，避免金属表面产生点蚀坑。

6.4　锅炉给水系统金属的腐蚀

锅炉给水系统金属的腐蚀主要是指给水中溶解氧及溶解二氧化碳的腐蚀。多存在于蒸汽锅炉的给水管道、省煤器、热水锅炉的补给水管等设备。这是因为虽然锅炉给水系统中流动着的水经过软化处理后杂质较少，但由于经过了敞口系统，往往溶有若干氧和二氧化碳，这两种气体是引起金属腐蚀的主要原因。另外经过软化后钙、镁盐等作为缓蚀剂的物质被去除，氧腐蚀的速度会明显提高。又因给水系统中的设备和管道是由钢铁制成，所以我们主要讨论钢铁的腐蚀。

6.4.1　溶解氧腐蚀

锅炉运行时，氧腐蚀通常发生在给水管道、省煤器、补给水管等设备中。

6.4.1.1　原理

铁受水中溶解氧的腐蚀是一种电化学腐蚀，铁和氧形成两个电极，组成腐蚀电池，铁的电极电位总是比氧的电极电位低，所以在铁氧腐蚀电池中，铁是阳极，遭到腐蚀；氧作为去极化剂发生还原反应。反应式如下：

$$Fe \rightarrow Fe^{2+} + 2e(氧化反应)$$

$$O_2 + 2H_2O + 4e \rightarrow 4OH^-（还原反应）$$

上述反应所产生的腐蚀称为氧去极化腐蚀，或简称氧腐蚀。铁受到溶解氧腐蚀后产生Fe^{2+}，它在水中进行的二次反应为：

$$Fe^{2+} + 2OH^- \rightarrow Fe(OH)_2$$

$$4Fe(OH)_2 + 2H_2O + O_2 \rightarrow 4Fe(OH)_3$$

$$Fe(OH)_2 + 2Fe(OH)_3 \rightarrow Fe_3O_4 + 4H_2O$$

因生成的$Fe(OH)_2$不稳定，容易进一步发生反应，最终的产物是Fe_3O_4。

6.4.1.2　腐蚀特征

当钢铁受到水中溶解氧腐蚀时，常常在其表面形成许多小型鼓包，其直经自1 mm至20～30 mm不等，这种腐蚀称为溃疡腐蚀，如图6.6所示。

由于腐蚀产物是由不同化合物组成，鼓包表面的颜色由黄褐色到砖红色不等，次层是黑色粉末状物，这些都是腐蚀产物。当将这些腐蚀产物清除后，便会出现因腐蚀而造成的陷坑。

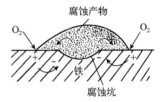

图6.6　氧腐蚀电池示意图

氧腐蚀的推动力是氧的浓度，即腐蚀坑内外氧浓度不同形成的浓差电池。在腐蚀坑底部，由于受腐蚀产物的阻挡，氧难以到达金属表面，加之腐蚀产物中低价铁对氧的消耗，使坑底金属表面处氧的浓度低于坑外金属表面的氧浓度。缺氧的腐蚀坑内成为阳极区，富氧的坑外钢铁表面电位高，成为阴极区。腐蚀坑内氢氧根消耗，水的pH值降低，形成局部的酸性微区，该处氢离子浓度不同于整体溶液的pH值，也将产生局部地区的酸腐蚀。

6.4.1.3　氧腐蚀的部位

在给水系统中发生氧腐蚀的部位，决定于水中溶解氧的含量和设备的运行条件。一般氧腐蚀多产生于开口的水箱、给水管路、省煤器等处。当给水中氧的含量很高时，也能对炉管、过热器和蒸汽管路产生腐蚀。

6.4.2　游离二氧化碳的腐蚀

6.4.2.1　原理

从腐蚀电池的观点来说，二氧化碳腐蚀就是水中含有酸性物质而引起的氢去极化腐蚀。此时，溶液中：

$$CO_2 + H_2O \Longleftrightarrow H^+ + HCO_3^-$$

$$阴极\ 2H^+ + 2e \rightarrow 2H \rightarrow H_2$$

$$阳极\ Fe \rightarrow Fe^{2+} + 2e$$

CO_2溶于水虽然只显弱酸性，但当它溶在很纯的水中时，还是会显著地降低其pH值。如

当每升纯水中溶有 $1\ mgCO_2$ 时,水的 pH 值便可由 7.0 降低到 5.5 左右。值得注意的是,弱酸的腐蚀性不能单凭 pH 值来衡量,因为弱酸只有一部分电离,所以随着腐蚀的进行,消耗掉的氢离子会被弱酸的继续电离所补充,因此,pH 值就会维持在一个较低的范围内,直至所有的弱酸电离完毕。

6.4.2.2　腐蚀特征

钢材受游离 CO_2 腐蚀而产生的腐蚀产物都是易溶的,在金属表面不易形成保护膜,所以其腐蚀特征是金属均匀变薄。这种腐蚀虽然不一定会很快引起金属的严重损伤,但由于大量铁的腐蚀产物带入锅内,往往会引起锅内结垢和腐蚀等许多问题。

6.4.2.3　腐蚀部位

工业锅炉的 CO_2 腐蚀主要来源于补给水中。补给水中含有碳酸化合物如 HCO_3^-,还有少量 CO_2 及 CO_3^{2-},这些碳酸化合物进入给水系统后,有一部分首先被除氧器除去。在除氧器中,按理应将游离的二氧化碳全部除去,但实际运行中做不到,时常有少量游离二氧化碳残存;HCO_3^- 可以一部分或全部分解,所以,除氧器以后给水中含有的碳酸化合物主要是 CO_3^{2-} 和 HCO_3^-,它们进入锅炉后会全部分解放出 CO_2。

$$2HCO_3^- \rightarrow CO_2 \uparrow + H_2O + CO_3^{2-}$$
$$CO_3^{2-} + H_2O \rightarrow CO_2 \uparrow + 2OH^-$$

对于用软化水作为补给水的锅炉,在除氧器以后的给水管道中,一般没有游离 CO_2 的腐蚀,因为化学软化水有足够的碱度,水质具有缓冲性,因此给水通过除氧器后的 pH 值,还不至于降得很低。至于对蒸馏水、$H-Na$ 离子交换水,特别是用化学除盐水作为补给水时,由于水中残留有少量游离 CO_2 就会使 pH 值低于 7,如有的甚至会达到 6 左右,因此,在除氧器后的设备中也会发生游离 CO_2 腐蚀。

6.4.3　同时有氧和二氧化碳的腐蚀

在给水系统中,若同时含有 O_2 和 CO_2 时,会显著加速钢的腐蚀。这是因为 O_2 的电极电位高,易形成阴极,侵蚀性强;CO_2 使水呈微酸性,破坏保护膜。这种腐蚀特征往往是金属表面没有腐蚀产物,而是随着 O_2 含量的多少,呈或大或小的溃疡状态,且腐蚀速度很快。

在回水系统和热网水系统中,都有可能发生 O_2 和 CO_2 同时存在的腐蚀。对于给水泵,因其是除氧器后的第一个设备,所以当除氧不彻底时,更容易发生这类腐蚀,因为在这里还具备两个促进腐蚀的条件:温度高、轴轮的快速转动使保护膜不易形成。

在用除盐水作为补给水时,由于给水的碱度低、缓冲性小,所以一旦有 O_2 和 CO_2 进入给水中,给水泵就会发生这种腐蚀。此时,在给水泵的叶轮和导轮上均会发生腐蚀,一般腐蚀是由泵的低级部分至高级部分逐渐增加的。

类似的腐蚀也会发生在给水是含氧的酸性水的情况下。例如,当水的离子交换设备和除氧器控制不好,以致有时给水呈酸性且含有氧时,腐蚀就非常严重。

6.4.4 给水系统腐蚀的防护

(1)首先做好给水的除氧工作。氧是整个锅炉系统内最强的氧化剂,防止氧腐蚀是任何锅炉系统任何部位最重要的环节。

(2)控制给水 pH 值,避免形成酸性环境。由于 Na_2CO_3 在压力 1.3 MPa 时约 60% 分解,会产生大量 CO_2,应避免盲目加入 Na_2CO_3 阻垢剂。还可采用成膜胺处理,向水中添加十六碳烷胺等成膜胺可以在金属表面形成致密保护膜。

(3)定期检修给水泵。

6.5 锅炉汽水系统金属的腐蚀

锅炉运行时,锅内水汽的温度和压力比较高或很高,炉管管壁担负着很大的传热任务,设备的各部分常受到很大的应力,而且由于给水中杂质在锅炉内发生浓缩和析出等过程,在锅内常集积有沉积物,这些因素都会促进腐蚀,并使腐蚀问题复杂化。

如果锅炉汽水系统发生了较严重的腐蚀,那么由于锅内高温高压的作用,就容易导致锅管破裂。所以防止锅炉汽水系统的腐蚀,是一个重要的问题。

6.5.1 氧腐蚀

在正常条件下,锅内汽、水中溶有的氧量微小,并且往往在省煤器中就消耗完了,所以,锅内一般都不会发生氧腐蚀,但在下列特定条件下有可能发生氧腐蚀。

(1)除氧器工作不正常。在实际运行中,如除氧器工作不正常,有可能使给水中的溶解氧带入锅炉内,首先造成省煤器端口的腐蚀,随着其含氧量的增大,腐蚀可能延深到省煤器的中部或末部,直至锅炉的下降管也可能遭到腐蚀。

(2)锅炉在基建和停用期间,如没有采取适当的保护措施,大气就会进入锅炉,由于大气中含有氧和水分,就会使其发生氧腐蚀。而且,锅炉停用时发生的氧腐蚀,常常在整个水、汽系统内都有,特别容易发生在积水放不掉的部分,这和运行中发生的氧腐蚀常常局限于某些部位不同。

6.5.2 沉积物下的腐蚀(介质浓缩腐蚀)

当锅炉表面附着水垢或水渣时,在其下面所发生的腐蚀,称为沉积物下的腐蚀。在正常运行条件下,锅炉金属表面上常覆盖着一层 Fe_3O_4 膜,其反应为:

$$3Fe + 4H_2O \xrightarrow{\text{约}>300℃} Fe_3O_4 + 4H_2 \uparrow$$

这样形成的 Fe_3O_4 膜是致密的,具有良好的保护性能。但是如果 Fe_3O_4 膜被破坏,那么金属表面就会暴露在高温的锅水中,极容易受到腐蚀。促使 Fe_3O_4 膜破坏的一个重要因素,是锅炉锅水的 pH 值不合适。

当炉水的 pH 值低于 8 或大于 13 时,保护膜都因溶解而遭到破坏,反应如下:

锅水 pH<8 时:

$$Fe_3O_4 + 8H^+ \rightarrow 2Fe^{3+} + Fe^{2+} + 4H_2O$$

锅水 pH>13 时:

$$Fe_3O_4 + 4NaOH \rightarrow 2NaFeO_2 + Na_2FeO_2 + 2H_2O$$

当 pH 值低于 8 时,腐蚀加快的原因是由于 H^+ 起了去极化的作用,而且此时反应产物都是可溶性的,不易形成保护膜。当 pH 值高于 13 时,腐蚀加快的原因是金属表面上的 Fe_3O_4 膜因溶于溶液中遭到破坏而引起的。

在一般的运行条件下,工业锅炉锅水的 pH 值保持在 10~12 之间,锅炉金属表面的保护膜是稳定的,不会发生腐蚀。

但当金属表面有沉积物时,情况就会发生变化。首先,由于沉积物的传热性很差,使得沉积物下的金属管壁温度升高,因而渗透到沉积物下面的锅水会发生急剧蒸发浓缩。浓缩的锅水由于沉积物的阻碍,不易和处于炉管中部的锅水混匀,其结果是沉积物下锅水中各种杂质浓度变得更高。在锅水高度浓缩的条件下,其水质会与浓缩前完全不同,沉积物下浓溶液会具有很强的侵蚀性,致使锅炉金属遭到腐蚀。有时当锅水 pH 值合格时,局部沉积物下的溶液 pH 值依然能够达到碱腐蚀的条件。

6.5.2.1　碱性腐蚀

碱性腐蚀是指当锅水中有游离的 NaOH,并在沉积物下会因锅水浓缩而形成很高浓度的 OH^-,使 pH 值增加而产生的腐蚀。其反应式为:

$$Fe + 2NaOH = Na_2FeO_2 + H_2 \uparrow$$

碱性腐蚀大都发生在锅炉的受热面,外形呈皿状腐蚀坑,小的有 $5 \times (10 \sim 20)$ mm²,大的有 $(20 \sim 40)$ mm² $\times (40 \sim 100)$ mm²。坑内腐蚀产物的主要成分为磁性氧化铁,呈黑色,表面有一层氧化铁。在腐蚀产物中夹带有水垢或盐类的浓缩物。

碱性腐蚀大都发生在以单纯钠离子交换为补给水的情况。因为当锅水中有 $NaHCO_3$ 和 Na_2CO_3 时,它们会在锅炉内分解,产生游离的 NaOH。如果锅水中有 $Ca(HCO_3)_2$ 时,会与 Na_3PO_4 反应,也会产生 NaOH:

$$3Ca(HCO_3)_2 + 2Na_3PO_4 \rightarrow 6NaOH + 6CO_2 \uparrow + Ca_3(PO_4)_2 \downarrow$$

游离的 NaOH 在沉积物下浓缩可达到相当高的浓度,而导致碱性腐蚀,形状为不规则腐蚀坑。坑内腐蚀产物主要为磁性氧化铁,并而且夹带水垢或者盐类浓缩物。当腐蚀厚度减薄至破裂极限时,有可能产生爆管。任何参数的锅炉都有可能产生碱性介质浓缩腐蚀,参数越高腐蚀危险越严重。

6.5.2.2　酸性腐蚀

如锅水中含有杂质 $MgCl_2$ 和 $CaCl_2$,在沉积物下会发生以下反应:

$$MgCl_2 + 2H_2O \rightarrow Mg(OH)_2 \downarrow + 2HCl$$

$$CaCl_2 + 2H_2O \rightarrow Ca(OH)_2 \downarrow + 2HCl$$

反应的结果都生成 HCl,并有 $Mg(OH)_2$ 与 $Ca(OH)_2$ 沉积物生成,因此在沉积物下可积累很高的 H^+ 浓度,从而导致 H^+ 离子对金属的去极化反应,称为沉积物下的酸性腐蚀。

阳极反应: $$Fe \rightarrow Fe^{2+} + 2e$$

阴极反应: $$2H^+ + 2e \rightarrow H_2$$

由于阴极反应发生在沉积物下,生成的 H_2 受到沉积物的阻碍不能很快地扩散到汽水混合区域,因此促使金属管壁和沉积物之间积累多量氢。这些氢有一部分可能扩散到金属内部,和碳钢中的碳化铁发生如下反应:

$$Fe_3C + 2H_2 \rightarrow 3Fe + CH_4$$

因而造成碳钢脱碳,金相组织受到破坏,并且由于反应产物 CH_4 会在金属内部产生压力,使金属组织逐渐形成裂纹。

酸性腐蚀往往发生于大部分锅炉管壁上,而且是均匀减薄,没有明显的凹坑。而碱性腐蚀往往只发生于少数几根炉管,而且有明显的凹坑,坑内有腐蚀产物,并突起呈丘状。

防止沉积物下的腐蚀主要是防止炉管上形成沉积物,保持锅炉受热面的清洁,并且严格控制锅水的水质,消除锅水的侵蚀性,保证锅炉水系统循环稳定。

6.5.3 水蒸汽腐蚀

当过热蒸汽温度高达 $450℃$ 时(此时,过热蒸汽管壁温度约 $500℃$),蒸汽就被迫和碳钢发生反应;在 $450 \sim 570℃$ 之间,它们的反应生成物为 Fe_3O_4,即:

$$3Fe + 4H_2O \rightarrow Fe_3O_4 + 4H_2 \uparrow$$

当温度达到 $570℃$ 以上时,反应生成物为 Fe_2O_3,即:

$$Fe + H_2O \rightarrow FeO + H_2 \uparrow$$

$$2FeO + H_2O \rightarrow Fe_2O_3 + H_2 \uparrow$$

这两种化学反应所引起的腐蚀都属于化学腐蚀,这一化学腐蚀过程叫水蒸气腐蚀。当产生这种腐蚀时,管壁均匀变薄,腐蚀产物常常呈粉末状或鳞片状,多半是 Fe_3O_4。发生的部位一般在汽水停滞部分和蒸汽过热器中。

防止腐蚀的方法,是消除锅炉中倾斜度较小的管段,以保证正常的汽水循环;对于过热器,如温度过高,应采用特种钢材制成。

6.5.4 各种腐蚀的发生条件及现象判断

在日常使用情况下,由于使用条件多变且复杂,锅炉汽水系统很难单独出现上述某种腐蚀情况,基本为多种腐蚀类型综合表现。下面以一台 WNS6-1.25-Y 的蒸汽锅炉使用 1 年过后产生的腐蚀泄漏缺陷,为例说明。

该锅炉补给水为一级软化水,与其他两台同型号锅炉共用一台热力除氧器除水中氧气,运行期间,锅内加 Na_2CO_3 作为防垢剂,锅炉运行经常昼夜间断,停炉期间不采取任何停炉保护措施。

6.5.4.1　腐蚀部位及形貌

锅炉高热负荷区域的大部分炉管表面和炉胆表面局部腐蚀十分严重,炉管、炉胆表面均附着有褐色的沉积物。

受腐蚀炉管表面有许多大小不等的鼓包,鼓包外表黄褐色,次层黑色,沉积物坚硬,附着性较强,除去腐蚀产物后发现其下有溃疡状腐蚀坑,坑点密集,深度为 $0.1\sim1.5$ mm ,有的已经穿透。

炉胆上表面许多部位有明显的皿状腐蚀沟槽和腐蚀迹象,腐蚀坑最深达 $3\sim4$ mm ,腐蚀部位有坚硬的黑褐色的腐蚀产物。

6.5.4.2　水质数据分析

检查该锅炉运行水质分析记录,正常运行情况下,软化水全部合格,但碱度较高,在 $1.8\sim2.4$ mmol/L。炉水碱度一般在 $12\sim18$ mmol/L ,Cl^- 浓度一般在 $300\sim370$ mg/L ,但在枯水期炉水 Cl^- 浓度最高可达 820 mg/L ,凝结回水 pH 值在 $5.0\sim6.1$,给水铁质量浓度在 $0.31\sim0.42$ mg/L ,高于国标规定的标准 0.3 mg/L。用便携式溶解氧测量仪现场测量了除氧器出水氧的质量浓度,发现即使在该锅炉停用的情况下,除氧器出水的氧合格率仅为 50% ,最高氧含量达到 111 mg/L。

在锅炉压力下,Na_2CO_3 在锅炉内的分解率为 50% ,在不考虑锅外加药情况下,1 mol 的给水碱度(主要是 $NaHCO_3$)就产生 0.8 mol 的 CO_2 和 0.5 mol 的 $NaOH$,这是导致凝结回水呈酸性和炉水碱度偏高的主要原因。在 $pH < 7$ 的条件下,金属表面保护膜会发生溶解产生大量的铁杂质并带入锅炉。

(1)氧腐蚀

由于除氧器出水溶解氧含量超标,造成含氧的给水进入锅炉而造成炉管发生氧腐蚀,使锅炉内产生了大量的氧腐蚀产物,而又因氧腐蚀产物的形成,加上炉水 Cl^- 质量分数较高,又使 Cl^- 诱发氧浓差腐蚀,氧腐蚀点成为阳极,周围成为阴极,这样只要有氧存在,腐蚀就不断进行下去,腐蚀产物下炉管就会越腐蚀越深。

(2)Fe_2O_3诱发腐蚀

锅炉内的铁腐蚀产物的来源主要有三个途径:一是自身的氧腐蚀产物,二是未排出的停炉腐蚀产物,三是给水带入的。从给水系统 pH 值偏低和给水铁含量超标可知,凝结水系统 CO_2 酸腐蚀严重,这些进入锅炉内的铁氧化物中的 Fe_2O_3 成了锅炉内腐蚀的去极化剂,这时锅炉内会发生下列电化学腐蚀:

阴极区:　$Fe_2O_3 \cdot nH_2O + 2e \rightarrow 2Fe(OH)_2 + 2OH^- + (n-3)H_2O$

阳极区:　　　　　　　　$Fe \rightarrow Fe_2^+ + 2e$

二次反应:　　　　　　$(Fe^+ + 2OH^- \rightarrow Fe(OH)_2$

进一步氧化:　　　$4Fe(OH)_2 + O_2 + 2H_2 \rightarrow 4Fe(OH)_3$

再转化　　　　$2Fe(OH)_3 + Fe(OH)_2 \rightarrow Fe_3O_4 + 4H_2O$

总反应:　　　$2Fe + 2Fe_2O_3 \cdot nH_2O + O_2 \rightarrow Fe_3O_4 + nH_2O$

这样,只要炉内存在 Fe_2O_3 ,就会使腐蚀反应不断进行。

(3)介质浓缩碱腐蚀

从炉胆表面的腐蚀状况和腐蚀产物分析来看,炉胆的腐蚀与炉管的腐蚀有所不同,炉胆的腐蚀是介质浓缩碱腐蚀为主,这类锅炉炉胆的热负荷很高,而且炉水循环不畅,该压力下给水碱度的一半在锅炉内分解产生了$NaOH$,所以沉积的铁腐蚀下就会由于蒸发而浓缩而产生侵蚀性的浓$NaOH$,尽管这种浓缩的炉水可能会由于又有炉水的渗入而发生稀释,但是,这种渗入—蒸浓—再渗入—再蒸浓过程一直进行,宏观、动态地看,沉积物下可一直存在一个高浓度$NaOH$的炉水,而且越靠近炉胆处浓度越高。这时钢铁表面的保护膜Fe_3O_4首先和浓$NaOH$反应,随后其下的基体金属铁也和$NaOH$反应,产生铁酸钠和亚铁酸钠,而这两种物质又可与渗入的炉水发生水解反应,生成氧化铁和氧化亚铁腐蚀产物和$NaOH$,后者又继续腐蚀金属,整个过程中$NaOH$并不消耗。发生这种腐蚀时,检测炉水的碱度和pH值很难发现局部的高浓度碱,最严重情况下沉积物下$NaOH$的质量分数可达15%。

综合起来,该锅炉由于给水中氧不合格和炉水碱度较高引发了系统不同部位的氧腐蚀、CO_2酸腐蚀以及碱腐蚀,而铁腐蚀产物在炉胆表面沉积是引发介质浓缩碱腐蚀的一个主要原因。Fe_2O_3引起的电化学腐蚀在发生氧腐蚀和碱腐蚀的部位都有可能发生。

控制锅炉腐蚀,最根本地要从锅炉水质的优劣出发,其中含氧量、pH值、碱度、氯离子和各种夹杂物都是需要考虑的重点,尤以含氧量最为突出,因为氧是锅炉系统中最强的氧化剂。

6.6　锅炉氧腐蚀的防止

运行设备的氧腐蚀,关键在于形成闭塞电池。凡是促使闭塞电池形成的因素,都会加速氧腐蚀;反之,凡是破坏闭塞电池形成的因素,都会降低氧的腐蚀速度。各种因素对氧腐蚀所起的作用要具体分析。

6.6.1　锅炉氧腐蚀的影响因素

(1)氧的浓度

在发生氧腐蚀的条件下,氧浓度增加,一般能加速金属的腐蚀。

(2)pH值的影响

当pH值<2.4时,腐蚀速度增加,主要是由于H^+去极化加速了腐蚀反应速度。

当pH值=4~10时,腐蚀速度几乎不随溶液pH值的变化而变化,因为在这个pH值范围内,溶解氧的浓度没有改变。

当pH值=10~13时,腐蚀速度下降,因为在这个pH值范围内,钢的表面能生成较完整的保护膜,从而抑制了氧的腐蚀。

当pH值>13时,由于腐蚀产物变为可溶性$HFeO_2^-$,腐蚀速度再次上升。

(3)水的温度

在密闭系统中,当氧的浓度一定时,水温升高,阴、阳极反应速度增加,腐蚀加快。在敞口系统中,由于溶解氧的影响,在80℃以下,温度升高使氧扩散速度增加,腐蚀速度增加;在80℃

以上时,氧的溶解速度下降迅速,它对腐蚀速度的影响超过了氧扩散速度增快所产生的作用,故腐蚀速度下降。

(4)水中离子

水中不同离子对腐蚀速度的影响差别很大,通常水中的 H^+、Cl^- 和 SO_4^{2-} 对腐蚀起加速作用;水中的 OH^- 浓度不太大时,对腐蚀起抑制作用。溶液中由于各种离子共存,判断它们对腐蚀是起促进作用还是抑制作用,应综合分析。

(5)水的流速

在一般情况下,水的流速增加,氧的腐蚀速度加快。

6.6.2　锅炉氧腐蚀的防止

从锅炉氧腐蚀的影响因素中可以看出,氧的浓度是主要因素。要防止氧腐蚀,主要的方法是减少水中溶解氧的含量。

下面主要讨论对给水进行除氧,使给水的含氧量降低到最低水平的方法,主要有热力除氧法、真空除氧法、解析除氧法、化学除氧法和催化树脂除氧法。

6.6.2.1　热力除氧

(1)原理

根据亨利定律,一种气体在液相中的溶解度与在气液分界面上气相中的平衡分压成正比。在敞开设备中,提高水温可使水面上蒸汽的分压增大,其他气体的分压下降,则这些气体在水中的溶解度也下降,因而不断从水中析出。水温达到沸点时,水面上水蒸气的压力和外界压力相等,其他气体的分压则为零。此时,溶解在水中的气体全部逸出。

利用亨利定律,在敞开设备中将水加热到沸点,使水沸腾,这样水中溶解的氧就会解析出来。这就是热力除氧的原理。由于二氧化碳在水中的溶解度也同样是随水温升高而降低,因此,当水温到达沸点时,水中二氧化碳气体同样被解析出来。所以,热力法不仅可除去水中溶解氧,也能同时除去大部分溶解二氧化碳气体、氨及硫化氢等腐蚀性气体。

热力除氧过程还可以促使水中的重碳酸盐分解。因为重碳酸盐和 CO_2 之间存在平衡关系:$2HCO_3^- \rightarrow CO_3^{2-} + H_2O + CO_2$,除氧过程中也把 CO_2 除去了,使反应向右方移动,即重碳酸盐分解。温度越高,水沸腾时间越长,加热蒸汽中游离 CO_2 浓度越低,则重碳酸盐的分解越多。

在热力除氧器中,为了使氧解析出来,除了必须将水加热至沸点以外,还需要在设备上创造必要条件使气体能顺利地从水中分离出来。因为水中溶解氧必须穿过水层和汽水界面,才能自水中分离出来,所以要使解析过程能较快地进行,就必须使水分散成小水滴,以缩短扩散路程和增大气水界面。热力除氧器,就是按照将水加热至沸点和使水流分散这两个原则设计的一种设备。

热力除氧也有它的缺点如:蒸汽耗量较多;由于给水温度提高了,影响烟气废热的利用;负荷变动时不易调整等。

(2)除氧器类型

热力除氧器的功能是把要除氧的水加热到除氧器工作压力相应的沸腾温度,使溶解于水中的氧和其他气体解析出来。

热力除氧器按其工作压力不同,可分为真空式、大气式和高压式三种。真空式除氧器的工作压力低于大气压力;大气式除氧器的工作压力稍高于大气压力,常称为低压除氧器,高压式除氧器的工作压力比较高,常称为高压除氧器。

热力除氧器按结构形式分为淋水盘式、喷雾式、喷雾填料式等。

①淋水盘式除氧器

淋水盘式除氧器的主要构成为除氧头和贮水箱。除氧器的除氧过程主要是在除氧头中进行的,凝结水、各种疏水和补给水分别由上部的管道进入,经过配水盘和若干层筛状多孔盘,分散成许多股细小的水流,层层下淋。加热蒸汽从除氧头下部引入,穿过淋水层向上流动。这样,当水和蒸汽接触时就发生水的加热和除氧过程。从水中析出的氧和其他气体随着一些多余的蒸汽自上部排气阀排走,经除氧的水流入下部贮水箱中。其结构见图6.7。

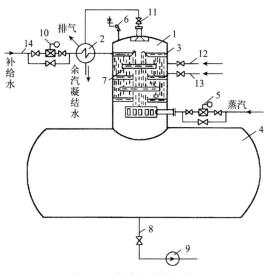

图6.7　淋水盘式除氧器

1—除氧头;2—余气冷却器;3—多孔盘;4—贮水箱;5—蒸汽自动调节器;6—安全门;

7—配水盘;8—降水管;9—给水泵;10—水位自动调节器;11—排气阀;12—主凝结水管;

13—高压加热器疏水管;14—补给水管

从理论上来讲,水经过除氧器后是可以将水中氧除尽的,但实际上要做到始终将氧除得很完全是困难的,特别是采用淋水盘式除氧器时,因为除氧器的运行条件并不能一直保持水中的氧扩散到蒸汽中的过程进行完毕。

为了增强除氧效果,有时在贮水箱内靠下部装一根蒸汽管,管上开孔或者加装几只喷嘴,用来送入压力较高的蒸汽,使此贮水箱内的水一直保持着沸腾的状态,这种装置称为再沸腾装置。由于采用了这种措施,使贮水箱内水温能保持着沸点,且有使蒸汽泡穿过水层的搅拌作用,所以可以做到将水中残余的气体解析出来。再沸腾用汽量一般为除氧器加热用蒸汽的10%~20%,如果运行条件许可,也可以更大一些。

采用了再沸腾装置后,因为水在贮水箱中经过长时间的剧烈沸腾,可促进水中碳酸氢盐的分解过程,故可以减少水中碳酸化合物的总含量(通常换算成总CO_2量表示)。此外,当运行中由于某些原因造成有氧漏过除氧头时,装有再沸腾装置的贮水箱,可以使出水中含氧量仍保持较小。但设备装有再沸腾装置后,会使运行复杂化,例如易发生振动和除氧器并列运行时水位波动大。

淋水盘式除氧器对于运行工况变化的适应性较差,同时,因为除氧器中汽和水进行传热、传质过程的表面积小,因此除氧效果差。

②喷雾式除氧器

喷雾式除氧器是在将水喷成雾状的情况下进行热力除氧的一种设备。它的工作原理是当水成雾状时,有很大的表面积,非常有利于氧从水中逸出。在实际运行时,喷雾式除氧器往往不能获得良好的除氧效果,出水中含氧量一般在 $50\sim100$ mg/L,这是由于水在除氧过程中,大约有 90% 溶解气体变成小气泡逸出,其余 10% 要靠扩散作用,自水滴内部扩散到水滴表面后,才能被水蒸汽带走。当水呈雾状时,对于水中小汽泡的逸出是很有利的,因为气泡通过的水层很薄,但对于溶解气体的扩散过程却很不利,因为微小的水滴具有很大的表面张力,溶解气体不容易扩散通过小水滴的表面。为此,喷雾式热力除氧器应结合其他除氧方式,才能保持其效果良好。

③喷雾填料式除氧器

喷雾填料式除氧器是一种行之有效的除氧器,其结构如图 6.8 所示。它的原理为将水通过喷嘴喷成雾状,在喷嘴上面设有上进气管,引入加热用蒸汽,通过蒸汽和水雾的混合,达到水的加热和初步除氧过程。经过初步除氧的水往下流动时和填料层相接触,使水在填料表面成水膜状态,在填料层下面装有下进气管,在这里又引入蒸汽。因而,当这部分蒸汽向上流动时,和填料层中的水相遇便进行了再次除氧。

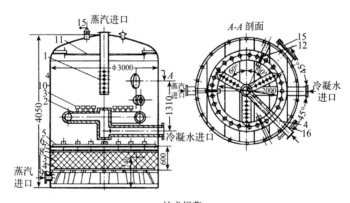

技术规范
工作压力：0.57 MPa；工作温度：162℃；
出力：535 t/h；进水温度：145.8℃
图 6.8　喷雾填料式除氧器结构图

1—进气管；2—环形配水管；3—10 t/h 喷嘴；4—疏水进水管；5—淋水管；6—支承管；
7—滤板；8—支承卷；9—进汽室；10—筒身；11—挡水板；12—吊攀；13—不锈钢 Ω 填料；
14—滤网；15—弹簧安全阀；16—人孔

喷雾填料式除氧器中所用填料应该用不腐蚀而且不会污染水质的材料制成,主要有 Ω 形、圆环形和蜂窝式等多种,其中以 Ω 形不锈钢做填料的效果最好。

由于送入除氧器的水经喷头分散成细小的水滴而除氧效果好,通常只要加热蒸汽压力合适,汽量足够,水经喷头的雾化程度好,则在雾化区内就能较快地把水温提高到与工作压力相应的沸点,大约 95% 的溶解氧就可从水中逸出,并且水在添料层中又被分散成极薄的水膜,使水中残留的溶解氧进一步逸去。这类除氧器的出口水溶解氧可降到 $10\ \mu g/L$ 以下。喷雾填料式除氧器的优点是:除氧效果好,当负荷与水温在很大范围内变动时,它都能适应;设备结构简单,检修方便,和现有的其他热力除氧器相比,同样出力的设备其体积小;除氧器中的水和加热蒸汽混合速度快,不易产生水击现象等。

要保持喷雾除氧器良好的除氧效果,在运行中必须注意以下两点:负荷应维持在额定值的 50% 以上,若负荷过低,因雾化效果差,出水质量会下降;为了适合负荷的变化,工作气压不宜小于 0.08 MPa(表压)。

(3)提高除氧器效果的措施

除氧器的除氧效果是否良好,取决于设备的结构和运行工况。除氧器的结构,主要应能使水和汽在除氧器内分布均匀、流动通畅及水汽之间有足够的接触时间。这些因素由于在设计此种设备时已经考虑到了,所以除发生异常情况外,通常不做检查。要提高除氧器的运行效果只有从运行工况来考虑。

①被除氧的水一定要加热到除氧器工作压力相应的沸点。实验表明:如果水温低于沸点 1℃,出水溶氧量就会增加大约 0.1 mg/L。为保证水能被加热到沸点,必须注意调节进汽量与进水量,以确保除氧器内的水保持沸腾状态。实际上用人工进行调节很难保证除氧效果始终良好,为此,在除氧器上通常应安设进汽与进水的自动调节装置。

②解析出来的气体应能通畅地排走。如果除氧器中解析出来的氧和其他气体不能通畅地排走,则由于除氧器内蒸汽中残留的氧量较高,就会影响到水中氧扩散出去的速度,会使除氧器内蒸汽中氧分压加大,从而使水的残留含氧量增大。排气时不可必避免的会有一些蒸汽被一起排出,如果片面强调减少热损失,关小排气阀,那么会使给水中残余氧含量增大,这是不适合的。相反,任意开大排气阀也是不必要的,因为这只能造成大量热损失,并不会使含氧量进一步降低。所以,排气阀的开度,应通过调节实验来确定。

③在除氧器水箱内装沸腾装置,使水在水箱内也能始终保持沸腾状态。此种装置形式为在水箱底部或中心线附近沿水箱纵向装一根进蒸汽管,在管上装喷嘴。

④在除氧器的除氧头筒壁周围装挡水环,或在添料层上部加装挡水淋水盘,沿筒壁下泄的水与加热蒸汽充分接触而增加除氧效果。

⑤如果补给水是补入除氧器的,应该尽可能均匀地补入,因补给水含氧量高,水温低,如大量补入或补入量波动幅度大,均使除氧效果变差。

⑥为使进水雾化更充分,要合理地设计和布置雾化喷嘴。

⑦在雾化区内可加装二次蒸汽管,以使雾化区内有充足的加热汽源。

为了解掌握除氧器的运行特性,确定除氧器较佳运行条件,需对除氧器进行调整试验。包括除氧器的温度、压力、除氧器的负荷、进水温度、排气量及补给水等。

(4)除氧器的异常情况

①理想运行工况与安全保证

除氧器内应装有仪表与自动装置。最基本的自动调节器应包括压力自动调节器与水位自动调节器,以保持稳定的本体温度,防止亏水与满水。除氧器出口应装有连续测定的氧量表。

安全阀是高压除氧器的安全保证,动作必须灵活并定期校验。由于除氧器承压表面大,壳体较薄,超压的允许裕度小,当超压严重时能产生灾难性的后果,故而必须使其符合标准。

②除氧器本身震动或水汽管路水击

除氧器超过设计出力过大时,由于其通水和通汽截面有限,能引起本体震动。进入除氧器的水温过低,瞬间流量过大,会使蒸汽在除氧器上凝结,破坏了除氧器的正常通风,也能引起本体震动。

轻度的震动能听到沉闷的响声,较严重时可察觉到除氧器晃动,严重时还能感到构筑物颤动。由于除氧器内水汽流通被扰乱,或因温度降低自外界吸入了空气,出水含氧量将升高。

当对除氧器操作不当时,能引起管道水击,发出尖锐的"噼啪"声,有时也能影响出水含氧量的合格。

③其他

除氧器结构不合理,难以保证出水含氧量合格。如有一台淋水盘式除氧器出水溶氧不合格,排汽门略开大即喷水,检查后发现是因水汽流通受阻造成的。经改造后不再喷水,出水含氧量合格。

由于除氧器内温度较高,又有一定的氧和二氧化碳分压,本身很容易产生腐蚀。当除氧器失修时,淋水盘倾斜偏流,筛孔堵塞溢流,淋水盘塌落等,都能妨碍正常除氧,增加出水含氧量。

(5)调整试验

为了摸清除氧器的运行特性,制定其最优良的运行条件,必须进行除氧器的调整试验。在进行此试验以前,应做好下列准备工作:查看各种水样是否都能采取,如除氧器下部能否采取刚除过氧的水样;检查各种水流是否都有表针指示,如凝结水、补给水、蒸汽等有无流量表以及其他必要的温度计和压力表等,必要时加装取样装置和测量仪表。对所有的取样装置及测量仪表都应加以校检,例如取样器的引出管是否用耐腐蚀的不锈钢或紫铜制成,冷却效果能否符合要求,各表计的指示是否正确等。试验前,还应拟定好具体的计划和组织好人员,准备好试验用的药品和仪器。

进行除氧器调整试验的目的,是为了求得良好除氧效果的运行条件,对于淋水盘式除氧器,还应保证不发生水击现象。水击就是由于除氧器内水汽的流通不畅,或者因水温变动过剧而发生的冲击现象。水击易使设备遭到损伤。

除氧器调整试验通常所要求取的运行条件是:

①除氧器内的温度与压力。除氧器内的温度与压力和进汽量有关,可在额定负荷下进行试验,求取除氧器内温度和压力的允许变动范围。

②负荷。在允许的温度与压力范围内,求取除氧器最大和最小允许负荷。

③进水温度。在除氧器的允许温度、压力和额定负荷下,变动其进水温度,以求取最适宜的进水温度范围。

④排汽量。在允许的温度与压力下,求取其不同负荷下的排汽阀开度,以寻求最适宜的排

汽量。

⑤补给水率。在允许温度、压力和额定负荷下,求取其最大的允许补给水率。

⑥其他。此外,还可以对进水含氧量和贮水箱水位的允许值进行试验。

6.6.2.2 真空除氧

真空除氧的原理和热力除氧的原理相似,也是利用水在沸腾状态时气体的溶解度接近于零的特点,除去水中所溶解的氧和二氧化碳等气体。由于水的沸点和压力有关,在常温下可利用抽真空的方法使之呈沸腾状态,以除去所溶解的气体。当水的温度一定时,压力越低(即真空越高),水中残余的氧及二氧化碳含量越少。

真空式除氧器的结构如图6.9所示。水由除氧器塔上部进入,经喷头使之在全部断面上喷成雾状,再经中部填料呈水膜下流。而由水中解析出的氧、二氧化碳等气体由塔体顶部被抽气装置抽出体外。

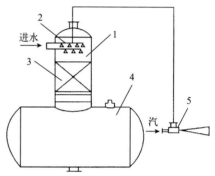

图6.9　真空式除碳器
1—除氧塔;2—喷头;3—填料;
4—贮水箱;5—喷射器

为达到良好的除氧效果,在真空式除氧器的结构上和运行中必需注意以下五点:

(1)喷头

它是除氧塔中的关键部件,其喷水细度对除氧效果影响较大。喷头的数量应与除氧器的出力相适应,喷头数量过多,雾化效果不好;喷头数量过少,则水流通过的阻力增大。现在用的喷头,每只喷水量为0.7 h/t,压力降为0.2 MPa。为了防止喷头被堵塞而影响喷水量,在除氧器进水管上应装过滤器。

(2)填料

填料的作用主要是加强传质,可用不锈钢Ω环,只要保证填料层有一定高度,即可获得良好的除氧效果。

(3)抽气装置

抽气装置有多种:蒸汽喷射器,水喷射器,水环式真空泵等。选用抽气装置的抽气能力应与处理水量相适应。

(4)进水温度

进水温度应比除氧器真空运行下相对应的饱和温度高3~5℃,以保证除氧效果。一般进水温度应在15℃以上。当要求深度除氧时,可用预热法提高进水温度,以降低设备的必要真空度。

(5)系统严密性

整个系统应严密不漏气,管道应尽可能采用焊接,法兰间以用胶垫为好,抽气管越短越好。

由于真空除氧器是在低温条件下运行,具有节能的优点,因此国外应用较早。我国自20世纪60年代开始试验研究,随着设计、调试、运行经验的累积,使这一技术趋于成熟,在锅炉水处理中的应用也日益增多。

6.6.2.3　解析除氧

使含有溶解氧的水与不含氧的气体强烈混合，以达到除氧的目的，称为解析除氧。

解析除氧的装置如图 6.10 所示。含溶解氧的水用水泵 1 以 0.3～0.4 MPa 压力送至喷射器 2，靠其抽吸作用把由反应器 7 来的无氧气体（$N_2 + CO_2$）吸入，并与水混合形成乳状液。此时水中氧气即开始向气体中扩散，并经扩散器 3 和混合管 4 进入解析器（除氧筒）5，在此进行汽水的分离，挡板 6 用以改善分离过程，减少水汽携带。含氧气体（$N_2 + CO_2 + O_2$）经解析器气空间通往反应器 7，它是一根两端封死的钢管，其中

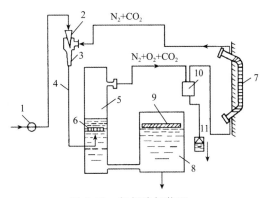

图 6.10　解析除氧装置

1—水泵；2—喷射器材；3—扩散器；4—混合管；
5—解析器；6—挡板；7—反应器；8—水箱；
9—浮板；10—气水分离器；11—水封箱

装满木炭，放在温度 500～600℃锅炉烟道中或其他加热设备中（如电炉等）。在反应器中气体与灼热的木炭相遇，木炭与氧作用形成 CO_2，故从反应器出来的是无氧气体。上述过程是反复进行的。除氧后的水由解析器流入水箱 8，为了减少与空气的接触面积，水箱内放有木质浮板 9，几乎将整个水面盖住。气体通往反应器的管道上装有汽水分离器 10，它可将气体带出的水滴分出，并经水封箱 11 排掉。

除氧过程中木炭逐渐消耗，需定期（一般 3～5 d）增添一次。为便于装填木炭和排出炭灰，反应器两端应露出烟道外，并采用便于拆卸的法兰连接。反应器宜垂直或倾斜放置（角度不小于 45），而不允许平放。因平放时木炭耗损后会将反应器上部空间露出，气体将直接经此处流过，影响除氧效果。解析除氧的效果与下列因素有关：

（1）水压。喷射器前水压越高，吸入的无氧气体越多，除氧效果越好。实践证明，当水压大于 0.3 MPa 时，甚至冷水（25℃）也能得到良好的除氧效果。

（2）水温。水温高，扩散过程强烈，除氧效果好。但水温过高，会使喷射后汽化，影响除氧效果。一般水温在 40～50℃之间为宜。

（3）烟温。反应器的温度条件对除氧效果影响很大。反应器内各种还原物质所需的最低温度为：木炭—500℃；焦炭—600℃；无烟煤—750℃；钢屑—800℃，装有两种还原物质的反应器应使用合金钢管。

（4）解析器中水位。水位高时，解析器水柱的附加阻力增大，喷射器吸入的无氧气体减少，除氧效果降低。通常运行时应使水位不超过解析器高度的一半。

解析除氧器的优点主要是设备易制造，省钢材，操作简单，费用低，只需木炭，不需其他化学药品，给水温度低。

解析除氧器的缺点主要是影响除氧效果的因素多。例如反应器周围温度、木炭含水分、负荷变化、水压、水温、解析器水位波动等均影响除氧效果；另外，此法只能除氧，而不能除其他气体，并且除氧后水中 CO_2 含量增加；若水箱水面密封不好，又常使除氧后的水与空气接触，发生吸氧现象，故解析除氧的使用不广泛。

6.6.2.4 化学除氧

将化学药剂加入水中与水中氧起化学反应,而除去氧气的方法称为化学除氧。

由于是向给水中加入化学药剂,所以增加了给水的含盐量,一般很少被单独地用于处理给水,只作为给水加热除氧后进行的辅助除氧措施,除去水中剩余的、为数不多的溶解氧。常用的化学除氧药剂有:联胺、亚硫酸钠、二氧化硫及氢氧化亚铁等。

(1)亚硫酸钠

①亚硫酸钠的性质与原理

亚硫酸钠是白色或无色结晶,密度为 1.56 g/cm^3,易溶于水。它是一种还原剂,能和水中的溶解氧反应生成硫酸钠,反应方程式为:

$$2Na_2SO_3 + O_2 \rightarrow 2Na_2SO_4$$

按上述反应式计算,要除去 1 mg/L 的氧,至少需要 7.9mg/L 的 Na_2SO_3,对于结晶状 $Na_2SO_3 \cdot 7H_2O$ 则需要 16 g。为使反应进行得比较彻底,通常在锅水中要维持 20～40 mg/L 的过剩量。

亚硫酸钠加药量(G)可按下式计算:

$$G = \frac{C_{o_2} + \beta}{\varepsilon} \tag{6.7}$$

式中,C_{o_2}——水中含氧量,mg/L;

  β——亚硫酸钠过剩量,mg/L;

  ε——工业亚硫酸钠($Na_2SO_3 \cdot 7H_2O$)的纯度;

  β 的值通常取 3～4 mg/L。

使用的亚硫酸钠溶液的浓度为 2%～10%。

亚硫酸钠和氧反应的速度与温度、pH 值、氧浓度、Na_2SO_3 的过剩量有关。温度高,反应速度快,除氧率也高。水的 pH 值对反应速度影响很大,pH 值高的水中,反应速度较低;中性水中,反应速度最高;水中 Ca^{2+}、Mg^{2+} 以及 Mn^{2+}、Cu^{2+} 等离子对反应有催化作用,而当水中含有机物及 SO_4^{2-} 离子,会显著降低反应速度。如水中的耗氧量从 0.2 mg/L 增加到 7.0 mg/L 时,反应速度降低 1/3 还多。

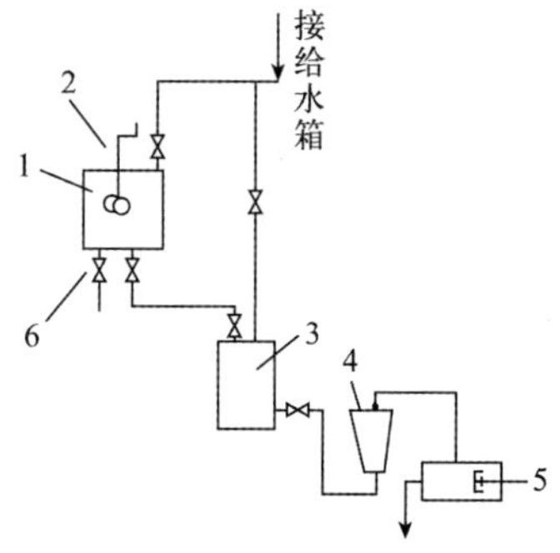

②亚硫酸钠加药系统

典型的加药系统如图 6.11 所示。反应剂加入溶解箱 1,经加水搅拌后,溶液转入溶液箱 3 中,然后再用给水调整至所需浓度,经转子流量计 4,由活塞泵将亚硫酸钠溶液压进锅炉或给水母管中。

图 6.11 亚硫酸钠加药系统

1—溶解箱;2—搅拌器;3—溶液箱;
4—转子流量计;5—泵;6—排水阀门

亚硫酸钠适用于中低压锅炉的除氧处理。据研究报道,在锅炉工作压力不超过 6.86 MPa 时,锅水中 Na_2SO_3 浓度不超过 10 mg/L,亚硫酸钠不会在锅炉内产生有害化学物质。当压力超过 6.86 MPa 时,亚硫酸钠会发生高温分解,以及水解而产生 H_2S、SO_2、$NaOH$ 等物质,引起锅炉腐蚀。

加亚硫酸钠除氧,设备简单,操作方便,除氧效果也好。但加亚硫酸钠处理时,亚硫酸钠与氧反应生成硫酸钠,因而使锅水的总溶解固形物增加,导致排污量增加,蒸汽品质也可能受到影响。因此,很少单独加亚硫酸钠除氧,多与其他除氧法配合使用,作补充除氧。

(2)联胺处理

联胺(N_2H_4)又称为肼,在常温下是一种无色液体,易溶于水,它和水结合成稳定的水合联胺($N_2H_4 \cdot H_2O$),水合联胺在常温下也是一种无色液体。

联胺容易挥发,空气中的联胺蒸气对呼吸系统和皮肤有侵害作用,所以,空气中的联胺蒸气量不允许超过 1 mg/L;联胺能在空气中燃烧,其蒸气量达 4.7%(按体积计),遇火便发生爆炸;联胺水溶液呈弱碱性;联胺与酸可形成稳定的盐;联胺受热分解,其分解产物可能是 NH_3、H_2、N_2;在碱性溶液中,联胺是一种很强的还原剂,它可以和水中溶解氧直接反应把氧还原,反应式如下:

$$N_2H_4 + O_2 \rightarrow N_2 + 2H_2O$$

N_2H_4 遇热会分解:

$$3N_2H_4 \rightarrow N_2 + 4NH_3$$

联胺和氧的直接反应是个复杂的反应。为了使联胺与水中溶解氧的反应能进行得较快和较为完全,必须了解水的 pH 值、水温、催化剂等对反应速度的影响。

联胺在碱性水中才显强还原性,它和氧的反应速度与水中的 pH 值的关系密切,水的 pH 值在 9～11 之间时,反应速度最大。因而,若给水的 pH 值在 9 以上,有利于联胺除氧反应。温度越高,联胺与氧的反应速度越快。水温在 100℃ 以下时,此反应速度很慢;水温高于 150℃ 时,反应很快。但是若溶解氧量在 10 μg/L 以下时,实际上联胺与氧不再发生反应,即使提高温度也无明显效果。

给水采用联胺处理时,应保持剂量稳定。含有联胺的蒸汽不宜作生活用。工业锅炉给水除氧很少用联胺。电站锅炉多采用联胺作为除氧剂。

联胺有毒,易挥发,易燃,所以在运输、贮存、使用时应当小心。

联胺处理与亚硫酸钠处理的比较:

低温时,联胺与氧的反应速度很慢,而亚硫酸钠与氧的反应速度快。高温时,联胺和亚硫酸钠与氧的反应速度都快,但除氧效率方面,联胺不如亚硫酸钠。

亚硫酸钠处理使锅炉水溶解固形物增加,联胺处理时,联胺与氧的反应,以及过剩联胺在锅炉高温条件下的分解都不产生固形物,因而不会使锅炉水中含盐量增加。

联胺对锅炉钢铁及铜合金表面有钝化作用,对金属的腐蚀有缓蚀作用。

(3)钢屑除氧

钢屑除氧是使含有溶解氧的水流经装钢屑的过滤器,由于钢屑被氧化,而将水中的溶解氧除去,其反应为:

$$3Fe + 2O_2 \rightarrow Fe_3O_4$$

水温越高,反应速度越快。因此,增加水温可减少水与钢屑的接触时间,提高过滤速度。此外,水温高时,还不易带出铁锈,水温一般都在 70℃ 以上。

钢屑的材料可用 0～6 号碳素钢,钢厚度一般为 0.5～1.0 mm,长度为 8～12 mm,要采用新切削的钢屑,不宜采用合金钢屑。

表面被污染的钢屑在使用前应先用碱液(如 2％NaOH 或 Na$_3$PO$_4$)除油,用热水冲去碱性液后,再用 2％～3％HCl 酸洗,最后再用热水冲洗。钢屑装入过滤器后要压紧,通常钢屑填充密度在 0.8～1.0 t/m^3 范围内。由反应式计算可知,除掉 1 kg 氧约需 2.6 kg 钢屑。水在钢屑过滤器中的流速与水中含氧量有关,水中含氧量越高,流速应越慢,当含氧量为 3～5 mg/L 时,滤速可取 25～75 m/h。

钢屑过滤器可分为两类:一类是独立式钢屑除氧器,如图 6.12 所示,此类除氧器应用较多,为了强化这类除氧器的工作,可定期(如每月一次)从其下部通入饱和蒸汽,并随后用水冲洗。另一类为装设在水箱内部的附设型钢屑除氧器,由于这种除氧器水流过钢屑各部不易均匀,故除氧效果难以保证。

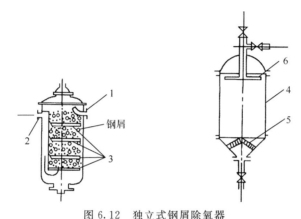

图 6.12　独立式钢屑除氧器
1—进水口;2—出水口;3—多孔隔板;4—圆筒形壳体;5—多孔板;6—排水管

钢屑除氧设备简单,维修容易,运行费用小,但除氧效果与水温和水中杂质有很大关系,水温过低或氢氧根碱度过大都会使除氧效果变坏,并会带入水中铁锈。一般情况下,钢屑除氧可使水的含氧量降至 0.1～0.2 mg/L。

(4)新型除氧剂

由于亚硫酸钠及联胺等目前常用的除氧剂在使用过程中都有局限性及不足,特别是发现联胺有一定毒性,并怀疑它可能是致癌物,目前在食品加工方面,已禁止食品直接与联胺接触。因而,从健康和安全考虑,也为了消除使用联胺与亚硫酸钠的不足,自 20 世纪 70 年代以来,国内外对开发新的除氧剂,包括用于锅炉给水中的除氧剂的研究进行得较多。

目前已见报道的新型除氧剂有:N,N—二乙基羟胺、碳酸肼、胺基乙醇胺、对苯二酚、甲基乙基酮肟、二甲基酮肟、复合乙醛肟和异抗坏血酸钠等。这些新型除氧剂一般均有除氧速度快、除氧效率高,能将金属高价氧化物还原成低价氧化物,并具有钝化金属的性能,且毒性比联胺小得多,或者是无毒的。

在国外,尤其在美国或欧洲,新型除氧剂已在发电厂、造纸厂、钢铁厂和化工厂中使用。在锅炉运行条件下,它们的除氧活性与联胺、亚硫酸钠不相上下,甚至更好,在金属钝化作用、毒性以及热分解等性能方面则更优于联胺与亚硫酸钠。它们比较好的钝化能使锅炉中的金属氧化物量减少,降低了锅炉运行过程中的结垢和腐蚀倾向。用作锅炉保护药剂,也能获得良好效果,并在锅炉再启动时能更快投入运行。

新型除氧剂目前价格比较贵,但随生产工艺的进步,广泛应用后需求量的增大,新型除氧剂的生产成本和售价也会调整。

6.6.2.5 催化树脂除氧

采用除氧剂等物理除氧法和化学药品的化学除氧法,一般投资大、能源消耗高、运行费用昂贵,而且有些化学药品还有一定的毒性。

催化离子交换树脂是将水溶性的钯覆盖到强碱阴树脂上,形成钯树脂。当含溶解氧的水加入氢气后通过钯树脂时,在低温下也能发生反应生成水:

$$O_2 + 2H_2 \xrightarrow{Pd} 2H_2O$$

催化离子交换树脂去除水中溶解氧的优点:

①氢气非常便宜且需要量很少。

②氢气加入水中的方法简单易行。

③氢气与水中溶解氧即使在低温下也可迅速和完全地反应。

④氢气与氧气反应的产物是水,不会带入任何杂质。

⑤反应后不产生任何盐类,因此可以在除盐水中去除溶解氧,例如可去除火电厂锅炉补给水、凝结水中的溶解氧。

⑥在水中存在含盐类或其他杂质时,可仅去除水中溶解氧。

⑦设备简单,操作方便。

⑧投资及运行费用均低于其他除氧方法,处理后水中残留溶解氧在 $10\ \mu g/L$ 以下。

催化树脂还可以用来去除海水中的氧,防止海上石油钻井装置的氧腐蚀。此方法可使海水中溶解氧由 $8\ mg/L$ 降至 $7\sim11\ \mu g/L$。

6.7 停用锅炉的腐蚀与保护

6.7.1 停用锅炉保护的必要性

6.7.1.1 停用腐蚀

锅炉等热力设备停运期间,如果不采取有效的保护措施,水汽侧的金属表面会发生强烈腐蚀,这种腐蚀称为停用腐蚀,其本质属于氧腐蚀。

6.7.1.2 停用锅炉保护的必要性

停用腐蚀是金属损坏的最主要形式之一,在很多情况下,停用时锅炉遭受的腐蚀强度大大超过工作时的腐蚀。如锅炉由制造厂到安装工地的运输存放、安装调试、设备例行检修、计划性停用备用、采暖锅炉与设备的季节性停用、事故或其他临时停用等都有可能产生停用腐蚀。

特别是热网锅炉在夏季有很长的停炉时间,空气中的氧及水蒸气凝结产生的水膜使锅炉极易产生停用腐蚀。尤其是在湿热地区,停用腐蚀较其他季节和地域更严重。在沿海地区由于海雾的影响,设备表面有含盐分很高的液膜,使腐蚀程度加重。

6.7.1.3 停用腐蚀产生的原因

当锅炉停用以后,外界空气必然会大量进入锅炉水汽系统。此时,锅炉虽已放水,但在炉管金属的内表面上往往因受潮而附着一薄层水膜,空气中的氧便溶解在此水膜中,使水膜中饱含溶解氧,所以很易引起金属的腐蚀。若停用后未将锅内的水排放或因有的部位水无法放尽,使一些金属表面仍被水浸润着,则同样会因空气中大量的氧溶解在这些水中,而使金属遭到溶解氧腐蚀。总之,停用腐蚀的主要原因是水汽系统内部有氧气及金属表面潮湿,在表面形成水膜。

6.7.1.4 停用腐蚀的特点

锅炉的停用腐蚀主要是耗氧腐蚀。表现为全面锈蚀,腐蚀产物以高价氧化铁为主。腐蚀严重时,也常出现皿状腐蚀和孔蚀,但其腐蚀产物仍以高价铁为主。其与氧腐蚀相比,各有其特点。

停用腐蚀时的氧腐蚀,与运行时的氧腐蚀相比,在腐蚀部位、腐蚀严重程度、腐蚀形态、腐蚀产物颜色、组成等方面都有明显的不同。因为停炉时,氧可以扩散到各个部位,因而几乎所有的部位均会发生停炉氧腐蚀,它往往比锅炉运行时因给水除氧不彻底所引起的氧腐蚀严重得多。

停用时氧腐蚀的主要形态是点蚀。停用时氧浓度比运行时大,腐蚀面积广。停用时温度低,所以形成的腐蚀产物表层常显黄褐色,其附着力低、疏松、易被水带走。而运行炉由于水温较高,管壁腐蚀产物比较坚硬。

6.7.1.5 停用腐蚀的影响因素

影响锅炉停用腐蚀的因素,对放水停用的设备类似大气腐蚀中的情况,有温度、湿度、金属表面水膜成分和金属表面清洁程度等。对充水停用的锅炉,金属浸于水中,影响因素有水温、水中溶解氧含量、水的成分以及金属表面的清洁程度。

(1)湿度

对放水停用的设备,金属表面的潮气对腐蚀速度影响很大。因为在有湿度的大气中,金属的腐蚀都是表面有水膜时的电化学腐蚀。大气中温度高,易在金属表面结露,形成水膜,造成腐蚀增加。在大气中,各种金属都有一个腐蚀速度呈现迅速增大的温度范围。湿度超过一临界值时,金属腐蚀速度急剧增加;而低于此值,金属腐蚀很轻或几乎不腐蚀。对钢、铜等金属,此"临界相对湿度"值在 $50\%\sim70\%$ 之间。当锅炉内部相对湿度小于 30% 时,铁可完全停止生锈。实际上如果金属表面在无强烈的吸湿剂沾污,相对湿度低于 60% 时,铁的锈蚀即停止。

(2)含盐量

水中或金属表面水膜中盐分浓度增加,腐蚀速度增加。特别是氯化物和硫酸盐含量使腐蚀速度上升很明显。

(3)金属表面清洁程度

当金属表面有沉积物或水渣时,金属表面易结露或残留水分,保持潮湿,又妨碍氧扩散进去,所以沉积物或水渣下面的金属电位较负,成为阳极;而沉积物或水渣周围,氧容易扩散到金属表面,电位较正,成为阴极。由于这种氧浓度差异的原电池存在,使腐蚀速度加快。

6.7.1.6　停用腐蚀的危害

停用腐蚀的危害主要表现在以下两个方面:

(1)在短期内停用设备即遭到大面积腐蚀,甚至腐蚀穿孔。

(2)加剧锅炉运行时的腐蚀。停用腐蚀的腐蚀产物在锅炉启动时,进入锅炉,促使锅炉锅水浓缩,腐蚀速度增加,以及造成炉管内摩擦阻力增大,水质恶化等。

6.7.2　我国有关停用锅炉的规定

我国有关锅炉停用保养的规定:

(1)国家质量监督检验检疫总局于 2012 年 10 月 23 日颁布的 TSG G0001—2012《锅炉安全技术监察规程》规定,锅炉使用单位应当做好停(备)用锅炉及水处理设备的防腐蚀等停炉保养工作。

(2)《火力发电厂热力设备停(备)用阶段的防锈蚀导则》,是为搞好火力发电厂热力设备停(备)用阶段的防锈蚀保护、保持安全经济运行特别制定的。

6.7.3　全国停用锅炉的规律

锅炉是生产和公民生活中的重要设备,被广泛应用于国民经济的各个领域,正如前面所述,我国对停用锅炉的防腐控制已有明确规定,但在停炉保养上还存在很大问题,这既有管理上的问题,也有技术上的不完善、不尽如人意,从而造成锅炉使用寿命严重缩短,同时也危及了安全生产。这一局面必须改变。据调查电厂锅炉和 10 t/h 以上的工业锅炉,一般都采用一定的措施进行停用保养;中小型锅炉的停用保养存在相当大的问题,基本上不保养或保养不当,而其数量占我国锅炉的 80% 左右,其造成的浪费是相当惊人的。

我国现有锅炉近 40 万台,这些锅炉随地区和种类、用途的不同,其停用规律也随之而异。从地域上看南方与北方存在不同的分布规律。我国幅员辽阔,南北气候差异很大。南方四季温暖无须冬季取暖御寒,北方冬季冰天雪地,采暖锅炉是保障人民生活不可缺少的热力设备。在北方蒸汽锅炉、热水锅炉并用。由于寒冷,大部分热水锅炉专用于采暖,每年只采暖期运行五个月左右,其余的时间完全处于停用状态,停用时间占全年总时间 50% 还多,蒸汽锅炉主要用于工业生产,少部分用于采暖,作为应用单位的主要动力来源,这类锅炉因正常的维修停用及事故停用、备用。每年也有相当长的时间处于停运状态,其停用规律因地、因时而异,我国南方锅炉绝大部分是用于生产的蒸汽锅炉,蒸汽锅炉的停用保护问题就更显得突出。例如,某公司动力车间的两台 KZL24—B 锅炉,为了保证供汽质量连续生产,在正常情况下只使用其中的一台,两台交替使用。某印染厂的四台 SZS10—B 锅炉,每年只在冬季使用,其余时间都处于停用状态。某地区采取电厂锅炉集中供热,受热单位锅炉长年备用。某炼油厂的 SHS20—25 锅炉,每年仅运行三周,全年大部时间处于停用状态。

北方和南方在锅炉数量上也有所不同,所谓南轻北重,北方多重工业基地,加之冬季采暖,锅炉数量多,蒸发量大;南方轻工业比例较大,冬季无采暖,锅炉数量少,蒸发量也较小。例如,在全国 29 省、自治区、直辖市中,占地仅 19 万平方公里的辽宁省 1990 年锅炉统计数字就达近 4 万台,几乎占到全国锅炉总数的 1/10。

目前,全国在役锅炉 80% 以上存在停用期,也就是有三十多万台存在停用期,如不加保护,每年腐蚀金属浪费达数亿元,这种现象必须改变,停用期间的腐蚀破坏不仅会缩短锅炉的使用寿命,而且会形成运行的隐患,威胁国家财产和人民生命的安全。

6.7.4 停用锅炉的保护方法的分类及选择原则

6.7.4.1 分类

为保证锅炉设备的安全经济运行,锅炉在停用与备用期间,必须采取有效的防腐蚀措施,以避免或减轻停用腐蚀。按照保护方法或措施的作用原理,停用保护方法可分为三类:

(1)阻止空气进入锅炉水汽系统内部,其实质是减少金属腐蚀剂氧的浓度。

(2)降低锅炉水汽系统内部的湿度,其实质是防止金属表面凝结水膜,形成电化学腐蚀电池。

(3)使用缓蚀剂,减缓金属表面的腐蚀。

6.7.4.2 选择停用保护方法的原则

在选择停用保护方法时,主要根据以下原则。

(1)锅炉参数与类型

首先要考虑锅炉的类别,对水质要求比较高的锅炉,只能采用挥发性药品保护,如联胺和氨或充氮保护。其次是考虑锅炉参数,通常对水汽系统结构复杂的锅炉,停用放水后,有些部位不易放干,所以不宜采用干燥剂法。

(2)停用时间的长短

停用时间不同,所选用的方法也不同。对热备用状态的锅炉,必须考虑能随时投入运行,因此所采用的方法不能排掉锅水,也不能改变锅水成分,所以一般采用保持蒸汽压力法。对于短期停用机组,要求短期保护以后能投入运行,锅炉一般采用湿式保护。

(3)现场条件

现场条件包括设计条件、给水的水质、环境温度和药品来源等。如采用湿式保护的各种方法时,在寒冷地区均需考虑药液的防冻。

在选择停用保护方法时,必须充分考虑锅炉的特点,才能选择出合适的药品或恰当的保护方法,也只有充分考虑到需要保护的时间长短,才能选择出既有满意的防锈蚀效果,又方便锅炉启停的保护方法。

6.7.5 锅炉停用保护方法

锅炉停用保护方法较多,这里介绍几种常用的效果较好的方法:干式保护法、湿式保护法及联合保护法。

干式保护法有:热炉放水余热烘干法、负压余热烘干法、邻炉热风烘干法、干燥剂去湿法、充氮法、气相缓蚀剂法等。湿式保护法有:蒸汽压力法、给水压力法、氨水法、氨—联胺法等。联合保护法有:充氮或充蒸汽的湿式保护法。

6.7.5.1 热炉放水余热烘干法

热炉放水是指锅炉停运后,压力降到 0.5～0.8 MPa 时,迅速放尽锅内存水,利用炉膛余热烘干受热面。若炉膛温度降到 105℃时,锅内空气湿度仍高于 70%,则锅炉点火继续烘干。此法适用于临时检修或小修锅炉时,停用期限一周以内。

6.7.5.2 负压余热烘干法

锅炉停运后,压力降到 0.5～0.8 MPa 时,迅速放尽锅炉内存水,然后立即抽真空,加速锅内空气排出湿气的过程,并提高烘干效果。应用此法保护适用于锅炉大、小修时,停用期限可长至三个月。

6.7.5.3 邻炉热风烘干法

热炉放水后,将正在运行的邻炉热风引入炉膛,继续烘于水汽系统内表面,直到锅内空气湿度低于 70%。此法适用于锅炉冷态备用或大、小修期间,停用一个月以内。

6.7.5.4 干燥剂去湿法

应用吸湿能力强的干燥剂,使锅内金属表面保持干燥。应用时,先热炉放水、烘干,除去水垢和水渣,放入干燥剂(如无水氯化钙、生石灰、硅胶等)。此法常用于中小型机组。

6.7.5.5 充氮法

当锅炉压力降到 0.3～0.5 MPa 时,接好充氮管,待压力降到 0.05 MPa 时,充入氮气并保持压力 0.03 MPa 以上。氮气本身无腐蚀性,它的作用是阻止空气漏入锅内。此法适用于长期冷态备用锅炉的保护,停用期限可达 3 个月以上。

另有氮气密封法,需要锅炉全部的水空间被氮气充满,同时要求氮气纯度宜大于 99.5%。一般工业锅炉上因充氮设备条件无法满足及成本原因较少采用。

6.7.5.6 气相缓蚀剂法

锅炉烘干,锅内空气湿度小于 90%时,向锅内充入气化了的气相缓蚀剂充至排气口 pH＞10,停止充气,封闭锅炉。此法适用于冷态备用锅炉,一般适用于中长期停用保护。实际经验报道,有的机组用此法保护可达一年以上。

气相缓蚀剂,如碳酸环己铵、碳酸铵等,它们具有较强的挥发性,溶入水后能解离出具有缓蚀性能的保护性基团的化合物。气相缓蚀剂应具有如下的基本特点:化学稳定性高;有一定蒸汽压,以保证被保护设备的各个部位,缓蚀剂能保留较长时间;在水中有一定溶解度;有较高的防腐能力。

6.7.5.7 蒸汽压力法

有时锅炉因临时小故障或外部电负荷需求情况而处于热态备用状态,或锅炉处于停用状态,需采取保护措施,并且锅炉必须准备随时再投入运行,所以锅炉不能放水,也不能改变锅水成分。在这种情况下,可采用蒸汽压力法。其方法是:锅炉停运后,用间歇点火方法,保持蒸汽压力大于 0.5 MPa,一般使蒸汽压力达 0.98 MPa,以防止外部空气渗入。此法适用于一周以内的短期停用保护,耗费较大。

6.7.5.8 给水压力法

锅炉停运后,用除氧合格的给水充满锅内,并保持给水压力 0.5～1.0 MPa 及溢流量,以防空气渗入。此法适用于停用期一周以内的短期停用锅炉的保护。保护期间定期检查锅内水压力和水中溶解氧含量,如压力不合格或溶解氧大于 7 μg/L,应立即采取补救措施。

6.7.5.9 氨水法

锅炉停运后,放尽锅内存水,用氨溶液作防锈蚀介质充满锅炉,防止空气进入。使用的氨液浓度为 500～700 mg/L。氨液呈碱性,加入氨,使水碱化到一定程度,有利于钢铁表面形成保护膜,可减轻腐蚀,因为浓度较大的氨液对铜合金有腐蚀。因此,使用此法保护前应隔离接触的铜合金部件。解除设备停用保护,准备再启动锅炉时,在点火前应加强锅炉本体到过热器的反冲洗。点火后,必须待蒸汽中氨含量小于 2 mg/kg 时,方可送汽。此法适用于停用期为一个月以内的锅炉。

6.7.5.10 氨—联胺法

锅炉停运后,把锅内存水放尽,充入加了联胺并用氨调节 pH 值的给水。保持水中联胺过剩量 200 mg/L 以上,给水的 pH 值为 10～10.5。此法保护锅炉,其停用期限可达三个月以上,所以适用于长期停用、冷态备用或封存的锅炉保护,当然也适用于三个月以内的停用保护。在保护期,应定期检查联胺浓度与 pH 值。

应用联胺—氨法保护的机组再启动时,应先将联胺—氨水排放干净,并彻底冲洗。锅炉点火后,应先向空排气,直至蒸汽中氨含量小于 2 mg/kg 时方可送汽,以免氨浓度过大而腐蚀铜管。对排放的联胺—氨保护液,要进行处理后才可排入河道,以防污染。

由于联胺氨液保护时温度为常温,所以联胺的主要作用不是直接与氧反应而除去氧,而是起阳极缓蚀剂或牺牲阳极的作用,因而联胺的用量必须足够。

6.7.5.11 联合保护法

这应该是一种最主要的保护形式。因单靠一种保护方法很难卓有成效地防止锅炉的停用腐蚀,故应采用联合保护法。联合保护法中最常用的充氮或充蒸汽的湿式保护法。其方法是:在锅炉停运后,先完成锅内换水,充入氮气,并加入联胺与氨,使联胺量达 200 mg/L 以上,给水的 pH 值达 10 以上,氮压保持 0.03 MPa 以上。若保护期长,则联胺量还需增加。很显然,这种保护法虽然较复杂,但比其他各种单一保护方法会效果更好。

6.7.5.12 TH901 半干缓蚀保护法

TH901 半干缓蚀保护法是国内外最先进、最有效的方法,它代表了停用锅炉腐蚀保护的一种新概念,解决了锅炉行业一个长期没有彻底解决的难题,它的应用明显地优于传统的"干法"和"湿法"保护。它主要用于停用锅炉和其他停用待用黑色金属容器的防腐领域。

TH901 保护剂渗透力极强,缓蚀半径大,采用极易挥发药剂组成,同时还配有吸湿剂,药剂挥发成分在金属表面形成保护膜,与腐蚀介质隔离以达到保护金属,防止腐蚀的作用,无须除氧、干燥步骤。这种方法不仅保护处于气相中的金属,而且保护处于液相中的金属,同时对无垢及垢下金属均有保护作用,缓蚀效率达 99% 以上。另外,一次加药无须监测与补药,保护期限达两年以上。加药全过程只需几十分钟时间,由于单位体积用量小,因此总体成本较低,只有干法保护的 1/5,湿法保护的 1/7。

它的具体步骤如下:

(1)将锅炉的水全部放掉,消除沉积在锅炉水汽系统内的水渣及残留物。

(2)当水汽系统内表面较清洁时,在联箱与锅炉中加药,加量按 $1\ kg/m^3$ 水容积计算,联箱与锅筒投药量按 $1:6$ 或 $1:7$ 的比例。

(3)加药部位:从人孔、手孔用托盘盛放药剂,选择锅筒、联箱内可均匀挥发的部位放置。

(4)加药完毕立即关闭与锅炉本体相连接的水汽系统各个阀门,使之严密并保持与外界隔绝状态。

(5)如果锅炉内部局部潮湿,可适量加一些吸湿剂。

注意事项:

此药剂易挥发,有刺激性气味,使用时应带好防护用具,并需 2 人以上配合操作;如果是生活用蒸汽锅炉,应先将药剂气味驱除后再使用蒸汽。

参考文献

魏宝明.2004.金属腐蚀理论及应用.北京:化学工业出版社.

肖纪美.1994.腐蚀总论——材料的腐蚀及其控制方法.北京:化学工业出版社.

杨麟,王骄凌,等.2009.GB/T 1576—2008 工业锅炉水质.

杨麟,周英,等.2011.锅炉水处理及质量监督检验技术.

第7章

锅炉化学清洗

7.1　锅炉化学清洗概述

7.1.1　锅炉清洗的目的意义

天然水中存在着易引起锅炉结垢、腐蚀等有危害性的杂质。通过锅炉水处理,虽然可以起到防垢、防腐作用,但实际上不管采用何种水处理方法,都会由于各种原因,使锅炉不能完全避免结垢和腐蚀,尤其当水处理方法不当,管理不善时,更容易使锅炉受热面产生结垢和腐蚀。水垢及腐蚀产物的沉积会对锅炉带来一系列的危害,不仅容易引发安全事故,而且明显阻碍传热、浪费燃料。因此当锅炉结垢或腐蚀沉积物达到一定程度时,应当及时清洗除去。

锅炉化学清洗是防止锅炉因腐蚀、结垢而引起事故的必要措施,同时也是提高锅炉热效率、节约能源、改善机组水汽质量的有效措施。锅炉化学清洗包括运行锅炉的除垢清洗和新安装锅炉的除油、除锈清洗,其主要目的就是除去锅炉及水汽系统中的各种水垢、沉积物、腐蚀产物及油脂等污物,使锅炉受热面保持清洁,并在金属表面形成良好的钝化保护膜,确保锅炉安全、节能、经济运行。

7.1.2　锅炉清洗的常用方法

7.1.2.1　物理清洗

物理清洗是借助各种机械外力和能量使污垢粉碎、分解并剥离下来,以达到清洗的目的。常用的物理清洗方法主要有高压水力射流清洗、Pig清洗、干冰清洗、超声波清洗、电场除垢以及机械疏管,目前工业锅炉清洗中使用较多的是高压水力射流清洗技术和机械疏管等。与化学清洗相比,物理清洗的除垢成本相对较低,并且较为环保,但物理清洗有一定的适用性和局限性。

(1)高压水力射流清洗

近年来,高压水力射流清洗技术发展很快,在石油、化工、电力、冶金等工业部门中得到广泛的应用。高压水力射流清洗可除去水垢、铁锈、污泥、油类烃类结焦等各种沉积物,清洗效果较好,对环境污染小,效率高,容易满足清洗要求。

高压水射流清洗原理是用高压泵打出高压水,通过管子流经喷嘴时,将高压低流速的水转换为低压高流速的射流,以冲击动能很高的射流水连续不断地作用在被清洗表面,从而使污垢脱落,达到清洗目的。常用高压水射流清洗压力为 $2\sim35$ MPa,水流量为 $20\sim100$ L/min。与

传统的机械清洗和化学清洗相比,高压水为射流清洗具有以下优点:

①选择适当的压力等级,在不损伤被清洗设备基体的情况下,可除去用化学清洗难溶或不能溶的特殊垢。

②高压水为射流清洗采用普通自来水在高流速下的冲刷清洗,所以不会增加环境污染,不腐蚀设备。

③易于实现机械化、自动化,节省能源和劳力,清洗效率高,成本低。

对于锅炉的除垢清洗,目前高压水力射流清洗主要适用于结构简单的工业锅炉,并且对结垢较厚的水垢有较好的清除效果,甚至对接近堵塞的水冷壁管也有较好的冲通效果,但对于较薄的硬垢(厚度<1 mm)清洗效果反而不太显著。由于高压射流水的冲击动能较高,一旦不小心冲击到人身上,易使人体受到较大伤害,严重时甚至会造成骨骼断裂,因此高压水射流清洗必须注意安全操作。

(2)机械疏管

传统的机械除垢主要采用洗(疏)管器、扁铲、钢丝刷及手锤等工具进行机械除垢。此方法比较简单,成本低,但劳动强度大,除垢效果差,易损坏金属表面,只适用于结构简单,便于机械工具接触到水垢的小型锅炉,并且仅局限于清除局部性的结垢。

7.1.2.2　化学清洗

锅炉化学清洗,就是采用合适的化学药剂配置成清洗溶液,通过化学药剂与垢层进行化学反应,并通过溶解、剥离、气掀等作用,在一定的清洗工艺条件下除去锅炉及水汽系统中的各种水垢、沉积物、腐蚀产物及油脂等污物,使锅炉受热面清洁,并在金属表面形成良好的钝化保护膜。根据清洗药剂的性质不同,化学清洗又分为碱洗和酸洗两大类,一般运行锅炉的除垢清洗以酸洗为主。

(1)碱洗和碱煮

碱洗是一种以碱性药剂为主要清洗剂的化学清洗方法,清洗成本低,应用广泛,操作较简单。锅炉点火带压碱洗也称碱煮或煮炉,通常应用于新安装的中低压锅炉清除油污和氧化皮;对于运行锅炉的除垢清洗,单纯的碱洗除垢效果较差,但通过碱煮可以松动水垢,促进水垢脱落,并可使难溶于酸的硫酸盐和硅酸盐水垢转化为可用酸溶解的疏松水垢,因此难溶硬垢通常在酸洗前采用碱煮转型,以便提高酸洗除垢效果。另外,高压以上新安装锅炉的化学清洗,必须先进行碱洗,除去油污后再进行酸洗。

(2)酸洗

酸洗通常是指采用酸类药剂(包括无机酸和有机酸)作清洗剂的清洗方法,是目前清除水垢、清洁锅炉受热面最有效的常用方法。按照有关技术法规和标准进行规范的化学清洗,不仅安全可靠不损伤锅炉,而且除垢后能在金属表面形成保护膜,提高锅炉运行的安全性和经济性,但是由于酸对金属的腐蚀性,不当的化学清洗,不但达不到良好的除垢效果,而且反而会对锅炉造成腐蚀、爆管等危害,有时甚至严重影响锅炉的安全运行。因此锅炉酸洗是一项技术性较强的工作,应当由具有相应清洗资质和能力的专业清洗单位承担,清洗过程应当接受特种设备检验检测机构的监督检验。

7.1.2.3 常见水垢类型及清洗方法的选择

含有钙、镁、铁离子等杂质的锅炉用水如果不经过处理或水处理未达到要求就进入锅炉，运行一段时间后，锅炉水侧受热面上就会牢固地附着一些固体沉积物，这种现象称为结垢，受热面上黏附着的固体沉积物称为水垢。在一定的条件下，固体沉淀物也会在锅水中析出，呈松散的悬浮状，称为水渣，可随排污除去。但如果排污不及时，部分水渣将会在受热面上或水流流动滞缓的各个部位沉积下来，也会转化成水垢，这种由水渣转化的水垢被称为"二次水垢"。锅炉结生的水垢绝大多数是由难溶的盐类形成，有的还包括一部分腐蚀产物。水垢可按其组成的阳离子分类，也可按组成的阴离子分类。

(1)按阳离子分类

①钙镁水垢

在钙镁水垢中，主要成分为钙镁化合物，有的可高达90%以上。钙镁水垢根据所组成的阴离子不同，又可分成碳酸盐水垢和非碳酸盐水垢等几种，它们主要是由于给水硬度过高所造成。工业锅炉结生的水垢大多以钙镁水垢为主。

②氧化铁垢

通常指 Fe_2O_3 含量＞70%的水垢，其中往往还含有少量的铜垢和其他盐类沉积物。这种水垢的形成往往是由于给水中含铁量太高、锅炉热负荷较高或者由锅炉本身的腐蚀产物转化造成。

工业锅炉结生氧化铁垢，大多是由于停炉保养不当，由腐蚀产物转化造成；近年来随着冷凝水回用的节能减排措施推广，有的单位对蒸汽系统防腐及冷凝回水处理不重视，回水中含大量铁离子，进入锅炉后也容易在水冷壁管、烟管等部位形成氧化铁垢。

(2)按阴离子分类

①碳酸盐水垢

主要成分为钙、镁的碳酸盐，以碳酸钙、氢氧化镁为主。多结生在温度相对较低的部位，如省煤器、进水口附近等，有时在下联箱和水冷壁上也有生成。

②硫酸盐水垢

主要成分为硫酸钙(硫酸盐含量占50%以上的垢)，特别坚硬、致密，不易清除。大多结生在温度较高，蒸发强度大的受热面上。

③硅酸盐水垢

成分较为复杂，绝大部分为铝、铁的硅酸化合物，其中二氧化硅含量往往占20%以上，高的可达40%～50%。这种水垢多数非常坚硬，导热性最差。通常易在锅炉受热强度最大的部位，如水冷壁上形成。

④混合水垢

是上述各种水垢及铁锈垢的混合物，不易指出哪一种成分是主要的，常见于水处理不稳定的锅炉中。混合水垢色杂，往往呈多层状，一部分可在盐酸中溶解，也有气泡产生，溶液中有残留水垢碎片或泥状物。

另外，如给水受油污染，还会形成油垢，但不常见。

各种水垢的性质及其鉴别方法可参见表7.1。

表 7.1　各类水垢的性质及其鉴别

水垢类别	性质	鉴别方法
碳酸盐水垢 ($CaCO_3 > 50\%$)	白色,呈石膏状或疏松状	在 5% HCl 溶液中大部分可溶解,同时生成大量气泡,反应后酸溶液中所剩残渣量很少。
硫酸盐水垢 ($CaSO_4 > 50\%$)	黄白色或白色坚硬、致密断面呈结晶状	在热 HCl 溶液中能极缓慢地溶解,很少有气泡产生;向溶液中加入 10% 氯化钡溶液时,会生成大量的白色沉淀。
硅酸盐水垢 ($SiO_2 > 20\%$)	灰白或灰褐色坚硬、致密导热性极差	在盐酸中不溶解,加热后其他成分会缓慢地部分溶解,并有透明状砂粒出现,加入氟化物时可缓慢溶解。
氧化铁垢 ($Fe_2O_3 > 70\%$)	棕褐色或黑色较致密或疏松	在 5% HCl 溶液中可缓慢溶解,溶液呈黄绿色,加硝酸或氢氟酸能较快地溶解,溶液呈黄色。
油垢 (有机物 > 5%)	黑色略呈黏性	在酸中不溶解。将垢样研碎,加入乙醚后,溶液呈黄绿色。

(3)清洗条件的确定

根据 TSG G5003－2008《锅炉化学清洗规则》的规定,工业锅炉化学清洗包括碱洗和酸洗,当水垢或者锈蚀达到以下程度时应当及时进行除垢或者除锈清洗:

①锅炉受热面被水垢覆盖 80% 以上,并且水垢平均厚度达到 1 mm 以上;

②锅炉受热面有严重的锈蚀。

1999 版《锅炉化学清洗规则》中对于工业锅炉清洗条件做出规定:"每台锅炉酸洗间隔时间不宜少于两年"。TSG G5003－2008《锅炉化学清洗规则》取消了清洗间隔两年的时间限制,主要是考虑到目前我国酸洗缓蚀剂的缓蚀性能已经达到较高水平,锅炉酸洗技术也较为成熟,在严格按照清洗技术规范进行操作的情况下,锅炉化学清洗一般是安全的。另外,由于锅炉受热面结垢后,将显著影响传热,浪费燃料,及时清除水垢有利于节能减排,因此对锅炉酸洗的间隔时间不再加以限制,但这并不意味着可以频繁酸洗锅炉。锅炉结垢应当以防为主,绝不能以化学清洗来代替日常的水处理工作。

锅炉受热面结垢后,不但浪费燃料,降低热效率,而且容易损坏锅炉,带来事故隐患,影响安全运行,因此规则中规定:当锅炉受热面有 80% 以上被水垢覆盖,并且水垢厚度普遍达到 1 mm 以上,或者锅炉整个受热面严重锈蚀,都应该及时进行除垢或者除锈蚀清洗,确保锅炉安全、节能、经济运行。

工业锅炉由于年检和清洗时一般不割水冷壁管,难以对整个受热面的水垢厚度和覆盖面积准确测算,因此水垢覆盖率通常只能根据锅筒(炉胆)、集箱、烟管、对流管、水冷壁管口等可见部位目测判断。

工业锅炉清洗通常以清洗锅炉本体为主,必要时同时清洗省煤器。过热器一般不清洗,对于积盐的过热器可通过高流速水冲洗,除去积盐;但如果发生汽水共腾,蒸汽质量严重恶化,导致过热器结垢,则需要按电站锅炉对过热器清洗的要求进行化学清洗。

新安装的工业锅炉投入运行前通常应进行碱煮(煮炉)清洗。

。

7.2 锅炉清洗常用药剂

清洗药剂的选择是清洗工作的重要环节,不但关系到清洗工艺的确定和经济效益,而且往往直接影响到清洗质量,因此实施清洗前要根据设备的类型、结构、材质、垢的组成和垢量等各种因素,选择合适的清洗药剂。

7.2.1 碱性清洗剂

碱洗是一种以碱性药剂为主清洗剂的化学清洗方法,清洗成本低,应用广泛。碱性清洗剂可以单独使用,也可以和其他清洗剂交替或混合使用,主要用于清除油污、硅垢、金属氧化物和油脂涂层等。

在工业清洗中,常用的碱性清洗剂有氢氧化钠、碳酸钠、磷酸盐、硅酸钠、硼酸钠等。通常是用它们中的两种或两种以上的混合物,有时添加一定的表面活性剂和有机溶剂等。它们不仅呈现碱性,起到清洗油污的作用,有的还具有 pH 值缓冲剂、金属离子络合剂、硬水软化及阻垢剂、油污分散剂、缓蚀剂、钝化剂等作用。下面主要介绍常用碱性清洗剂的特点和性质。

7.2.1.1 氢氧化钠

氢氧化钠(NaOH)又称为苛性钠,俗名烧碱、火碱,化学组成 NaOH。工业氢氧化钠含有少量的氯化钠和碳酸钠,白色不透明固体,有条状、块状、粒状和片状。液态的称为液碱,浓度一般为 40%。固体氢氧化钠吸湿性很强,易溶于水,同时强烈放热。另外,它易吸收空气中的二氧化碳生成碳酸钠,因此氢氧化钠应储存于密闭的容器中。

氢氧化钠常用于新安装锅炉碱洗或煮炉的清洗剂,主要作用是清除金属表面的油污、硅垢和铁的氧化物。其反应原理和特点如下:

(1)氢氧化钠除油主要是通过皂化作用,使油脂反应后生成可溶于水的皂类物质,并且具有表面活性。反应式如下:

$$(C_{17}H_{35}COO)_3C_3H_5 + 3NaOH \rightarrow 3C_{17}H_{35}COONa + C_3H_5(OH)_3$$

(2)利用氢氧化钠可与两性氧化物反应的特点,除去氧化铁皮:

$$Fe_2O_3 + NaOH \rightarrow NaFeO_2 + H_2O$$

(3)氢氧化钠与 SiO_2 发生反应,生成可溶性的硅酸钠:

$$SiO_2 + 2NaOH \rightarrow Na_2SiO_3 + H_2O$$

因此当锅炉中结有硅垢时,采用氢氧化钠在高温带压条件下煮炉清洗或使垢转型,可获得较好的效果。

但是高压锅炉或者受压部件含有奥氏体钢材质的锅炉,不宜使用氢氧化钠为主要碱洗剂,因为高浓度的氢氧化钠在高压下易使金属产生碱脆。不过仅使用少量氢氧化钠调节碱洗液的 pH 值是允许的。

氢氧化钠具有很强的碱性,对皮肤、纸张、织物、玻璃等有强烈的腐蚀性,因此氢氧化钠不能用玻璃容器储存。40%的氢氧化钠对所有人体组织都具有极高的腐蚀性,特别是眼睛与苛性钠接触后如果不及时用大量清水冲洗,会造成永久性失明,苛性钠对人体造成的灼伤甚至比强无机酸(氢氟酸除外)造成的灼伤还要严重。因此,清洗过程中,接触氢氧化钠时应穿戴好防护用品,防止皮肤烧伤和眼睛的红膜受损。

7.2.1.2　碳酸钠

碳酸钠俗名纯碱或苏打,呈白色细小颗粒或粉状,易溶于热水,在冷水中溶解性稍差。碳酸钠属于强碱弱酸盐,易发生水解反应生成氢氧化钠,因此水解后的水溶液呈强碱性。

碳酸钠常用作锅炉碱煮药剂,其作用原理和特点如下:

(1)碳酸钠易发生水解反应生成氢氧化钠,尤其在高温时水解反应更彻底,因此碳酸钠具有氢氧化钠的作用。碳酸钠用于清洗油脂,可使油脂疏松、分散、乳化和皂化。

$$Na_2CO_3 + H_2O \rightarrow NaOH + CO_2 \uparrow$$

(2)使难溶垢转型。根据溶度积原理,碳酸钠可使部分难溶于酸的硫酸盐水垢和硅酸盐水垢转化为易溶于酸的碳酸盐,同时在垢的转型过程中可使坚硬的水垢得以疏松甚至脱落。

$$CaSO_4 + Na_2CO_3 \rightarrow Na_2SO_4 + CaCO_3 \downarrow$$

转型后的碳酸钙再采用酸洗除去,可得到较好的清洗效果。

7.2.1.3　磷酸盐

磷酸盐不仅是常用的碱性清洗剂,而且常被用作阻垢剂和钝化剂。磷酸盐的种类较多,常用的主要有:磷酸三钠、磷酸氢二钠、磷酸二氢钠以及聚磷酸钠等。

磷酸三钠是最常见的简单磷酸盐,工业品带 12 个结晶水,分子式为 $Na_3PO_4 \cdot 12H_2O$,呈白色晶体。磷酸三钠易溶于水,水解后呈一定碱性,工业磷酸三钠含量应在 95% 以上。

磷酸氢二钠(Na_2HPO_4)和磷酸二氢钠(NaH_2PO_4)是磷酸三钠的酸式盐,碱性比磷酸三钠弱,属于弱碱性清洗剂。高压以上的锅炉清洗常用磷酸氢二钠和磷酸二氢钠作碱洗剂。常用的聚磷酸盐有三聚磷酸钠 $Na_5P_3O_{10}$ 和焦磷酸钠 $Na_5P_2O_7$,它们也常用于钢铁的钝化。

磷酸盐在化学清洗中的使用特点如下:

(1)去污作用。磷酸盐具有显著的分散作用,能把颗粒较大的污垢分散到接近胶体粒子大小的颗粒,对油污有较好的清洗作用。

(2)钝化作用。磷酸盐可以在金属表面形成磷酸铁保护膜,具有显著的抑制金属腐蚀的性质,因此可用作酸洗后的钝化剂。中低压锅炉也常用磷酸三钠作新安装锅炉的煮炉清洗药剂,既可洗去金属表面的油污杂质,又可在金属表面形成钝化保护膜。

(3)使难溶垢转型。根据溶度积原理,由于碱式磷酸钙的溶度积非常小($K_{SP} = 1.6 \times 10^{-58}$),在碱性条件下,通过煮炉使磷酸盐将难溶于酸的硫酸钙水垢转为疏松的、能溶于酸的碱式磷酸钙,然后再采用酸洗除去。硫酸钙水垢转型为碱式磷酸钙的反应式如下:

$$10CaSO_4 + 2OH^- + 6PO_4^{3-} \rightarrow Ca_{10}(OH)_2(PO_4)_6 \downarrow + 10SO_4^{2-}$$

(4)聚磷酸盐用于碱性清洗剂时,具有较明显的表面活性。虽然它的表面活性比硅酸钠稍弱,但比磷酸三钠强,可以用在不能使用硅酸钠的清洗液中。

7.2.1.4 硅酸钠

硅酸钠化学组成为 $xNa_2O \cdot ySiO_2 \cdot zH_2O$，通常写成 Na_2SiO_3，其中二氧化硅的分子数和碱性氧化物分子数的比值称为硅酸钠的模数。模数对硅酸钠的性质和用途有重要的影响。

硅酸钠呈无色、青绿色或棕色的固体或黏稠液体，其品种和性质随模数不同而变。最常见的是水合偏硅酸钠 $Na_2SiO_3 \cdot zH_2O$，z 为硅酸钠所带结晶水的数量，一般为 5,6,7,8 或 9，其水溶液称为水玻璃，工业上俗称泡花碱，因含有 Fe 等杂质呈紫色。此外还有 Na_4SiO_4、$Na_2Si_2O_5$、$Na_6Si_2O_7$ 等组成。$Na_4SiO_4 \cdot 5H_2O$ 称为原硅酸钠，也可写成 $2Na_2O \cdot SiO_2 \cdot 5H_2O$。

硅酸钠有很大的使用价值，例如，它可用作黏合剂，木材、织物等浸过水玻璃具有防火、防腐烂的性能，还可用作洗涤剂、肥皂的助剂、金属的防锈剂等。

在锅炉化学清洗中，硅酸钠用于碱性清洗液中，主要起表面活性作用，其使用特点和注意事项如下：

（1）硅酸钠水溶液呈强碱性，碱性接近于氢氧化钠的水溶液。硅酸钠分子内 Na_2O 和 SiO_2 的比例越大，水解后的碱性越强。原硅酸钠的碱性是各种硅酸钠中最强的，偏硅酸钠的碱性比原硅酸钠的弱。

（2）硅酸钠溶液的湿润、浸透性能良好，能保持污垢的分散状态。另外，硅酸钠易发生水解反应，水解出的硅酸以胶状悬浮于溶液中，对污垢也有分散和稳定作用，可以阻止污垢在材料表面的再沉积。

（3）硅酸钠溶液遇到酸生成胶状游离硅酸，容易在清洗表面黏附，因此碱洗后必须用水冲洗干净。

（4）硅酸钠的碱性比较强，尤其是原硅酸钠，对人体皮肤有不同程度的刺激，因此使用时应作好防护工作。

7.2.2 无机酸清洗剂

常用的无机酸清洗剂主要有：盐酸、硝酸、氢氟酸、氨基磺酸、磷酸等。无机酸清除水垢和锈蚀产物的原理，主要是由于酸溶解、气掀、疏松和剥离共同作用的结果，其主要反应式如下：

$$CaCO_3 + 2H^+ \rightarrow Ca^{2+} + CO_2 \uparrow + H_2O$$
$$MgCO_3 + 2H^+ \rightarrow Mg^{2+} + CO_2 \uparrow + H_2O$$
$$Mg(OH)_2 + 2H^+ \rightarrow Mg^{2+} + 2H_2O$$
$$Fe_3O_4 + 8H^+ \rightarrow Fe^{2+} + 2Fe^{3+} + 4H_2O$$

水垢或腐蚀物与酸反应后生成可溶性的盐，从而被溶解于清洗液中，这就是酸对垢的溶解作用。与此同时，反应中产生的 CO_2 气体，具有气掀作用，并进而达到使水垢疏松和剥离作用。因此对于混合水垢，即使其中含有难溶于酸的硫酸盐垢和硅垢，也能随着碳酸盐垢的溶解而变成松散的残渣碎片，自动剥离脱落或被冲刷掉。

但是酸中大量的氢离子也极容易与金属发生反应：

$$2H^+ + Fe \rightarrow H_2 \uparrow + Fe^{2+}$$

而且反应过程中析出的氢原子还会渗入金属的晶格内部，使金属产生"氢脆"，所以酸洗时必须加入缓蚀剂,抵制酸对金属的腐蚀,并且酸洗时间不能过长,也不宜对锅炉频繁地进行酸洗。以下介绍各种常用无机酸清洗剂的特点。

7.2.2.1　盐酸(HCl)

盐酸是最常用的酸洗剂,它对碳酸盐水垢和铁锈垢等都有很好的除垢效果,但对硫酸盐和硅酸盐垢溶解作用较差,对这类垢需配合碱煮转型进行除垢,有时还需加入氟化物、表面活性剂等添加剂,以提高酸洗除垢效果。盐酸不能用于奥氏体不锈钢的清洗。

(1)盐酸的优点

盐酸是最常用的无机酸清洗剂,其主要优点有:

①清洗能力强、清洗速度快,而且清洗后的表面状态好。

②价格便宜,容易购买,输送简便,清洗费用低。

③清洗废液处理较简单,容易达到环保要求。

④清洗操作容易掌握,适合于碳钢、低合金钢、铸铁、铜及铝合金等多种材质,所以常用来清洗各种换热器、反应器、锅炉等设备。

虽然盐酸对硫酸盐垢和硅垢的溶解能力较差,但通过酸洗前碱煮转型,再用盐酸清洗,或在盐酸中添加氟化物除硅垢,也能得到较好的清洗效果。

(2)盐酸的缺点

盐酸作为清洗剂虽然有不少优点,但也有其局限性:

①盐酸不能清洗含有奥氏体不锈钢材质的设备,因为盐酸中的氯离子会使奥氏体钢产生应力腐蚀。

②盐酸是一种挥发性酸,当温度较高(如高于 60℃)时易造成难以抑制的"气蚀",且产生的酸雾,对人体和环境有害;另外,虽然加入合适的缓蚀剂,可使它对金属的腐蚀性降低至很小,但若掌握不好仍会有腐蚀现象,因此盐酸清洗时温度不能过高,尤其应注意酸液加热时不要局部过热。

③盐酸对超高压以上的锅炉和过热器等材质比较敏感,因此一般仅限于清洗高压以下锅炉本体,且汽包内部装置应在清洗后再装。

(3)盐酸对人体的影响

眼睛与任何浓度的盐酸接触后都会造成眼睛迅速发炎,若不及时处理将会造成永久性视觉损伤和影响视力。皮肤与浓盐酸接触会很快造成严重的化学灼伤,与稀盐酸重复接触也会造成皮肤感染并导致皮炎。吸入盐酸蒸气后会造成咳嗽、胸闷、以及严重的上呼吸道感染,导致鼻子、喉咙、咽部的发炎和溃疡,通常在与盐酸接触后 24h 内明显出现上述症状。

7.2.2.2　氢氟酸(HF)

氢氟酸对硅酸盐垢、铁锈垢溶解性较其他酸强,常用于与其他酸混合除此类垢。由于氢氟酸毒性较大(主要是氢氟酸易挥发,人呼吸进后会对骨质等造成伤害)且成本高,一般较少单独作酸洗剂,只有大型高压或超高压直流锅炉有时用氢氟酸进行开式清洗。氢氟酸有毒性,废液处理时宜用石灰乳处理,使其沉淀成氟化钙后排放。

(1)氢氟酸特点和清洗除垢原理

氢氟酸(HF)虽然是一种弱酸性无机酸,但它具有比一般清洗剂强得多的溶解硅垢和氧化铁垢的能力。即使在浓度较低(如1%)和温度较低(如30℃)时,也有较强的溶解能力,所以是一种很有效的除硅垢和氧化铁的清洗剂。

氢氟酸是唯一能溶解硅垢的酸性清洗剂。当锅炉结生硅酸盐垢高达40%~50%时,常需用氢氟酸清洗液来清洗,硅垢含量较低时也可采用其他酸加氟化钠或氟化氢铵等氟化物来清洗。氢氟酸与硅垢反应,生成可溶性的氟硅酸,反应式如下:

$$SiO_2 + 6HF = H_2SiF_6 + 2H_2O$$

氢氟酸溶解氧化铁垢的能力超过盐酸和柠檬酸,这主要是由于氟离子对铁离子有很强的络合能力。氢氟酸与磁性氧化铁(Fe_2O_3-FeO)接触时先进行氟-氧交换,继而进行F^-的络合作用,生成溶解性很好的氟铁酸盐络合物$[Fe(FeF_6)]$,使氧化铁皮得以溶解。在盐酸中加入氟化物,也能显著增强氧化铁垢的溶解性,主要也是由于F^-的络合作用。

工业锅炉清洗时,氢氟酸通常不单独使用,而是与盐酸等其他酸混合使用。将氟化氢铵与非离子型表面活性剂加入盐酸和硝酸清洗液,用于清洗铁锈和少量硅垢,也可取得很好的清洗效果。

氢氟酸在一定条件下(被清洗的钢铁不存在应力腐蚀和晶间腐蚀)可用于清洗除奥氏体钢以外的多种合金钢制作的锅炉部件。由于氢氟酸对金属的腐蚀性很小,所以开式清洗时不必拆卸汽水系统中的阀门和附件。

(2)氢氟酸酸洗的主要特点

①氢氟酸酸洗的主要特点是:锅炉经酸洗后,受热面洁净,并能获得暂时的钝化膜,为将来启动运行生成良好的磁性氧化膜创造了必要的条件。

②氢氟酸酸洗反应速度大致是:酸浓度增加一倍或温度升高10℃,其反应速度亦增加一倍。由于考虑到有机缓蚀剂各组分的稳定性,选用40~50℃即可。

③启动之后蒸汽品质可以较快地合格,特别是蒸汽SiO_2含量,运行一天即可降下来。

④酸洗反应时间比较短,悬浮状的氧化铁在酸液中溶解得多,并能将系统内氧化铁皮、硅酸盐等沉积腐蚀产物很快溶解,并随酸液冲走。

(3)氢氟酸清洗存在的问题

①氢氟酸是一种有毒的挥发性酸,对人体有一定的毒害作用,且废液处理较麻烦。氢氟酸废液排放时可用石灰乳处理,使氟离子生成CaF_2(萤石)沉淀,但单一的石灰处理后,氟离子浓度一般仍有20~30 mg/L,达不到环保排放的要求(小于10 mg/L),因此还需要再加入1%$Al_2(SO_4)_3 \cdot 5H_2O$对废液进行二次处理,使氟离子浓度小于10 mg/L才能排放。

②开式酸洗过程要求分析化验快速、准确、可靠,否则会影响加药量和终点的判断。

(4)氢氟酸对人体的影响

眼部与氢氟酸液体或蒸气接触后会造成严重的眼睛和眼睑发炎。如果不进行迅速彻底的冲洗,会对眼部造成永久性的视觉损伤。皮肤与氢氟酸接触后会感觉到疼痛,在缓慢恢复过程中也会感到疼痛。皮下组织会变得苍白没有血色,甚至可能会腐烂。指甲周围的灼伤非常疼,需要特殊处理才能减轻疼痛。吸入氢氟酸蒸气后会极度刺激呼吸道的各个部位,严重时还会影响到肺部。

氢氟酸对细胞组织和骨骼有毒害作用,可以很容易地渗透表皮并进入深层皮肤组织。氢氟酸对深层皮肤组织的破坏会延长至数天。有参考资料显示,与稀释的氢氟酸溶液(0.01%～2.00%)短时间(5 min)接触就可以造成皮肤腐蚀,但如果对接触过氢氟酸的部位立刻进行较长时间冲洗(超过 15 min,而不是短短的几十秒),有时可防止其毒性的发作。由于氢氟酸灼伤后不是马上能感觉到,而是往往要麻痹 1～2 h 后才感到疼痛,所以皮肤一旦接触到氢氟酸就应立即冲洗。

7.2.2.3 硝酸(HNO_3)

硝酸是一种强氧化性酸。高浓度的硝酸能在铁、铝金属表面形成钝化膜而不腐蚀,但低浓度的硝酸对大多数金属均有强烈的腐蚀作用,而且一般的缓蚀剂容易被硝酸氧化分解而失效,因此用硝酸作清洗剂时,选择合适的缓蚀剂特别重要。

硝酸作清洗剂的主要优点:酸原液浓度高,配制清洗液所需浓酸体积小,便于运输;对氧化铁垢有很强的溶解力,除垢除锈速度快,清洗时间短;可用于奥氏体不锈钢材质的清洗,加入适当的缓蚀剂(例如 Lan-5,Lan-826)后对碳钢、不锈钢、铜及合金腐蚀速度较低,且不会对钢材造成氢脆的危害。缺点是易污染环境,废液处理麻烦。

硝酸对人体的影响与盐酸相似。

7.2.2.4 氨基磺酸(NH_2SO_3H)

氨基磺酸又称磺酰胺酸,是一种酸强度中等的固体无机酸。工业用氨基磺酸外观为白色结晶体,含量＞98%,其中硫酸盐含量＜2%。

(1)氨基磺酸的优点和使用特点

①在干燥状态下,化学稳定性好,分解温度高达 207℃。室温下存放多年不变质、不挥发、不吸潮。

②固体物料,运输方便。

③对金属的腐蚀性小,不含氯离子,可清洗奥氏体不锈钢、碳钢、铜及合金等多种材质,适用范围广,并且是唯一可用作镀锌金属表面清洗的无机酸。

④毒性低,使用安全,可用于饮用茶水炉、食品设备等的清洗。

⑤氨基磺酸较易溶于水,其溶解度随温度的增加而增加,80℃时溶解度为 32.01%,在热水中水解成酸式硫酸铵才能除 Ca、Mg、Fe 等氧化物垢,且清洗反应后生成的盐类物质易于溶解,不发生沉淀,因此常用于热交换器、管道、结构复杂的设备等清洗。

(2)氨基磺酸清洗机理

氨基磺酸能够与钙、镁的碳酸盐、硫酸盐、磷酸盐等水垢和氧化铁等腐蚀产物反应,生成溶解度很大的氨基磺酸钙、镁、铁等盐类,所以氨基磺酸清洗剂有较好的除垢效果。氨基磺酸虽然对钙镁水垢清洗能力很强,但清除铁垢特别是氧化铁皮的能力稍差,而且相对于其他无机酸来说,氨基磺酸的价格较高,因此一般锅炉等设备较少采用氨基磺酸清洗。不过随着化工生产技术的发展,氨基磺酸已经大批量的生产,其市场价格已大幅度下降。另外,清除氧化铁垢的效果也可以通过改进清洗工艺来提高,例如可以在氨基磺酸中加入氯化钠,使其慢慢地产生盐酸,从而有效地溶解铁垢。因此氨基磺酸是一种有潜力的工业设备清洗剂。

7.2.2.5 磷酸(H_3PO_4)

磷酸相对分子质量 98.00,纯净的磷酸为无色晶体,市售浓磷酸是浓度为83%～98%的黏稠溶液。

由于钙、镁、铁等磷酸盐溶解性较差,而且磷酸清洗成本较一般无机酸高,因此磷酸一般较少直接作为除垢清洗剂,但常用作酸洗后、用磷酸盐钝化前的漂洗剂。另外,磷酸与磷酸二氢锌等配成磷酸复合清洗液,在 50～80℃温度下,可一步完成除锈、钝化清洗工艺。

7.2.3 有机酸及螯合清洗剂

常用的有机酸清洗剂有:柠檬酸、甲酸、羟基乙酸、酒石酸等;螯合清洗剂主要有:EDTA(乙二氨四乙酸)、PMA(聚马来酸)、PAA(聚丙烯酸)、HEDP(羟基乙叉二膦酸)、EDTMP(乙二氨四甲叉膦酸)等。常用螯合清洗剂基本上都是有机酸化合物,因此常将螯合清洗剂也归类于有机酸清洗剂。由于有机酸溶解钙镁水垢的能力不如无机酸,而且清洗成本较高,废液处理麻烦,所以有机酸通常只用于清洗以结生氧化铁垢或氧化皮为主的高压及超高压锅炉或结构复杂、精密、含不锈钢材质等的设备。常用于电站锅炉清洗的有机酸及螯合剂主要有:柠檬酸、EDTA、甲酸、羟基乙酸、HEDP、EDTMP 等。

有机酸化学清洗的原理,除了利用有机酸的酸性溶解外,更主要的是利用它们较强的络合能力,加上表面活性和渗透等作用,将垢层溶解、剥离、润湿、分散、络合至清洗液中。与大多数无机酸相比,有机酸的腐蚀性和毒性较小,输送和使用也比大多数无机酸更安全,而且清洗中不会出现片状或块状垢渣堵塞炉管的现象,尤其是当锅炉结构复杂,清洗废液不能彻底排除时,由于有机酸在高温下的分解产物为二氧化碳和水,因此对锅炉的危险性较小。下面介绍常用的有机酸及螯合清洗剂。

7.2.3.1 柠檬酸

柠檬酸又称枸橼酸,分子式为 $H_3C_6H_5O_7$,属于三元弱酸,为无色晶体或白色粉末,有酸味和水果香,可溶于水、乙醇、乙醚等。柠檬酸是贵重设备清洗中应用得最多的有机酸,它对金属的腐蚀性较小,是一种较为安全的清洗剂。柠檬酸不含 Cl^-,不会引起设备的应力腐蚀,它能够络合 Fe^{3+},消弱 Fe^{3+} 对腐蚀的促进作用。柠檬酸以清除铁锈垢为主,主要用于清洗新建锅炉、奥氏体钢材质的设备和蛇形管等,也常作为酸洗工艺中的漂洗剂。由于柠檬酸对钙、镁垢的溶解能力较差,因此一般不用于清洗运行锅炉中的钙、镁垢和硅垢。

(1)柠檬酸的清洗原理

柠檬酸可与氧化铁垢和氧化铜垢反应,生成柠檬酸铁、柠檬酸铜络合物,不过柠檬酸本身与 Fe_3O_4 反应缓慢,而且生成的柠檬酸铁溶解度较小,易沉淀,但如果在柠檬酸溶液中加适量氨水,将 pH 值调到 3.5～4.0,使清洗液的主要成分变为柠檬酸铵,则能生成溶解度很大的柠檬酸亚铁铵和柠檬酸高铁铵络合物,有效提高清洗效果。

(2)柠檬酸清洗的工艺特点

柠檬酸清洗液浓度一般控制在 3%～4%之间,温度为 90～98℃,pH 值在 3.5～4.0 之间,其工艺特点为：

①清洗工艺控制要求严格，系统连接相对复杂。

②柠檬酸清洗以络合作用为主，不含氯离子，不会发生应力腐蚀和晶间腐蚀，适用于奥氏体钢和蛇型管的清洗。

③清洗流速应大于 0.3 m/s，但不得超过 2 m/s，清洗时间为 3～6 h。

④清洗过程应很好地控制 pH 值在 3.5～4.0 之间，以便解决柠檬酸铁沉淀的问题。

(3)柠檬酸清洗存在的问题

①药品昂贵，导致清洗费用较高。

②废液处理复杂，虽可采用焚烧法处理，但因弱酸性废液在高温下对锅炉受热面仍有一些腐蚀，会影响锅炉的安全运行，若采用氧化剂处理，费用较高。

③溶解钙、镁、硅垢的能力较差，用柠檬酸清洗后，大型机组启动时还应有洗硅措施。

柠檬酸虽然毒性较小，但其浓溶液会刺激黏膜，使用时仍需注意。

7.2.3.2　EDTA

(1)EDTA 特性

EDTA 是乙二胺四乙酸的简称，分子式为 $(HOOCCH_2)_2NCH_2H_2N(CH_2COOH)_2$，可简写成 H_4Y 表示。EDTA 为无色结晶固体，分解温度为 240℃，EDTA 在水中的溶解度较小（每 100 g 水仅能溶解 0.02 g），也不溶解于酸和普通有机溶剂，但却容易溶解于碱性溶液中。

EDTA 与金属离子按 1∶1 进行络合，其络合稳定性随金属离子不同和 pH 值的变化而有所不同，例如 EDTA 与铁离子的络合在 pH 值在 4～5 时最稳定；而与钙、镁、锌等离子络合，在 pH 值在 9～10 时最稳定。

(2)EDTA 的清洗原理

EDTA 是最常用的络合剂，不仅在分析化学中常用作络合滴定的标准溶液，而且广泛用于电力、该工业、石油化工等工业设备的清洗。由于 EDTA 在水中溶解度较小，而在碱溶液中溶解度较大，并且与金属离子络合时通常以 H_2Y^{2-}、HY^{3-}、Y^{4-} 形式为主，因此用 EDTA 进行化学清洗时，一般采用加氢氧化钠调 pH 值到 5～6.5 或者加氨水调 pH 值到 8～9，使之形成钠盐或铵盐清洗液。EDTA 与金属离子有很强的络合作用，清洗液中的 EDTA 与水垢中的金属离子反应，生成可溶性的络合物，从而达到溶解除垢的目的。

EDTA 除垢的最大特点是可以在碱性条件下除垢，它在除垢的同时又起钝化作用，清洗和钝化过程可以一步完成。其清洗温度较高，一般在 $(120±10)$℃，清洗药品的价格较高，因此从节能和降低成本的角度出发，较少选择 EDTA 清洗。

(3)EDTA 清洗特点

①EDTA 在碱性条件下清洗，对金属的腐蚀性较小，使用操作安全，清洗效果好。

②清洗时，以锅炉内循环为主，临时系统安装量少，可缩短清洗后至吹管的时间间隔。

③钝化和清洗可一步进行，不需单独钝化。

④清洗废液通过酸化可回收大部分 EDTA。

(4)存在问题

①炉膛点火加热存在温度不均匀问题。温度过高 EDTA 易分解（140℃以上开始分解）；

温度低清洗效果差,而且省煤器几乎不循环,不易保证清洗效果。

②EDTA 较为昂贵,清洗后回收的 EDTA 不可避免地存在杂质污染,重复利用次数较低,一般使用 2～3 次后应进行精处理,否则会影响清洗效果。

③临时系统简单,无法在酸洗前进行大量水冲洗,冲通过热器系统。某些电厂清洗后,在锅炉汽包和水包内发现有大量锈渣和固形物。

④EDTA 对硅酸盐垢不起作用,故用 EDTA 清洗工艺,机组启动时还应有洗硅措施。

⑤EDTA 回收可采用硫酸或盐酸。使用硫酸回收,由于有难溶性的硫酸盐存在,会影响药品的质量。使用盐酸回收,又会引入大量的氯离子,需对药品进行多次水洗,减少氯离子对奥氏体钢的腐蚀。

7.2.3.3　羟基乙酸清洗剂

羟基乙酸也称为乙醇酸或羟基醋酸,分子式为 $CH_2(OH)COOH$,是最简单的醇酸。它是无色易潮解的晶体,可溶于水和极性溶剂。羟基乙酸分子中比乙酸多了一个羟基,因此其水溶性比乙酸好,酸性也比乙酸强,属于有机强酸。

羟基乙酸具有腐蚀性低、不易燃、无臭、毒性低、生物分解性强、水溶性好、不挥发等优点。采用羟基乙酸清洗设备,危险性小,安全性高,而且清洗时不会产生有机酸铁沉淀,由于无氯离子,因此也可用于不锈钢材质的设备清洗。但由于价格昂贵,一般设备较少采用羟基乙酸作清洗剂。羟基乙酸对钙镁水垢有较好的溶解能力,反应速度快,生成的盐溶解度大。因此,单纯用羟基乙酸对钙镁水垢清洗效果较好,清洗氧化铁皮则效果不够显著。不过,如果将清洗工艺条件改为 2% 羟基乙酸＋1% 甲酸在 80～100℃ 温度下动态循环清洗,可取得较理想的清洗效果。

7.2.3.4　HEDP

HEDP 是羟基乙叉二膦酸的简称,分子式为 $CH_3C[PO(OH)_2]_2OH$。HEDP 属多元膦酸,是一种较强的络合剂,可以与钙、镁、铁、铜、锌等多种金属离子形成稳定的螯合物,甚至对硫酸钙、硅酸镁等水垢也有较好的清洗作用。另外,HEDP 还具有较强的缓蚀作用。HEDP 不仅可以用作清洗剂,而且由于它在碱性溶液中也有较好的热稳定性,因此实际上 HEDP 更多地是用在水处理中作阻垢缓蚀剂。

HEDP 是一种较强的有机酸,在水溶液中能解离成 5 个 H^+ 和具有强螯合作用的酸根离子,1%～5% 浓度的 HEDP 清洗能力甚至可以与盐酸相媲美。有实例表明,采用 2% HEDP＋2% H_3PO_4＋0.3% 若丁配制成清洗液,仅花了 3 h 便将锈垢严重的过热器清洗干净。

HEDP 是腐蚀性很小的安全型清洗剂,虽然对人体没有大的伤害作用,但由于是酸性溶液,对眼睛和皮肤还是有一定的刺激性,若不小心溅到身上,应立即用大量水冲洗。

总的来说,有机酸清洗剂对人体的危害较小,除了与浓的甲酸和羟基乙酸接触会造成皮肤组织灼伤外,浓的柠檬酸和常用有机酸的稀释溶液对人体组织通常只有轻微的刺激,不会形成严重的安全隐患。但由于通常有机酸清洗的温度较高,因此清洗操作时应注意防止灼伤和烫伤。

7.2.4　缓蚀剂

由于酸能与金属反应,因此在化学清洗中,酸洗液在清除污垢的同时,也会对设备金属产生腐蚀。为了保护被清洗设备不被腐蚀或减少腐蚀,必须在清洗液中加入适当的缓蚀剂。能够抑制介质对金属腐蚀的药剂通称为缓蚀剂,酸洗缓蚀剂通常在加入很少量的情况下,就能抑制酸对金属的腐蚀。锅炉酸洗要求缓蚀剂的缓蚀效率达到 98％以上,既要不影响酸与垢的反应,又要保证被清洗金属在酸洗除垢过程中不遭受酸液的腐蚀破坏。

7.2.4.1　缓蚀剂的类型

缓蚀剂的种类很多,通常有下列几种分类:一是按缓蚀剂对电极的抑制作用,可分为阳极抑制型、阴极抑制型和混合抑制型;二是按缓蚀剂所形成的保护膜的类型,可分为氧化膜型缓蚀剂、沉淀膜型缓蚀剂和吸附膜型缓蚀剂;另外,按缓蚀剂的原料组成又可分为吡啶、喹啉及其衍生物类、硫脲及其衍生物类、醛－胺缩聚物类、季胺盐类、咪唑啉类以及化工医药副产物类(主要是含硫、氮杂环化合物的混合物)等。其中醛－胺缩聚物类是以甲醛和苯胺为原料缩合配制而成,由于这类缓蚀剂的缓蚀性能因配制条件不同而不稳定,而且两种主要药剂皆是有毒物质,加上苯胺还是致癌物质,现在已基本淘汰不用了。

7.2.4.2　缓蚀剂的要求

选用合适、安全、有效的缓蚀剂可以促使清洗液对金属的腐蚀速度大大降低,同时又不影响清洗液对水垢或沉积物的清洗能力。因此,缓蚀剂的选用也是锅炉化学清洗技术的关键。对酸洗缓蚀剂的主要技术要求如下:

(1)缓蚀效率高

在投用量很少的情况下,达到较高的缓蚀效率。目前良好的缓蚀剂,在常规清洗工艺条件下,缓蚀效率应能达到 98％以上,这也是《锅炉化学清洗规则》规定的要求。

(2)抑制氢脆能力好

抑制氢脆的能力好就是要能够防止金属由于渗氢所引起的机械性能降低和对金相组织的影响,这也是缓蚀剂的一项重要性能。测定和验证氢脆的方法有多种,其中以直接比较酸洗前后金属机械性能变化的方法较为有效。因为如果发生氢脆,随着金属中含氢量的增加,金属的韧性变差,断面收缩率降低较为显著,其次是延伸率,其他指标变化较小。

(3)抑制氧化性离子性能好

清洗中随着水垢的溶解,清洗液中 Fe^{3+} 和 Cu^{2+} 等氧化性离子浓度增高,会大大加速金属的腐蚀。如果缓蚀剂能够较好地抑制氧化性离子,就能更好地抑制腐蚀,并可防止金属表面产生点蚀。

(4)化学稳定性好

保质有效期长,不易分解变质,易存放。使用时不会与腐蚀介质发生化学反应而被消耗,而且缓蚀效果不受加入还原剂、铜离子掩蔽剂、助溶剂等添加剂的影响。

(5)使用操作和安全性能好

使用操作方便可靠,易于溶解;不易燃易爆;清洗后不会在金属表面残留影响后续工艺过程的有害薄膜。

(6)对环境污染少

毒性小、无恶臭、COD 含量低,不明显加深清洗液颜色,废液排放对环境无污染公害。

7.2.4.3　酸洗缓蚀剂的选择和使用

在锅炉化学清洗工程中,正确选择和应用缓蚀剂是一个很重要的环节。它不仅直接影响到化学清洗的效果,而且还会影响被清洗设备的安全和使用寿命以及清洗工程的成本。

(1)正确选择缓蚀剂

缓蚀剂的种类很多,选用缓蚀性能良好、适宜的缓蚀剂是保证清洗腐蚀速度合格的重要关键。事实上有不少缓蚀剂的缓蚀效果有很强的针对性,例如对于某种清洗介质和金属具有良好缓蚀作用的缓蚀剂,对另一种清洗介质或另一种金属就不一定有同样的缓蚀效果。因此,酸洗时应当根据被清洗设备的金属材质、所选用的清洗剂(包括清洗助剂)、清洗工艺条件(浓度、温度和流速等),选择缓蚀性能能够达到要求的缓蚀剂,同时尽量选择无毒害作用、性能稳定、气味小、水溶性及均匀性好的缓蚀剂。另外,还应注意缓蚀剂的保存条件及有效期,对库存的缓蚀剂应定期进行缓蚀性能的复测。

缓蚀剂的很多性能是有一定的适用范围和使用条件的,有些酸洗缓蚀剂产品的供应者往往只是笼统地给出一个缓蚀效率,或者简单地说有防止氢脆和抑制 Fe^{3+} 腐蚀的功能,却没有明确具体的工艺条件。例如有的缓蚀剂只有在较低温度下(低于 40℃)缓蚀效率才能达到 98% 以上,温度稍高缓蚀效率就会大幅下降;有的缓蚀剂抑制氧化性离子的能力较差,在 Fe^{3+} 浓度较高的情况下,容易造成点蚀。所以在选用缓蚀剂时,必须根据所确定的清洗工艺,用于被清洗金属相同的材质制成腐蚀指示片,必要时添加 Fe^{3+} 浓度至 1000 mg/L 进行性能试验,以确认所选用缓蚀剂的各项性能是否满足清洗工艺的需要。

(2)正确使用缓蚀剂

在选定了合适的缓蚀剂后,还必须正确使用才能达到理想的缓蚀效果。正确使用缓蚀剂主要在于缓蚀剂浓度和酸洗条件的控制上。

①缓蚀剂浓度均匀性及加入方法:缓蚀剂浓度的控制不仅仅是加入量要恰到好处,而且还要保证缓蚀剂在整个清洗系统中分布均匀,避免局部浓度偏低或偏高的不均匀现象。由于缓蚀剂的浓度一般不能用化学方法测定,其浓度及均匀性的控制主要由加入方式得到保证。不同的缓蚀剂,加入方式常因其溶解性的不同而有所不同。水溶性较好的缓蚀剂,一般按计算好的用量首先加入清洗系统中,循环均匀后再加入酸液;有些缓蚀剂在中性水中溶解性较差,但在酸性溶液中能很好地溶解,则可以在耐酸的清洗箱中先加入适量的酸液,使缓蚀剂溶解均匀之后,再进入清洗系统循环均匀,并继续加酸配制酸洗液至要求浓度。锅炉清洗时,无论采用哪种方法,都必须保证进入锅炉的酸洗液中有合适浓度且分布均匀的缓蚀剂。

②控制酸洗条件:通常清洗前是根据清洗工艺要求来选择合适的缓蚀剂,但在清洗过程中,则需反过来按缓蚀剂限定的条件来控制酸洗工艺参数的变动范围。例如某缓蚀剂在低于 60℃、流速不超过 1 m/h 条件下,在 4%～8%HCl 溶液中对碳钢的缓蚀效率为 98%～99%。

为了保证达到这个缓蚀效率,在清洗时就必须控制酸洗液的温度、流速和浓度不得超过这个限定范围。一般在正常酸洗期间这些控制并不十分困难,但在配酸、进酸和加热过程中要严格控制好就不太容易,需要采取一些必要的措施来加以保证。应注意的是,这里所说的"不得超过"不仅仅是指某几个测量点测到和取样分析的数据,而是指整个清洗系统在整个酸洗过程中,包括任何一个局部和任何一瞬间都不超过限定的参数。

另外,由于缓蚀剂的缓蚀效率和稳定性是有一定条件的,有的缓蚀剂会因添加了某些清洗助剂,或者因温度、湿度、空气、时间等影响而发生化学变化,从而降低其缓蚀性能。因此即使以前曾经用过的同种缓蚀剂,在清洗前也必须对所确定的清洗介质和清洗工艺条件下的缓蚀效率进行验证试验,并且定期对库存的缓蚀剂进行复测,确保缓蚀剂的缓蚀效率合格有效。

7.2.5　清洗添加剂

锅炉化学清洗时,为了增加清洗液的清洗能力,减少对金属的腐蚀,常需要添加一些辅助的化学药剂,通称为清洗添加剂。按照所起的作用不同,目前常用的清洗添加剂主要有:防止氧化性离子对金属腐蚀的还原剂和掩蔽剂、促进难溶垢溶解的助溶剂、表面活性剂以及消除清洗液表面泡沫的消泡剂等,下面分别作简要介绍。

7.2.5.1　助溶剂

促进沉积物溶解的添加剂称助溶剂。锅炉受热面结垢后,用盐酸或某些有机酸作清洗剂时,难以溶解硅酸盐垢,溶解氧化铁垢的速度也较慢。为了增加溶解硅垢的能力和加快氧化铁的溶解速度,清洗含有硅酸盐或氧化铁的水垢时,常在清洗液中加入氟化钠(浓度 $0.3\% \sim 0.5\%$)或氟化氢铵(浓度 $0.2\% \sim 0.3\%$)等氟化物作助溶剂,提高清洗效果。

氟化钠(NaF)为白色发亮的晶体,有时呈半透明,溶于水呈碱性。氟化氢铵(NH_4HF_2)是氟化铵与氢氟酸的加合产物,为白色固体,易潮解,易溶于水。氟化钠和氟化氢铵在盐酸中能生成氢氟酸,所以可起到氢氟酸的作用,但加氟化物比直接加氢氟酸要安全得多。不过氟化物也是有毒性的,而且氟化物的水溶液由于水解作用也会灼伤皮肤,使用时也必须注意安全。

7.2.5.2　还原剂

酸洗时,随着金属氧化沉积物的溶解,酸洗液中 Fe^{3+} 等氧化性离子含量会越来越高,为了避免氧化性离子对金属产生腐蚀,需要加入适量还原剂,将高价氧化性离子还原成低价离子。实践表明,在清洗液中加入合适的还原剂,将 Fe^{3+} 还原成 Fe^{2+},从而降低 Fe^{3+} 浓度,对控制腐蚀速度,尤其是防止点蚀非常有效。

由于空气中的氧易与还原剂反应,因此还原剂必须在密封下存放,取药时也要尽量减少在空气中暴露的时间。还原剂采购和使用时更应注意生产日期,存放时间不宜过长,以免失去还原性。

酸洗中常用的还原剂主要有氯化亚锡、异抗坏血酸(或抗坏血酸)、对羟基苯酚和联氨等。下面分别作简要介绍。

(1)氯化亚锡($SnCl_2$),为白色或半透明晶体,市售氯化亚锡通常含结晶水($SnCl_2 \cdot 2H_2O$),为白色针形或片状晶体,加热至 $100℃$ 时失去结晶水,在空气中逐渐被氧化成不溶性氯化物,在中性水溶液中易分解生成沉淀,在酸性溶液中溶解度大,并具有很强的还原性,可有效地将 Fe^{3+} 还原成 Fe^{2+}。化学清洗实践证明氯化亚锡是安全有效的 Fe^{3+} 还原剂。

(2)异抗坏血酸(EVC),为白色或黄白色结晶粉末,无臭,有酸味,遇光渐变黑。干燥状态下,它在空气中相当稳定,在液体状态下容易被氧化,在酸溶液中能将 Fe^{3+} 还原成 Fe^{2+}。异抗坏血酸对人体和设备无害,是非常安全的 Fe^{3+} 还原剂。抗坏血酸(俗称维生素 C)也有同样的作用,但还原能力稍差。

(3)对羟基苯酚(也称对苯二酚),分子式为 $HO-C_6H_4-OH$,白色针状结晶,易溶于热水。在酸性条件下有较强的还原性,在清洗液中常作为还原剂使用。

(4)联氨,也称为水合肼,分子式为 $N_2H_4 \cdot H_2O$,为无色透明发烟液体,易溶于水,具有碱性。在水溶液中,联氨既有还原性,又有氧化性,在碱性条件下具有强还原性,在酸性溶液中却以氧化性为主,因此联氨主要用于在中性和碱性条件下的防腐药剂,例如电站锅炉运行时和停炉保护中,通常用联氨来除氧,有时也用作钝化剂。另外,锅炉酸洗时,对不参与酸洗的过热器系统也往往采用除盐水中加联氨来进行注水保护,但联氨在酸性溶液中却具有一定的氧化性,有时反而会增加金属的腐蚀。与联氨类似的还有亚硫酸钠,理论和实践都证明,亚硫酸钠在碱性溶液中是较强的还原剂,但在酸性溶液中则还原性下降,氧化性增强。在酸洗液中若加入过量的联氨或亚硫酸钠,虽然也能将 Fe^{3+} 还原成 Fe^{2+},但多余的联氨或亚硫酸钠本身反而会成为氧化剂而直接腐蚀金属。因此,酸性条件下联氨和亚硫酸钠是危险的还原剂,酸洗液中一般不宜采用。

7.2.5.3　铜离子络合剂(掩蔽剂)

锅炉沉积物中若含有铜垢,酸洗时铜垢溶解后的 Cu^{2+} 将与铁反应,在金属表面产生镀铜现象,影响锅炉安全运行。为了防止酸洗时发生镀铜现象,可采取在酸洗液中加入适量铜离子络合剂(掩蔽剂)的措施。最常用的铜离子络合剂是硫脲,采用硫脲法防镀铜,工艺简单,效果良好。

硫脲,分子式为 $(NH_2)_2CS$,具有很好的络合铜离子能力,一般采用浓度为 $0.2\%\sim1.0\%$ 的硫脲就能较好地防止镀铜发生。但是当铜离子含量很高时,也不能单纯靠增大硫脲浓度来防止镀铜,因为在酸洗液中加入足量的硫脲虽然可获得良好的防止镀铜效果,而且硫脲本身对金属也有一定的缓蚀作用,但实验结果和实际清洗表明,硫脲对有些缓蚀剂的缓蚀性能有一定的抗拒作用,从而降低其缓蚀效率,因此酸洗液中不能盲目地随意加硫脲。

7.2.5.4　表面活性剂

表面活性剂能在两种物质的界面上聚集,且具有显著改变(通常是降低)液体表面张力或液-液界面间的表面张力,改变体系的界面状态,从而产生润湿或反润湿、乳化或破乳、起泡或消泡、以及分散增溶等一系列作用的能力。它具有低剂量、高效能的特点,在锅炉化学清洗时添加表面活性剂的目的是:

(1)作洗涤剂。在酸洗前,用加有洗涤作用的表面活性剂除去锅内油污等,提高清洗效果,一般与氢氧化钠、磷酸三钠和磷酸二氢钠等混合使用。

（2）作润湿剂。在清洗液中加入具有润湿作用的表面活性剂，能够降低水的表面张力，使清洗液更容易在金属或沉积物表面上展开，有利于金属表面清洁和增进垢的溶解。常用的有"平平加—20"等。

（3）作乳化剂。当混合缓蚀剂中有难溶组分时，可添加具有乳化作用的表面活性剂，例如"OⅡ—15"或"农乳—100"等，使混合缓蚀剂形成乳状液，均匀分布于酸洗液中，更好地起到缓蚀作用。

锅炉清洗时应选用泡沫少的表面活性剂作润湿剂或乳化剂，否则，应在清洗液中添加消泡剂，如硅油等。

表面活性剂在化学清洗液中被广泛应用。在选择表面活性剂时，要特别注意各组分的性质及其相互作用的配合性，发挥各组分的协同效应，避免抗拒作用。例如，阳离子表面活性剂与阴离子表面活性剂性质完全不同，不能直接配伍使用，因为二者一旦混合，就会生成沉淀而不能再用。

7.2.6　漂洗剂和钝化剂

设备经过酸洗后，被清洗的金属表面非常活泼，与空气接触后极易受氧腐蚀而产生新的二次锈蚀，为了防止设备的二次锈蚀，必须对其表面进行钝化处理，使金属表面形成均匀致密的钝化保护膜。由于金属表面的清洁度对钝化效果的影响极大，如果金属表面不清洁或生成了浮锈，就难以形成良好的钝化膜。因此，酸洗后需经过水冲洗清渣，而水冲洗过程中产生的浮锈需用稀酸进行漂洗来清洁金属表面，提高钝化质量。

7.2.6.1　漂洗剂

漂洗是指为了提高钝化质量，在钝化前清除金属表面浮锈的清洗工艺步骤，用于漂洗的药剂称漂洗剂。最常用的漂洗剂是柠檬酸，通常采用 0.1%～0.3% 柠檬酸，加合适的缓蚀剂，加氨水调整 pH 值为 3.5～4.0 配制成漂洗液。当用磷酸盐钝化时，常用 0.15%～0.25% 磷酸作漂洗剂。

7.2.6.2　钝化剂

钝化剂是指能够在金属表面形成均匀致密的钝化保护膜的药剂，常用的钝化药剂主要有亚硝酸钠、联氨、磷酸盐、双氧水、微酸性除铜钝化的丙酮肟、乙醛肟以及聚膦酸复合钝化剂等，简要介绍如下。

（1）亚硝酸钠钝化剂

亚硝酸钠是一种氧化剂，在微碱性条件下，亚硝酸钠能与铁作用，在钢铁表面形成氧化铁或磁性氧化铁保护膜。钝化时，亚硝酸钠的使用浓度一般为 0.5%～2%，pH 值为 9～10，钝化温度为 50～60℃，钝化时间一般 5～6 h。亚硝酸钠钝化的优点是钝化温度低，钝化时间短，钝化质量较好；缺点是亚硝酸钠有一定毒性，是一种间接的致癌物质，废液处理需要达到环保要求。

(2)联铵钝化剂

联氨钝化法是在氨和联氨的作用下,在钢铁表面形成磁性氧化铁保护膜。钝化液中联氨浓度一般为 $300\sim500$ mg/L,pH 值为 $9.5\sim10$,钝化温度通常为 $90\sim95℃$(也可在 $160℃$ 的高温下钝化),钝化时间约需 24 h。

(3)磷酸盐钝化剂

用磷酸盐、多聚磷酸盐钝化,是目前国内钢铁设备清洗广泛采用的钝化工艺。使用药剂主要是磷酸三钠或多聚磷酸盐。

用磷酸盐钝化时通常先用磷酸进行漂洗。钝化过程中磷酸盐和多聚磷酸盐能在钢铁表面形成磷酸铁和聚磷酸盐络合物保护膜,在碱性条件下,溶液中的溶解氧与铁形成磁性氧化铁保护膜。

磷酸盐钝化时的使用浓度一般为 $1\%\sim2\%$,pH 值为 $9\sim10$,钝化温度为 $90\sim95℃$,钝化时间一般需 $8\sim12$ h。

(4)双氧水钝化剂

双氧水即过氧化氢,是一种有效的钝化剂。采用双氧水作钝化剂,通常的做法是先用 $0.15\%\sim0.25\%$ 的磷酸和 0.2% 多聚磷酸盐,用氨水调整 pH 值至 $2.5\sim2.9$ 进行漂洗,然后再用双氧水进行钝化。钝化时双氧水浓度为 $0.3\%\sim0.5\%$,调节钝化液 pH 值为 $9.5\sim10$,钝化温度为 $50\sim60℃$,钝化时间需 $4\sim6$ h。双氧水钝化的特点是钝化温度低、时间短,钝化液无毒、无害,钝化效果好,是工业设备清洗理想的钝化工艺。

(5)聚膦酸复合钝化剂

聚膦酸复合钝化剂是采用有机聚膦酸及锌、锰盐类复合配制的微酸性钝化剂,在 $50\sim80℃$ 温度下漂洗、钝化一步完成。钝化操作简便,钝化膜质量好,但价格相对较高。另外,由于是微酸性钝化,需在钝化液中加相应的缓蚀剂。

7.2.7 清洗剂的选择

清洗剂的种类有很多,各类清洗剂的使用特性、除垢性能和对材质的适用性有所不同。碱性清洗剂除油污和硅垢的效果较好,但清除锈垢和无机盐垢的速度慢,效果不理想。无机酸溶解力强,溶垢速度快,清洗效果好,费用低,应用范围广,但对金属的腐蚀性较大,必须使用合适的缓蚀剂来防止酸对金属的腐蚀。有机酸(包括络合剂)大多为弱酸,不含有害的氯离子成分,对设备金属腐蚀倾向小,使用安全,而且清洗过程中不会出现大量沉渣或悬浮物,可避免管道堵塞,这对结构复杂的高参数、大容量机组是非常有利的。但有机酸溶解垢的速度较慢,清洗温度较高(一般在 $80℃$ 以上),清洗时间相对长些,成本也较高,一般适用于清洗贵重金属、超高压以上电站锅炉和其他结构复杂的大型设备。

酸性清洗剂的除垢类型及适用材质见表 7.2。

表 7.2　各种清洗液的除垢类型及适用材质

清洗液	除垢类型	适用材质
盐酸	除了硫酸盐和硅酸盐水垢外,对其他垢溶解都较快,无再沉积现象。	碳钢、低合金钢、铜,不得用于不锈钢。
硫酸	清除铁锈、氧化皮、含钙量很低的垢及铝的氧化物较理想。清洗含钙量较高的垢不理想。	碳钢、低合金钢、不锈钢。
硝酸	除了硫酸盐和硅酸盐水垢外,对其他垢溶解都较快(氧化性酸)。	碳钢、铜、不锈钢、合金钢。
氢氟酸	钙、镁、铁垢及硅垢。	碳钢、铜、低合金钢。
硝酸—氢氟酸	钙、镁、铁垢及硅垢。	碳钢、铜、不锈钢、合金钢。
氨基磺酸	钙、镁垢、金属碳酸盐垢、氢氧化物类垢,但清除氧化铁垢稍差些。	碳钢、铜、不锈钢、合金钢。
柠檬酸	以清除氧化铁垢为主;对硅垢、钙、镁垢无效;氨化后可以除铜垢。	碳钢、不锈钢、合金钢。
草酸	清除氧化铁垢;对硅垢、钙镁垢无效。	碳钢、铜、不锈钢、合金钢。
EDTA	络合除铁垢及垢中的金属离子,价格较高。	碳钢、铜、不锈钢、合金钢。

7.3　碱洗和碱煮工艺

7.3.1　新建锅炉的煮炉清洗

新建锅炉投入运行前必须进行化学清洗,除了直流锅炉和额定工作压力为 9.8 MPa 及以上的锅炉应进行酸洗外,其他新建锅炉大都采用碱洗煮炉的方法进行化学清洗。

7.3.1.1　新建锅炉碱煮清洗的必要性

锅炉在制造、贮运、安装过程中不可避免地会产生诸如氧化皮、腐蚀产物、焊渣、油污和硅化物等附着物,并常会残留一些沙土、水泥、保温材料的碎渣等杂物,以及设备在出厂时往往涂覆着油脂类的防护剂。另外,锅炉在制造加工和安装中,有时需引进硅和铜的化合物作为冷拉润滑剂,或者在热弯管时灌砂,因此新建锅炉除在管壁内有氧化铁皮外,有时还会渗进铜和硅或者它们的氧化物。所有这些杂质都应在锅炉投入运行前通过化学清洗加以除去,否则锅炉投入运行后会产生以下几种危害:

(1)直接妨碍炉管管壁的传热或导致沉积物的产生,易使炉管金属过热损坏。

(2)促使锅炉在运行中发生沉积物下的腐蚀,以致炉管变形、变薄,严重时甚至穿孔而引起爆管。

(3)残留的沉渣等杂物易引起炉管堵塞或破坏正常的汽水循环工况。

(4)易造成锅水和蒸汽品质在较长时间内达不到合格,影响锅炉的正常供汽。

另外,为了减缓锅炉在运行中的腐蚀,也需要通过化学清洗使锅炉金属表面形成钝化保护膜。实践证明,新建锅炉形成良好的钝化保护膜,对以后运行时抗腐蚀性的影响很大,投运前如不能形成很好的保护膜,投运后其腐蚀速度就会较快。

7.3.1.2 常用碱煮清洗药剂

碱洗煮炉常用的药剂为氢氧化钠、磷酸三钠、橡碗栲胶、以及表面活性剂(润湿剂)、洗涤剂(如烷基磺酸钠)等,其加入量参见表7.3。

表 7.3 新炉煮炉的加药量(kg/m³)

新炉表面状况	氢氧化钠	磷酸三钠	橡碗栲胶	表面活性剂	洗涤剂
铁锈、油污较少	2～3	2～3	0.5～1.0	/	/
铁锈、油污较严重	3～5	3～5	0.5～1.0	0.01%～0.05%	0.05%～0.2%

注:锅炉若有奥氏体不锈钢部件,不能用氢氧化钠煮炉,可采用0.2%～0.5%磷酸三钠和0.1%～0.2%磷酸氢二钠进行碱洗。

7.3.1.3 碱煮清洗的作用原理

碱煮时,上述各种药剂主要有如下作用:

(1)氢氧化钠:主要用于除去锅内油污。因为氢氧化钠可与油脂起皂化作用,生成的泡沫性物质可通过表面排污排出。

(2)磷酸三钠:可与锅内泥污作用,增加沉渣的流动性,便于通过排污排出;磷酸盐可与锈蚀产物氧化铁进行化学反应,使铁锈脱落而清除;另外,磷酸盐还可以在金属表面生成磷酸铁钝化保护膜,防止腐蚀。

(3)橡碗栲胶:栲胶中的丹宁可与铁作用生成丹宁酸铁保护膜。

碱煮清洗不但有除油、除锈的作用,而且还有除硅作用。碱煮的除硅作用就是利用碱液的羟基或者磷酸盐水解生成的羟基,使其与硅化物反应,转化为可溶性物质。

7.3.1.4 煮炉清洗的操作工艺

(1)加药时,需将固体的磷酸三钠捣碎并与栲胶搅拌均匀,用热水先调成糊状,然后稀释成一定浓度注入锅内。氢氧化钠也应在碱液箱内溶解成一定浓度后加入锅内,切不可将固体药剂或浓药液直接加到锅炉内。

(2)整个煮炉时间不少于72 h,一般在0.2 MPa压力下煮24 h,再在50%～60%工作压力下煮24 h,然后逐步压火煮炉。

在0.2 MPa压力下煮炉时,最好维持在高水位煮炉,以便将汽包上部煮到。当蒸汽压力达到0.2 MPa时,应打开连续排污阀进行表面排污,直到煮炉结束。煮到48 h后,每隔2 h作一次定期排污,每次排污30 s。

(3)煮炉停止后,当锅炉冷却至40～60℃时,打开排污阀与放汽阀,将锅水放尽,并用清水冲洗锅炉内部2～3次。

7.3.1.5　煮炉清洗的质量要求

煮炉结束后,应打开锅筒(汽包)和各集箱的人孔、手孔等检查孔,检查煮炉质量是否达到下列要求:

(1)除去全部杂质(如氧化皮、铁锈、油污、焊渣等),锅内无任何异物。

(2)在金属表面上形成一层黑色或亮蓝色的钝化保护膜。

如没有达到上述要求,可能是时间、压力或排污没有掌握好,应再次加药进行二次煮炉,直至达到上述要求。

7.3.2　碱洗除垢和垢的转型

碱洗除垢有两种情况,一是单纯的碱洗除垢;二是酸洗前的碱洗除油或使难溶垢转型。

7.3.2.1　碱洗除垢和垢的转型原理

单纯碱洗除垢和酸洗前煮炉的主要作用是使坚硬难溶的水垢转型,同时促使其松动脱落。单纯的碱洗除垢效果较差,常常需要与机械除垢配合进行或者碱煮后再进行酸洗除垢。碱洗除垢对于以硫酸盐为主的水垢有一定的效果,但对于碳酸盐水垢,则远不如酸洗除垢效果好。

碱洗除垢的原理是根据溶度积原理,当溶液中存在溶度积较小的物质时,可将溶度积较大的沉淀物质转化为溶度积更小的沉淀物质。由于锅炉受热面上的硫酸盐水垢和硅酸盐水垢酸溶性很差,且往往非常坚硬致密,通过碱煮可使其转化为酸溶性较好且疏松的垢渣,同时在垢型转化的过程中使水垢松动,甚至脱落。

通常对于硫酸盐或硅酸盐为主的水垢,可采用磷酸三钠、碳酸钠等碱性药剂,使硫酸钙转化为酸溶性较好的碳酸钙或疏松的碱式磷酸钙,硅酸盐水垢转化为酸溶性硅酸钠,其中碳酸钠还可水解成氢氧化钠和二氧化碳,后者能够起气掀作用,可以加速水垢的剥离脱落。

7.3.2.2　碱洗常用药剂的用量

碱洗药剂用量应根据锅炉结垢及脏污的程度来确定,一般用于除垢时用量为:工业磷酸三钠(5~10)公斤/吨水,碳酸钠(3~6)公斤/吨水,或者氢氧化钠(2~4)公斤/吨水。这些混合碱洗药剂应先在溶液箱中配制成一定浓度,然后用泵送入锅内,并循环至均匀。

7.3.2.3　碱煮除垢的操作工艺

使垢转型的碱洗也称煮炉,其主要操作方法为:

(1)在锅炉中加入碱洗液后,将锅炉点火缓慢升压,煮炉压力通常可控制为锅炉正常运行压力的 50% 左右。煮炉时间一般为 36~72 h,结垢严重的可根据具体情况适当延长煮炉时间。

(2)煮炉过程中应底部排污 2~3 次,并且定时适当排汽,并需维持碱洗液在正常水位;同时应定时取样化验,若锅水碱度下降到开始浓度的一半,应适当补加碱液。

(3)煮炉结束后,应使其自然冷却,待水温降至 70℃ 以下时,将碱洗液全部排出,并用水冲洗至出口水 pH 值小于 9,然后打开锅炉的各检查孔,用疏管机等机械工具(或高压水力)辅助除垢,以免松软的水垢重新变硬。若碱煮后继续进行酸洗的,也应在水冲洗时打开检查孔,清除脱落堆积的垢渣后再进行酸洗。

单独采用碱洗除垢虽然操作简单,腐蚀性小,但需要较长的碱煮时间,而且除垢效果往往并不理想,一般只适用于结构简单的小型工业锅炉。对于较难除去的硫酸盐水垢和硅酸盐水垢,一般采用碱煮转型后再进行酸洗,不过酸洗前的碱煮转型也需要有足够的时间,否则效果较差。

7.4 锅炉酸洗及工艺控制

7.4.1 锅炉酸洗工作程序

根据 TSG G5003—2008《锅炉化学清洗规则》规定,锅炉酸洗工作一般应按下列程序进行:

(1)详细了解锅炉的结构和材质,检查锅炉结垢情况,对有缺陷的锅炉预先作妥善处理。清洗单位应当在清洗前检查锅炉是否存在泄漏或者堵塞等缺陷,并且得到使用单位认同,以便分清责任,同时应该采取措施预先处理,确保清洗安全顺利进行。如果由于爆管、裂纹、腐蚀穿孔等缺陷造成泄漏或者阀门渗漏等,都应当在清洗前修理更换;如果是炉管堵塞,一般宜在清洗前用疏管机尽量疏通,若炉管被垢渣严重堵塞无法疏通,宜在清洗后更换炉管。

(2)采集有代表性的垢样,并对垢样作化验分析。垢样是否有代表性、垢样分析是否正确是确保清洗质量的重要环节,取样时应尽量在锅炉受热强度较高的部位取得垢样。工业锅炉由于其烟管表面、对流管、锅筒底部或者炉胆等也是受热部位,在这些部位取得的垢样具有一定的代表性,因此可以不割水冷壁管。其垢样一般可只作定性分析或半定量分析,但酸洗前必须进行溶垢小型试验。

额定工作压力≥2.5 MPa 的锅炉,主要受热面是水冷壁管,其汽包一般不直接受热,因此采集垢样应以割取水冷壁管为代表,进行沉积物量测定和垢样定量全分析,同时应进行动态的模拟清洗小型试验,并且制作清洗监视管;新建的高压锅炉应选择并割取受污较重的备用管作小型试验和监视管。

(3)由专业技术人员根据锅炉具体情况,针对垢型选择合适的清洗介质和工艺条件,制定清洗方案,并到当地锅炉检验检测机构申请监督检验。

(4)对所用药剂、设备、材料等进行测试和准备,使之符合规定要求。化学清洗药品包括清洗剂、缓蚀剂、还原剂、漂洗剂、钝化剂及其他清洗助剂等各种药剂,在清洗前应当进行纯度或者有效性的复测,避免劣质或者失效药剂对清洗质量造成影响。

工业锅炉清洗中,有些清洗单位利用某些化工副产物的酸液来清洗锅炉,以求降低成本。这类酸液中往往会含有一些杂质,其中有的对锅炉清洗没有危害,例如盐酸中含有氢氟酸、磷酸等,可用于锅炉酸洗;有的却对锅炉或者人身有危害作用,例如酸液中含有较高的铁、铜等金属离子,易加速金属腐蚀;有的含有毒性物质;有的含有高挥发性、低闪点、易燃、易爆物质;有的杂质会与缓蚀剂产生反应,降低缓蚀效率等,如果酸液中含有这些杂质,一律不得用于锅炉清洗。

(5)拆除或隔离易受酸洗影响的部件及不参加酸洗的部位,尤其对过热器必须采取保护措施(一般采用充满加有氨水和联氨的除盐水进行保护),对下降管应进行节流(对于蒸发量小于4 t 的小型锅炉可不作要求)。因为对于受热面以水冷壁管为主的锅炉来说,水冷壁管的向火侧往往是结生硬垢的主要部位,而且也是除垢较为困难的部位。由于通常这类锅炉下降管管径较大,为了确保水冷壁管有足够的流量和流速,必须对下降管采取一定的节流措施,否则循环时锅炉内的酸洗液就会从汽包经下降管流向集箱(或者从集箱经下降管流向汽包),而受热强度最强、结垢较严重的水冷壁管则会因管径较小而难以得到循环,以致炉管内会因流速过低而严重影响除垢效果。

需注意的是:清洗前在锅炉系统拆除、封堵和临时装设的部件,应做好记录。清洗结束后,系统复位时应核对无误,避免遗漏。

(6)根据清洗循环系统设计的要求,安装设置清洗循环系统(单纯的静态浸泡法,由于其清洗效果较差,一般已不采用)。对清洗系统进行高于清洗压力的 0.1~0.2 MPa 的水压试验(必要时应用热水作压力试验),查漏消缺,保证清洗系统严密,防止清洗过程清洗液泄漏伤人。

(7)做好清洗前的准备工作,包括:清洗所需的设备、材料、分析仪器和化验试剂、急救药品和劳动保护用品等各种物品的准备,水、汽、电、照明等临时管线的铺设,以及向清洗人员进行技术交底和安全教育等。

(8)按清洗方案的清洗工艺进行化学清洗,并在清洗过程中进行化验监测及各项记录。一般化验监测项目应包括:清洗液(包括酸或碱)的浓度、Fe^{3+} 和 Fe^{2+} 含量、排酸中和时的 pH 值及钝化液的浓度等。记录不仅仅指化学监测的数据记录,凡是清洗过程中实施的每个清洗步骤及其工艺参数(包括时间、温度、流量表所示的流量、酸循环时泵的出口压力和巡回检查等),以及清洗过程出现的问题和消缺情况等,都应如实作好现场记录。

(9)清洗结束时,排放的废液必须进行处理,使之达到国家允许的排放标准。清洗废液未经处理,绝对不可随意排放,也不得采用渗坑、渗井和漫流的方式排放。清洗方案中应具体写明如何处理清洗废液。

(10)打开所有的检查孔,清理残渣。由于一般工业锅炉的化学清洗,水垢只能部分溶解,大多还是靠剥离脱落为主,因此酸洗后还必须用人工进一步清理残垢和沉渣。必要时,可用高压水枪或洗管机逐根冲洗并疏通所有的水冷壁管和对流管等。当垢量较少时,可在钝化后清理;若垢量较多,以致酸洗后有大量垢渣堆积时,会使钝化膜难以形成,这时需排酸中和后,先清理残垢,再进行钝化。

(11)检查验收,恢复系统。清洗单位在清洗后应首先自检合格,再由锅炉检验检测机构对清洗质量进行检验,然后拆除清洗系统,恢复锅炉各装置,必要时可进行水压试验。

锅炉经酸洗后金属表面活性较大,为了防止产生新的锈蚀,清洗后应尽快投入运行。如果不能很快投入运行的,应采取适当的防锈蚀保护措施。

7.4.2 清洗前的准备

7.4.2.1 垢样采集和试验

清洗前,首先应在锅炉内采集有代表性的垢样,进行垢样测定和除垢小型试验。一般工业锅炉可作垢样定性分析,并进行动态模拟清洗试验。

7.4.2.2 制订清洗方案

锅炉化学清洗前,应根据垢样分析和除垢试验结果以及锅炉实际情况,制订清洗方案。锅炉化学清洗方案至少应包括以下内容:

(1)锅炉使用单位名称、锅炉型号、锅炉使用登记证号、投运年限以及上次清洗时间、清洗依据等。

(2)锅炉设备状况,包括是否存在缺陷以及采取的措施。

(3)近期的锅炉定期检验报告的结论及其意见。

(4)锅炉结垢或者锈蚀的状况,包括水垢的分布、厚度或者沉积物量,水垢成分分析结果。

(5)清洗范围和清洗工艺。

(6)根据小型试验确定的清洗介质和工艺条件。

(7)清洗系统图(包括循环系统、半开半闭式系统和开式系统)。

(8)清洗所需要采取的节流、隔离、保护等措施。

(9)清洗过程中应当监测和记录的项目及控制要求等。

(10)清洗废液的排放处理。

(11)安全要求及其事故预防措施。

(12)确保清洗中水、汽、电、通信等充足、安全、可靠使用的措施。

(13)清洗后锅炉各部位的残垢清理,清洗质量验收等。

7.4.2.3 清洗系统设计和安装

清洗系统应根据锅炉结构、清洗范围、清洗介质、清洗方式、水垢的成分及分布状况、锅炉房条件、废液处理条件及环境要求等具体情况进行设计。锅炉清洗系统主要有以下几方面要求:

(1)清洗箱应耐腐蚀并有足够的容积和强度,可保证清洗液畅通,并能顺利地排出沉渣。清洗箱出口或清洗泵入口应装设滤网,滤网孔径应小于 3 mm,且应有足够的通流截面。

(2)清洗泵应耐腐蚀,泵的出力应能保证清洗所需的清洗液流速和扬程,并保证清洗泵连续可靠运行。清洗泵扬程根据泵出口的静压头和被清洗系统中最大阻力损失等进行计算,并考虑 1.1~1.2 的安全系数。清洗泵流量根据系统最大流通截面积进行计算,流量应使循环回路内流速在 0.2~0.5 m/s。

(3)清洗系统应装设取样管、温度计、压力表等,进液管和回液管应有足够的截面积以保证清洗液的流量,各回路的流速应力求均匀。管道系统中各种阀门、弯头、三通等应能满足清洗系统的设置需要。

（4）锅炉顶部及封闭式清洗箱顶部应设排气管。排气管应引至安全地点，且应有足够的流通面积。

（5）不参加化学清洗的设备和系统应与化学清洗系统完全隔离。如果有并列运行的锅炉，无论采用何种清洗工艺和清洗方式，在进行除垢清洗时必须将与之相连接的所有汽、水管道可靠地隔绝。不参与清洗的过热器内应充满加有联氨（N_2H_4 100～300 mg/L）或乙醛肟（500～800 mg/L），并用氨水调制的 pH 值为 9.5～11.5 的除盐水作保护。

（6）拆除或隔离原锅炉水位计，在汽包上设临时液位计，并标示高、中、低水位刻度。临时液位计的汽侧应与汽包的汽侧相连，不可直通大气，以防喷酸和出现假液位。汽包液位监视处与地面清洗系统液位控制处要有可靠的通信联系和液位报警信号装置。

（7）下降管管径较大的锅炉（一般蒸发量 4t/H 以上的锅炉），应在下降管口设节流装置。节流设置应不影响循环流量，同时要保证下降管的清洗质量。

（8）汽包内紧急事故放水管应加高至汽包零位线上 +400 mm，或将事故放水管临时封闭。

（9）清洗液配制和加热装置应能操作方便、安全可靠。必要时可装设喷射注酸装置、蒸汽加热装置和氮气鼓泡装置等。浓盐酸、浓硝酸等强酸宜采用耐酸泵输送到清洗箱。

（10）锅炉化学清洗临时系统安装完毕后，炉前系统、炉本体系统、临时系统应进行最高清洗压力的水压试验，并应严密无渗漏。

7.4.2.4　清洗所需的水、汽、电保障

（1）清洗用水

化学清洗所需用的水量较大，清洗时必须保证有充足的清洗用水。一般工业清水使用量是被清洗系统水容积的 5～7 倍，除盐水或软化水使用量是被清洗系统水容积的 8～10 倍。清洗前，工业清水、除盐水或软化水储备量应不少于估算量的二分之一，其余水量由制水能力保证，确保满足化学清洗和冲洗的用水需要。

（2）清洗加热

当采用蒸汽加热时，应保证汽源稳定可靠，蒸汽量、压力应能满足清洗液和钝化液的升温速度。

（3）清洗用电

清洗现场应设置备用电源，必须保证清洗过程不断电。

7.4.3　酸洗工艺及其控制

一般酸洗工艺步骤包括：水冲洗→碱洗（或碱煮转型）→水冲洗→酸洗→水顶酸（中和）→漂洗→钝化。其中碱洗（煮）和漂洗，可根据锅炉结垢或受污程度以及退酸钝化工艺等具体情况确定是否进行。工艺参数的控制应以既保证除垢效果良好，又保证金属腐蚀速度和总腐蚀量不超过规定值为原则。

7.4.3.1 系统水冲洗

锅炉化学清洗过程中,水冲洗是重要的一环,一般每个清洗步骤都需进行水冲洗。化学清洗前,应通过水冲洗清除锅内堆积的沉渣和污物,如有堵塞的管道应尽量预先加以疏通。清洗前的水冲洗,对于无奥氏体钢的设备,可用过滤后的澄清水或工业清水进行分段冲洗,有奥氏体钢部件的设备,应使用氯离子含量小于 0.5 mg/L 的除盐水冲洗。酸洗后的水冲洗,工业锅炉应尽量采用软化水,冲洗流速一般为 0.5～1.5 m/s。水冲洗终点以出水达到透明无杂物,并且 pH 值符合要求为止。

7.4.3.2 碱洗除油或碱煮转型

对于新建锅炉的化学清洗,一般酸洗前应先进行碱洗,除去锅内金属表面在制造、安装等过程中形成的油脂、涂层等。对于运行锅炉,若结生的水垢以硫酸盐或者硅酸盐为主,为了提高除垢率,酸洗之前应进行碱煮转型。碱洗和碱煮方法见本章 7.3 所述。

7.4.3.3 酸洗液配制

酸洗液必须配成一定浓度后才能进入锅炉。一般控制 HCl 或 HNO_3 酸洗液浓度为 6%～8%;对于含有硅或氧化铁的混合垢,为了提高除垢质量,可在酸洗液中添加 0.5%～1.0% HF 或 NaF 助溶剂。酸洗液的配制可按以下方法进行:

(1)将清洗系统的配药用水加热至预定温度后,先加缓蚀剂进行系统循环,然后用浓酸泵或酸喷射器向清洗箱内逐渐加入浓酸,边进行系统循环边加酸至预定浓度。

(2)对于容量较小的锅炉,宜在溶液箱内直接配成一定浓度的酸洗液,再用清洗泵送入清洗系统进行循环。

7.4.3.4 酸洗液温度控制及加热方法

对于酸洗液的加温必须确保安全。由于无机酸酸洗温度不可过高,如果采用炉膛点火方式对酸洗液进行加温,容易引起局部过热,并且在过热区域造成缓蚀剂失效和金属剧烈腐蚀,因此除了 EDTA 清洗允许炉膛点火加热外,其他酸洗剂清洗时,绝对不允许采用炉膛点火的方法对酸洗液直接进行加热,而且清洗现场一律不得用明火。常用酸洗液加温方式主要有以下两种。

(1)炉内加热法

小型工业锅炉常采用炉内加热法,其方法为:配酸前先将锅炉水位上到锅筒低水位处,在投酸前用木柴在炉膛点火,将锅内的水加热到预定的温度(一般可加热至 50℃左右),然后彻底熄灭炉火,退出残留柴炭,封闭炉门及尾部烟道等出口。再将锅内部分热水退到清洗箱,并且根据加酸量适当排掉一部分,以便配酸后酸洗液的液位维持在锅筒中间水位。

待清洗系统内水温稳定并循环均匀后,便可以配制酸洗液。当清洗箱容积小于锅炉水容量时,可以在锅内水加热后,排出一部分热水至清洗箱,然后通过清洗系统边循环边加酸来配制酸洗液。对于水容量很小的锅炉,如果清洗箱容积足够,则可以在加热水温至 50℃后熄灭炉火,将锅内的水全部排至清洗箱,直接将酸洗液配制成预定浓度,然后再打入锅内进行循环清洗。

(2)炉外加热法

有条件的工业锅炉清洗宜采用炉外加热法。其方法通常是将蒸汽加热管或者电加热管置于清洗箱内,边循环边将清洗系统内的水加热到预定的温度,然后停止加热,配制清洗液。在酸洗过程中,如果需要保温加热,必须注意避免酸洗液局部过热,不可将高温蒸汽直接通入酸洗液中。

7.4.3.5　酸洗过程中工艺条件控制和化学监测

酸洗过程中应严格控制酸洗液的温度、流速等酸洗工艺条件,并控制酸洗液液位在锅筒中间水位。酸洗过程中应定时对酸洗液进行取样化验,测定酸浓度及 Fe^{3+} 和 Fe^{2+} 浓度。当 Fe^{3+} 浓度接近控制值(工业锅炉控制$\leqslant$750 mg/L;电站锅炉控制$\leqslant$300 mg/L)时,应及时加入还原剂,防止 Fe^{3+} 对金属产生腐蚀。

7.4.3.6　酸洗终点判断

酸洗时间以清洗反应终点来控制,一般为6~10 h。对于结垢严重的工业锅炉,由于锅内金属表面基本上都被水垢所覆盖,金属实际接触酸洗液的时间并不长,所以在缓蚀性能稳定、保证腐蚀总量不超标的情况下可适当延长酸洗时间,但必须加强化学监测,尤其应当注意 Fe^{3+} 和 Fe^{2+} 的变化趋势,如果在未添加还原剂的情况下,Fe^{3+} 浓度不再增加,而 Fe^{2+} 的浓度却异常增大,说明有腐蚀发生,必须立即停止酸洗。通常酸洗终点可根据下列两点判断:

(1)酸洗液浓度趋于稳定,相隔30 min,两次测定结果酸洗液浓度差值小于0.2%;

(2)铁离子浓度基本趋于平衡,清洗碳酸盐为主的水垢时,二氧化碳气体不再产生。

酸洗终点到达后应及时停止酸洗,防止酸洗时间过长增加腐蚀量。

7.4.3.7　退酸、水冲洗与清渣

酸洗结束退酸时,应用清水(电站锅炉用除盐水)迅速将锅内的酸洗液顶出,不得直接排空酸洗液。如冲洗水量不足,也可采用边排酸边上水(排酸速度应不大于上水速度,以免被清洗金属面暴露于空气中),至排出液的 pH 值为4~4.5为止。若垢渣量较多,可在水冲洗后用适量稀碱液中和冲洗至排出液的 pH 值>7,然后打开所有的人孔和手孔进行清渣。

7.4.3.8　漂洗、钝化

锅炉酸洗后必须进行钝化,以防金属腐蚀。若不漂洗而直接钝化的,宜采用下述方法带压钝化:水冲洗或清渣后,在系统循环下,加入磷酸三钠($Na_3PO_4 \cdot 12H_2O$),使其浓度达到1%~2%,同时加入氢氧化钠调整 pH 值至11~12。当锅内钝化液浓度均匀后,关闭循环系统,然后锅炉点火,缓慢升压至额定工作压力的1/2左右,保压钝化的时间应维持16 h以上。

对于额定工作压力$\geqslant$1.6 MPa,或额定蒸发量$\geqslant$10 t/h 的锅炉,酸洗后应进行漂洗,再进行钝化。

7.4.3.9　残垢清理

为了防止残留垢渣脱落后造成堵管,钝化后必须打开所有的检查孔,用人工彻底清理锅内

已松动的残垢和沉渣。必要时,可用高压水枪或洗管机逐根冲洗并疏通所有的水冷壁管和对流管等,使之达到畅流无阻的要求。

当垢量较少时,可在钝化后清理;若垢量较多,以致酸洗后有大量垢渣堆积时,会使钝化膜难以形成,这时需排酸中和后,先清理残垢,再进行钝化。

7.5 影响锅炉酸洗腐蚀的因素及防止

锅炉化学清洗时影响金属腐蚀的因素主要有以下几个方面。

7.5.1 缓蚀剂的缓蚀效率

缓蚀剂的缓蚀效率是防止酸对金属腐蚀的首要关键。酸洗缓蚀效率是指在相同条件下,金属在不加缓蚀剂和加有缓蚀剂的酸洗液中腐蚀速度差的相对值。一般来说,缓蚀效率越高,金属的腐蚀速度就越低,锅炉酸洗要求缓蚀剂的缓蚀效率达到98%以上。应注意的是,在不同的使用条件下,缓蚀剂的缓蚀效率往往有所不同,清洗中应严格控制工艺条件符合缓蚀剂的使用要求。

7.5.2 酸洗液中高价氧化性离子的浓度

高价氧化性离子,特别是Fe^{3+}浓度过高,由于其去极化的作用,易加快金属腐蚀速度,而且一般的缓蚀剂不能有效抑制其腐蚀作用,因此当酸洗液中Fe^{3+}浓度过高时,应当及时加入还原剂,使Fe^{3+}还原成Fe^{2+}。修订的TSG G5003—2008《锅炉化学清洗规则》规定:工业锅炉酸洗液中Fe^{3+}浓度不应超过750 mg/L。

选用还原剂时,应当注意还原剂在不同介质中的适用性。例如,锅炉常用的除氧还原剂亚硫酸钠和联氨,在碱性介质中是较强的还原剂,但是在酸性介质中,当没有氧化性物质存在时反而会成为氧化剂,加速金属腐蚀,因此酸洗时应当慎重选用这类还原剂,建议选用氯化亚锡或者抗坏血酸作还原剂。

7.5.3 酸洗液温度

适当提高清洗液温度,能够加快清洗过程的化学反应速度,提高清洗效果。但是如果酸洗液温度过高,不仅酸液本身会加速对金属的腐蚀,而且有可能破坏缓蚀剂的稳定性,降低甚至丧失缓蚀性能。

不同的缓蚀剂耐热温度有所不同,例如无机酸的缓蚀剂,有的在60℃仍有较好的缓蚀性,有的却在高于40℃以后,其缓蚀性即随着温度升高而显著下降。因此酸洗液的温度必须控制在缓蚀剂适用的范围内,当清洗工艺条件需要较高温度清洗时,应当选用热稳定性好的缓蚀剂。常用酸洗液的清洗温度一般控制如下:

盐酸、硝酸、氢氟酸、氨基磺酸等,宜控制在30~55℃,一般最高温度不得超过65℃;

磷酸、柠檬酸控制在90~98℃;

EDTA控制在120(±5)℃。

对酸洗液的加温必须确保安全。采用无机酸酸洗时,绝对禁止用炉膛点火的方式加热酸洗液。因为无机酸酸洗温度较低(小于 60℃),如果采用炉膛点火方式对酸洗液进行加温,容易引起局部过热,并在过热区域造成缓蚀剂失效和金属剧烈腐蚀。但对于 EDTA 清洗,由于 EDTA 络合剂对金属的腐蚀相对较小,清洗过程中一般不会产生氢气,而且清洗所需温度较高,在无其他加热条件的情况下,可以在循环下采用炉膛点小火进行加热。

7.5.4　酸洗液浓度

酸洗液浓度过低会影响清洗效果,但浓度过高,会加快对金属的腐蚀,而且排酸浓度过高也会造成浪费,并且增加废液处理的成本。一般酸洗液最高浓度控制:盐酸、硝酸、氨基磺酸、EDTA 等不宜超过 10%;氢氟酸浓度不宜超过 3%。

7.5.5　酸洗液流速

提高酸洗液流速通常能够显著提高清洗效果,但同时也会加快金属的腐蚀,尤其当酸洗液流速提高到一定程度(>1 m/s)时,与其接触的金属表面甚至会产生粗晶析出的过洗现象,因此酸洗液的流速应当控制在合适的范围内,一般控制在 0.2~0.5 m/s。

7.5.6　酸洗时间

酸洗时间一般以清洗反应终点来控制,但是酸洗时间也不宜过长,因为虽然大多数缓蚀剂使金属腐蚀速度随着时间的增加而降低,但腐蚀总量总是随着酸洗时间的增加而增大,酸洗时间越长,腐蚀产生的氢($2H^+ + Fe = H_2 + Fe^{2+}$)越多,金属发生氢脆的危险性就会增加。对于结垢严重的工业锅炉,由于锅内金属表面基本上都被水垢所覆盖,金属实际接触酸液的时间并不长,所以允许在缓蚀性能稳定,保证腐蚀总量不超标的情况下适当延长酸洗时间,但必须加强化学监测,尤其应当注意 Fe^{3+} 和 Fe^{2+} 的变化趋势,如果在未添加还原剂的情况下,Fe^{3+} 浓度不再增加,而 Fe^{2+} 的浓度却异常增高,说明有腐蚀发生,必须立即停止酸洗。

7.5.7　镀铜的防止

工业锅炉如果回收热交换器(通常用铜管制作)的冷凝水作给水,水垢中也有可能含铜垢。含有铜垢的锅炉酸洗时,随着水垢或者金属氧化物的溶解,清洗液中具有氧化性的 Cu^{2+} 浓度会逐渐增高,并与金属铁发生电化学反应:

酸洗溶垢:　　　　　　　　　　$2H^+ + CuO \rightarrow Cu^{2+} + H_2O$

电化学腐蚀反应:　　　　　　　$Cu^{2+} + Fe \rightarrow Cu + Fe^{2+}$

结果不但产生镀铜现象,而且在镀铜的同时使金属铁受到电化学腐蚀。镀铜的更大危害还在于:锅炉金属局部镀铜后,由于铜的电极电位比铁的电极电位正得多,且两者电位差较大,在锅炉运行时,容易形成铜为阴极、铁为阳极的腐蚀电池,从而使受热面钢铁不断受到电化学腐蚀,给锅炉安全运行带来危害。因此,当垢样中含铜时,必须采取防止镀铜的措施,酸洗后锅炉金属表面不允许有镀铜现象。

一般防止镀铜的措施有:酸洗液中加入硫脲等铜掩蔽剂;酸洗后用一定浓度的氨水和过硫酸铵漂洗除铜。

7.5.8 酸洗后水冲洗及钝化

经过酸洗的金属表面往往处于极度活化状态,非常容易被空气氧化而腐蚀,因此一般不得采用直接排空酸洗液的方法来退酸,而应当采用水顶酸或者氮气顶排酸来尽量避免金属与空气接触,同时尽可能缩短退酸至漂洗钝化的时间,否则金属在退酸和水冲洗期间产生的腐蚀甚至会超过酸洗时的腐蚀,而且产生的二次锈蚀将显著影响钝化效果。为了避免产生大量的浮锈,应将水冲洗时间控制在 1~2 h 内,因此清洗系统设计时就应当考虑到清洗泵功率和系统母管的管径应该能保证有足够的冲洗水流量。如果水冲洗无法在规定时间完成,应当采取相应的防止锈蚀措施,可以在水冲洗的后期进行中和碱化处理,使金属表面得到初步钝化。

另外,锅炉化学清洗后如果不能立即投入运行,产生新锈蚀的可能性会比清洗前大得多,即使在形成良好的钝化膜状况下,停炉时间也不宜超过 20 d,在温度高的夏天,不应超过 15 d。如果钝化膜形成不够完整,则应当马上投入运行,并且在运行中加入适量碱性药剂(例如磷酸三钠等),或者立即采取合适的停炉保护措施。

7.6　锅炉清洗质量及其检验

7.6.1　锅炉化学清洗过程的监督

7.6.1.1　化学清洗中监督的内容

为了掌握化学清洗的进程,及时判断清洗过程各阶段的清洗效果,在化学清洗过程中必须进行化学监督,其内容主要有:

(1)化学清洗前的监督检查。抽样测定清洗剂、钝化剂等清洗药剂的纯度;测定缓蚀剂在所确定的清洗剂配方和清洗工艺条件下的缓蚀效率;确认化学清洗所用药品的质量和数量;配备好清洗过程中化学监督所需的标准溶液、指示剂等分析试剂及分析仪器;准备好监视管段和腐蚀指示片,并在清洗前将腐蚀指示片挂入汽包和监视管内。

(2)清洗过程中的监督测定。定时分析监测各清洗阶段中介质的浓度及其变化状况,及时记录加药量、清洗液的温度、流量、压力、循环方向及各清洗阶段的时间等重要清洗参数。

(3)清洗终点确定。根据化验数据和监视管内表面的除垢情况判断清洗终点。

7.6.1.2　锅炉清洗过程中的化学监督

为了确保达到清洗质量要求,在清洗各阶段都应定时进行取样测定分析。一般测定项目和测定频次为:

(1)碱洗(煮)过程。每 4 h(接近终点时每 1 h)测定碱洗液中的 pH 值、总碱度和 PO_4^{3-} 浓度。

(2)酸洗过程。开始时每 30 min(酸洗中间阶段可每 1 h)一次,测定酸洗液中的酸浓度、Fe^{3+} 和 Fe^{2+} 浓度。接近终点时,应缩短测定间隔时间。

(3)水顶酸及中和水冲洗过程。后阶段每 15 min 测定出口水的 pH 值。

(4)钝化过程。用磷酸盐钝化的,每 3～4 h 测定钝化液中的 pH 值和 PO_4^{3-} 浓度;采用其他钝化剂的,根据所用钝化剂特性,定时测定其浓度。

7.6.2　锅炉化学清洗质量要求及检验

根据 TSG G5002—2012《锅炉水(介)质处理检验规则》和 TSG G5003—2008《锅炉化学清洗规则》的规定,锅炉化学清洗质量应达到如下要求,并需经过特种设备检验机构检验合格。

7.6.2.1　除垢效果

清洗以碳酸盐或者氧化铁为主的水垢,除垢面积应当达到原水垢覆盖面积的 80% 以上。清洗硅酸盐或者硫酸盐为主的水垢,除垢面积应当达到原水垢覆盖面积的 60% 以上。水垢类型根据定性或半定量分析确定,必要时可以通过割管检查水冷壁管的除垢效果。

7.6.2.2　腐蚀速度和腐蚀量

用腐蚀指示片测定的金属腐蚀速度应当小于 6 g/(m²·h),腐蚀量不大于 80 g/m²。

7.6.2.3　钝化膜

金属表面应形成较好的钝化保护膜,不出现明显的二次浮锈,并且无点蚀。

7.6.2.4　炉管畅通

清洗后清洗单位应该采取有效措施,清除锅内酸洗后已松动或者脱落的残留垢渣,疏通受热面管子。对于清洗前已经堵塞的管子,清洗后仍然无法疏通畅流的,应该请具有相应资质的单位修理更换,以确保所有的受热面管子畅通无阻。

对于除垢效果低于规定要求,或者虽然达到规定要求,但锅炉主要受热面上仍然覆盖有难以清理的水垢时,应在维持锅水碱度达到水质标准上限值的条件下,将锅炉运行一个月左右再停炉,用人工或高压水枪清理继续脱落的垢渣和残垢。这是因为一般残留的垢都存在于热负荷较高的部位,而且是较难除去的垢,但经酸洗后大多已有所松动,当锅炉投入运行后会逐渐地脱落,若不作再次清理往往易发生事故,所以当残留垢较多时必须作进一步清理。

7.7　清洗安全及废液的排放处理

7.7.1　化学清洗安全措施

7.7.1.1　制定安全管理制度

清洗单位应根据本单位具体情况制定切实可行的安全管理制度,其中应包含以下四方面内容和措施：

（1）化学清洗安全操作制度。其中应包括文明施工、化学药品的安全使用、清洗现场的安全操作和施工用电管理等。清洗电站锅炉的单位还应有安全施工作业票制度，为了避免误操作，在清洗过程中应由清洗负责人签发作业票进行操作。

（2）安全培训教育制度。其中包括对新员工的安全知识培训和清洗施工前的安全教育等。

（3）仓库、化验室等工作场所安全管理制度。其中应包括药剂的领用和安全保存，防毒、防火、防盗等措施的规定。

（4）环境保护和清洗废液的处理等。

7.7.1.2 化学清洗施工的安全措施

（1）制定化学清洗方案时，应充分考虑人员、设备和环境的安全，保证按照方案施工，不会对被清洗设备和操作人员及环境造成危害。

（2）锅炉化学清洗前，有关工作人员必须学习并熟悉清洗的安全操作规程，了解所使用的各种药剂的特性及灼伤急救方法，并做好自身的防护。

（3）清洗人员应经安全培训，掌握清洗安全知识后才能参加清洗工作。对于清洗大型和超大型锅炉设备的，应组织进行紧急事故处理演习。参加锅炉清洗的人员应佩戴专用徽章，与清洗无关的人员不得进入清洗现场。

（4）设专人负责安全监督工作，专门检查、落实安全措施的执行情况，监督工程技术的安全防范保障措施，确保人身与设备安全。

7.7.1.3 清洗系统设置的安全措施

清洗系统的安全检查应符合下列要求：

（1）与化学清洗无关的仪表及管道应可靠隔绝。

（2）临时安装的管道、阀门应与清洗系统图相符。

（3）对影响安全的扶梯、孔洞、沟盖板、脚手架，做好妥善处理。

（4）清洗系统所有的连接部位应安全可靠；所有的法兰垫片、阀门及水泵的盘根均应严密耐腐蚀，并设防溅装置，防备清洗液泄漏时四溅。

（5）临时设置的加热蒸汽阀门的压力等级应高于所连接的汽源阀门一个压力等级，并采用铸钢阀门。所有承压的清洗液管线以及蒸汽和热水管线都应当用固定管道与清洗水泵连接。

（6）酸泵、取样点、化验站和监视管附近应设专用水源和石灰粉，以备酸泄漏时进行冲洗、中和用。另外，还应备有耐腐蚀的可用于管道、阀门包扎的材料（例如毛毡、胶皮垫、塑料布、胶带和专用卡子等），以备漏酸时紧急处理。在容易发生化学药品泄漏和飞溅的加药泵及配药场所附近应备有清水喷淋装置和眼部冲洗设施，并保证其可用性。

（7）清洗现场应照明充足，备有消防、通信设备、安全灯、急救药品和劳保用品等。

（8）清洗现场应设置"严禁明火"、"注意安全"、"有毒危险"、"请勿靠近"等安全警示牌，必要时还应当在清洗现场的周围用警戒绳设置隔离区。

7.7.1.4 清洗操作的安全措施

锅炉清洗时，不但要确保锅炉设备的安全，而且还应当确保清洗人员的人身安全，防止因安全意识不强、安全措施不足、不文明作业而造成人身伤害事故或者危害身体健康的现象发生。清洗施工时,安全操作措施主要有以下四点。

(1)防止化学药品灼伤

①搬运浓酸、浓碱时,应使用专用工具,禁止肩扛、手抱。

②参加清洗的操作人员和检修人员,应佩戴安全帽,穿戴专用的防护用品,以防酸碱液飞溅灼伤身体,尤其在配制酸、碱清洗液时应注意戴好防护眼镜和防毒面具,以保护眼睛。近视的工作人员尽量不要戴隐形眼镜,因为隐形眼镜会吸附化学药剂,使眼睛受伤的风险性更大。

在高风险区域(如酸洗平台)工作的人员应该配备全身保护装备,例如一套橡胶防护服(上衣/裤子/帽兜)、化学防护镜、内置脚趾保护钢板的安全靴子、橡胶手套等。如果配酸时浓酸有浓烟产生,则还需配备适当的(适合于特殊化学药剂)呼吸器。

③使用氢氟酸时须佩戴防毒面具,以防中毒。氢氟酸一旦溅于皮肤上,应立即用饱和石灰水反复冲洗,而且冲洗时间应超过 15 min。采用氢氟酸清洗或需在清洗液中添加氟化物的,清洗期间应在清洗现场准备氢氟酸灼伤的急救处理用品。

④清洗施工现场应备有急救箱,并配备急救药品。

⑤化学清洗时,若发生药剂溅到身体上,可采取下列处理措施。若比较严重的,经现场初步处理后应及时送医院救治。

a. 酸液溅到皮肤上,应立即用清水冲洗,再用 2％～3％ 重碳酸钠溶液清洗,然后涂上凡士林软膏。

b. 酸液溅入眼睛里,应立即用大量清水彻底冲洗眼睛和眼睑至少 15 min,再用 0.5％ 的碳酸氢钠溶液进行冲洗。若是碱液溅入眼睛,则用 0.2％ 硼酸溶液冲洗。如果溅入量较多,冲洗后应尽快送医务室急救。

c. 溅于衣服上,应先用大量清水冲洗,然后用 2％～3％ 碳酸钠溶液中和,最后再用水冲洗。

酸洗时,要提前准备好苏打灰或石灰粉,以便迅速与任何飞溅出的酸液进行中和。加药泵和混合设备附近的区域尤其容易发生酸液飞溅,需要随时进行中和。然而,如果在该区域发生大规模泄漏的话,在被清洗的设备底部附近也需设置类似的应急措施。

(2)禁止明火,安全排气

①酸洗时,为了防止酸洗过程中产生的氢气发生爆炸或者火灾,清洗现场一律不得用明火(包括电焊、电切割和其他可能的火源),并停止与清洗无关的工作。在清洗设备附近区域,尤其是加药场地和锅炉顶部应严禁吸烟。清洗场地附近要张贴禁止入内的标志和火灾及爆炸的警告。

清洗现场应备有可靠的消防设备、安全灯、充足的照明。所有参加化学清洗的人员都应携带防爆手电筒,严禁使用火柴或打火机。

②锅炉顶部应设排气管并引出至室外。在气体易积聚的区域内应设置通风排气装置,确保清洗过程中所产生的气体能被安全地排放至大气中。通风口附近区域应远离火源并且与人员隔离(例如用安全警示绳设置隔离区)。汽油、柴油或电动泵设备附近是存在火灾隐患的区域,应配备适当的消防灭火设备。

(3)确保系统安全,妥善维修处理

清洗过程中,应有专人值班,定时巡回检查,随时检修和处理清洗设备的缺陷和泄漏,并做好以下安全措施:

①由于塑料或橡胶软管承压能力差,易老化破损,因此除了用于冷水管线、空气管线、氮气管线,以及通风口的延长,塑料或橡胶软管不可以用于任何承压的化学药品管线以及蒸汽和热水管线,否则一旦突然爆裂而发生喷射易造成严重的伤害。

②所有的阀门应设在易于操作的位置,并且尽可能设在水平标高或以下的位置。对于高位阀门,如果条件不允许下移,应搭设临时脚手架以便于操作。

③化学清洗过程中经常会发生不同程度的泄漏,而且清洗中途一般不能采用补焊止漏。因此清洗现场应备有塑料布、胶皮垫、管夹、生料带、法兰缠绕垫、竹签、尖头小木棍等堵漏材料,以备清洗系统泄漏时进行紧急消缺处理。

④在泄漏修补过程中要遵守所有适用的安全规章制度和规范。

在设备清洗前或清洗后可对泄漏处进行补焊处理,但补焊前应将管内或容器中的药液或水排光,并且对泄漏位置附近的内外部进行彻底地冲洗(如果是酸性溶液,则宜先加稀碱溶液进行中和,以防金属表面发生腐蚀)。如果修补处邻近的容器中仍然加有承压的药剂(包括静水压头),则维修人员在开始修补前要配戴相应的防护装备,避免人体与药剂直接接触。

在进行焊接修补前要对可能积聚有氢气的容器进行彻底地吹扫,并且在开始焊接前要在修补位置附近进行测爆试验。(如果未将容器内的氢气彻底吹扫干净,即使发生泄漏的容器外部测爆试验读数为零,焊接时也不排除在容器内部发生爆炸的可能性。)

(4)进入狭小空间检查或清渣时的安全

对锅炉和相关设备进行检查时需要人员进入非常狭小的空间工作,这些空间在化学清洗完后可能会很烫,而且可能会含有有害的气体、液体和淤泥。因此化学清洗后,在进入设备工作时应在容器入口安排监护人员,并且采取如下的预防措施:

①检查所有人孔应全部打开。人孔附近场地应清洁有序,便于出入,无障碍物。

②保证设备通风。在化学清洗过程中会产生气体,例如氢气、氮气和氨气,必须采用风扇或其他合适的通风设备将这些气体从设备中排除,否则会对进入设备的人员生命造成极大的威胁。

③在进入任何封闭的空间进行检查前,要对设备内的空气进行测试以确定是否满足呼吸所需的氧气含量(18%～21%)。应特别注意氢气、氨气以及氢气与氨气的混合气体在空气中的爆炸危险性,注意容器内的通风,防止人员的窒息。

7.7.2 清洗废液的排放处理

锅炉及热力设备化学清洗使用的清洗介质中含有酸、碱、盐、络合剂、缓蚀剂、钝化剂、表面活性剂等各种化学物质。在化学清洗过程中,从设备上清洗下来的有油脂类物质、高聚物、磷酸盐、硫酸盐、硅酸盐、铁和铜的化合物以及其他多种离子化合物等,清洗凝汽器和循环水冷却塔时还有生物黏泥、悬浮物等各种污垢,这些杂质都将随着清洗过程而进入清洗溶液中,形成含有多种污染物质的废液,如果这些废液不经过妥善处理就直接排放,必然会对生态环境造成恶劣的影响,也会直接影响到我们自身的工作环境和生活环境。

因此,锅炉化学清洗时,应充分考虑环境保护因素来选择化学清洗药品,应在保证清洗质量的前提下,尽量选用无毒害、易处理的药剂,最大限度地减少对环境和人体的影响,同时应根据具体条件制订切合实际的废液处理方法,使排放的清洗废液符合 GB 8978—2002《污水综合排放标准》的规定。

锅炉化学清洗废液排放应严格执行国家有关标准要求,严禁排放未经过处理的酸、碱清洗液,也不得采用渗坑、渗井、漫流或者稀释等方式排放废液。锅炉清洗废液应按 GB 8978—2002《污水综合排放标准》的规定,根据废水所排入的水域来控制污染物排放浓度。一般锅炉清洗废液经处理后,主要指标和最高允许排放浓度见表 7.4。

表 7.4 污水综合排放标准(第二类污染物最高允许排放浓度)

排入水域	污水排放执行标准	pH 值	悬浮物 SS(mg/L)	化学耗氧量 COD(mg/L)	氟化物 F⁻(mg/L)	磷酸盐(以 P 计)(mg/L)
Ⅲ类保护水域或二类海域	一级	6~9	70	100	10	0.5
Ⅳ、Ⅴ类水域或三类海域	二级	6~9	200	150	10	1.0
二级污水处理城镇排水系统	三级	6~9	400	500	20	/

注:① Ⅲ、Ⅳ、Ⅴ类水域按 GB 3838—88《地面水环境质量标准》划分;

② 二、三类海域按 GB 3097—82《海水水质标准》划分。

参考文献

郝景泰,等.2000.工业锅炉水处理技术.北京:气象出版社.

第8章

锅炉水质分析

锅炉用水的水质监督,就是按照水质标准的要求,用分析的方法,对锅炉用水及蒸汽质量进行化学监督。水质分析是衡量水处理效果,保证锅炉安全运行的重要手段。

8.1 水质分析基本知识

8.1.1 水样的采集

水样的采集就是通过专门的取样设备,从系统中抽取很小一部分能够准确地代表整个待测对象的样品的操作。采样的基本要求是:样品要有代表性,采出后不能被污染,在分析测定前不发生变化。

8.1.1.1 好取样装置

(1)取样点应根据锅炉的类型、参数、水质监督的要求(或试验要求)进行设计和布置,以保证采集的水样有充分的代表性。

取样管宜采用不锈钢管制造,低压锅炉可选用碳素无缝钢管。

除氧水、给水、锅水和疏水的取样装置必须安装冷却器,取样冷却器应有足够的冷却面积,并接在能连续供给足够冷却水量的水源上,以保证水样流量在 $500\sim700$ mL/min,水样温度应在 $30\sim40$℃之间。

(2)取样冷却器使用后应排除积水,减缓锈蚀。锅炉停炉检修时,应安排检修取样器和所属阀门。

(3)取样前,取样管道应先进行冲洗,去掉取样器中的锈和残存水。

8.1.1.2 水样的采集方法

(1)采样瓶应用硬质玻璃瓶或聚乙烯塑料瓶,采样前,应先将采样容器彻底清洗干净。采样时用所取水样涮洗多次后方可取样,采样后应迅速加盖密封。

(2)采集给水、锅水水样时原则上应是连续流动之水,如软化水应在设备正常运行状态下取样;给水一般在给水管出口处取样;锅水一般在连续排污管取样,如无连续排污管时,可在锅炉的下联箱或定期排污管取样。测溶解氧的采样点应在除氧器水箱出口处。采集其他水样时,应先将管道中的积水放尽并冲洗后方可取样。

(3)采样后应及时进行分析,存放和运输时间应尽量缩短,一般不应超过 72 h。

(4)取样量要充足。水样的数量应能满足测试和复核的需要。

(5)采集有冷却器的水样时,应调节取样阀门,使水样流量控制在 $500\sim700$ mL/min,并保持流速稳定,同时调节冷却水量,保持水样温度在 $30 \sim 40 ℃$ 。

(6)采集的水样应在采集现场黏贴标签,并填写采样单,记录水样名称、采样人姓名、采样地点、时间、采样量等信息。

(7)某些不稳定成分(如溶解氧)测定时,应在现场取样测定。

8.1.2　常用玻璃仪器及天平的使用方法

8.1.2.1　玻璃分析仪器

在化验工作中大量使用玻璃仪器。按玻璃性质的不同,玻璃仪器可以简单分为软质玻璃仪器和硬质玻璃仪器两类。软质玻璃仪器的耐热性能、硬度和耐腐蚀性能都比较差,但透明度比较好,如试剂瓶、漏斗、量筒、吸管等。硬质玻璃仪器可以直接用灯火加热,这类仪器耐腐蚀性强、耐热性能和耐冲击性能都比较好,如常见的烧杯、烧瓶、试管、蒸馏器和冷凝管等。

(1)常用玻璃仪器的使用

表 8.1 列出了水质分析常用的一些玻璃仪器。

表 8.1　常用的玻璃仪器

仪器	规格	用途	注意事项
烧杯	容量(mL) 50 100 250 500 1000	配制溶液、煮沸、蒸发、浓缩溶液	加热时需在底部垫石棉网,防止局部受热而破裂
三角烧瓶	容量(mL) 50 100 250 500 1000	也称锥形瓶,在滴定操作中通常用它作容器,反应时便于摇动	加热时需在底部垫石棉网,防止局部受热而破裂
细口瓶,广口瓶	容量(mL) 30 125 250 500 1000	统称试剂瓶,用来盛装各种试剂。试剂瓶有无色和棕色之分,棕色瓶用于盛装应避光的试剂。细口瓶和滴瓶用于盛放液体药品。广口瓶常用于盛放固体药品	试剂瓶不能用火直接加热。磨口的试剂瓶瓶塞不能调换,以防漏气。若长期不用,应在瓶口和瓶塞间加放纸条,以防开启困难。盛装碱性溶液或浓盐溶液时,应用软木塞或橡皮塞
滴瓶	容量(mL) 30 60 125		

仪器	规格	用途	注意事项
漏斗	口径(mm) 40 60 90 150	用于过滤操作。常见的有60°角短颈标准漏斗和60°角长颈标准漏斗	
酒精灯	容量(mL) 150 250	常用的加热器具	酒精灯不宜相互对头点燃,防止酒精外溢起火;熄灭时不要用嘴吹,应用带磨口的玻璃罩或塑料罩盖在灯上熄灭
研钵	内径(mm) 75 90 120	主要用于研磨固体物质。有玻璃制、瓷制、铁制、玛瑙制研钵,瓷制研钵适用于研磨硬度较低的物料。硬度大的物料应用玛瑙研钵	研钵不能用火直接加热
蒸发皿	直径(mm) 60 90 120 150	多为瓷制,有平底和圆底两种形状,能耐高温,对酸碱的稳定性比玻璃好	蒸发溶液时,一般放在石棉网上加热,防止骤冷
表面皿	直径(mm) 45 60 80 100 150 180	主要用于加盖烧杯,防止灰尘落入和加热时液体迸溅等。也可在分析实验中作气室或点滴反应板	不能直接用火加热
比色管	容量(mL) 10 25 50 100	主要用于比较颜色的深浅,在目视比色法中经常用到它。常见有开口和具塞两种。管上有标明容量的刻度线	通常配套出厂

（续表）

仪器	规格		用途	注意事项
干燥器	内径（mm）		用于保持药品干燥或存放已烘干的称量瓶、坩埚等。器内带孔瓷板上放置待干燥的物品，下面放置干燥剂（如硅胶、氧化钙、硫酸铜，或用几支小烧杯盛装浓硫酸等）	使用干燥器时，要沿边口涂抹一薄层凡士林，使顶盖与干燥器保持密合，不致漏气。开启顶盖时，不应往上拉，而要稍稍用力使顶盖向水平方向缓缓错开。取下的顶盖应翻过来放稳，热的物体应冷却到略高于室温时，再移入干燥器内
	100 200 300			
洗瓶	容量（mL）		用于冲洗器皿及配制药品时遗留在烧杯内的残液	通常用软质塑料瓶加上橡皮塞和一段弯曲的玻璃管做成洗瓶，使用方便。打开瓶塞，加入水后，挤捏塑料瓶身，水就会自动流出
	250 500 1000			
称量瓶	外径（mm）		在使用分析天平时，用它称取一定量的固体试样，常见的有高形和扁形两种	不能用火直接加热，瓶盖不能互换。洗干净的称量瓶置于干燥器中备用，称量时不要用手直接拿取，而要用纸带绕住瓶身，用手掐住纸带两端拿取
	高形	25 30 40		
	扁形	40 50 60		
容量器	容量（mL）		用于配制体积要求准确的溶液。配制时液面应恰在刻度线上	不能加热，瓶塞是磨口的，配套出厂，不能互换，以防漏水
	10 50 100 250 500 1000			

（续表）

仪器	规格			用途	注意事项
量筒	容量（mL）			用于量取一定体积的液体,在配制和量取浓度及体积不要求很精确的试剂时,常用它来直接量取溶液	不能加热,不用作反应容器。量度体积时,以液面的弯月形最低点为准
	5				
	10				
	50				
	100				
	500				
	1000				
移液管	容量（mL）			也称吸管,用于准确转移一定体积液体,常见的包括有刻度吸管（左）和单标记吸管（右）	
	有刻度	0.1			
		0.2			
		0.25			
		0.5			
		1			
		10			
	单标记	5			
		10			
		20			
		50			
		100			
碱式滴定管,酸式滴定管	容量（mL）			容量分析滴定时使用的较精密的仪器,用来测量自管内流出溶液的体积,分酸式和碱式两种。酸式滴定管（右）用来盛盐酸、氧化剂、还原剂等溶液;碱式滴定管（左）用来盛碱溶液	
	10				
	25				
	50				
	100				

①滴定管的使用

滴定管是滴定分析时,准确测量滴定溶液体积的玻璃仪器。按用途可分为酸式和碱式,按颜色可分为白色和棕色,按规格可分为常量和微量。一般常量滴定管的容积有 25、50、100 mL 几种规格,刻度精度为 0.10 mL,估计读数为 0.02 mL。微量滴定管有 1、2、3、4、5、10 mL 几种规格,刻度精度一般可准确至 0.005 mL 以下。

a. 碱式滴定管。一般用来装碱性或中性溶液。碱式滴定管的下端有一小段橡皮管,把滴头与管身连接起来,橡皮管内有一粒稍大于管内径的玻璃球,以刚好堵住管中的液体不漏出为准。如有漏水现象时,可以更换玻璃球或橡皮管。凡是能和橡皮管作用的物质(如高锰酸钾、碘、硝酸银等溶液),均不能用碱式滴定管来盛放。

b. 酸式滴定管。一般用来装酸性、中性和氧化性溶液,但不可用来装碱性溶液,以免碱性溶液腐蚀玻璃旋塞而造成黏结,使滴定管无法使用。酸式滴定管的下部带有玻璃旋塞,在使用前应洗涤干净,将旋塞和塞体内壁水分擦干,然后在旋塞小头一端的内壁和旋塞大头一端分别涂上一层薄薄的凡士林,把旋塞插入塞体内后,向一个方向转动旋塞,直到旋塞和塞体接触面呈透明状态。用橡皮圈将旋塞与塞体相连接,然后检查漏水与否。如无漏水现象且旋塞转动灵活,即可使用。

c. 盛装标准溶液。盛装标准溶液前,滴定管应洗涤干净并用所盛装的标准溶液润洗 2~3 次,以免装入的标准溶液被管壁上残存的水珠稀释。另外应尽量从盛标准溶液的容器中把标准溶液直接倒入滴定管中,减少中间环节,以免浓度改变。润洗时每次注入 5~10 mL 标准溶液,双手横托滴定管并缓缓转动,使溶液洗遍全管内壁,然后从滴定管下端放出,冲洗出口。

装好标准溶液后,要将滴定管下端出口处的气泡赶掉,然后调整液面在 0.00 mL 处或一定的刻度处即可。对于酸式滴定管,可以转动旋塞并抖动滴定管使下端气泡赶出。对于碱式滴定管,可以将滴定管稍稍倾斜,将橡皮管向上弯曲并捏挤管内玻璃球,使气泡从翘起的滴头排出(图 8.1)。

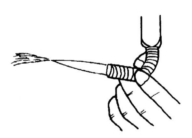

8.1 碱式滴定管内气泡的排出

d. 滴定管的读数。能否正确读数,会直接影响到分析结果的准确性。正确的读数方法是用两手指拿住滴定管上端,使其与地面垂直,眼睛的视线与液面处于同一水平,读数时应读取与弯月面下缘相切之点的数值。眼睛位置的高低对于读数有一定的影响(图 8.2)。对于有色溶液,读数时可读取液面两侧最高点的数值。对于常用的 50 mL 和 20 mL 滴定管应读至小数点后两位数值;对于微量滴定管,应读至小数点后三位数值。但需要注意的是,滴定前和滴定后的读数方法要一致,否则将会造成误差。

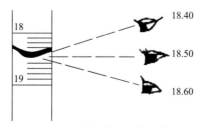

图 8.2 视线高低对读数的影响

e. 滴定操作技术。熟练掌握滴定管的操作方法是容量分析的基本功之一。

使用碱式滴定管时,应用左手拇指和食指捏玻璃球上部或中部,轻轻推拉橡皮管来控制流速(图 8.3)。使用酸式滴定管时,应左手拇指在前,中指和食指在后,轻轻捏住旋塞柄,无名指、小指向手心弯曲,形成握空拳的样子,注意不能用右手转动旋塞。

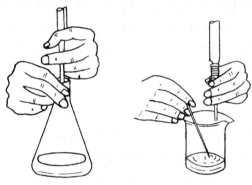

图 8.3 滴定操作

滴定中被测定的物质通常置于三角烧瓶中,用右手拿住三角瓶的颈部,左手控制滴定速度,边滴边摇动三角烧瓶,使溶液顺着同一方向作圆周转动。滴定管的出口尖端可以置于三角烧瓶口内 1cm 处,但不要与瓶壁接触和碰撞;也可以使其尖端与三角烧瓶的瓶口保持 2~3 mm 左右的距离,但不能距离太大,以防瓶内液体溅出。

滴定开始时,滴定速度以 10 mL/min,即 3~4 滴/秒为宜(眼睛直观是一滴接一滴但不能成线状)。在临近终点时,滴定速度应减慢,仔细观察溶液的颜色变化,且滴一滴,摇一摇,直到最后一滴(或是半滴)刚好变成所需的颜色,即为滴定终点。

滴定每个样品耗用的标准溶液的量不应超过所用滴定管的最大容量,但也不宜太少,一般应在 20~30 mL 为宜。

掌握正确的操作姿势,控制合适的滴定速度,正确地判断和控制滴定终点,是保证容量分析准确性的几个关键环节,也是每个检验人员必须掌握的操作技术。

②移液管的使用

移液管是用来准确移取一定体积溶液的仪器。移液管使用前应清洗干净,用滤纸将管口尖端内外的水吸净并用待移用的溶液润洗 3 次,以除去残留在管壁上的水分。吸取溶液最好用橡皮洗耳球。

a. 移液管的操作。移取操作一般以右手执管,左手拿洗耳球。将移液管插入待吸溶液液面下 1 cm 处,先将洗耳球内空气排出,将洗耳球口对准移液管上口,待吸入的溶液超过移液管标线 2~3 cm 时,迅速移开洗耳球,用右手食指堵住管口。将移液管提离液面,使移液管出口尖端贴着容器内壁,将多余溶液缓慢放出,使移液管内液面降至与刻度线相切时为止,立即以食指按紧移液管上口,使液体不再流出。然后将移液管下端尖口插入锥形瓶中与内壁接触,使锥形瓶微微倾斜。松开食指,让移液管内溶液自由顺壁流下(图 8.4)。流完后,再停留大约 15 s 左右即可。

b. 移液管使用时应注意:

(a)视线应与移液管中溶液的弯月面平行。

（b）落液时，移液管尖与受液容器瓶口壁接触时，应注意防止移液管尖被玷污，并且溶液放落速度不可过快，否则易影响移液体积的准确性。

（c）一般移液管的体积是以自动流出的量为准，余液不能吹入容器内，除非移液管上注明了"吹"或"快"的标记，因为移液管的容积在移液管制造时，并未把残存在管口的少量液体包括在内。

③容量瓶的使用

容量瓶是配制标准溶液或试样溶液用的玻璃仪器，不宜配制和贮存强碱溶液。瓶颈上刻有标线。在使用前应检查是否漏水，方法是：在容量瓶中加适量水，塞紧瓶塞，一手按住瓶塞，另一只手指尖推住瓶底边缘，将瓶倒立 2 min，如果不漏，将瓶放正后，旋转瓶塞到另一位置再倒立 2 min，检查是否渗漏。

固体物质应先在烧杯中用少量水溶解，液体物质也应在烧杯中用少许水混匀，然后移入容量瓶中。将溶液移入容量瓶时，应用一根洁净的玻璃棒插入容量瓶中，玻璃棒的下端靠近瓶颈内壁，不宜离瓶口太近，以免有溶液溢出。烧杯嘴紧靠玻璃棒，使溶液沿着玻璃棒缓缓流入容量瓶中（图 8.5）。待溶液流完后，将烧杯沿玻璃棒稍向上提，同时直立，使附着在烧杯嘴上的一滴溶液流回烧杯中。残留在烧杯中的少许溶液，可用少量蒸馏水洗 3～4 次，洗涤液按上述方法移到容量瓶中。

溶液和洗涤液的总量不要超过容量瓶体积的 2/3，然后加蒸馏水至接近标线处，盖好瓶塞，如图 8.6 所示，一手按住瓶塞，另一只手指尖顶住瓶底边缘，将容量瓶平摇几次（切勿倒转摇动），做初步混匀，这样可避免混合后体积的改变。待附在颈壁上的水流下，液面上的小气泡消失后，再用滴管逐滴加入蒸馏水，直至溶液的弯月面下缘恰好与标线相切为止，盖紧瓶塞，将容量瓶倒转并振荡，使溶液充分混合均匀。

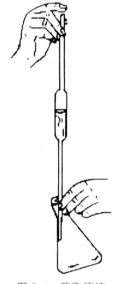

图 8.4 移取溶液

图 8.5 溶液转移

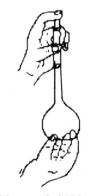

图 8.6 溶液混匀

(2)玻璃仪器的洗涤

玻璃仪器是否洁净,对化验所得结果的准确性和精密度有直接影响。因此,玻璃仪器的洗涤,应视为化验工作的一项重要操作。

洗涤玻璃仪器的方法很多,应根据化验的要求、污物的性质和污染的程度来选用。洗干净的玻璃仪器,内壁应能被水均匀润湿而无条纹及水珠。洗涤玻璃仪器前,首先用肥皂将手洗干净。贮存较久或新用的玻璃仪器可以先用清水冲洗一遍,然后再行洗涤。

常用的洗涤方法有:

①用水洗涤。用毛刷就水刷洗,既可使水溶性物质溶解,也可以洗去附在仪器上的灰尘和促使不溶物的脱落,这是一种最简单而又经常用的洗涤方法。

②用去污粉、肥皂、合成洗涤剂洗刷。洗刷时先将仪器湿润,再用毛刷蘸取少许洗涤剂,将仪器内外刷洗一遍,然后用水边冲边刷洗,直至洗净为止。

③用洗涤液洗涤。对于用以上方法尚不能洗净的仪器或用于滴定的仪器,可用洗涤液洗涤,见表8.2。铬酸洗液是强氧化剂,使用时要十分小心,不要溅到皮肤和衣服上,以免灼伤皮肤或"烧"破衣服。铬酸洗液对于有机物和油污等去除能力较强,而对玻璃仪器却很少侵蚀,所以在遇到一些口小、管细和有些部位难以用刷子洗刷的仪器时,常用它来洗涤。洗涤时,先将仪器内的水倒掉,然后往仪器内加入少量洗液,再倾斜仪器并缓慢转动,使仪器的内壁全部被洗液湿润,来回转动几次后,将洗液倒回原瓶。然后,用自来水把仪器内残留的洗液完全洗掉。如果用洗液将仪器浸泡一段时间或用热的洗液进行洗涤,则去污效果更好。

表 8.2　常用洗涤液的配制及应用

洗涤液及其配制	使用方法
铬酸洗(涤)液 1. 将 20 g $K_2Cr_2O_7$ 溶于 20 mL 水中,再慢慢地加入 400 毫升浓硫酸(相对密度 1.84)。千万不能将 $K_2Cr_2O_7$ 溶液加到浓硫酸中 2. 在 35 mL 饱和 $K_2Cr_2O_7$ 溶液中,慢慢加入 1 L 浓硫酸(相对密度 1.84)	清洗玻璃仪器时,用此洗液浸润或浸泡仪器片刻,后将其倒回洗涤瓶中,再用水冲洗。如洗液变成墨绿色,即不能再用 注意:洗液不要与皮肤和衣物接触
氢氧化钠的乙醇溶液 溶解 120 g NaOH 固体于 120 mL 水中,用 95％乙醇稀释至 1 L	在铬酸洗涤无效时,可用此洗液清洗各种油污,但由于碱对玻璃的腐蚀,此洗液不得与玻璃长期接触
硫酸亚铁的酸性溶液 2 g $FeSO_4$ 溶于 500 mL 4 mmol/L 的 $1/2H_2SO_4$ 溶液中	洗涤由于贮存 $KMnO_4$ 溶液而残留在玻璃器皿上的棕色污斑

经过洗涤的仪器应该用蒸馏水再冲洗 3 次,冲洗时要顺器壁冲洗并充分振荡。已经冲洗干净的仪器不要用毛巾、布、纸或其他东西去擦拭,以免造成再污染。

(3)玻璃仪器的干燥

洗涤干净的玻璃仪器应进行干燥,否则已经洗涤干净的器皿还有可能被污染。常用的干燥方法有以下三种。

①倒置法

把洗涤干净的仪器倒置在干净的架子上或专用的橱内,任其自然滴水、晾干。倒置还有防尘作用。烧杯、三角烧瓶、量筒、容量瓶、滴定管等仪器常用此法干燥。

②加热干燥法

通常放在 $105\sim110℃$ 的烘箱内烘干。但精密分析工作中使用的量器,如容量瓶、吸管等不能在烘箱中烘烤。此外,也可以用酒精灯火直接将仪器烤干。烧杯、蒸发皿等可置于石棉网上用小火烤干。一些急用的仪器或不能用高温加热的仪器,例如比色管、称量瓶、移液管、滴定管、研钵等,可以用理发用的吹风机,将仪器用冷风或热风快速吹干。

③有机溶剂法

对急需干燥的玻璃仪器,可以用一些易挥发的有机溶剂来干燥。最常用的是酒精或等体积酒精和丙酮的混合液,也可先用酒精再用乙醚。将有机溶剂注入已洗干净的仪器中,使器壁上残留的水分和这些有机溶剂相互溶解,然后将它们倾出。这样在仪器内残留的混合物会很快挥发,从而达到干燥的目的。如果再用电吹风机吹风,则干燥得更快。但有机溶剂较贵,必要时才采用。

(4)玻璃仪器的保存

洗净的仪器通常采用如下几种方法保存:

①一般仪器,经洗净干燥后倒置于专用橱内。橱内隔板上衬垫干净的白纸;也可在隔板上钻一些孔洞,便于倒置插放仪器。橱门要严密防尘。

②移液管除要贴上专用标签外,还应在用完后(洗净的或未用的),用干净的滤纸将两端卷起包好,放在专用架上。

③滴定管要倒置在滴定管架上;也可装满蒸馏水,上口加盖指形管。正在使用的装有试剂的滴定管也要加指形管或纸筒防尘。

④称量瓶一旦用完,就应该及时洗干净,烘干放在干燥器内保存。

⑤比色杯、比色管洗净、干燥后,放置在专用盒内或倒置在专用架上。

⑥带有磨口塞子的仪器,洗净干燥后,要用衬纸夹衬或裹住塞子保存。

(5)容量器皿的校正

容量器皿上通常标注有两种符号:一种是"E",它表示该器皿是"量入"容器,即当溶液弯月面底部与标线相切时,注入量器内的溶液体积等于量器上标明的体积;还有一种是"A",它表示该器皿是"量出"容器,即将满刻度的溶液全部倒出的体积,正好与量器上标明的体积相等。不注明符号的一般是指"量入"容器。

容量器皿所指示的体积和实际的体积,由于种种原因,会有一定的误差。国产容量器皿按标准度可分一级品和二级品两种,其允许误差如表 8.3 所示。

表 8.3　国产容量器皿的允许误差

准确度等级	滴定管		移液管		容量瓶	
	25(mL)	50(mL)	10(mL)	25(mL)	100(mL)	250(mL)
一级	±0.03	±0.05	±0.02	±0.04	±0.10	±0.10
二级	±0.06	±0.10	±0.04	±0.10	±0.20	±0.20

从国产容量器皿的允许误差可以看出,在选用一级品时,其相对误差小于 0.2%,所以在容量分析中一般不必进行校正。

当对容量分析器皿的允许误差要求较高时,或者进行比较精密的测定,分析结果的准确度要求较高时,就有必要对容量器皿进行校正。

容量器皿的校正,常用称量法和相对校正法。称量法就是称量容量器皿某一刻度内放出或容纳的蒸馏水的质量,然后根据在该温度时水的密度,将水的质量换算成体积,校正滴定管常用这种方法。容量瓶和移液管是经常配套使用的,一般都是用移液管从容量瓶中取出几分之几的溶液,所以并不一定要知道它们的绝对容积,而只要求它们的相对容积成比例关系就可以了,利用这种关系来校正容量的方法,称为相对校正法。例如要校正 20 mL 的移液管和 100 mL 容量瓶的相对关系时,可以用 20 mL 的移液管,准确地移取蒸馏水五次注入 100 mL 干燥容量瓶中,然后仔细观察液面与标线是否相符。如果相符,那么该容量瓶的体积就是该移液管的五倍;如果不符合,可以在瓶颈上重新做上一条新的标线,表示该处的容积为该移液管的五倍。经过校正后的移液管和容量瓶应该配套使用。

8.1.2.2　分析天平的使用方法

分析天平主要用于化学定量分析和化学试剂的精确称量。分析天平有摆动天平、阻尼天平、半自动光电天平、全自动光电天平、电子天平等,目前较为常用的是电子天平。

(1)天平的称量方法

分析天平的称量方法一般分为三种:直接称量法、递减称量法和固定质量称量法。

①直接称量法。此法是将称量物直接放在天平盘上直接称量物体的质量。例如,称量小烧杯的质量,容量器皿校正中称量某容量瓶的质量,重量分析实验中称量某坩埚的质量等,都使用这种称量法。

②递减称量法(差减称量法)。此法适于称取易吸水、易氧化或易与二氧化碳反应的物质。由于称取试样的质量是由两次称量之差求得,故也称差减法。

③固定质量称量法。又称增量法,此法用于需称量某一固定质量的试剂(如基准物质)或试样。适于称量不易吸潮和在空气中稳定的固体物质。

用硫酸纸称取固体物质是更简便的一种方法,但是在倒出被称物后应再称一次纸的质量是否与原质量相同,以防纸上残留有被称物而使得到的质量不准确。

(2)天平的使用规则

分析天平是一种精密仪器,为了使称量能获得准确的结果,使用天平时应遵守下列各项规则:

①分析天平应放在室温均匀的牢固台面上,避免震动、潮湿、阳光照晒及与腐蚀性气体接触。

②为了减少误差,在进行同一分析工作时,所有称量要使用同一台天平。

③天平载物不得超过其最高载重量。

④分析天平取放砝码时必须用镊子夹取,不得用手直接拿取,以免弄脏砝码,使质量不准确。

⑤光电天平加砝码时,应一档一档地慢慢加,防止砝码跳落、互撞;放置和取下物品或砝码时,都必须先关主开关,把天平梁托起,以免损坏刀口。当用旋钮放下或升起天平梁时,应小心缓慢,取放物体和砝码时,物体、砝码应放在盘中央。如指针已摆出标牌以外,应立即托起天平梁,加减砝码后,再进行称量。在称量时,必须把天平门关好。

⑥天平箱内要经常保持清洁。光电天平应放置干燥剂,并保持干燥有效;电子天平一般不需放置干燥剂。

⑦热的物品不能放在天平盘上称量,因为天平盘附近空气受热膨胀,上升气流将使称量结果不准确。热的物品必须放在干燥器内冷却至室温后再进行称量。

⑧要用适当的容器盛放化学药剂,不可直接放在称盘上称量,具有腐蚀性蒸气或吸湿性的物品,必须放在密闭容器内称量。

8.1.3　标准溶液的制备

8.1.3.1　化学试剂简要概述

根据锅炉水质分析的需要,既要保证分析结果的准确性又要避免造成不必要的浪费,就必须了解有关化学试剂的性质、用途和使用常识,并根据试验的不同要求,选择不同等级的试剂。

(1)化学试剂的包装和取用

①固体化学试剂

一般都装在广口玻璃瓶内,也有装在塑料瓶和塑料袋内的。常见的包装每瓶是 500 g,指示剂一般每瓶是 25g,贵重药品的包装要更小一些。取用固体试剂,要用干净的牛角勺或塑料勺,取后立即将瓶盖盖紧。称量固体试剂可用表面皿。无氧化性、无腐蚀性、不易潮解的固体试剂,也可以用干净而光滑的纸来称量(如电光纸、描图纸)。

②液体化学试剂

一般都装在细口的玻璃瓶内,也有装在细口的塑料瓶内的。常见包装是每瓶 500 mL。常用的浓硫酸、浓盐酸和浓硝酸的包装是每瓶 2500 mL。取用液体试剂时,先将瓶塞反放在桌子上,手握有标签的一面倾斜试剂瓶,沿干净的玻璃棒把液体注入烧杯内,再把瓶塞盖好。定量取用时,可用量筒、量杯或移液管。

无论固体试剂或液体试剂,当需要避光保存时,都要装在深棕色的玻璃瓶内。

试剂瓶上均贴有标签,标明试剂名称、分子式、相对分子质量、密度、纯度、杂质含量及使用保管的注意事项等。无标签的试剂不能使用。

化学试剂及各种溶液的配制,应按照 GB/T 601—2002《化学试剂标准滴定溶液的制备》以及 GB/T 603—2002《化学试剂试验方法中所用制剂及制品的制备》来执行。

(2)化学试剂的等级与标志

我国对化学试剂有统一的质量要求。通常的标志和意义为:GB——该产品符合化学试剂国家标准;HG——该产品符合化工行业化学试剂标准。我国化学试剂的等级与标志见表 8.4。

表8.4 我国化学试剂的等级与标志

级别	一级品	二级品	三级品	四级品	
中文标志	优级纯	分析纯	化学纯	实验试剂	生物试剂
代号	G.R.	A.R.	C.R.	L.R.	B.R. 或 C.R.
瓶签颜色	绿色	红色	蓝色	棕色	黄色

一级品纯度很高,所以又称保证试剂,通常用于精密分析或科学研究工作。

二级品纯度也很高,只较一级品稍差,能满足大多数分析或科研工作。水质分析一般采用二级试剂。

三级品的纯度与二级品比较,差别较大,只适用于工矿生产和学校教学。

基准试剂的纯度,相当于或者优于一级品,在容量分析中可用它直接配制标准溶液,而不必进行标定。容量分析中确定滴定终点用的指示剂,不按上述标准进行分类。

(3)化学试剂的保管与贮存

化学试剂贮存与保管不当,就会变质,给实验造成误差,甚至导致实验失败。因此严格地保管好试剂,对于获得可靠的实验数据有着非常重要的意义。

化学试剂中,很多是易燃、易爆、有腐蚀性的。在保管与贮存时,一定要注意安全,防止发生事故。

一般化学试剂要按照酸类、碱类、盐类和有机试剂类分别存放在专门的柜橱内,摆放方法要使查找和取用方便。室内要干燥、阴凉、通风,防止阳光直射。要随时注意观察试剂的挥发、凝固、潮解、风化、变色、氧化、结块、稀释等变质现象,以便采取相应的措施,妥善处理。

对于以下危险药品,应分别贮藏在铁厨内,并要求有专人保管。例如乙醇、乙醚、丙酮、汽油等易燃试剂;苦味酸等易爆试剂;高锰酸钾、重铬酸钾和双氧水等氧化剂;浓硫酸、浓硝酸、浓盐酸、氨水和其他强酸、强碱性腐蚀剂等。要注意远离明火或电源,千万不能混合存放。另外,盐酸、硫酸、乙醚、丙酮、高锰酸钾等属于易制毒化学品,需按照公安部门的要求采购和保管。

化验室人员要懂一定的急救常识,并准备一些简单的急救药品。

8.1.3.2 实验室用水的要求

(1)分析实验室用水规格

实验室在配制药品和洗涤玻璃仪器时均应使用纯水。根据 GB/T 6682—2008《分析实验室用水规格和试验方法》规定,实验室用纯水分为三个级别:一级水、二级水和三级水,如表8.5所示。

表8.5 分析实验室用水规格

名称	一级	二级	三级
pH 值范围(25℃)	—	—	5.0~7.5
电导率(25℃)/(μS/cm)	≤0.1	≤1.0	≤5.0
可氧化物质含量(以 O 计)/(mg/L)	—	≤0.08	≤0.4
吸光度(254 nm,1 cm 光程)	≤0.001	≤0.01	—

(续表)

名称	一级	二级	三级
蒸发残渣(105℃±2℃)含量/(mg/L)	—	≤1.0	≤2.0
可溶性硅(以 SiO_2 计)含量/(mg/L)	≤0.01	≤0.02	—

注:①由于在一级水、二级水的纯度下,难于测定其真实的 pH 值,因此,对一级水、二级水的 pH 值范围不做
　　规定。

②由于在一级水的纯度下,难于测定可氧化物质和蒸发残渣,因此对其限量不做规定,可用其他条件和制
　　备方法来保证一级水的质量。

(2)用途

不同级别的实验室用水用于不同级别的试验或试剂配制:

①一级水用于有严格要求的分析试验和配制用于痕量成分分析的试剂,包括对颗粒有要
求的试验。

②二级水用于无机微量分析等试验。

③三级水用于一般化学分析试验和配制用于常用成分分析的试剂。

(3)制取

不同级别的实验室用水制取方式通常为:一级水可用二级水经过石英设备蒸馏或阴阳离
子交换混合处理后,再经 0.2 μm 微孔滤膜过滤来制取。二级水可用多次蒸馏或反渗透＋阴
阳离子交换混合处理等方法制取。三级水可用多次蒸馏或反渗透＋离子交换等方法制取。

需注意的是,二级反渗处理的水,虽然电导率容易达到三级水的要求,但常常还会带硬度,
因此必须再经离子交换后才能满足工业锅炉水质分析的要求。

(4)分析实验室用水的容器与储存

各级用水均使用密闭、专用聚乙烯容器。三级水也可使用密闭的、专用玻璃容器。新容器
在使用前需用 20％盐酸溶液浸泡 2～3 天,再用实验用水反复冲洗数次。

各级用水在储存期间,其污染的主要来源是容器可溶成分的溶解,吸收空气中二氧化碳、
灰尘和其他杂质以及由于微生物作用而变质。因此,一级水不可储存,应在临使用前制备。二
级水、三级水可适量制备,分别储存于预先经同级水清洗过的相应容器中。离子交换水长期储
存后会有异味,出现絮状微生物霉菌菌株。无论是用玻璃还是塑料容器长期储存二级水、三级
水,容器壁释出的杂质污染都是不可忽视的问题。

(5)检测

实验室用水必须经过检测符合 GB/T 6682 的要求才能使用。

8.1.3.3　标准溶液的制备及标定

(1)标准溶液的配制

标准溶液是指已知准确浓度的溶液,它是滴定分析中进行定量计算的依据之一,不论采用
何种滴定方法,都离不开标准溶液。因此,正确地配制标准溶液,确定其准确浓度,妥善地贮存
标准溶液,都关系到滴定分析结果的准确性。配制标准溶液的方法一般分为直接法和标定法。

①直接法

用分析天平准确地称取一定量的基准物质,溶于适量水后定量转入容量瓶中,定容并摇匀,计算出该溶液的准确浓度。

采用直接法制备标准溶液的物质必须是基准物质,基准物质应具备下列条件:

a. 试剂必须具有足够高的纯度,一般要求其纯度在 99.9% 以上,所含的杂质应不影响滴定反应的准确度。

应注意,有些高纯试剂和光谱纯试剂虽然纯度很高,但只能说明其中杂质含量很低。由于可能含有组成不定的水分和气体杂质,使其组成与化学式不一定准确相符,致使主要成分的含量可能达不到 99.9%,这时就不能用作基准物质,常用的基准物质见表 8.6。

表 8.6 常用的几种基准物质

基准物质		干燥后的组成	应用
名称	分子式		
无水碳酸钠	Na_2CO_3	Na_2CO_3	标定酸
碳酸氢钠	$NaHCO_3$	Na_2CO_3	标定酸
邻苯二甲酸氢钾	$KHC_8H_4O_4$	$KHC_8H_4O_4$	标定碱
草酸钠	$Na_2C_2O_4$	$Na_2C_2O_4$	标定氧化剂
重铬酸钾	$K_2Cr_2O_7$	$K_2Cr_2O_7$	标定还原剂
氧化锌	ZnO	ZnO	标定 EDTA
三氧化砷	As_2O_3	As_2O_3	标定碘

b. 物质的实际组成与它的化学式完全相符,若含有结晶水(如硼砂 $Na_2B_4O_7 \cdot 10H_2O$),其结晶水的数目也应与化学式完全相符。

c. 试剂应稳定。例如,不易吸收空气中的水分和二氧化碳,不易被空气氧化,加热干燥时不易分解等,并且易干燥,易溶解。

d. 试剂最好有较大的摩尔质量,可以减少称量误差,常用的基准物质有纯金属和某些纯化合物,如 Cu、Zn、Al、Fe 和 Na_2CO_3、ZnO、NaCl、$K_2Cr_2O_7$ 等。

②标定法

需要用来配制标准溶液的许多试剂不能完全符合上述基准物质必备的条件,例如:NaOH 极易吸收空气中的二氧化碳和水分,纯度不高;市售盐酸中 HCl 的准确含量难以确定,且易挥发;$AgNO_3$ 和 $Na_2S_2O_3$ 等不易提纯,且见光分解或在空气中不稳定等。因此这类试剂不能用直接法配制标准溶液,只能用间接法配制,即先配制成接近于所需浓度的溶液,然后对其进行标定,确定其准确浓度。

标定是指用基准物质或标准溶液确定所配制溶液的准确浓度。其方法为:准确称取一定量的基准物质溶于水或取一定量的标准溶液,用待标定的溶液滴定至终点,根据所消耗待标定溶液的体积和标准的物质的量,计算出待标定溶液的准确浓度。

用基准物质标定又可分为称量法和移液管法:

a. 称量法。准确称取若干份经过处理的基准物质,分别溶解,用待标定溶液滴定,然后由每份基准物质的质量和被标定溶液的体积计算浓度,取之平均值,作为该溶液的准确浓度。

b. 移液管法。准确称取一份较大量的基准物质,溶解后,于容量瓶中准确稀释成一定体积,摇匀,用移液管准确吸取数份,分别用待标液滴定,由基准物质的质量与被标定溶液的体积计算浓度。

这种方法节省称量时间,但是称量的偶然误差不易发现。同时,基准物质用量大,并且要求使用相互校准过的移液管和容量瓶。

(2)滴定度

在水质分析中,用"滴定度"(T)来表示标准溶液的浓度比较简便实用。滴定度通常以被测物质表示,即每毫升标准溶液相当于被测物质的克数(或毫克数)。例如 $T_{KMnO_4/Fe} = 0.005834$ g/mL,表示 1 mL $KMnO_4$ 标准溶液相当于 0.005834 g 铁。

(3)提高标定准确性的措施

为了提高标定的准确度,标定时应注意以下几点:

①标定应平行测定 3~4 次,至少重复 3 次,并要求测定结果的相对偏差不大于 0.2%。

②为了减少误差,称取基准物质的量不应太少,最少应称取 0.2 g 以上;同样滴定到终点时消耗标准溶液的体积也不能太小,最好在 20 mL 以上。

③配制和标定溶液时使用的量器,如滴定管、容量瓶和移液管等应经检定合格,且在有效期内。使用时还应考虑温度的影响。

④应做空白修正,在标定时要同时作平行空白试验,空白值不应过大,否则应更换试剂。

⑤标定好的标准溶液应该妥善保存,避免因水分蒸发而使溶液浓度发生变化;有些不够稳定,如见光易分解的 $AgNO_3$ 和 $KMnO_4$ 等标准溶液应贮存于棕色瓶中,并置于暗处保存;能吸收空气中二氧化碳并对玻璃有腐蚀作用的强碱溶液,最好装在塑料瓶中,并在瓶口处装一碱石灰管,以吸收空气中的二氧化碳和水。对不稳定的标准溶液,久置后,在使用前还需重新标定其浓度。

标准溶液的浓度一般为 0.01~1 mol/L,对于浓度低于 0.02 mol/L 的标准溶液,也可通过将稍高浓度的标准溶液准确稀释得到,但应注意,这种低浓度的标准溶液不能久置,一般不超过 1 周。

(4)标准溶液浓度的调整

有时配制的标准溶液浓度没有达到要求的标准浓度,为了使用方便,需将溶液浓度进行调整。例如要求配制硫酸标准溶液的浓度为 $c(1/2H_2SO_4) = 0.1000$ mol/L,其浓度经标定后,若不等于该浓度时,应根据使用要求,用加水(当 $c > c_标$)或者加浓溶液(当 $c < c_标$ 时)的方法将浓度调整至要求的标准值。

① $c > c_标$ 时标准溶液浓度的调整

当所配制的标准溶液的浓度大于要求配制的标准浓度时,需添加二级水的量可按下式计算:

$$\Delta V_水 = V\left(\frac{c}{c_标} - 1\right)$$

式中,$\Delta V_水$ 为需添加的二级水体积,单位为毫升(mL);V 为需调整的标准溶液体积,单位为毫升(所配制的体积减去标定用去的体积,mL);c 为所配溶液标定后得出的浓度(mol/L);$c_标$ 为要求达到的标准溶液浓度(mol/L)。

②$c < c_{标}$时标准溶液浓度的调整

a. 已配制的标准溶液浓度若小于要求的标准浓度时,需添加浓溶液的量,可按下式计算:

$$\Delta V_{浓} = V \times \frac{c_{标} - c}{c_{浓} - c_{标}}$$

式中,$\Delta V_{浓}$为需添加浓溶液的体积(mL);$c_{浓}$为浓溶液的浓度(mol/L);其他符号同上式。

b. 如果需添加的是固体物质(例如 EDTA),由于添加量较少,可忽略其对体积的影响,故需添加的量可按下式计算:

$$\Delta m = V(c_{标} - c)M/1000$$

式中,Δm为需添加的所配制物质的质量(g);M 为添加物质的摩尔质量(g/mol);其他符号同上式。

浓度调整后的标准溶液,还需按上述方法标定其浓度,直至标准规定符合要求。

8.1.4 水质分析方法介绍

水质分析属于分析化学的内容之一。分析化学的任务是确定物质的化学成分、结构及其含量。亦即,分析化学包括结构分析、定性分析和定量分析等三部分的内容。对于锅炉用水的水质监督来说,水中杂质成分是已知的,只要求确定水中某些杂质的含量。

按照分析时所用的方法及原理的不同,定量分析可分类如下:

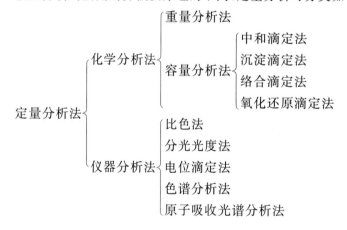

8.2 化学分析法

化学分析法是指以化学反应为基础的分析方法。化学分析法历史悠久,是分析化学的基础,又称经典分析法。化学分析分为定性分析和定量分析,定量分析又分为重量分析法和容量分析法(滴定分析法)。

8.2.1 重量分析法

8.2.1.1 概述

重量分析是定量分析方法中的一种,其原理是往被测物中加入沉淀剂使被测组分沉淀析出,最终依据沉淀的重量计算被测组分的含量。重量分析法是用分析天平直接称量反应产物的重量,不需要基准物质或标准试样,通常能获得准确的分析结果,相对误差约为 $0.1\%\sim0.2\%$。故在分析工作中,常以重量分析的结果为标准来核对其他分析方法测定结果的准确度。但此种方法操作烦琐,费时较长,不适用于快速分析和低含量组分的测定。

重量分析中,使被测组分与其他组分分离的方法,一般采用气化法和沉淀法。

(1)气化法

气化法是借助于加热或蒸馏等方法,使被测组分气化和固化,然后根据挥发失去的质量或蒸馏残留固体的质量,来计算被测组分的含量。例如,水质分析中溶解固形物的测定属于此法。

(2)沉淀法

沉淀法是重量分析中的主要方法。这种方法是将被测组分以难溶化合物的形式沉淀出来,再经过过滤、洗涤、烘干(或灼烧)和称重,然后根据测得的重量计算出被测组分的含量。例如,水质分析中的悬浮物、硫酸盐和含油量的测定。但不是任何沉淀反应都能用于重量分析,重量分析对沉淀的要求如下:

①生成的沉淀溶解度要小,这样才能保证被测组分沉淀完全,溶解的损失小。

②沉淀应尽量获得较粗大的晶形沉淀,易于过滤和洗涤,沉淀夹带杂质少,以达到纯净的目的。

③沉淀经干燥或灼烧后有确定的化学组成且性质稳定。

④沉淀应有较大的分子量,少量的被测物质可得到较大量的沉淀,便于称量。

⑤沉淀在空气中要稳定,不吸水、不吸 CO_2、不被氧化。

⑥沉淀剂最好在灼烧时能挥发除掉。

8.2.1.2 重量分析的一般过程及操作要点

(1)重量分析的一般过程

①将试样溶解或熔融成试液。

②加入沉淀剂将欲测组分生成沉淀物。

③再将沉淀物过滤、洗涤、烘干或灼烧。

④经反复烘干或灼烧至恒重后称重。

⑤计算被测组分含量。

(2)重量分析的操作要点

①沉淀的生成

沉淀的生成是质量分析中的关键一步,沉淀不好,后面的操作就失去意义,分析结果也没有保证。

为使沉淀反应进行完全,沉淀剂的用量通常比理论计算的量要过量 20%～50%,这时由于同离子效应,被测组分可以沉淀得更完全些。但是不能过量太多,否则,反而会使沉淀物的溶解度增大,这种现象称为盐效应。

沉淀剂应沿着清洁的玻璃棒缓缓加入试样溶液中,并且根据不同的要求进行搅拌、加热。对于晶形沉淀,沉淀剂要缓慢加入,沉淀生成后要放置一段时间(称为陈化),这样能生成颗粒粗大的晶体,沉淀既纯净,又易于过滤和洗涤;对于非晶形沉淀,沉淀剂要加得快些,沉淀生成后立即进行过滤。

沉淀反应是否进行完全,可用下法检查:将溶液放置片刻,待沉淀下沉后,用洁净的滴管滴加 1～2 滴沉淀剂于上层清液中,如果在沉淀剂滴落处不再出现浑浊,就表示沉淀已经完全,可以进行下一步操作。

②沉淀的过滤和洗涤

过滤是将溶液中的沉淀分离出来的一种操作。在过滤操作中,滤纸和漏斗是经常用的物品。滤纸分为定性滤纸和定量滤纸。在质量分析中使用的是定量滤纸。定量滤纸由于经过盐酸和氢氟酸的处理,灼烧后灰分极少,其质量一般可忽略不计,所以也叫无灰滤纸。在滤纸盒的封面上都注有每张滤纸灰分的平均质量。滤纸因紧密程度不同,分为快速、中速和慢速三种。使用时,要根据沉淀性质的不同来选用合适的滤纸。

沉淀的过滤常用 60°角的长颈漏斗,滤纸直径应和漏斗相配,一般将滤纸放入漏斗后,滤纸的边缘要比漏斗的边缘低 5～10 mm。

折叠滤纸时,先将滤纸沿直径对折,注意不要过分按压滤纸的中心,以防几次折叠后形成小孔穿漏。在第二次对折时,应先用漏斗试一下,使滤纸锥形恰好和漏斗贴合。滤纸折好后,应在三层厚的滤纸侧的折角处撕去一小角(此小块滤纸可留作擦拭烧杯中残留的沉淀用),使滤纸和漏斗贴合紧密(图 8.7)。

图 8.7　滤纸的折叠方法

折好的滤纸放入漏斗后,可用手指向漏斗颈部轻轻地压紧,然后放入少许蒸馏水润湿滤纸,并用洁净的玻璃棒赶出滤纸和漏斗壁之间的气泡,使滤纸紧贴在漏斗上,这时如加水到漏斗中,漏斗颈内全部充满水而形成水柱。只有这样,在进行过滤时才能利用漏斗颈内液柱下坠的重力作用来加速过滤。若不能形成水柱,可以用手堵住漏斗下口,稍稍掀起滤纸一边,用洗瓶向滤纸和漏斗之间的空隙处加水,至漏斗颈内充满水后,再压紧滤纸边,这时松开手指看是否能形成水柱,如还不能形成水柱,则可能是漏斗颈太大,应考虑更换漏斗。

进行过滤时,漏斗应放在漏斗架上。盛接滤液的烧杯,其内壁应与漏斗颈末端较长的一侧相贴。玻璃棒的下端应尽量靠近滤纸折成三层的一边。为了避免沉淀物堵塞滤纸的空隙而影响过滤速度,通常采用"倾泻法"来进行过滤操作。倾泻法就是待烧杯中沉淀下沉后,首先将沉淀上部的液体(上清液)沿着玻璃棒小心地倾入漏斗,尽可能使沉淀留在烧杯内,直至清液倾注完毕后,开始洗涤沉淀,而不是一开始就将沉淀和溶液搅混后进行过滤(图 8.8)。

在过滤过程中玻璃棒应随着漏斗中的液面的升高而逐渐升高,不要触及液面。当液面到达滤纸边缘下面 5 mm 左右时,应该暂停倾泻,决不允许溶液充满滤纸,甚至超过滤纸的边缘,而造成沉淀流失。停止倾泻时,应把烧杯嘴沿玻璃棒上提,然后扶正烧杯,将玻璃棒放入烧杯内,防止清液和其中的沉淀以及玻璃棒上的沉淀散失。

用倾泻法进行过滤,在开始时应认真观察滤液是否澄清,若发现带有沉淀微粒或浑浊时,应认真分析其产生的原因,并重新进行过滤,直到滤液澄清为止。倾泻滤液的工作最好一次完成,如果暂停,要待烧杯中沉淀下沉后,再继续进行。

为了防止沉淀穿透滤纸并增加滤速,有时可取一小块清洁滤纸,加少量水,捣碎成滤纸浆加在沉淀里,搅拌均匀,沉淀被滤纸纤维吸附,并变得疏松一些,过滤效果就好些。

对于不需高温灼烧的沉淀或在高温时能被由滤纸分解而生成的碳还原的沉淀,不能用滤纸进行过滤,要用玻璃过滤器或用铺有酸洗石棉层作为过滤材料的布氏漏斗进行过滤。过滤时,可以将洗涤干净的过滤器安装在具有橡皮孔塞的抽滤瓶上,连接抽气装置(如水力抽气器或电动真空泵等),进行减压过滤(图 8.9)。

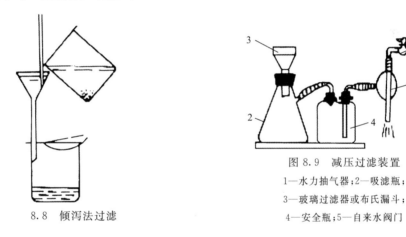

8.8　倾泻法过滤

图 8.9　减压过滤装置
1—水力抽气器;2—吸滤瓶;
3—玻璃过滤器或布氏漏斗;
4—安全瓶;5—自来水阀门

过滤和洗涤的操作是同时进行的。用纯水洗涤沉淀,沉淀的溶解损失太大,所以常用加有少量沉淀剂的水作洗涤液。

洗涤沉淀时,先用适量的洗涤液将附着在烧杯内壁的沉淀冲至烧杯的底部,充分搅和、洗涤、放置澄清后,用倾泻法进行过滤,每次将清液尽量倾出。然后又加洗涤液至烧杯中,如此洗涤 3～4 次后,加入少量的洗涤液,将沉淀搅拌并立即将沉淀和洗涤液一起沿着玻璃棒倾入漏斗中,烧杯中剩余的沉淀可以将烧杯口倾斜向下抵住玻璃棒,用洗瓶中的洗涤液多次冲洗,使残留的沉淀全部转移到滤纸上(图 8.10)。假如还有少量牢固黏着的沉淀,则可用折叠滤纸时撕下的小角来将黏附的沉淀擦下,一并放入漏斗中。必要时还可用沉淀帚来擦洗烧杯上的沉淀,然后洗净沉淀帚。沉淀帚是用玻璃棒套上扫帚形的橡皮帽制成的(图 8.11)。

沉淀全部转移到滤纸上之后,应该进一步对沉淀进行洗涤。这时,要从滤纸边缘开始,旋转着往下洗涤(图 8.12)。这样做既有利于沉淀的洗涤,也可以使沉淀集中到滤纸中心,有利于沉淀的包裹。

图 8.10　转移沉淀的操作　　　　图 8.11　沉淀帚　　　　图 8.12　在滤纸上洗涤沉淀的操作方法

③沉淀的烘干和灼烧

烘干和灼烧的目的都是为了去除沉淀中的水分和挥发分,使沉淀成为组成固定的称量形式。

a. 沉淀的烘干。利用玻璃过滤器或布氏漏斗过滤得到的沉淀,通常只需烘干。烘干的方法是将玻璃过滤器的外面用滤纸擦干,放在洁净的表面皿上,然后放入电热鼓风干燥箱内烘干。水质分析采用 101 型电热鼓风干燥箱即可。

干燥的温度通常控制在 200℃ 以下,具体温度应该根据沉淀的性质来确定。第一次烘干的时间约为 2 h,移入干燥器冷却至室温后称量。第二次再烘干的时间约为 45~60 min,再冷却称量。沉淀必须反复烘干至恒重,即连续两次称量,称得质量相差不超过 0.0002 g,就可认为沉淀中水分和挥发分确已除尽。

b. 沉淀的灼烧。需要灼烧的沉淀一般在超过 800℃ 的温度下灼烧,常用瓷坩埚来盛放沉淀。因为样品的测定往往是平行进行,所以坩埚可用蓝墨水编上记号,并在灼烧沉淀的温度下灼烧至恒重。

灼烧的操作过程:将洗涤干净的沉淀连同滤纸从漏斗中取出,折叠成纸包放入坩埚内,然后在火焰下或电炉中进行干燥和焦化。当加热至不冒烟时,焦化即为完全。之后,可以在高温炉(如马弗炉)中灼烧沉淀。沉淀应该灼烧两次,第一次灼烧 30~45 min,第二次灼烧 15~20 min,直至恒重为止。

④重量分析结果的计算

称量形式与被测形式一致时,按式(8.1)计算:

$$W_B = \frac{m_1 - m_2}{m_s} \times 100\% \qquad (8.1)$$

称量形式与被测形式不一致时,按式(8.2)计算

$$W_B = \frac{(m_1 - m_2)R}{m_s} \times 100\% \qquad (8.2)$$

式中,W_B 为被测组分的质量分数,以百分数标示;m_1 为称量器皿加被测组分的质量(g);m_2 为称量器皿质量(g);R 为称量形式换算为被测形式的比例系数(换算因数或化学因数);m_s 为试样的质量(g)。

8.2.2　容量分析法

8.2.2.1　概述

容量分析是常规化验工作中应用最广的一类分析方法,也称滴定分析法。根据反应的不同,容量分析可分为酸碱滴定法、络合滴定法、沉淀滴定法和氧化还原滴定法。容量分析可以测定很多无机物和有机物,所用仪器设备简单,操作方便快捷,并有足够的准确度。在锅炉水汽分析和沉积物的分析中常使用容量分析法。

(1)容量分析原理

容量分析是利用已知浓度的标准溶液滴定一定体积的欲测样品溶液,当所加的标准溶液与被测物质按化学反应式所表示的化学计量关系反应完全后,即达到滴定终点时,根据标准溶液的浓度和消耗的体积,计算出被测物质的含量。这一操作过程称为滴定,这一类分析方法称为容量分析法。

(2)容量分析的基本概念

①滴定剂

在容量分析法中,标准溶液叫作"滴定剂"。

②滴定

将滴定剂从滴定管中加入到被测物质溶液中的过程叫"滴定"。

③化学计量点

当加入的标准溶液与被测物质恰好按化学反应式所表示的化学计量关系反应时,即为理想的反应终点,这个终点叫反应的"化学计量点",又称为"理论终点"或"等量点"。

④滴定突越

在酸碱滴定中,当滴定至接近化学计量点时,再滴加一滴滴定剂即会引起溶液 pH 急剧变化,这种现象称为滴定突越。

⑤滴定终点

在滴定过程中,指示剂发生颜色变化的转变点叫"滴定终点"。滴定终点虽然可显示化学计量点的到达,但两者常常并不相等。例如用盐酸标准溶液滴定氢氧化钠时的反应为:

$$HCl + NaOH = NaCl + H_2O$$

到达化学计量点时,溶液的 pH 值应为 7,但由于没有 pH＝7 的合适指示剂,所以常选用 pH 值相近的酸碱指示剂,如酚酞指示剂在终点变色时,pH 值约为 8.3;甲基橙指示剂在终点变色时,pH 值约在 4.2 左右。

⑥滴定误差

化学计量点与滴定终点的差值称为滴定误差。一般滴定误差的大小取决于指示剂的性质,所以滴定分析中,应尽量选择滴定误差较小的指示剂。在滴定过程中,由于终点过量或滴定管读数不准等造成的误差是人为的操作误差,不属于滴定误差。

要保证容量分析的准确度,首先要正确选择试验方法;其次,要选择合适的指示剂,它要在理论终点附近突然变色;最后,还要能正确而熟练地进行滴定操作,能够准确判断颜色的变化,并能及时停止滴定。

(3)容量分析的适用条件

①反应能定量进行。即滴定过程中标准物质与被测物质应能按一定的反应式进行完全的反应,这是定量计算的基础。

②反应速度要快。对于反应速度较慢的反应,应采取适当措施提高其反应速度。

③滴定时不应有干扰物质存在。当干扰物质存在时应设法分离或加入掩蔽剂使其变成无干扰作用的形式。

④有比较简便、可靠的方法确定滴定终点。

(4)容量分析法的滴定方式

①直接滴定法

用标准溶液直接滴定被测物质,是最常用和最基本的滴定方式,如酸度、碱度、硬度和氯离子的滴定等。

②返滴定法

当反应较慢或反应物为固体时,加入等量的滴定剂后,反应不能立即完成。此时,可先加入过量滴定剂,待反应完全后,再用另一种标准溶液滴定剩余的滴定剂。如采用硫氰酸铵返滴定法测定氯化物时,可先加入过量的硝酸银标准溶液,使 Cl^- 全部与 Ag^+ 生成氯化银沉淀,过量的 Ag^+ 用硫氰酸铵标准溶液返滴定,选择铁铵矾 $[NH_4Fe(SO_4)_2]$ 作指示剂,当到达滴定终点时,SCN^- 与 Fe^{3+} 生成红色络合物,使溶液变色,即为滴定终点。

③置换滴定法

有些物质不能直接滴定时,可以通过它与另一种物质起反应,置换出一定量能被滴定的物质,然后再用适当的滴定剂进行滴定,例如:标定硫代硫酸钠的基准物质是重铬酸钾,因为强氧化剂不仅将 $S_2O_3{}^{2-}$ 氧化为 $S_4O_6{}^{2-}$ 或 $SO_3{}^{2-}$,还有一部分被氧化为 $SO_4{}^{2-}$,没有一定的计量关系。但是若在酸性重铬酸钾溶液($K_2Cr_2O_7$)中,加入过量 KI,使其产生一定量的 I_2,从而可以用硫代硫酸钠($Na_2S_2O_3$)标准溶液滴定。

④间接滴定法

不能与滴定剂直接起反应的物质,可以通过另外的化学反应,以滴定法间接滴定。如将 Ca^{2+} 沉淀为 CaC_2O_4 后,用硫酸溶解,再用 $KMnO_4$ 标准溶液滴定与 Ca^{2+} 结合的 $C_2O_4{}^{2-}$,从而间接滴定 Ca^{2+}。

8.2.2.2 酸碱滴定法

酸碱滴定法是利用酸碱中和反应进行滴定分析的一种方法,反应的实质是 H^+ 离子和 OH^- 离子结合生成难电离的 H_2O,其反应为:$H^+ + OH^- = H_2O$。因此酸碱滴定法也称中和滴定法。锅炉水质分析中,碱度就是用酸碱滴定法来测定的。酸碱滴定的相对误差一般为 $0.2\% \sim 0.4\%$。

(1)酸碱滴定

在酸碱滴定法中滴定剂一般都是强酸或强碱。如 HCl、H_2SO_4、NaOH 等,被滴定的是各种具有碱性或酸性的物质。在酸碱滴定中,最重要的是要估计被测物质能否准确被滴定,观察滴定过程中溶液的 pH 值变化如何以及怎样选择合适的指示剂来确定滴定终点。

酸碱滴定一般可以分为以下几种情况：

①强酸强碱互相滴定。到达等量点时,酸碱恰好完全反应生成盐和水,且这类强酸强碱盐不水解,溶液 pH 值等于 7。

②强酸滴定弱碱时。到达等量点时,生成的强酸弱碱盐会发生水解,使溶液呈酸性,溶液 pH 值小于 7。

③强碱滴定弱酸时,到达等量点时,生成的强碱弱酸盐会发生水解,使溶液呈碱性,溶液的 pH 值大于 7。

(2)酸碱指示剂

①作用原理

在酸碱滴定法中,一般用指示剂颜色的改变来显示化学计量点的到达。这类指示剂称为酸碱指示剂。一般都是有机弱酸或有机弱碱,或呈弱酸性又呈弱碱性的两性物质,不同的指示剂有不同的变色范围。为了正确地确定化学计量点,应计算滴定过程中 pH 值的变化规律,选择一种恰好或接近化学计量点的酸碱指示剂。测定碱度时,常用的指示剂是酚酞和甲基橙。

②指示剂用量

在酸碱滴定中,酸碱指示剂的加入量应固定、适量,不能任意增减。初学者往往认为指示剂多加一些,颜色变化明显些,其实不然,对于双色指示剂,如甲基橙,如果用量少些,溶液中的 HIn 分子也少些。加入一滴碱溶液时,它几乎全部转化为 In$^-$,变色敏锐。如果加入量太多,要观察到同样颜色,碱的用量就要多些。由此可知,指示剂的用量将对其变色范围有影响。一般来讲,用量少一些为佳。但指示剂的用量也不能太少,否则,由于人的辨色能力的限制,反而不容易观察到颜色的变化。但对于酚酞类的单色指示剂,情况有些不同。当从无色变为红色时,变色敏锐,指示剂用量多些少些影响不大;但从红色变到无色,指示剂的用量少一些,变色敏锐一些。

③指示剂变色范围

酸碱指示剂颜色的改变是由于在不同 pH 值的溶液中,指示剂分子结构发生了变化,因而显示不同的颜色。实际上,人眼对颜色变化感觉的灵敏度不够,所以,溶液的 pH 值必须改变到一定的范围,我们才能看到指示剂颜色的变化,也就是说,指示剂变色的 pH 值是有一定范围的。由于各种指示剂的离解常数、结构不同,因此每种指示剂的变色范围和终点颜色也就存在很大差异。常见的指示剂的变色范围见表 8.7。

表 8.7　几种常用的酸碱指示剂及其变色范围

指示剂	变色范围 pH 值	颜色		理论变色点	浓度
		酸色	碱色		
百里酚蓝 (第一步离解)	1.2～2.8 第一次变色	红	黄	1.7	0.1%乙醇(20%)溶液
甲基黄	2.9～4.0	红	黄	3.3	0.1%乙醇(90%)溶液
甲基橙	3.1～4.4	橙红	黄	3.4	0.1%水溶液
溴酚蓝	3.0～4.6	黄	紫	4.1	0.1%乙醇(20%)溶液或其钠盐 0.1%水溶液

(续表)

| 指示剂 | 变色范围 pH 值 | 颜色 | | 理论变色点 | 浓度 |
		酸色	碱色		
溴甲酚绿	3.8～5.4	黄	蓝	4.9	0.1％乙醇（20％）溶液或其钠盐 0.1％水溶液
甲基红	4.4～6.2	红	黄	5.0	0.1％或 0.2％乙醇（60％）溶液
溴百里酚蓝	6.0～7.6	黄	蓝	7.3	0.1％或 0.05％乙醇（20％）溶液或其钠盐 0.1％或 0.05％水溶液
中性红	6.8～8.0	红	黄橙	7.4	0.1％乙醇（60％）溶液
酚红	6.4～8.2	黄	红	8.0	0.1％乙醇（20％）溶液或其钠盐 0.1％水溶液
百里酚蓝（第二步离解）	8.0～9.6 第二次变色	黄	蓝	8.9	0.1％乙醇（20％）溶液
酚酞	8.2～10.0	无	红	9.1	1％乙醇溶液
百里酚酞	9.4～10.6	无	蓝	10.0	0.1％乙醇（90％）溶液

在酸碱滴定中,有时需要将滴定终点限制在很窄的 pH 值范围内,这时可采用混合指示剂。混合指示剂有两种,一种是由两种或两种以上的指示剂混合而成,另一种是由指示剂和一种惰性染料组成。混合指示剂是利用颜色之间的互补作用,使变色更加敏锐。

8.2.2.3 络合滴定法

络合滴定法是以络合反应为基础,以络合剂作标准溶液的滴定分析方法。络合滴定法的滴定误差一般为 0.2％～0.5％。确定络合滴定终点的最简便方法是选用金属指示剂,根据指示剂颜色的突变,判断滴定终点。在锅炉水质分析中,硬度就是用络合滴定法来测定的。

(1)络合滴定

①络合滴定反应应具备的条件

a. 反应必须完全,所形成的络合物要具有相当大的稳定性,这是决定络合滴定能否进行的内因,否则不易得到明显的滴定终点。

b. 反应必须按一定的化学反应式定量进行,否则无法测定被测物的准确含量。

c. 反应必须十分迅速,应有变色敏锐的指示剂或其他方法指示滴定终点。

d. 在选用的滴定条件下,被测离子不发生水解和沉淀反应。

②提高络合滴定的选择性

由于 EDTA 能与许多金属离子生成络合物,因此准确测定要测的金属离子,消除其他离子的干扰,是络合滴定中非常重要的问题。

a. 控制溶液的 pH 值。由于溶液的 pH 值不同,金属离子与 EDTA 生成络合物的稳定性也不同。有时当溶液中同时存在两种或两种以上的离子,通过控制溶液的 pH 值,使只有被测离子能与 EDTA 形成稳定的络合物,其他离子不能络合,从而避免干扰。

b. 掩蔽。利用掩蔽剂降低干扰物质的浓度,使其失去干扰作用。

(a)络合掩蔽法。利用络合剂与干扰物质形成稳定的络合物。络合掩蔽法的要求:干扰离子与掩蔽剂生成的络合物,要比干扰离子与 EDTA 生成的络合物稳定性高;干扰离子与掩蔽剂生成的络合物应无色,避免影响终点的判断;掩蔽剂不与被测离子络合,即使生成络合物,其稳定性应远远小于与 EDTA 生成络合物的稳定性;掩蔽剂所要求的 pH 值范围要符合滴定的 pH 范围。例如,在滴定硬度时,有 Fe^{3+} 和 Al^{3+} 干扰,可用三乙醇胺进行络合掩蔽。

(b)氧化还原掩蔽法。是利用氧化还原反应改变干扰离子的价态以消除干扰的方法。例如,用硫代硫酸钠将 Fe^{3+} 还原为 Fe^{2+}。

(c)沉淀掩蔽法。利用沉淀剂使干扰离子形成沉淀,在不分离的情况下进行测定的方法。例如,测钙时,加氢氧化钠,将溶液的 pH 值调整为 12.5,使 Mg^{2+} 生成 $Mg(OH)_2$ 沉淀而不干扰测定。常用的掩蔽剂有 KCN、NH_4F、NaF、三乙醇胺、柠檬酸、酒石酸、草酸、磺基水杨酸等。

③选择适当的络合滴定法

采用不同的络合滴定方式可以扩大络合滴定的范围。

直接滴定法:是将被测溶液调整到所需 pH 值范围,加入指示剂,直接用 EDTA 标准溶液滴定。

返滴定法:是将被测溶液调整到所需 pH 值范围,加入指示剂,加入过量的 EDTA 标准溶液,再用另一种金属离子标准溶液滴定过量的 EDTA。

置换滴定法:利用置换反应,将置换出来的等量的另一种金属离子或 EDTA,再进行滴定的方法。

间接滴定法:有些不与 EDTA 络合或络合物不稳定的金属离子,可用间接滴定法。

(2)EDTA 络合滴定的特点

在络合滴定中,应用最广泛的络合剂是 EDTA。由于乙二胺四乙酸在水中溶解度很小(20℃时溶解度只有 0.02g),通常采用它的二钠盐,即乙二胺四乙酸二钠(含二分子结晶水),简称为 EDTA,用 $Na_2H_2Y \cdot 2H_2O$ 表示其分子式。其相对分子质量为 372.26。EDTA 在水中的溶解度较大(常温下其溶解度为 11.1g),为弱酸性,pH 值为 4.8 左右。$Na_2H_2Y \cdot 2H_2O$ 是一种白色晶体,无臭无味,无毒,易精制,稳定。EDTA 作为滴定剂有如下的特点:

①用途广

除碱金属外,能与绝大多数金属离子形成稳定的络合物,所以应用范围很广。由于各种金属络合物的稳定性是有差异的,利用这种差异及其他方法,可以改善其选择性,扩大应用范围。

②组成简单

络合物的组成简单,络合价数大,络合比简单。例如 EDTA 分子中有六个配位基,而且带电荷高,不论几价金属离子均能与其形成络合比为 1∶1 的络离子,很容易计算;同时络合后正负离子并未完全电中和,因而往往形成带有负电荷的可溶性离子。

③络合物易溶解

EDTA 与金属离子生成的络合物都易溶于水,既符合滴定分析的要求,也适于作掩蔽剂。

④易受 pH 值影响

EDTA 对不同金属离子络合能力与溶液的 pH 值有关。此外,指示剂的显色、掩蔽剂掩蔽干扰离子的反应,都要求在一定的 pH 值范围内进行。因此,任何络合滴定过程,都应控制在一定的 pH 值范围内才能进行。

控制溶液的 pH 值可以提高络合反应的选择性,在不同的 pH 值下,EDTA 的形式不同,影响其与金属离子络合的能力,因而可提高络合反应的选择性。

在络合滴定中,通常都需要加入相应的缓冲溶液来控制溶液的 pH 值。

⑤反应速度快

大多数金属离子与 EDTA 的络合反应速度都较快,符合滴定要求。只有少数金属离子需要加热才能生成稳定的络合物,利用这个性质可用于选择性分级滴定。

(3)金属指示剂

金属指示剂是金属离子的显色剂,对金属离子浓度的变化十分灵敏,在一定 pH 值范围内,当滴定至化学计量点时,指示剂颜色发生突变,指示滴定终点。

①金属指示剂的作用原理

金属指示剂也是一种络合剂,它与被测的金属离子能生成有色络合物,这种有色络合物的颜色与指示剂本身的颜色不同,而且这种络合物的稳定性比该金属离子与 EDTA 生成的络合物的稳定性稍差。

在滴定开始时,由于溶液中有大量金属离子,它们与指示剂作用,生成有色络合物。随着 EDTA 的滴入,金属离子逐步被其络合,直至到反应终点时,EDTA 夺得已和指示剂络合的金属离子,金属指示剂被重新游离出来,引起颜色突变,指示终点到达。

②金属指示剂应具备的条件

a. 金属指示剂本身的颜色与指示剂金属络合物的颜色要有明显的区别,以利于终点的判断,例如:二甲酚橙在 pH＝5～6 时是黄色,它与 Pb^{2+}、Zn^{2+} 的络合物是红色。

大多数金属指示剂本身是多元弱酸或多元弱碱,它们随着溶液 pH 值的变化显示不同的颜色。例如:铬黑 T,当 pH ＜6 时,显紫红色;pH＝8～11 时,显蓝色;pH ＞12 时,又显红色,因此,用铬黑 T 作指示剂时,应保持溶液 pH≈10。

b. 金属指示剂与金属离子生成的络合物应有适当的稳定性,但它的稳定性也不能高过 EDTA 与金属离子所生成络合物的稳定性,否则滴不到终点,指示剂被封闭。

c. 与金属离子生成的有色络合物应易溶于水,显色反应要灵敏、迅速,并有一定的选择性。

d. 指示剂应比较稳定,不易氧化变质。

③常用的金属指示剂

常用金属指示剂的性能见表8.8。

表 8.8 常用的金属指示剂性能表

指示剂	使用 pH 值范围	颜色变化 min	颜色变化 In	直接滴定的离子	干扰离子消除方法
铬黑 T	7～10	红	蓝	$pH = 10$，Ca^{2+}，Mg^{2+}，Zn^{2+}，Cd^{2+}，Pb^{2+}，Mn^{2+}	Fe^{3+}、Al^{3+} 用三乙醇胺消除 Cu^{2+}、Ni^{2+}、Co^{2+} 用 KCN 消除
钙指示剂	10～13	红	蓝	$pH = 12～13$，Ca^{2+}	
酸性铬蓝 K	8～13	红	蓝	$pH=10$，Ca^{2+}，Mg^{2+}，Zn^{2+} $pH=13$，Ca^{2+}	

（续表）

指示剂	使用 pH 值范围	颜色变化		直接滴定的离子	干扰离子消除方法
		min	In		
二甲酚橙	<6	紫红	亮黄	pH<1，Zr_2^{2+}； pH=1～2，Bi^{3+}； pH=2.5～3.5，Th^{4+} pH=5～6，Zn^{2+}，Pb^{2+}，Cd^{2+}，Hg^{2+}	Fe^{3+} 用抗坏血酸消除 Al^{3+}、Ti^{4+} 用 NH_4F 掩蔽 Cu^{2+}、Ni^{2+}、Co^{2+} 用邻二氮菲消除
PNA	2～12	红	黄	pH=2～3，Bi^{3+}，Th^{4+} pH=4～6，Cu^{2+}，Ni^{2+}，Cd^{2+}，Zn^{2+}	
磺基水杨酸	1.5～3	紫红	无色	pH=1.5～3，Fe^{3+}	

铬黑 T 和酸性铬蓝 K 是测定水质硬度时常用的金属指示剂。

④金属指示剂的封闭现象

在络合滴定中，当 EDTA 滴定达到化学计量点后，过量的滴定剂不能夺取金属指示剂中的金属离子，从而使指示剂在化学计量点附近没有颜色的变化，这种现象为指示剂的封闭现象。

产生指示剂封闭现象的原因：

a. 可能是某干扰离子的存在，与指示剂形成稳定的络合物（比金属离子与 EDTA 形成的络合物更稳定），对于这些干扰离子，通常加入适当的掩蔽剂来消除；

b. 有些有色络合物的颜色为不可逆反应所引起的，这种情况可利用返滴定法来克服。

8.2.2.4 沉淀滴定法

沉淀滴定法是在有适当指示剂的情况下，以沉淀剂为标准溶液，滴定被测物质的容量分析法。沉淀滴定法常用于测定溶液中的 Cl^-、Br^-、I^-、CN^-、SCN^- 和 Ag^+ 等。

(1)沉淀滴定法的要求

能适合沉淀滴定的沉淀反应，必须符合以下条件：

①反应必须迅速地、定量地进行，生成的沉淀要比较稳定，溶解度要小。

②能选择适当的指示剂，指示终点明显。

③沉淀的吸附现象不影响滴定终点的判断。

(2)常用沉淀滴定法

常用的沉淀滴定法是以铬酸钾作指示剂的莫尔(Mhor)法。

①莫尔法沉淀滴定法的原理

天然水中 Cl^- 的测定，一般多用比较简单的莫尔法进行测定。在含有 Cl^- 的中性溶液中，以 K_2CrO_4 做指示剂，用 $AgNO_3$ 作标准溶液滴定，其反应为：

$$Cl^- + Ag^+ \rightarrow AgCl\downarrow（白色）$$

$$2Ag^+ + CrO_4^{2-} \rightarrow Ag_2CrO_4\downarrow（砖红色）$$

由于 AgCl 沉淀的溶解度（1.3×10^{-5} mol/L）小于 Ag_2CrO_4 沉淀的溶解度（7.9×10^{-5}

mol/L),所以在滴定过程中,首先生成 AgCl 沉淀。随着 AgNO₃ 作标准溶液继续加入,AgCl 沉淀不断产生,溶液中 Cl⁻ 的浓度越来越小,Ag⁺ 浓度越来越大,直到 $[Ag^+]^2[CrO_4^{2-}]$ > $K_{SP(Ag_2CrO_4)}$ 便出现 Ag_2CrO_4 沉淀,指示滴定终点到达。

②莫尔法沉淀滴定条件

a. 指示剂的用量。溶液中 CrO_4^{2-} 浓度会影响滴定终点,若浓度过大,易使终点提前,使分析结果偏低;若浓度太小,则终点滞后,使分析结果偏高,因此,为了获得准确的分析结果,必须控制 CrO_4^{2-} 指示剂的浓度,以减少误差。根据深度积计算和实验检验,K_2CrO_4 指示剂使用浓度为 $5×10^{-3}$ mol/L 可以获得满意的结果,此时滴定误差为 0.03% 左右。

b. 溶液酸度的控制。因为 Ag_2CrO_4 易溶于酸:$Ag_2CrO_4 + H^+ → 2Ag^+ + HCrO_4^-$,所以,不能在酸性溶液中滴定;但当碱性太强时,则有 Ag_2O 褐色沉淀析出:$2Ag^+ + 2OH^- → 2AgOH → Ag_2O + H_2O$ 影响终点的判断。所以莫尔法只能在中性或弱碱性溶液中进行,一般 pH 值在 6.5～10.5 范围内为好。

c. 防止沉淀吸附溶液中的 Cl⁻。在滴定时,产生的 AgCl 沉淀容易吸附溶液中的 Cl⁻,使终点提前出现,所以在滴定时要充分摇动,使被沉淀吸附的 Cl⁻ 释放出来,从而获得较准确的结果。

d. 能测定 Cl⁻ 和 Br⁻,不能测定 I⁻ 和 SCN⁻,因为 AgI 和 AgSCN 强烈吸附 I⁻ 和 SCN⁻。

e. 当溶液中含有与 CrO_4^{2-} 生成沉淀的阳离子(如 Ba^{2+}、Pb^{2+}、Hg^{2+} 等)及能与 Ag⁺ 生成沉淀的阴离子(如 CO_3^{2-}、SO_3^{2-}、PO_4^{3-}、$C_2O_4^{2-}$、S^{2-}、AsO_4^{3-} 等)时都会干扰测定。

8.2.2.5 氧化还原滴定法

氧化还原滴定法是以氧化还原反应为基础的滴定分析方法,即基于溶液中氧化剂与还原剂之间的电子转移进行的。氧化还原反应的特点是反应机理比较复杂,除主反应外,经常伴有各种副反应,且反应速度一般较慢。氧化还原滴定在锅炉水质监测中常用来测定水中耗氧量、溶解氧(两瓶法)、亚硫酸盐和联氨的含量,并应用于硫代硫酸钠标准溶液、碘标准溶液和高锰酸钾标准溶液的标定。

(1)氧化还原滴定

①氧化还原滴定分析的要求

a. 滴定剂和被滴定物的电位要有足够大的差别,反应才可能完全。

b. 滴定反应能迅速完成。

c. 有固定的计量关系。

d. 能够有合适的终点指示方法。

因此,在滴定过程中一定要控制浓度、酸度和温度,才能得到准确的分析结果。

②氧化还原滴定中的指示剂

在氧化还原滴定过程中,滴定到化学计量点附近时,用某种物质在化学计量点附近时颜色的改变来指示滴定终点,这种物质就是氧化还原指示剂。应用氧化还原滴定的指示剂有以下三类:

a. 自身指示剂。在氧化还原滴定中,有些标准溶液或被滴定物质本身有很深的颜色,而滴定产物为无色或颜色很浅,滴定时无须另加指示剂,它们本身颜色的变化就起着指示剂的作用,这种物质就叫作自身指示剂。如 $KMnO_4$ 标准溶液,本身是酒红色,用它来滴定还原剂,滴至等量点时,过量一滴 $KMnO_4$ 标准溶液,溶液就显出粉红色,可以指示终点到达。

b. 专用指示剂。专用指示剂是指示剂本身不具有氧化还原性质,但能与氧化剂或还原剂产生特殊颜色的物质,因而指示滴定终点。如可溶性淀粉能与 I_2 反应,生成深蓝色的化合物。

c. 氧化还原指示剂。氧化还原指示剂是指本身具有氧化还原性质的有机化合物,而它的氧化型和还原型具有不同颜色。在滴定过程中,指示剂参与氧化还原反应后,结构发生改变而引起颜色的变化。

(2)碘量法

碘量法是利用 I_2 的氧化性和 I^- 的还原性进行滴定的方法, I_2 是较弱的氧化剂,只能滴定较强的还原剂; I^- 是中等强度的还原剂,可以间接滴定多种氧化剂。碘量法采用淀粉作指示剂,直接滴定时,溶液终点为蓝色;间接滴定到达终点时,溶液蓝色消失。

在水处理监测中,常用碘量法测定亚硫酸盐和联氨。

①直接碘量法

用碘溶液直接滴定一些较强的还原剂的方法称为直接碘量法,如锅水中亚硫酸盐的测定,就是属于此种方法。亚硫酸盐为还原剂,在酸性溶液中,碘酸钾和碘化钾作用后析出游离的碘,碘将亚硫酸盐氧化为硫酸盐,过量的碘与淀粉作用变为蓝色,即为滴定终点。其反应式为:

$$SO_3{}^{2-} + I_2 + H_2O = SO_4{}^{2-} + 2I^- + 2H^+$$

②间接碘量法

利用氧化剂氧化 I^- 放出 I_2,再用 $Na_2S_2O_3$ 滴定 I_2 的方法称为间接碘量法。如联氨的测定就是属于此种方法。联氨为还原剂,在碱性溶液中使联氨与过量的碘作用,然后在酸性溶液中用硫代硫酸钠滴定过剩的碘,用淀粉作指示剂,当蓝色消失时,即为滴定终点。该反应必须在中性或弱酸性溶液中进行。

碘量法准确度较高。利用 I_2 与淀粉的深蓝色反应指示终点十分敏锐,应用范围很广,但干扰因素较多,一方面是由于空气中的氧及其他氧化剂氧化 I^- 析出过多的 I_2,且光照能加速上述反应,因此在用间接法测定氧化性物质析出的 I_2,必须在反应完毕后尽快滴定。在滴定时不要过分摇动,以减少与空气的接触;另一方面是 I_2 具有挥发性,可以引起损失,因此碘溶液必须保存在严密的容器中,并且 I_2 必须配制在含有 KI 的溶液中,使游离 I_2 络合为 $I_3{}^-$,可以减少 I_2 的挥发。

在实际工作中,必须注意干扰产生的原因,适当控制测定条件以减少干扰。

8.3 仪器分析法

仪器分析是现代分析化学的重要组成部分,它是以物质的物理或物理化学性质为基础,探求这些性质在分析过程中所产生分析信号与被分析物质组成的内在关系和规律,进而对其进行定性、定量、形态和结构分析的一类测定方法。

在锅炉介质分析中,仪器分析是研究待测物的组成、结构、形态、分布、含量及其迁移规律等所必需的。由于这类方法通常需要使用较特殊的分析仪器,故习惯上称为"仪器分析"。与化学分析相比,仪器分析具有用样量少、测定快速、灵敏、准确和自动化程度高的显著特点,常用来测定微量、痕量组分,是分析化学的主要发展方向。特别是新的仪器分析方法不断出现,其使用也日益广泛,从而使仪器分析在锅炉介质分析中所占比重不断增大。

仪器分析现已发展为一门多学科汇集的综合性应用科学,分类的方法很多,若根据分析的基本原理分类,主要有电化学分析法、光学分析法、色谱分析法、质谱分析法等。

8.3.1 电化学分析法

电化学分析法是基于被测溶液的各种电化学性质,来确定其组成和含量的方法。锅炉水质分析中常用电位分析法和电导分析法。

8.3.1.1 电化学分析基础知识

(1)原电池

原电池是由两个电极插入电解质溶液中组成,它是把化学能转变成电能的装置。其中一个电极的电位能指明被测离子的活度(或浓度)的变化,这个电极称为指示电极;另一个电极的电位在一定条件下不受试液组成变化的影响,具有较恒定的数值,称为参比电极。由于两个电极的电极电位不同,原电池就有一个电动势产生。当两个电极同时浸入试液中组成一个原电池时,通过测定电池两极间的电位差或电位变化,便可以获得被测离子的活度(或浓度)。在原电池两个电极中,较为活泼金属带负电荷,称为"负极";另一不活泼金属表面带正电荷,称为"正极"。通过相界产生的电位差叫作"电极电位"。原电池两电极间的最大电位差叫作原电池的"电动势"。

任何一个自发的氧化还原反应,在理论上都可以设计成电池,重要的条件之一就是要使氧化与还原分开在两个电极上进行。

(2)电解池

电解池是将电能转变成化学能的装置,为促使这种转换,必须外接电源,提供电能。若用一个直流电源反向接在原电池的两个电极上,如果外接电源的电动势大于原电池的电动势,这时电解池发生的反应恰好是原电池的逆反应,说明这种逆反应是不能自发进行的,这种化学电池称为电解池。

(3)电极电位

①电极电位产生的原因

金属在溶液中,由于金属表面带有负电荷,而在金属附近的水层中有金属离子带正电荷,这样就形成了双电层,因此金属与溶液界面之间就产生了电位差,这个电位差称为金属电极的电位。不同的金属有不同的电极电位。

②标准电极电位

原电池的电动势,可以用高阻抗的电压测量仪器直接测量获得。从测得的电动势就可知道正负两极之间的电位差,但不能测得单个电极的电极电位绝对值。因此,只能选定一个电极作为参比电极,并规定它的电极电位为零,用待测电极与这个参比电极构成一个原电池,通过测量这个原电池的电动势,求得待测电极的电极电位。

国际上公认采用标准氢电极作为参比电极,规定标准氢电极的电位为零。电子从外电路由标准氢电极流向待测电极的,待测电极的电极电位为正号,表示待测电极能自发进行还原反应;电子从外电路由待测电极流向标准氢电极的,待测电极的电极电位为负号,表示待测电极不能自发进行还原反应。

8.3.1.2　电位分析法

(1)电位分析法的分类

电位分析法包括直接电位法和电位滴定法。

①直接电位法是根据电极电位与被测离子活度之间的函数关系,直接测得离子浓度的分析方法。例如用酸度计测定溶液的 pH 值,用离子选择性电极测定各种离子浓度。

②电位滴定法是利用滴定过程中电位发生突变来确定终点的滴定分析方法,它比指示剂确定终点更精确和客观,并能在有色或浑浊溶液中进行。

(2)电位分析法的特点

电位分析法是通过测量由电极系统和待测溶液构成的测量电池(原电池)的电动势,获得待测溶液离子浓度的方法。这种分析方法的优点如下:

①对离子浓度的变化反应快,特别适合工业流程中连续监测和控制。

②对被测样品溶液一般不需要处理或仅需要简单预处理。

③分析设备简单,操作方便。

④测量对样品的需要量小,样品也可以是不透明的。

⑤测量范围广、灵敏度高,适合于微量分析。

在锅炉水质分析中,电位法主要用于测定水汽的 pH 值、钠离子的含量等。

(3)电位法测定 pH 值

①pH 值测定原理

利用酸度计(又称 pH 值计)测定溶液的 pH 值的方法是一种电位法测定法。一般采用玻璃电极作为测量的指示电极,以甘汞电极作为参比电极,浸入被测溶液中,组成电化学原电池。玻璃电极的电位随溶液中氢离子的浓度而变化,而甘汞电极的电位却保持相对稳定。酸度计主体是一个精密电位计,用它测量原电池的电动势,利用一定的电路系统将电流放大,再将电位变化换算成 pH 值,在表盘上显示出来,即

$$pH = -\lg \alpha_{H^+}$$

pH 值电极的电位与被测溶液中氢离子活度的关系符合能斯特公式,即

$$E = E_0 + 2.3026 \frac{RT}{nF} \lg \alpha_{H^+}$$

根据上式可得(在 25℃条件下):

$$0.058(pH - pH') = \Delta E$$

$$pH = pH' + \frac{\Delta E}{0.058}$$

式中,E 为 pH 值电极所产生的电位(V);E_0 为当氢离子活度为 1 时,pH 值电极所产生的电位(V);R 为气体常数;F 为法拉第常数;T 为绝对温度(K);n 为被测离子的电荷价数;α_{H^+} 为水

溶液中氢离子的活度(mol/L)；$\alpha_{H^+}{}'$为定位溶液的氢离子活度(mol/L)；$pH'=-1g\ \alpha_{H^+}{}'$；ΔE为被测溶液与定位溶液的氢离子浓度相对应的电极电位差值。

因此，在25℃时，当$\Delta pH=pH-pH'=1$时，测量电池的电位变化$\Delta E=58\ mV$。

②pH值电极测定

pH值的指示电极为玻璃电极，电极中的玻璃泡由对pH值敏感的特殊玻璃所制成，玻璃膜的电位随溶液中的pH值呈直线变化。

pH值电极的性能：

a. 测定结果准确，pH值在1～9范围内使用玻璃电极效果最好，一般配合精密酸度计，测定误差为±0.01 pH值单位。

b. 不受溶液中氧化剂、还原剂的影响，且可用于有色、浑浊或胶体溶液pH值的测定。

c. 一般pH值电极的pH值测定范围为1～10，当溶液pH＞10时，由于溶液中Na^+浓度高，H^+浓度低，钠离子进入玻璃电极水化层表面的部分点位，致使电极电位与溶液pH值偏离线性关系，造成pH值测定结果偏低，这种现象称为"钠误差"，当pH＞12时，若Na^+浓度为1 mol/L，玻璃电极产生的"钠误差"为－0.7pH；或Na^+浓度为0.1 mol/L，电极产生的"钠误差"为－0.3 pH。

d. 电极存在有不对称电位，在测量中，用标准缓冲溶液来校正电极，以消除不对称电位的影响。

e. 温度对内阻的影响较大，温度每下降10℃，内阻增大一倍。因此，玻璃电极只能在5～60℃范围内使用，而且还应通过温度补偿来消除影响。

f. 新的pH值电极，在使用前必须在蒸馏水中浸泡活化若干小时，但pH值电极不宜长久浸泡在蒸馏水中，而应浸泡在相应的电极填充液中。

g. pH值电极的玻璃泡很薄，容易破坏；另外，氟离子对玻璃膜有腐蚀性。

③pH值酸度计的使用

应根据不同的测量要求，选用不同精度的仪器。

a. 电极处理。新电极或长时间干燥保存的电极，在使用前应将电极在pH＝4的缓冲溶液中浸泡一昼夜，使其不对称电位趋于稳定。使用完毕后，短期应浸泡于pH＝4的缓冲溶液中；若较长时间不用，宜浸泡于pH＝7的缓冲溶液或相应的电极填充液中，不要长期放在试剂水中浸泡。如有急用，可将电极浸泡在0.1 mol/L盐酸中至少1 h，然后用三级试剂水反复冲洗干净后才能使用。

对污染的电极，可用沾有四氯化碳或乙醚的棉花轻轻擦拭电极头部，如发现敏感膜外壁有微锈，可将电极浸泡在5%～10%盐酸中，待锈消除后用一级试剂水反复冲洗干净后再用，但绝不可浸泡在浓酸中，以防敏感薄膜严重脱水报废。

饱和氯化钾电极使用前最好浸泡在饱和氯化钾溶液稀释10倍的稀溶液中。贮存时把电极上端的注入口塞紧，使用时则开启。应经常注意从注入口注入饱和氯化钾溶液至一定液位。

b. 仪器校正和定位。按仪器使用说明书注明的方法，接好电源、电极，接通电源预热半小时以上，并按要求进行校正及设置温度补偿。

测定前应用与被测溶液pH值相近的标准缓冲溶液对仪器进行定位。一般采用两点定位法，先用pH＝7或pH＝6.86的缓冲溶液定位，再用与被测溶液pH值相近的标准缓冲溶液定位,例如测定锅水 pH 值,一般用 pH＝9.18 或 pH＝10 的缓冲溶液定位。一般仪器会在定位后显示其斜率,斜率接近 1,说明电极性能较好,若斜率低于 90％,需对电极进行活化处理或更换新电极。

标准缓冲溶液应装在聚乙烯瓶中,且不宜久留,以防空气中的二氧化碳影响 pH 值的准确性,一般宜放置于 5～10℃ 的冰箱中。

c. pH 值的测量。测定溶液 pH 值时,应先用被测试样充分淋洗电极,再将电极插入被测试样中,待 pH 值显示值稳定后,记录测定值。若仪器无温度补偿功能,则需测出被测试样温度,将测定值换算成 25℃ 时的 pH 值。

④pH 值酸度计使用注意事项

a. 酸度计应放置在清洁、干燥的室内,严防灰尘及腐蚀性气体侵入。

b. 注意保持输入端电极插头、插孔清洁干燥,防止灰尘及湿气侵入。

c. 电极的玻璃球泡切勿与烧杯和其他硬物碰撞。球泡沾上污物,可用脱脂棉擦拭,或用 0.1 mol/L 盐酸清洗。

d. 需要加填充的电极,应注意及时向电极中补加填充液,使填充液在加液孔附近,但不要超过加液孔。电极不用时,加液孔应封堵;测定时,加液孔应打开。

e. 若仪器长时间不使用时,每隔一段时间应通电预热一次,以防潮湿而霉变或漏电。

f. 温度控制。测定 pH 值时,水样温度与定位液温度之差不能超过 5℃,否则,将会直接影响 pH 值测定的准确性。对于 pH 值大于 8.3 的水样,在相同的酚酞碱度条件下,常会出现 pH 值随水温的升高而直线下降的现象,这是由于温度变化引起了众多影响 pH 值的因素改变,仪器的温度补偿仅能消除一个因素的影响。为了消除温度的影响,应尽量控制水样的温度在 25℃ 时进行测定。

g. 避免钠离子的干扰。进行 pH 值测定时,还必须考虑到玻璃电极的"钠差"问题,即被测水溶液中钠离子的浓度对氢离子测试的干扰,特别在进行 pH 值大于 10.5 的溶液测定时,应选用优质的高碱 pH 值电极,以减少误差。

h. 高纯水的 pH 值测量。测定电导率小于 $1.0\mu S/cm$ 的水样时,由于阻抗过高,测定时会造成一定误差。为了减少高阻抗的影响,可在水样中加 1～2 粒基准氯化钠的晶体,溶解混匀,使水样阻抗降低后,再测定 pH 值。另外,纯水的 pH 值必须在现场采样后立即测定。为了防止空气中的二氧化碳的影响,在条件许可情况下,可采用连续流动测定 pH 值。

i. pH 值电极使用年限问题。pH 值电极质量不同,电极使用寿命也不尽相同,可以通过检测电极的能斯特转换率来测定。实测值与理论值之比称为转换率,测定不同 pH 值下电极能斯特转换率,对于转换率超过 100(±5)％ 的电极则可判定其达到了使用寿命。

8.3.1.3　电导分析法

在 25℃ 时,理想纯水的电导率为 $0.05474\ \mu S/cm$,电阻率为 $18.2682\times10^{6}\ \Omega\cdot cm$。而溶解于水的酸、碱、盐电解质,在溶液中解离成正、负离子,使电解质溶液具有导电能力,其导电能力大小可用电导率表示。水的电导率与溶解的各种离子的浓度、运动速度有关,因此,测定水的电导率,可以间接反映水的溶解杂质的含量。此方法的优点是测定简单、速度快,便于连续监测,适用于水的纯度和天然水的盐类等检测;缺点是选择性差,不适于测定复杂溶液的定量分析。

电导分析法是将被分析溶液放在由固定面积、固定距离的两个铂电极所构成的电导池中，通过测定溶液的电导(或电阻)来确定被测物的含量。

(1)电导率的测定原理

电解质溶液与金属导体一样，也具有导电性。由于电导和电阻是倒数关系，所以电导的测定实际上就是导体电阻的测定，然后根据电极常数通过换算求得电导率。电导分析仪由电导池(传感器)、放大器(变送器)、显示仪三部分组成，电导池的作用是把被测电解质溶液的电导率转换为易测量的电信号——电导或电阻；变送器的作用是把传感器的电阻转换成显示装置所要求的信号；显示器的作用是把传感器检测来的信号按被测参数数值显示出来。

(2)电导池、电导、电导率及电极常数

能导电的物质称为导体。一类导体是依靠自由电子的运动导电，例如金属、石墨等；另一类是依靠离子在电场作用下的定向迁移导电，例如电解质溶液和熔融状态的电解质等。电解质溶液所呈现的电阻和金属导体一样，电导率是电阻率的倒数，根据欧姆定律，溶液的电阻(R)与极间距离(L)和电阻率(ρ)成正比，与电极面积(A)成反比。

$$R = \rho \frac{L}{A}$$

式中，R 为电解质溶液的电阻(Ω)；L 为电解质溶液导电的平均长度(cm)；A 为电解质溶液导电的有效截面积(cm^2)；ρ 为电解质溶液的电阻率($\Omega \cdot cm$)。

不同种类或不同浓度的溶液具有不同的电阻率，ρ 值的大小表示了溶液的导电能力，但习惯上溶液的导电能力用电阻率的倒数 λ 来衡量($\lambda = 1/\rho$)。另外溶液的导电能力也可用电阻的倒数电导 $G(G = 1/R)$ 来表示，其单位为西门子(S)。

$$G = \lambda \frac{A}{L}$$

上式 L/A 的比值称为电极常数，用符号 K 表示。

$$\lambda = KG$$

式中，K 为电极常数(cm^{-1})；G 为溶液电导(S 或 μS)；λ 为溶液电导率(S/cm 或 $\mu S/cm$)。

对电解质溶液来说，电导率(λ)定义是电极截面积为 1 cm^2，极间距离为 1 cm 时，该溶液的电导，其单位为西/厘米(S/cm)。在水分析中常用它的百分之一即微西/厘米($\mu S/cm$)表示水的电导率。

(3)溶液电导率与溶液的关系

对于同一溶液，用不同电极测出的电导值不同，但电导率是不变的。溶液的电导率与电解质的性质、浓度、溶液温度有关。一般情况下，溶液的电导率是指 25℃时的电导率，在一定条件下，可以用电导率来比较水中溶解物质的含量。

①电导率与电解质性质的关系

同样浓度的电解质，由于性质不同，其电导率相差很大，这主要是因为各种离子的迁移速度不同所致。溶液中离子的迁移速度越快，其电导率越大；反之越小。其中以 H^+ 最大，OH^- 次之，K^+、Na^+、Cl^-、NO_3^- 等离子相近，HCO_3^-、$HSiO_3^-$ 和多价阴离子为最小，因此，同样浓度的酸、碱、盐溶液电导率相差很大。

②电导率与电解质浓度的关系

a. 溶液的电导率可以表明溶液的导电能力,却不能直接说明溶液的浓度,因为同一种溶液的电导率随其电解质浓度的增大而增大,溶液中各种离子在相同浓度时导电能力并不相同,故溶液的电导率只能间接反映溶液总的含盐量。

对于同一类天然淡水,以温度 25℃时为准,电导率与含盐量大致成比例关系,其比例约为:1μs/cm 相当于 0.55~0.90 mg/L。在其他温度下需加以校正,即每变化 1℃,含盐量大约变化 2%,温度高于 25℃时用负值,反之用正值。

如:在 20℃时,测定某天然水的电导率为 244 μS/cm,试计算这种水的近似含盐量。

解:设电导率为 1 μS/cm 时,含盐量相当于 0.75 mg/L,则含盐量为 $244 \times 0.75 + 244 \times 0.75 \times 2\% \times 5 = 2.0 \times 10^2$ mg/L。

根据实际经验,通常在 pH 值为 5~9 范围内,天然水的电导率与水溶液中溶解物质之比大约为 1:(0.6~0.8)。一般锅水,如将电导率最大的 OH⁻ 离子中和成中性盐,则锅水的电导率与溶解固形物之比约为 1:(0.5~0.6)(即 1 μS/cm 相当于 0.5~0.6 mg/L)。

表 8.9　不同水质的电导率

水质名称	电导率,μS/cm
新鲜蒸馏水	0.5~2
天然淡水	50~500
高含盐量水	500~1000

b. 当电解质溶液的浓度不超过 10%~20% 时,电解质溶液的电导率与溶液的浓度成正比,当浓度过度时,电导率反而下降,这是因为电解质溶液的表现离解度下降了。因此,一般用各种电解质在无限稀释时的摩尔电导来计算该溶液的电导率与含盐量的关系。

要将溶液的电导能力(电导率)与溶液的浓度联系起来,可以引入摩尔电导的概念。在相距 1 cm、面积相等的两平行电极板之间,充以 1 mol 的溶质时,溶液呈现的电导称为摩尔电导,用符号 δ 表示,单位为 S·cm/mol。

对单一溶质,溶液电导率与浓度之间的关系式为:

$$\lambda = \delta \frac{C}{1000}$$

式中,C 为溶液的浓度(mol/L)。

对于多种离子的溶液,其电导率与浓度之间的关系式为:

$$\lambda = \frac{1}{1000} \sum_{i=1}^{n} \delta_i C_i$$

式中,δ_i 为溶液中 i 离子的摩尔电导;C_i 为溶液中 i 离子的浓度。

由于电解质离子彼此之间的相互影响,摩尔电导也随溶液的浓度而改变,溶液越稀,离子彼此之间影响越小,在无限稀释时摩尔电导达到最大值。我们所讨论的摩尔电导都是指溶液在无限稀释时的状态。

③电导率与溶液温度的关系

溶液中离子的迁移速度、溶液本身的黏度均与温度有密切关系。温度升高,离子迁移速度增大,溶液的导电能力增强,电导率增大。对于酸性溶液,温度每升高 1℃,电导率增大约 1.5%;对于碱性溶液,温度每升高 1℃,电导率增大 1.7%~1.8%;对于中性盐溶液,温度每升高 1℃,电导率增大 2%~2.5%;对于高纯水,温度每升高 1℃,电导率增大 5%~6%。

(4)影响电导率测定的因素

①温度的影响

温度升高,离子迁移速度增大,溶液的导电能力增强,电导率增大。反之温度降低,电导率减小。所以统一规定以 25℃ 为基准温度,如果被测溶液温度偏离基准温度时,需要对所测得的电导率进行修正,即换算成 25℃ 下的数值。换算式如下:

$$\lambda(25℃) = \frac{\lambda_t K}{1 + \beta(t - 25)}$$

式中,λ_t 为在水温为 $t℃$ 时测得的电导;K 为电极常数;β 为温度校正系数,一般中性溶液 β 近似值为 0.02;t 为被测溶液温度。不同情况的 β 值见表 8.10 和表 8.11。

表 8.10　不同电导率范围内的盐溶液在不同温度下的温度系数(β)表

电导率 μs/cm β 值 温度℃	0~57.5	0~114.3	0~226	0~556	0~2104	0~5140
0	——	0.0205	0.0204	0.0204	0.0204	0.0202
20	0.0219	0.0224	0.0223	0.0223	0.0219	0.0217
25	0.0223	0.0229	0.0228	0.0228	0.0223	0.0221
50	0.0253	0.0251	0.0250	0.0250	0.0241	0.0233

表 8.11　酸、碱性溶液及高纯水的温度系数(β)表

介质	酸性溶液	碱性溶液	高纯水
温度系数(β)	0.015	0.017~0.019	0.05~0.06

②电极系统的电容的影响

电极极板间存在有电容,会造成测量误差。电导率仪一般都设有电容补偿电路,为了减少测定时的电极极化和极间电容的影响,若测定电导率大于 100 μS/cm 的水样,应选用高频率电源;测定电导率小于 100 μS/cm 的水样,应选用低频率电源。

③电极导线容抗的补偿

在选用高频率或测定电导率小于 1 μS/cm 的高纯水时,都应考虑电极导线容抗的补偿问题。补偿的方法是将干燥的电导电极连同导线接在仪表上,将电导率仪的选择开关放在最小一档,电极置于空气中测量,用补偿电容器将仪表读数调整为零。

④溶液中溶解气体的影响

溶液中的溶解气体(如二氧化碳、氨等)对测定结果影响较大,因此,应尽量避免气体的溶入。尤其对于纯度较高的除盐水测定,应防止空气中的二氧化碳影响测定的准确性。

⑤电极的选用

以前通常使用光亮电极和铂黑电极,其中铂光亮电极用于测量电导率较低的水样;铂黑电极用于测量中、高电导率的水样。近年来,一般水样大都采用石墨电极;而测定电导率小于 $0.2\ \mu S/cm$ 的水样,需采用带流动池的全金属电极。

使用铂电极时,对于电导率大小不同的水样,应使用电导池常数不同的电极(电导池常数分为三种:0.1 以下、0.1~1.0、1.0~10)。电导池常数的选用,应满足测试仪器对被测水样的要求。如电导率仪最小仅能测到 $10^{-6}\ S/cm$,若用该仪表测定电导率小于 $0.2\ \mu S/cm$ 的水样,应选择电导池常数为 0.1 以下的电极;若电导率仪测量下限为 $10^{-7}\ S/cm$,用该仪表测定电导率小于 $0.2\ \mu S/cm$ 的水样,就可选择电导池常数为 0.1~1.0 的电极。为了减少测定时通过电导池的电流,从而减少极化现象的发生,通常电导池常数较小的电极适用于测定电导率低的水样,而电导池常数大的电极适用于测定高电导率的水样。

石墨电极对电导率测定范围较宽,但需要用与被测水样接近的氯化钾标准溶液来校正电导池常数。例如:测定电导较低的水样,可用 $0.001\ mol/L\ KCl(25℃,146.80\mu S/cm)$ 标准溶液校正电导池常数;测定工业锅炉的锅水电导率时,宜用 $0.01\ mol/L\ KCl(25℃,1413.0\ \mu S/cm)$ 标准溶液校正电导池常数。

电极暂时不用时,铂电极需用蒸馏水冲洗干净后浸泡在蒸馏水中备用;石墨电极和金属电极用蒸馏水冲洗干净后晾干存放,石墨电极不能长期浸泡在水中。

⑥电导池电极极化的影响

电极式电导池相当于电解池,在测量中不可避免会发生电极的极化作用,导致测量误差。为了消除极化现象,在测量电导率时,采用交流电作为电源,维持两电极附近阴阳离子平衡,又可避免在两电极间产生大量的生成物,从而消除电极极化的影响。

(5)电导率测定

①校正电导池常数

按仪器使用说明书的要求接好电源,连接好电极,接通电源将电导率仪预热 30 min 以上,根据水样电导率范围,选用合适浓度的氯化钾标准溶液校正电导池常数。

②水样电导率的测定

取 50~100 mL 水样(温度 25℃±5℃)放入塑料杯或硬质玻璃杯中,用精度高于 0.5℃ 的温度计测量水样的温度;将电极用被测水样冲洗 2~3 次后,浸入水中进行电导率测定,重复取样测定 2~3 次,测定结果相对误差在 ±3% 以内,即为所测得的电导率值(采用电导仪时读数为电导值),同时记录水样温度。若水样温度不是 25℃,则需将测得的结果换算为 25℃ 的电导率值。

(6)测定电导率的注意事项

①防止污染物对测定结果的影响

测量电导率时,应注意水样与测量电极不要受到污染,在测量前应用蒸馏水反复冲洗电极,再用被测量水样冲洗 1~2 次,方可测量。同时还应避免将测量电极浸入浑浊和含油的水样中,以免污染电极而影响其电导池常数。

②空气对高纯水的影响

在测量电导率<1.0 μS/cm 的高纯水时,应在现场采用连续流动测定法测量,水样的流速应尽量保持稳定,并且使电极杯中有足够的水样流量,以防止空气中的气体进入而影响测定的准确性。采用连续流动测定法所使用的连接胶管应经过充分清洗干净后,才能使用。

8.3.2　比色及分光光度法

比色和分光光度法是基于物质对光的选择性吸收而建立起来的分析方法。它包括比色法、可见及紫外分光光度法、红外光谱法等。当有色溶液的浓度改变时,溶液颜色的深浅也随之改变,溶液越浓,色度越深,因此可以借助比较颜色的深浅来测定有色物质的浓度,对于一些本身无色的物质,可通过与其他显色剂作用,生成有色化合物,再根据其显色后溶液颜色的深浅,测定它的浓度。

比色分析法:通过比较溶液颜色深浅测定被测物质浓度的分析方法,称为比色分析法。比色分析法一般有两种:目视比色法和光电比色法。

分光光度法:无论溶液中被测物质有无颜色,当一定波长的光通过时,根据物质对光的吸收程度,确定被测物质的含量,称分光光度法。

比色分析法和分光光度法同其他常规分析法相比,有以下特点:

(1)灵敏度高。比色分析法和分光光度法测定物质的浓度下限(最低浓度)可达 $10^{-5}\sim$ 10^{-6} mol/L,甚至更低。如果将待测组分先加以复积,灵敏度还可以提高 $1\sim2$ 个数量级。

(2)准确度较高。一般比色分析的相对误差为 $5\%\sim20\%$,分光光度法的相对误差为 2% $\sim5\%$。看起来其准确度比容量分析法和重量分析法低得多,但对微量组分测定,完全可以满足准确度的要求,而微量组分用容量分析法和重量分析法是难以测定的。

(3)适用范围广。近年来由于有机显色剂的发展和应用,使比色分析法和分光光度法的灵敏度和选择性有所提高,使得更多微量组分可通过该方法进行测定。

(4)操作简便、测定速度快。若采用灵敏度高、选择性好的显色剂,再采用掩蔽剂消除干扰,可以不经分离直接测定。

8.3.2.1　比色分析和分光光度法基本原理

(1)单色光及光的吸收

光是一种电磁波,电磁波是在空间传播的变化的电场和磁场。将电磁辐射按波长或频率的大小顺序排列起来称为电磁波谱。从红到紫这段波长范围的光,是人的眼睛可以察觉到的,称为可见光,光的波长范围在 $380\sim750$ nm 之间,常用于有色物质的分析;$10\sim380$ nm (200 nm以下称为真空紫外区)称为紫外光区,其中波长为 $200\sim380$ nm 的近紫外部分是进行紫外光谱分析的常用区域;波长大于 750 nm 的,称为红外光。

不同波长的可见光引起人们不同的视觉,由于视觉分辨能力的限制,实际上引起某种颜色的感觉是处于某一个波长范围的光,也就是所谓的单色光。用于比色分析和分光光度分析的单色光都包括一定的波长范围,其波长范围越小,光的纯度越高,波长范围越大,光的纯度也就越低。用于分光光度计的单色光器所得到的单色光,较使用滤片得到的单色光纯度高得多。

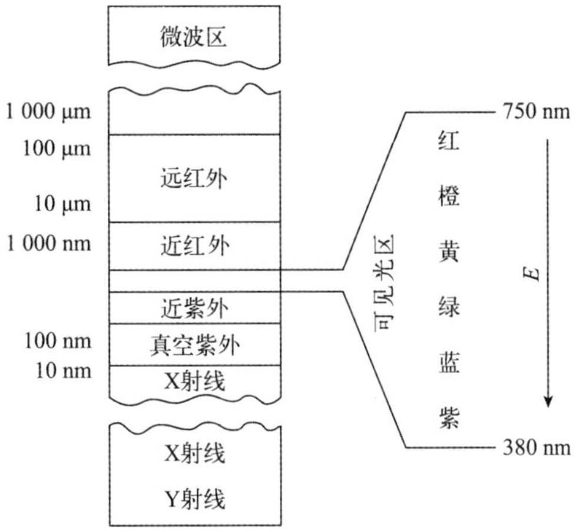

图 8.13　电磁波谱图

(2)光的吸收定律(朗伯—比耳定律)

由于物体对光具有特殊的作用,则有色溶液吸收光线具有选择性,所以在进行比色和分光光度法分析时,采用能被试液吸收的单色光,以达到最高的分析灵敏度。当一束平行单色光通过有色溶液时,由于溶液吸收了一部分光,所以透过光的强度就减弱。显然,溶液的浓度越高,溶液的液层厚度越厚,透过光的强度减弱越显著。

①吸光度(消光度):光线通过溶液后被吸收的程度,称为吸光度,也叫消光度。

②朗伯—比耳定律:当一束平行的单色光通过有色溶液时,假设入射光的光强为 I_0,有色溶液的浓度为 C,液层厚度为 L,透过光的强度为 I_t,则溶液的吸光度(E)与溶液的吸光系数(K)、溶液的厚度以及溶液的浓度成正比,即:

$$E = \lg \frac{I_0}{I_t} = KCL$$

在同一比色分析中,将吸光系数(K)和溶液的厚度(L)固定不变,吸光度(E)就随着有色溶液的浓度(C)而变化,这样根据消光度的变化和标准比色溶液的浓度,就可计算出被测溶液的浓度。

8.3.2.2　分光光度法

分光光度法作为一种较好的能满足准确、快速、简便、灵敏地测定水、气中微量杂质的测试手段,在水、气分析中已被广泛采用,用分光光度法测定溶液吸光度的仪器称为分光光度计。

(1)分光光度计的主要组成部分

分光光度计是根据朗伯—比耳定律的原理设计的,由光源经单器而获得单色光,单色光射入吸收池中的待测溶液,由于待测物质对光波的吸收而使出射光强度减弱了,透射的光则照在检测器上并被转换为电信号,并经信号指示系统调制放大后,显示出吸光度 A 或透射比 T,从而完成测定。因此,分光光度计实际上测定的是随待测物浓度变化而变化的电信号。

分光光度计的种类和型号很多,但它们的基本结构都是由五个部分组成:光源、单色器、吸收池(比色皿)、检测器和信号处理及显示系统,其组成框图见图 8.14。

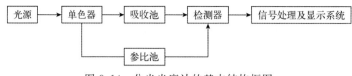

图 8.14　分光光度计的基本结构框图

①光源

要求能发出在使用波长范围内具有足够强度的连续辐射光,并在一定时间内保持稳定。可见分光光度计使用钨灯(或卤钨灯)作光源。

②单色器

其作用是把光源发出的连续光分解为按波长顺序排列的单色光,并能通过出射狭缝分离出所需波长的单色光,它是分光光度计的心脏部分。单色器主要由狭缝、色散元件和透镜组成,其关键部件是色散元件,即能使复合光变成各单色光的器件。

③吸收池

吸收池也叫比色皿,用于盛放试液和决定透射液层厚度的器件。大多数仪器都配有厚度为 $0.5\,cm$、$1\,cm$、$2\,cm$、$3\,cm$ 等一套长方体的比色皿,同样厚度的比色皿之间透射比相差应小于 0.5%。

④检测器

测量吸光度时,并非直接测量透过吸收池的光强度,而是将光强度转换成电流进行测量,这种光电转换器件称为检测器(又称接受器)。因此要求检测器对测定波长范围内的光有快速、灵敏的响应,最重要的是产生的光电流应与照射于检测器上的光强度成正比,在可见分光光度计中多用光电管或光电倍增管作为检测器。

⑤信号处理及显示系统

该系统的作用是放大信号并以适当的方式显示或记录下来。常用的信号指示装置有微安表、数字显示及自动记录装置等。现在许多分光光度计配有微处理机,一方面可以对仪器进行控制,另一方面可以进行图谱储存和数据处理。

(2)光度测量误差和测量条件的选择

①仪器测量误差

除了各种化学条件引起的误差外,光度计的测量误差来源于光电池不灵敏、光电流测量不准和光源不稳定等。

②测量条件的选择

为了提高测量结果的灵敏度和准确度,必须考虑以下几点:

a. 波长的选择。在一般情况下,入射光应选择被测物质溶液的最大吸收波长。如遇到干扰时,可选择另一灵敏度稍低,但能避免干扰的入射光。

b. 控制适当的吸光度范围。为了使测量结果得到较高的准确度,一般应控制标准溶液和被测溶液的吸光度在 $0.2\sim0.8$ 范围内。

(a)控制溶液的浓度,改变试样的重量或改变溶液的稀释度等。

(b)选择不同厚度的比色皿。

c. 选择适当的参比溶液。在光度测定时,利用参比溶液来调节仪器的零点,以消除由于比色皿及溶剂对入射光的反射和吸收带来的误差。

d. 空白试验。做空白试验的目的就是消除显色试剂中的杂质和稀释用高纯水带来的误差。空白试验分为单倍试剂法和双倍试剂法。单倍试剂法就是用高纯水为水样,按正常的显色与测量方法,测出吸光度 $A_单$,这个吸光度包括了高纯水的吸光度和试剂的吸光度;双倍试剂空白试验用一份高纯水,把所有显色反应中的试剂加入量增加一倍,测出吸光度 $A_双$,这个吸光度包括了高纯水的吸光度和双倍试剂的吸光度。

$$A_单 = A_水 + A_试$$
$$A_双 = A_水 + 2A_试$$
$$A_水 = 2A_单 - A_双$$
$$A_试 = A_双 - A_单$$

通过单倍试剂法和双倍试剂法的空白试验,可以分别求出高纯水本身被测物质的含量和试剂中被测物质的含量。扣除单位试剂法空白吸光度 $A_单$,就可消除高纯水和显色试剂带来的测定误差。

(3)分光光度计的维护保养

①应放在清洁、干燥、无尘、无腐蚀性气体的实验室里,安放仪器的工作台要平稳、不应震动。

②光电池(或光电管)不应受到光的连续照射,否则会产生疲劳效应,影响正常工作。在更换光电池时,应在避光条件下进行;仪器工作 2 h 左右,要停机休息半小时;仪器使用前应把波长调到所需的位置;仪器用毕,应盖好布罩。

③比色皿用毕,应及时用蒸馏水洗净、擦干,并放到比色皿的盒子内。擦拭比色皿时,最好先用滤纸吸干水分,再用擦镜纸擦拭。在使用和清洗时,手指只能拿其磨砂面,切不可接触透光面。

8.3.2.3　浊度的测定

水中含有各种大小不同的悬浮颗粒及胶体状态的微粒,使得原是无色透明的水产生浑浊现象,透明度降低,其浑浊的程度称为浊度。浊度是一种光学效应,是光线透过水层时受到阻碍的程度,表示对于光线散射和吸收的能力。它不仅与悬浮物的含量有关,而且还与水中杂质的成分、颗粒大小、形状及其表面的反射性能有关。

(1)无浊水的制备

将二级试剂水以 3 mL/min 流速,经孔径为 0.15 μm 的微孔滤膜过滤,弃去最初滤出的 200 mL 滤液,必要时重复过滤一次。此过滤水即为无浊度水,需贮存于清洁的、并用无浊度水冲洗后的玻璃瓶中。

(2)标准悬浊液的制备

①硫酸联氨溶液:称取 1 g 硫酸联氨($N_2H_4 \cdot H_2SO_4$),用少量无浊度水溶解,移入 100 mL 容量瓶中,并稀释至刻度,摇匀。

六次甲基四胺溶液:称取 10 g 六次甲基四胺$[(NH_2)_6N_4]$,用少量无浊度水溶解,移入 100 mL 容量瓶中,并稀释至刻度,摇匀。

浊度为 400FTU 的福马肼贮备标准溶液:用移液管分别准确吸取硫酸联氨溶液和六次甲

基四胺溶液各 5 mL,注入 100 mL 容量瓶中,摇匀后在 25(±3)℃下静置 24 h,然后用无浊度水稀释至刻度,并充分摇匀。此福马肼贮备标准溶液在 30℃下保存,1 周内使用有效。

②浊度为 100FTU 福马肼工作液的制备。用移液管准确吸取浊度为 400FTU 的福马肼贮备标准溶液 25 mL,移入 100 mL 容量瓶中,用无浊度水稀释至刻度,摇匀备用。此浊度福马肼工作液有效期不超过 48 h。

(3)测定方法

①工作曲线的绘制。用浊度为 100FTU 福马肼工作液和无浊水配制一组 0～40FTU 或 0～5FTU 标准悬浊液,放入 100 mm 比色皿中,以无浊水作参比,在波长为 600 nm 处测定透光度,并绘制工作曲线。

②水样测定。取充分摇匀的水样中洗 100 mm 比色皿 3 次,再次将水样倒入比色皿中,用绘制工作曲线的相同条件测定透光度,从工作曲线上求其浊度。

8.4 水质分析方法

8.4.1 浊度的测定(浊度仪法)

8.4.1.1 概要

浊度仪法是根据光透过被测水样的强度,以福马肼标准悬浊液作标准溶液,采用浊度仪来测定浊度。

8.4.1.2 仪器

(1)浊度仪。
(2)滤膜过滤器,装配孔径为 0.15 μm 的微孔滤膜。

8.4.1.3 试剂及其配制

(1)无浊度水的制备

将分析实验室用水二级水(符合 GB/T 6682—2008《分析实验室用水规格及试验方法》的规定)以 3 mL/min 流速,经孔径为 0.15 μm 的微孔滤膜过滤,弃去最初滤出的 200 mL 滤液,必要时重复过滤一次。此过滤水即为无浊度水,需贮存于清洁的、并用无浊度水冲洗后的玻璃瓶中。

(2)浊度为 400FTU 福马肼贮备标准溶液的制备

硫酸联氨溶液与六次甲基四胺溶液浊度为 400 FTU 的福马肼贮备标准溶液的制备方法可以参照 8.3.2.3(2)标准悬浊液的制备。

(3)浊度为 200FTU 福马肼工作液的制备

用移液管准确吸取浊度为 400FTU 的福马肼贮备标准溶液 50 mL,移入 100 mL 容量瓶中,用无浊度水稀释至刻度,摇匀备用。此浊度福马肼工作液有效期不超过 48 h。

8.4.1.4　测定方法

(1)仪器校正

①调零

用无浊度水冲洗试样瓶 3 次,再将无浊度水倒入试样瓶内至刻度线,然后擦净瓶外壁的水迹和指印,置于仪器试样座内,旋转试样瓶的位置,使试样瓶的记号线对准试样座上的定位线,然后盖上遮光盖,待仪器显示稳定后,调节"零位"旋钮,使浊度显示为零。

②校正

a. 福马肼标准浊度溶液的配制:按表 8.12 用移液管准确吸取浊度为 200FTU 的福马肼工作液(吸取量按被测水样浊度选取),注入 100 mL 容量瓶中,用无浊度水稀释至刻度,充分摇匀后使用。福马肼标准浊度溶液不稳定,宜使用时配制,有效期不宜超过 2 h。

表 8.12　配制福马肼标准浊度溶液吸取 200FTU 福马肼工作液的量

200FTU 福马肼工作液吸取量/mL	0	2.50	5.00	10.0	20.0	35.0	50.0
被测水样浊度/FTU	0	5.0	10.0	20.0	40.0	70.0	100.0

b. 校正:用上述配制的福马肼标准浊度溶液,冲洗试样瓶 3 次后,再将标准浊度溶液倒入试样瓶内,擦净瓶外壁的水迹和指印后,置于试样座内,并使试样瓶的记号线对准试样座上的定位线,盖上遮光盖,待仪器显示稳定后,调节"校正"旋钮,使浊度显示为标准浊度溶液的浊度值。注:零浊度标准液测试前,无须摇匀,直接测量。

(2)水样的测定

取充分摇匀的水样冲洗试样瓶 3 次,再将水样倒入试样瓶内至刻度线,擦净瓶外壁的水迹和指印后置于试样座内,旋转试样瓶的位置,使试样瓶的记号线对准试样座上的定位线,然后盖上遮光盖,待仪器显示稳定后,直接在浊度仪上读数。

8.4.1.5　注意事项

(1)试样瓶表面光洁度和水样中的气泡对测定结果影响较大。测定时将水样倒入试样瓶后,可先用滤纸小心吸去瓶体外表面水滴,再用擦镜纸或擦镜软布将试样瓶外表面擦拭干净,避免试样瓶表面产生划痕。仔细观察试样瓶中的水样,等气泡完全消失后才能进行测定。

(2)不同的水样,如果浊度相差较大,测定时应当重新进行校正。

8.4.1.6　允许误差

浊度测定的允许误差见表 8.13。

表 8.13　浊度测定的允许误差

浊度范围/FTU	允许误差/FTU
1～10	1
10～100	5

8.4.2 溶解固形物的测定（重量法）

8.4.2.1 概要

溶解固形物是指已被分离悬浮固形物后的滤液经蒸发干燥所得的残渣。测定溶解固形物有三种方法：第一种方法适用于一般水样和以除盐水作补给水的锅炉水样；第二种方法适用于酚酞碱度较高的锅水；第三种方法适用于含有大量吸湿性很强的固体物质（如氯化钙、氯化镁、硝酸钙、硝酸镁等）的水样。

8.4.2.2 仪器

(1)水浴锅或 400 mL 烧杯。

(2)100～200 mL 瓷蒸发皿。

(3)分析天平（感量为 0.1 mg）。

8.4.2.3 试剂

(1)碳酸钠溶液（1 mL 含 10 mgNa$_2$CO$_3$）。

(2)$C(\frac{1}{2}H_2SO_4)=0.1000$ mol/L 硫酸标准溶液，配制和标定的方法见 GB/T 601—2002《化学试剂标准滴定溶液的制备》。

8.4.2.4 测定方法

(1)第一种方法测定步骤

①取一定量已过滤充分摇匀的澄清水样（水样体积应使蒸干残留物的称量在 100 mg 左右），逐次注入经烘干至恒重的蒸发皿中，在水浴锅上蒸干。

②将已蒸干的样品连同蒸发皿移入 105～110℃的烘箱中烘 2 h。

③取出蒸发皿放在干燥器内冷却至室温，迅速称量。

④在相同条件下再烘 0.5 h，冷却后再次称量，如此反复操作直至恒重。

⑤溶解固形物含量（RG）按式(8.3)计算：

$$RG = \frac{m_1 - m_2}{V} \times 1000 \qquad (8.3)$$

式中，RG——溶解固形物含量，单位为毫克每升(mg/L)；

$\quad m_1$——蒸干的残留物与蒸发皿的总质量，单位为毫克(mg)；

$\quad m_2$——空蒸发皿的质量，单位为毫克(mg)；

$\quad V$——水样的体积，单位为毫升(mL)。

(2)第二种方法测定步骤

①取一定量已过滤充分摇匀的澄清锅炉水样（水样体积应使蒸干残留物的称量在100 mg左右，一般工业锅炉的锅水取 20～100 mL），加入 2～3 滴酚酞指示剂(10 g/L)，若显红色，用

$C(\frac{1}{2}H_2SO_4)=0.1$ mol/L 硫酸标准溶液滴定至恰好无色,记录硫酸标准溶液消耗的体积 V_s。

将水样中和后,逐次注入经烘干至恒重的蒸发皿中,在水浴锅上蒸干。

②按第一种方法的②、③、④测定步骤进行操作。

③另取 100 mL 已过滤充分摇匀的澄清锅炉水样注于 250 mL 锥形瓶中,加入 2~3 滴酚酞指示剂(10 g/L),此时溶液若显红色,则用 $C(\frac{1}{2}H_2SO_4)=0.1$ mol/L 硫酸标准溶液滴定至恰好无色,记录耗酸体积 V_1,然后再加入 2 滴甲基橙指示剂(1g/L),继续用上述硫酸标准溶液滴定至橙红色为止,记录第二次耗酸体积 V_2(不包括 V_1)。

④溶解固形物含量(RG)按式(8.4)计算:

$$RG = \frac{m_1 - m_2}{V} \times 1000 + 1.06[OH^-] + 0.517[CO_3^{2-}] - 0.1 \times q \times 49 \tag{8.4}$$

式中,RG,m_1,m_2,V——同(8.3)式;

1.06——OH^-变成 H_2O 后在蒸发过程中损失质量的换算系数;

$[OH^-]$——水中氢氧化物的含量,$[OH^-]=\dfrac{0.1\times(V_1-V_2)\times17}{100}\times1000$,mg/L;

0.517——CO_3^{2-}变成 HCO_3^-后在蒸发过程中损失质量的换算系数;

$[CO_3^{2-}]$——水中碳酸盐碱度的含量,$[CO_3^{2-}]=\dfrac{0.1\times2V_2\times30}{100}\times1000$,mg/L;

q——每升水样加 $C(\frac{1}{2}H_2SO_4)=0.1$ mol/L 硫酸标准溶液的体积,$q=\dfrac{V_s}{V}\times1000$,mL。

(3)第三种方法测定步骤

①取一定量充分摇匀的水样(水样体积应使蒸干残留物的称量在 100 mg 左右),加入 20 mL 碳酸钠溶液,逐次注入经烘干至恒重的蒸发皿中,在水浴锅上蒸干。

②按第一种方法的②、③、④测定步骤进行操作。

③溶解固形物含量(RG)按式(8.5)计算:

$$RG = \frac{m_1 - m_2 - 10 \times 20}{V} \times 1000 \tag{8.5}$$

式中,RG,m_1,m_2,V——同(8.3)式;

10 ——碳酸钠溶液的浓度,mg/mL;

20 ——加入碳酸钠溶液的体积,mL。

8.4.2.5　注意事项

(1)为防止蒸干、烘干过程中落入杂物而影响试验结果,必须在蒸发皿上放置玻璃三角架并加盖表面皿。

(2)测定溶解固形物使用的瓷蒸发皿,可用石英蒸发皿代替。如果不测定灼烧减量,也可以用玻璃蒸发皿代替瓷蒸发皿。

8.4.3 锅水溶解固形物的间接测定

8.4.3.1 固导比法

(1)概要

①溶解固形物的主要成分是可溶解于水的盐类物质。由于溶解于水的盐类物质属于强电解质,在水溶液中基本上都电离成阴、阳离子而具有导电性,而且导电度的大小与其浓度成一定比例关系。根据溶解固形物与电导率的比值(以下简称固导比),只要测定电导率就可近似地间接测定溶解固形物的含量,这种测定方法简称固导比法。

②由于各种离子在溶液中的迁移速度不一样,其中以 H^+ 最大,OH^- 次之,K^+、Na^+、Cl^-、NO_3^- 离子相近,HCO_3^-、$HSiO_3^-$ 等离子半径较大的一价阴离子为最小。因此,同样浓度的酸、碱、盐溶液电导率相差很大。采用固导比法时,对于酸性或碱性水样,为了消除 H^+ 和 OH^- 的影响,测定电导率时应当预先中和水样。

③本方法适用于离子组成相对稳定的锅水溶解固形物的测定。对于采用不同水源的锅炉,或者采用除盐水作补给水的锅炉,如果离子组成差异较大,应当分别测定其固导比。

(2)固导比的测定

①取一系列不同浓度的锅水,分别用上述溶解固形物的测定(重量法)中测定方法的第二种方法测定步骤测定溶解固形物的含量。

②取 $50\sim100$ mL 与①对应的不同浓度的锅水,分别加入 $2\sim3$ 滴酚酞指示剂(10 g/L),若显红色,用 $C(\frac{1}{2}H_2SO_4)=0.1$ mol/L 硫酸标准溶液滴定至恰好无色,再按 GB/T 6908—2008《锅炉用水和冷却水分析方法 电导率的测定》的方法测定其电导率。

③用回归方程计算固导比 K_D。

(3)溶解固形物的测定

①取 $50\sim100$ mL 的锅水,加入 $2\sim3$ 滴酚酞指示剂(10 g/L),若显红色,用 $C(\frac{1}{2}H_2SO_4)=0.1$ mol/L 硫酸标准溶液滴定至恰好无色。按 GB/T 6908 的方法测定其电导率 S。

②按式(8.6)计算锅水溶解固形物的含量:

$$RG = S \times K_D \tag{8.6}$$

式中,RG——溶解固形物含量,mg/L;

　　S——水样在中和酚酞碱度后的电导率,$\mu S/cm$;

　　K_D——固导比$[(mg/L)/(\mu S/cm)]$。

(4)注意事项

①由于水源水中各种离子浓度的比例在不同季节时变化较大,固导比也会随之发生改变。因此,应当根据水源水质的变化情况定期校正锅水的固导比。

②对于同一类天然淡水,以温度25℃时为准,电导率与含盐量大致成比例关系,其比例约为:1 $\mu S/cm$ 相当于 $0.55\sim0.90$ mg/L。在其他温度下测定需加以校正,每变化1℃含盐量大

约变化 2%。

③当电解质溶液的浓度不超过 20% 时,电解质溶液的电导率与溶液的浓度成正比,当浓度过高时,电导率反而下降,这是因为电解质溶液的表观离解度下降。因此,一般用各种电解质在无限稀释时的等量电导来计算该溶液的电导率与溶解固形物的关系。

8.4.3.2　固氯比法

(1)概要

①在高温锅水中,氯化物具有不易分解、挥发、沉淀等特性,因此锅水中氯化物的浓度变化往往能够反映出锅水的浓缩倍率。在一定的水质条件下,锅水中的溶解固形物含量与氯离子的含量之比(以下简称固氯比)接近于常数,所以在水源水质变化不大和水处理稳定的情况下,根据溶解固形物与氯离子的比值关系,只要测出氯离子的含量就可近似地间接测得溶解固形物的含量,这个方法简称为固氯比法。

②本方法适用于氯离子与溶解固形物含量之比值相对稳定的锅水溶解固形物的测定。本方法不适用于以除盐水作补给水的锅炉水溶解固形物的测定。

(2)固氯比的测定

①取一系列不同浓度的锅水,分别用 8.4.2.4 溶解固形物的测定(重量法)中的第二种方法测定溶解固形物的含量。

②取一定体积的与①对应的不同浓度的锅水,按 GB/T 15453 或氯化物的测定(硫氰酸铵滴定法)的方法分别测定其氯离子含量(mg/L)。

③用回归方程计算固氯比 K_L。

(3)溶解固形物的测定

①取一定体积的锅水按 GB/T 15453 或氯化物的测定(硫氰酸铵滴定法)的方法测定其氯离子(mg/L)。

②按式(8.7)计算锅水溶解固形物的含量:

$$RG=[Cl^-]\times K_L \tag{8.7}$$

式中,RG——溶解固形物含量,单位为毫克每升(mg/L);

　　$[Cl^-]$——水样氯离子含量,单位为毫克每升(mg/L);

　　K_L——固氯比。

(4)注意事项

①由于水源水中各种离子浓度的比例在不同季节时变化较大,固氯比也会随之发生改变。因此,应当根据水源水质的变化情况定期校正锅水的固氯比。

②离子交换器(软水器)再生后,应当将残余的再生剂清洗干净(洗至交换器出水的 Cl^- 与进水 Cl^- 含量基本相同),否则残留的 Cl^- 进入锅内,将会改变锅水的固氯比,影响测定的准确性。

③采用无机阻垢药剂进行加药处理的锅炉,加药量应当尽量均匀,避免加药间隔时间过长或一次性加药量过大而造成固氯比波动大,影响溶解固形物测定的准确性。

8.4.4 电导率的测定

8.4.4.1 方法概要

溶解于水的酸、碱、盐电解质,在溶液中解离成正、负离子,使电解质溶液具有导电能力,其导电能力大小可用电导率表示。

电解质溶液的电导率,通常是用两个金属片(即电极)插入溶液中,测量两极间电阻大小来确定。电导率是电阻率的倒数,其定义是电极截面积为 1 cm^2、极间距离为 1 cm 时该溶液的电导。

电导率的单位为西每厘米(S/cm)。在水分析中常用它的百万分之一即微西每厘米(μS/cm)表示水的电导率。

溶液的电导率与电解质的性质、浓度、溶液温度有关。一般情况下,溶液的电导率是指25℃时的电导率。

8.4.4.2 仪器

(1)电导仪(或电导率仪):测量范围为常规范围,可选用 DDS—11 型。

(2)电导电极(简称电极):实验室常用的电导电极为白金电极或铂黑电极。每一电极有各自的电导池常数,它可分为三类:0.1 cm^{-1} 以下,0.1~1.0 cm^{-1} 及 1.0~10 cm^{-1}。

(3)温度计:精度应高于 0.5℃。

8.4.4.3 试剂

(1)1 mol/L 氯化钾标准溶液:称取在 105℃ 干燥 2 h 的优级纯氯化钾(或基准试剂)74.5513 g,用新制备的Ⅰ级试剂水(30℃±2℃)溶解后,移入 1 L 容量瓶中,并稀释至刻度,混匀。

(2)0.1 mol/L 氯化钾标准溶液:称取在 105℃ 干燥 2 h 的优级纯氯化钾(或基准试剂)7.4551 g,用新制备的Ⅰ级试剂水(20℃±2℃)溶解后,移入 1 L 容量瓶中,并稀释至刻度,混匀。

(3)0.01 mol/L 氯化钾标准溶液:称取在 105℃ 干燥 2 h 的优级纯氯化钾(或基准试剂)0.7455 g,用新制备的Ⅰ级试剂水(20℃±2℃)溶解后,移入 1 L 容量瓶中,并稀释至刻度,混匀。

(4)0.001 mol/L 氯化钾标准溶液:于使用前准确吸取 0.01 mol/L 氯化钾标准溶液100 mL,移入 1 L 容量瓶中,用新制备的Ⅰ级试剂水(20℃±2℃)稀释至刻度,混匀。

以上氯化钾标准溶液,应放入聚乙烯塑料瓶(或硬质玻璃瓶)中,密封保存。这些氯化钾标准溶液在不同温度下的电导率如表 8.14 所示。

表 8.14　氯化钾标准溶液的电导率

溶液浓度,mol/L	温度,℃	电导率,μS/cm
1	0	65176
	18	97838
	25	111342
0.1	0	7138
	18	11167
	25	12856
0.01	0	733.6
	18	1220.5
	25	1408.8
0.001	25	146.93

8.4.4.4　操作步骤

(1)电导率仪的操作应按使用说明书的要求进行。

(2)水样的电导率大小不同,应使用电导池常数不同的电极,不同电导率的水样可参照表8.15 选用不同电导池常数的电极。

表 8.15　不同电导池常数的电极的选用

电导池常数,cm^{-1}	电导率,μS/cm
<0.1	3～100
0.1～1.0	100～200
1.0～10	>200

将选择好的电极用 I 级试剂水洗净,浸泡在 I 级试剂水中备用。

(3)取 50～100 mL 水样(温度 25℃±5℃)放入塑料杯或硬质玻璃杯中,将电极用被测水样冲洗 2～3 次后,浸入水样中进行电导率测定,重复取样测定 2～3 次,测定结果读数相对误差在±3% 以内,即为所测的电导率值(采用电导仪时读数为电导值),同时记录水样温度。

(4)若水样温度不是 25℃,测定数值应按式(8.8)换算为 25℃的电导率值。

$$S(25℃) = \frac{DD \cdot K}{1 + \beta(t - 25)} \tag{8.8}$$

式中,$S(25℃)$——换算成 25℃时水样的电导率,μS/cm;

　　　DD——水温为 t℃时测得的电导,μS;

　　　K——电导池常数,cm^{-1};

　　　β——温度校正系数(通常情况下 β 近似等于 0.02);

　　　t——测定时水样温度,℃。

(5)对未知电导池常数或者需要校正电导池常数的电极,可用该电极测定已知电导率的氯化钾标准溶液(温度 25℃±5℃)的电导(见表 8.14),然后按所测结果算出该电极的电导池常数。为了减少误差,应当选用电导率与待测水样相近的氯化钾标准溶液来进行标定。电极的电导池常数按式(8.9)计算。

$$K = \frac{S_1}{S_2} \tag{8.9}$$

式中,K——电极的电导池常数,cm^{-1};

S_1——氯化钾标准溶液的电导率,$\mu S/cm$;

S_2——用未知电导池常数的电极测定氯化钾标准溶液的电导,μS。

(6)若氯化钾标准溶液温度不是 25℃,测定数值应按式(8.8)换算为 25℃时的电导率值,代入式(8.9)计算电导池常数。

8.4.5　pH 值的测定(电极法)

8.4.5.1　概要

水样中含有氧化剂、还原剂、高含盐量、色素、水样混浊以及蒸馏水、除盐水等无缓冲性的水样宜用此电极法。当氢离子选择性电极 pH 值电极与甘汞参比电极同时浸入溶液后,即组成测量电池对,其中 pH 值电极的电位随溶液中氢离子的活度而变化。用一台高阻抗输入的毫伏计测量,即可获得同水溶液中氢离子活度相对应的电极电位以 pH 值表示,即 8.3.1.2(3)电位法测定 pH 值相关公式。

8.4.5.2　仪器

(1)实验室用 pH 计,附电极支架及测试烧杯。

(2)pH 电极、饱和或 3 mol/L 氯化钾甘汞电极。

8.4.5.3　试剂及配制

(1)pH 等于 4.00 的标准缓冲溶液:准确称取预先在 115℃±5℃ 干燥并冷却至室温的优级纯邻苯二甲酸氢钾($KHC_4H_4O_4$)10.12 g,溶解于少量除盐水中,并稀释至 1000 mL。

(2)pH 等于 6.86 的标准缓冲溶液:准确称取经 115℃±5℃ 干燥并冷却至室温的优级纯磷酸二氢钾(KH_2PO_4)3.390 g 以及优级纯无水磷酸氢二钠(Na_2HPO_4)3.55 g 溶于少量除盐水中,并稀释至 1000 mL。

(3)pH 等于 9.20 的标准缓冲溶液:准确称取优级纯硼砂($Na_2B_4O_2 \cdot 10H_2O$)3.81 g,溶于少量除盐水中,并稀释至 1000 mL,此溶液贮存时,应用充填有烧碱石棉的二氧化碳吸收管,防止二氧化碳影响。

上述标准缓冲溶液在不同温度条件下,其 pH 值的变化列在表 8.16。

表 8.16　标准缓冲溶液在不同温度下的 pH 值

温度,℃	邻苯二甲酸氢钾	中性磷酸盐	硼砂
5	4.01	6.95	9.39
10	4.00	6.92	9.33
15	4.00	9.90	9.27
20	4.00	6.88	9.22
25	4.01	6.86	9.18
30	4.01	6.85	9.14
35	4.02	6.84	9.10
40	4.03	6.84	9.07
45	4.04	6.83	9.04
50	4.05	6.83	9.01
55	4.08	6.84	8.99
60	4.10	6.84	8.96

8.4.5.4　测定方法

(1)新电极或长时间干燥保存的电极在使用前应先进行处理,具体方法可参照 8.3.1.2 (3)③a。对污染的电极也必须经处理后再使用。

(2)仪器校正:仪器开启半小时后,按仪器说明书的规定,进行调零、温度补偿以及满刻度校正等手续。

(3)pH 定位:定位用的标准缓冲溶液应选用一种其 pH 值与被测溶液相近的缓冲溶液,在定位前,先用蒸馏水冲洗电极及测试烧杯 2 次以上,然后用干净滤纸将电极底部残留的水滴轻轻吸去,将定位溶液倒入测试烧杯内,浸入电极,调整仪器的零点、温度补偿以及满刻度校正,最后根据所用定位缓冲液的 pH 值将 pH 值定位,重复定位 1～2 次,直至复定位后误差在允许范围内。定位溶液可保留下次再用,如有污染或使用数次后,应根据需要随时再更换新鲜缓冲溶液。

为了减少测定误差,定位用 pH 值标准缓冲液的 pH 值应与被测水样相接近。当水样 pH 值小于 7.0 时,应使用邻苯二甲酸氢钾溶液定位,以硼砂或磷酸盐混合液复定位。当水样 pH 值大于 7.0 时,则应用硼砂缓冲液定位,以邻苯二甲酸氢钾或磷酸盐混合液进行复定位。

进行 pH 值测定时,还必须考虑到玻璃电极的"钠差"问题,即被测水溶液中钠离子的浓度对氢离子测试的干扰,特别在进行 pH 值大于 10.5 的高 pH 值测定时,必须选用优质的高碱 pH 电极,以减少误差。

根据不同的测量要求,可选用不同精度的仪器。

(4)复定位:将电极和测试烧杯反复用蒸馏水冲洗 2 次以上,最后一次冲洗完毕后用干净的滤纸将电极底部残留的水滴轻轻吸去,然后倒入复定位缓冲溶液,按上述定位的手续进行

pH 值测定。如所测结果用复定位缓冲溶液的 pH 值相差在 ±0.05 以内时，即可认为仪器和电极均属正常，可以进行 pH 值测定。复定位溶液的处理应按定位溶液的规定进行。

（5）水样的测定：将复定位后的电极和测试烧杯，反复用蒸馏水冲洗 2 次以上，再用被测水样冲洗 2 次以上，最后一次冲洗完毕后，应用干净的滤纸轻轻将电极底部残留的水滴吸去，然后将电极浸入被测溶液，按上述定位的手续进行 pH 值测定。测定完毕后，应将电极用蒸馏水反复冲洗干净，最后将 pH 电极浸泡在蒸馏水中备用。

（6）测定 pH 值时，水样温度与定位温度之差不能超过 5℃，否则，将会直接影响 pH 值准确性。

8.4.6 氯化物的测定（硝酸银容量法）

8.4.6.1 概要

适用于测定氯化物含量为 5～100 mg/L 的水样。

在中性或弱碱性溶液中，氯化物与硝酸银作用生成白色氯化银沉淀，过量的硝酸银与铬酸钾作用生成砖红色铬酸银沉淀，使溶液显橙色，即为滴定终点。

8.4.6.2 试剂及配制

（1）氯化钠标准溶液（1 mL 含 1.0 mg Cl^-）：取基准试剂或优级纯的氯化钠 3～4 g 置于瓷坩埚内，于高温炉内升温至 500℃ 灼烧 10 min，然后放入干燥器内冷却至室温，准确称取 1.648 g 氯化钠，先溶于少量蒸馏水，然后稀释至 1000 mL。

（2）硝酸银标准溶液（1 mL 相当于 1.0 mg Cl^-）：称取 5.0 g 硝酸银溶于 1000 mL 蒸馏水中，以氯化钠标准溶液标定。标定方法如下：

在三个锥形瓶中，用移液管分别注入 10 mL 氯化钠标准溶液，再各加入 90 mL 蒸馏水及 1.0 mL 10% 铬酸钾指示剂，均用硝酸银标准溶液滴定至橙色，分别记录硝酸银标准溶液的消耗量 V，以平均值计算，但三个平行试验数值间的相对误差应小于 0.25%。另取 100 mL 蒸馏水做空白试验，除不加氯化钠标准溶液外，其他步骤同上，记录硝酸银标准溶液的消耗量 V_1。

硝酸银标准溶液的滴定度（T）按式（8.10）计算：

$$T = \frac{10 \times 1.0}{V - V_1} \text{ mg/mL} \tag{8.10}$$

式中，T——硝酸银标准溶液滴定度，单位为毫克每毫升（mg/mL）；

V_1——空白试验消耗硝酸银标准溶液的体积，单位为毫升（mL）；

V——氯化钠标准溶液消耗硝酸银标准溶液的平均体积，单位为毫升（mL）；

10——氯化钠标准溶液的体积，单位为毫升（mL）；

1.0——氯化钠标准溶液的浓度，单位为毫克每毫升（mg/mL）。

最后调整硝酸银溶液浓度，使其成为 1 mL 相当于 1 mg Cl^- 的标准溶液。

（3）10% 铬酸钾指示剂。

（4）1% 酚酞指示剂（以乙醇为溶剂）。

（5）$C(NaOH) = 0.1$ mol/L 氢氧化钠标准溶液。

(6)$C(\frac{1}{2}H_2SO_4)=0.1$ mol/L 硫酸标准溶液。

8.4.6.3　测定方法

(1)量取 100 mL 水样于锥形瓶中,加入 2～3 滴 1‰酚酞指示剂,若显红色,即用硫酸溶液中和至无色。若不显红色,则用氢氧化钠溶液中和至微红色,然后以硫酸溶液滴回至无色,再加入 1.0 mL10‰铬酸钾指示剂。

(2)用硝酸银标准溶液滴定至橙色,记录硝酸银标准溶液的消耗体积 a,同时做空白试验(方法同上述硝酸银标准溶液标定方法中的空白试验),记录硝酸银标准溶液的消耗体积 b。

氯化物(Cl⁻)含量按式(8.11)计算:

$$[Cl^-]=\frac{(a-b)\times T}{V_S}\times 1000 \text{ mg/L} \tag{8.11}$$

式中,a——滴定水样消耗硝酸银标准溶液的体积,单位为毫升(mL);

b——滴定空白水样消耗硝酸银标准溶液的体积,单位为毫升(mL);

T——硝酸银标准溶液的滴定度(1.0 mg/mL),1mL 相当于 1 mg Cl⁻;

V_S——水样体积,单位为毫升(mL)。

8.4.6.4　测定水样时注意事项

(1)当水样中氯离子含量大于 100 mg/L 时,应当按表 8.17 中规定的体积吸取水样,用蒸馏水稀释至 100 mL 后测定。

表 8.17　氯化物的含量和取水样体积

水样中 Cl⁻ 含量,mg/L	101～200	201～400	401～1000
取水样体积,mL	50	25	10

(2)当水样中硫离子(S^{2-})含量大于 5 mg/L,铁、铝含量大于 3 mg/L 或颜色太深时,应事先用过氧化氢进行脱色处理(每升水加 20 mL),并煮沸 10 min 后过滤。如颜色仍不消失,可于 100 mL 水样中加 1 g 碳酸钠然后蒸干,将干涸物用蒸馏水溶解后进行测定。

(3)如水样中氯离子含量小于 5 mg/L 时,可将硝酸银溶液稀释为 1 mL 相当于0.5 mg Cl⁻ 后使用。

(4)为了便于观察终点,可另取 100 mL 水样加 1 mL 铬酸钾指示剂作对照。

(5)浑浊水样,应事先进行过滤。

8.4.7　硬度的测定(络合滴定法)

8.4.7.1　概要

在 pH＝10.0±0.1 的被测溶液中,用铬黑 T 作指示剂,以乙二胺四乙酸二钠盐(简称 ED-TA)标准溶液滴定蓝色为终点,根据消耗 EDTA 标准溶液的体积,即可计算出水中硬度的含量。

8.4.7.2 试剂及配制

(1)试剂 1:$C(\frac{1}{2}EDTA)=0.1$ mol/L 标准溶液。

(2)试剂 2:$C(\frac{1}{2}EDTA)=0.01$ mol/L 标准溶液。

(3)氨—氯化铵缓冲溶液:称取 20 g 氯化铵溶于 500 mL 除盐水中,加入 150 mL 浓氨水(密度 0.90 g/mL)以及 1.0 g 乙二胺四乙酸镁二钠盐(简写为 Na_2MgY),用除盐水稀释至 1000 mL,混匀,取 50 mL,按 8.4.7.3(不加缓冲溶液)测定其硬度,根据测定结果,往其余 950 mL 缓冲溶液中加所需 EDTA 标准溶液,以抵消其硬度。

注:测定前对所用 Na_2MgY 必须进行鉴定,以免对分析结果产生误差。鉴定方法:取一定量的 Na_2MgY 溶于高纯水中,按硬度测定法测定其 Mg^{2+} 或 EDTA 是否有过剩量,根据分析结果精确地加入 EDTA 或 Mg^{2+},使溶液中 EDTA 和 Mg^{2+} 均无过剩量。如无 Na_2MgY 或 Na_2MgY 的质量不符合要求,可用 4.716g EDTA 二钠盐和 3.12 g $MgSO_4 \cdot 7H_2O$ 来代替 5 g Na_2MgY,配制好的缓冲溶液按上述手续进行鉴定,并使 EDTA 和 Mg^{2+} 均无过剩量。

(4)硼砂缓冲溶液:称取硼砂($Na_2B_4O_7 \cdot 10H_2O$)40 g 溶于 80 mL 高纯水中,加入氢氧化钠 10 g,溶解后用高纯水稀释至 1000 mL 混匀,取 50 mL,加 0.1 mol/L 盐酸溶液40 mL,然后按 8.4.7.3 测定其硬度,并按上法往其余 950 mL 缓冲溶液加入所需 EDTA 标准溶液,以抵消其硬度。

(5)0.5%铬黑 T 指示剂:称取 0.5 g 铬黑 T($C_{20}H_{12}O_7N_3SNa$)与 4.5 g 盐酸羟胺,在研钵中磨匀,混合后溶于 100 mL 95%乙醇中,将此溶液转入棕色瓶中备用。

8.4.7.3 测定方法

(1)水样硬度大于 0.5 mmol/L 的测定

按表 8.18 的规定取适量透明水样注于 250 mL 锥形瓶中,用除盐水稀释至 100 mL。

表 8.18 不同硬度取水样体积

水样硬度,mmol/L	需取水样体积,mL
0.5～5.0	100
5.0～10.0	50
10.0～20.0	25

加入 5 mL 氨—氯化铵缓冲溶液和 2 滴 0.5%铬黑 T 指示剂,在不断摇动下,用 $C_{1/2EDTA}=0.02$ mol/L 标准溶液滴定至溶液由酒红色变为蓝色即为终点,记录 EDTA 标准溶液所消耗的体积 V。

硬度(YD)的含量按式(8.12)计算:

$$YD = \frac{C_{1/2EDTA} \times V_{1/2EDTA}}{V_5} \times 10^3 \ \text{mmol/L} \tag{8.12}$$

或

$$YD = \frac{C_{1/2EDTA} \times V_{1/2EDTA}}{V_5} \times 10^6 \ \mu\text{mol/L} \tag{8.13}$$

式中，$C_{1/2EDTA}$——标准溶液浓度，mol/L；

　　$V_{1/2EDTA}$——滴定时所耗 EDTA 标准溶液的体积，mL；

　　V_5——水样体积，mL。

（2）水样硬度在 0.001～0.5 mmol/L 的测定

取 100 mL 透明水样注于 250 mL 锥形瓶中，加 3 mL 氨—氯化铵缓冲溶液（或 1 mL 硼砂缓冲溶液）及 2 滴 0.5% 铬黑 T 指示剂，在不断摇动下，用 $C_{1/2EDTA}=0.01$ mol/L 标准溶液滴定至蓝色即为终点，记录上述标准溶液所消耗的体积。

硬度（YD）的含量计算按式（8.13）。

8.4.7.4　测定水样时注意事项

（1）若水样的酸性或碱性较高时，应先用 0.1 mol/L 氢氧化钠溶液或 0.1 mol/L 盐酸中和后再加缓冲溶液，水样才能维持 pH（10±0.1）。

（2）对碳酸盐硬度较高的水样，在加入缓冲溶液前，应先稀释或先加入所需 EDTA 标准溶液量的 80%～90%（计入所消耗的体积内），否则有可能析出碳酸盐沉淀，使滴定终点拖长。

（3）冬季水温较低时，络合反应速度较慢，容易造成滴定过量而产生误差。因此，当温度较低时，应将水样预先加温至 30～40℃后进行测定。

（4）如果在滴定过程中发现滴定不到终点或指示剂加入后颜色呈灰紫色时，可能是 Fe、Al、Cu 或 Mn 等离子的干扰。遇此情况，可在加指示剂前，用 2 mL 1% 的 L—半胱胺酸盐和 2 mL 三乙醇胺（1∶4）进行联合掩蔽，或先加入所需 EDTA 标准溶液 80%～90%（计入所消耗的体积内），即可消除干扰。

（5）pH（10±0.1）的缓冲溶液，除使用氨—氯化铵缓冲溶液外，还可用氨基乙醇配制的缓冲溶液（无味缓冲液）。此缓冲溶液的优点是：无味，pH 值稳定，不受室温变化的影响。配制方法：取 400 mL 纯水，加入 55 mL 浓盐酸，然后将此溶液慢慢加入 310 mL 氨基乙醇中，并同时搅拌，最后加入 5 g 分析纯 Na_2MgY，用除盐水稀释至 1000 mL，在 100 mL 水样中加入此缓冲溶液 1 mL，即可使 pH 值维持在 10.0±0.1 的范围内。

（6）指示剂除用铬黑 T 外，还可选用表 8.19 所列的指示剂，由于酸性铬蓝 K 作指示剂滴定终点为蓝紫色，为了便于观察终点颜色变化，可加入适量的萘酚绿 B，称为 KB 指示剂。它以固体形式存放较好，也可以分别配制成酸性铬蓝 K 和萘酚绿 B 溶液，使用时按试验确定的比例加入。KB 指示剂的终点颜色为蓝色。

（7）硼砂缓冲溶液和氨—氯化铵缓冲溶液，在玻璃瓶中贮存会腐蚀玻璃，增加硬度，所以宜贮存在塑料瓶中。

表 8.19　指示剂名称和配制方法

指示剂名称	分子式	配制方法
酸性铬蓝 K	$C_{16}H_9O_{12}N_2S_3Na_3$	0.5 g 酸性铬蓝 K 与 4.5 g 盐酸羟胺混合,加 10 mL 氨一氯化铵缓冲溶液和 40 mL 高纯水,溶解后用 95％乙醇稀释至 100 mL
酸性铬深蓝	$C_{16}H_{10}N_2O_9S_2$	0.5 g 酸性铬深蓝加 10 mL 氨一氯化铵缓冲溶液,加入 40 mL 高纯水,用 95％乙醇稀释至 100 mL
酸性铬蓝 K＋萘酚绿 B(简称 KB)	$C_{16}H_9O_{12}N_2S_3Na_3＋$ $C_{30}H_{15}FeN_3Na_3O_{15}S_3$	0.1 g 酸性铬蓝 K 与 0.15 g 萘酚绿 B、10 g 干燥的氯化钾混合研细
铬蓝 SE	$C_{16}H_9O_9S_2N_2ClNa_2$	0.5 g 铬蓝 SE 加 10 mL 氨一氯化铵缓冲溶液,用除盐水稀释至 100 mL
依来铬蓝黑 R	$C_{20}H_{13}N_2O_5SNa$	0.5 g 依来铬蓝黑 R 加 10 mL 氨一氯化铵缓冲溶液,用无水乙醇稀释至 100 mL

8.4.8　碱度的测定(酸碱滴定法)

8.4.8.1　概要

水的碱度是指水中含有能接受氢离子的物质的量,例如氢氧根、碳酸盐、碳酸氢盐、磷酸盐、磷酸氢盐、硅酸盐、硅酸氢盐、亚硫酸盐、腐殖酸盐和氨等都是水中常见的碱性物质,它们都能与酸进行反应。因此,选择适宜的指示剂,以酸的标准溶液对它们进行滴定,便可以测出水中碱度的含量。

碱度可分为酚酞碱度和全碱度两种。酚酞碱度是以酚酞作指示剂时所测出的量,滴定终点的 pH 值为 8.3。全碱度是以甲基橙作指示剂时测出的量,滴定终点的 pH 值为 4.2。若碱度很小时,全碱度宜以甲基红一亚甲基蓝作指示剂,滴定终点的 pH 值为 5.0。

本试验方法分为两种:第一种方法适用于碱度较大的水样,如锅水、澄清水、冷却水、生水等,单位用毫摩尔每升(mmol/L)表示;第二种方法适用于测定碱度小于 0.5 mmol/L 的水样,如凝结水、除盐水等,单位用微摩尔每升(μmol/L)表示。

8.4.8.2　试剂

(1)酚酞指示剂(10 g/L,以乙醇为溶剂):称取 1 g 酚酞,溶于 95％乙醇溶液,再用乙醇稀释至 100 mL。

(2)甲基橙指示剂(1 g/L):称取 0.1 g 甲基橙,溶于 70℃的水中,冷却,用水稀释至 100 mL。

(3)甲基红一亚甲基蓝指示剂:称 0.1 g 甲基红,溶于 95％乙醇,再用乙醇稀释至 100 mL,此为溶液Ⅰ。称 0.1 g 亚甲基蓝,溶于 95％乙醇,再用乙醇稀释至 100 mL,此为溶液Ⅱ。取

50 mL 溶液Ⅱ、100 mL 溶液Ⅰ混匀。

(4)$C(\frac{1}{2}H_2SO_4)=0.1000$ mol/L 硫酸标准溶液。

①配制。量取 3 mL 浓硫酸(密度 1.84 g/cm³),缓缓注入 1000 mL 水中,冷却,摇匀。

②标定。称取于 270～300℃ 高温炉中灼烧至恒重的基准无水碳酸钠 0.2 g(称准至 0.0002 g),溶于 50 mL 除盐水中,加 10 滴溴甲酚绿－甲基红指示剂,用配制好的硫酸溶液滴定至溶液由绿色变为暗红色,煮沸 2 min,冷却后继续滴定至溶液再呈暗红色,同时做空白试验。

硫酸标准溶液的浓度 $C(\frac{1}{2}H_2SO_4)$,数值以摩尔每升(mol/L)表示,按下式计算:

$$C(\frac{1}{2}H_2SO_4)=\frac{m\times1000}{(V_1-V_0)\times M} \tag{8.14}$$

式中,m ——无水碳酸钠的质量,g;

V_1 ——滴定时硫酸溶液消耗的体积,mL;

V_0 ——空白试验硫酸溶液消耗的体积,mL;

M ——无水碳酸钠的摩尔质量,g/mol,[$M(\frac{1}{2}Na_2CO_3)=52.99$]。

将 $C(\frac{1}{2}H_2SO_4)=0.1000$ mol/L 硫酸标准溶液,分别用二级水稀释至 2 倍和 10 倍即可制得 $C(\frac{1}{2}H_2SO_4)=0.0500$ mol/L 和 $C(\frac{1}{2}H_2SO_4)=0.0100$ mol/L 的硫酸标准溶液,不必再标定。

8.4.8.3　仪器

(1) 25 mL 酸式滴定管。

(2) 250 mL 锥形瓶。

(3) 100 mL 量筒。

8.4.8.4　测定方法

(1)碱度大于或等于 0.5 mmol/L 的水样测定方法(如锅水、冷却水、生水等)

取 100 mL 被测透明水样注于 250 mL 锥形瓶中,加入 2～3 滴酚酞指示剂,此时溶液若显红色,则用 $C(\frac{1}{2}H_2SO_4)=0.1000$ mol/L 硫酸标准溶液滴定至恰好无色,记录消耗硫酸体积 V_1,然后再加入 2 滴甲基橙指示剂,继续用硫酸标准溶液滴定至橙红色为止,记录第二次消耗硫酸体积 V_2(不包括 V_1)。

(2)碱度小于 0.5 mmol/L 水样的测定方法(如凝结水、除盐水等)

取 100 mL 透明水样,置于 250 mL 锥形瓶中,加入 2～3 滴酚酞指示剂,此时溶液若显红色,则用滴定管用 $C(\frac{1}{2}H_2SO_4)=0.0100$ mol/L 标准溶液滴定至恰好无色,记录硫酸消耗体积为 V_1,然后再加入 2 滴甲基红－亚甲基蓝指示剂,再用硫酸标准溶液滴定,溶液由绿色变为紫色,记录消耗硫酸体积为 V_2(不包括 V_1)。

(3)无酚酞碱度时的测定方法

上述两种方法,若加酚酞指示剂后溶液不显红色,可直接加甲基橙或甲基红—亚甲基蓝指示剂,用硫酸标准溶液滴定,记录硫酸消耗体积用 V_2。

(4)碱度的计算

上述被测定水样的酚酞碱度 $JD_酚$、全碱度 $JD_全$ 按式(8.15)、式(8.16)进行计算:

$$JD_酚 = \frac{C(\frac{1}{2}H_2SO_4) \times V_1}{V_s} \times 10^3 \text{ mmol/L} \tag{8.15}$$

$$JD_全 = \frac{C(\frac{1}{2}H_2SO_4) \times (V_1 + V_2)}{V_s} \times 10^3 \text{ mmol/L} \tag{8.16}$$

式中,$JD_酚$——酚酞碱度,mmol/L;

$\quad JD_全$——全碱度,mmol/L;

$\quad C(\frac{1}{2}H_2SO_4)$——硫酸标准溶液的浓度,mol/L;

$\quad V_1$——第一次终点硫酸标准溶液消耗的体积,mL;

$\quad V_2$——第二次终点硫酸标准溶液消耗的体积,mL;

$\quad V_s$——水样体积,mL。

8.4.8.5 注意事项

(1)碱度的计量单位为一价基本单元物质的量的浓度。

(2)残余氯(Cl_2)的影响。若水样残余氯大于 1 mg/L 时,会影响指示剂的颜色,可加入 0.1 mol/L 硫代硫酸钠溶液 1~2 滴,可消除干扰。

(3)乙醇酸性的影响。配制酚酞指示剂时,为了避免乙醇 pH 值较低的影响,配置好的酚酞指示剂,应用 0.05 mol/LNaOH 溶液中和至刚好见稳定的红色。

8.4.9 磷酸盐的测定(磷钼蓝比色法)

8.4.9.1 概要

(1)在 $C(H^+) = 0.6$ mol/L 的酸度下,磷酸盐与钼酸铵生成磷钼黄,用氯化亚锡还原成磷钼蓝后,与同时配制的标准色进行比色测定。其反应为:

磷酸盐与钼酸铵反应生成磷钼黄:

$$PO_4^{3-} + 12MoO_4^{2-} + 27H^+ \rightarrow H_3[P(Mo_3O_{10})_4] + 12H_2O \quad (磷钼黄)$$

磷钼黄被氯化亚锡还原成磷钼蓝:

$$[P(Mo_3O_{10})_4]^{3-} + 4Sn^{2+} + 11H^+ \rightarrow H_3[P(Mo_3O_9)_4] + 4Sn^{4+} + 4H_2O \quad (磷钼蓝)$$

(2)磷钼蓝比色法仅供现场测定,适用于磷酸盐含量为 2~50 mg/L 的水样。

8.4.9.2 仪器

具有磨口塞的 25 mL 比色管。

8.4.9.3　试剂及配制

(1)分析实验室用水二级水,符合 GB/T 6682 的规定。

(2)磷酸盐标准溶液(1 mL 含 1.0 mgPO_4^{3-}):称取在 105℃ 干燥过的磷酸二氢钾(KH_2PO_4)1.433 g,溶于少量除盐水中后,稀释至 1000 mL。

(3)磷酸盐工作溶液(1 mL 含 0.1 mgPO_4^{3-}):取上述标准溶液,用二级水准确稀释 10 倍。

(4)钼酸铵－硫酸混合溶液:于 600 mL 二级水中缓慢加入 167 mL 浓硫酸(密度 1.84 g/cm^3),冷却至室温。称取 20 g 钼酸铵$[(NH_4)_6Mo_7O_{24} \cdot 4H_2O]$,研磨后溶于上述硫酸溶液中,用二级水稀释至 1000 mL。

(5)氯化亚锡甘油溶液(15 g/L):称取 1.5g 优级纯氯化亚锡于烧杯中,加 20 mL 浓盐酸(密度为 1.19 g/cm^3),加热溶解后,再加 80 mL 纯甘油(丙三醇),搅匀后将溶液转入塑料瓶中备用(此溶液易被氧化,需密封保存,室温下使用期限不应超过 20 天)。

8.4.9.4　测定方法

(1)量取 0 mL、0.1 mL、0.2 mL、0.4 mL、0.6 mL、0.8 mL、1 mL、1.5 mL、2 mL、2.5 mL 磷酸盐工作溶液(1 mL 含 0.1 mg PO_4^{3-})以及 5 mL 水样,分别注入一组比色管中,用二级水稀释至约 20 mL,摇匀。

(2)在上述比色管中各加入 2.5 mL 钼酸铵－硫酸混合溶液,用二级水稀释至刻度,摇匀。

(3)在每支比色管中加入 2~3 滴氯化亚锡甘油(15 g/L)溶液,摇匀,待 2 min 后进行比色。

(4)水样中磷酸根(PO_4^{3-})的含量按式(8.17)计算:

$$[PO_4^{3-}] = \frac{0.1 \times V_1}{V_s} \times 1000 = \frac{V_1}{V_s} \times 100 \tag{8.17}$$

式中,$[PO_4^{3-}]$——磷酸根含量,mg/L;

　　0.1 ——磷酸盐工作溶液的浓度,1 mL 含 0.1 mg PO_4^{3-};

　　V_1——与水样颜色相当的标准色中加入的磷酸盐工作溶液的体积,mL;

　　V_s——水样的体积,mL。

8.4.9.5　测定水样时注意事项

(1)水样与标准色应当同时配制显色。

(2)为加快水样显色速度,以及避免硅酸盐干扰,显色时水样的酸度(H^+)应维持在 0.6 mol/L。

(3)水样混浊时应过滤后测定,磷酸盐的含量不在 2~50 mg/L 内时,应当酌情增加或减少水样量。

8.4.9.6 允许误差

表 8.20　磷酸盐测定的允许误差

磷酸盐范围,mg/L	实验室内允许误差,mg/L	实验室间允许误差,mg/L
0~10	0.6	1.4
10~20	1.0	2.6
20~40	1.8	3.8

8.4.10　磷酸盐的测定(磷钒钼黄分光光度法)

8.4.10.1　概要

在 0.6 mol/L 的酸度(H^+)下,磷酸盐与钼酸盐和偏钒酸盐形成黄色的磷钒钼酸。

磷矾钼酸的最大吸收波长为 355 nm,一般可在 420 nm 的波长下测定。此法适用于锅水中磷酸盐的测定,相对误差为 $\pm 2\%$。

8.4.10.2　仪器

分光光度计或光电比色计(具有 420 nm 左右的滤光片)。

8.4.10.3　试剂及配制

(1)磷酸盐标准溶液(1 mL 含 1 mg PO_4^{3-})。

(2)磷酸盐工作溶液(1 mL 含 0.1 mg PO_4^{3-})。取(1)所述标准溶液,用纯水准确稀释至 10 倍。

(3)钼酸铵偏钒酸铵—硫酸显色溶液(简称钼钒酸显色溶液)。

①称取 50 g 钼酸铵$[(NH_4)_4 Mo_7 O_{24} \cdot H_2 OT]$和 2.5 g 偏钒酸铵($NH_4 VO_3$),溶于 400 mL 纯水中。

②取 195 mL 浓硫酸(密度 1.84 g/cm³),在不断搅拌下徐徐加入到 250 mL 纯水中,冷却至室温。

③将上述配置好的硫酸溶液倒入钼酸铵溶液中,用纯水稀释至 1000 mL。

8.4.10.4　测定方法

(1)工作曲线绘制

①根据待测水样磷酸盐的含量,按表 8.21 中所列数值分别把磷酸盐标准溶液(1 mL 含 1.0 mg PO_4^{3-})注入一组 50 mL 容量瓶中,用除盐水稀释至刻度。

表 8.21 磷酸盐标准溶液的配制

容量瓶编号	1	2	3	4	5	6	7	8	9	10	11
标准溶液体积,mL	0	0.5	1.5	2.5	3.5	5.0	6.5	7.5	10	12.5	15
相当于水样磷酸盐含量,mg/L	0	1	3	3	7	10	13	15	20	25	30

②将配制好的磷酸盐标准溶液分别注入相应编号的锥形瓶中,各加入 5 mL 钼钒酸显色溶液,摇匀,放置 2 min。

③根据水样磷酸盐的含量,按表 8.22 选用合适的比色皿和波长,以试剂为空白作参比,分别测定显色后磷酸盐标准溶液的吸光度并绘制工作曲线。

表 8.22 不同磷酸盐浓度的比色皿和波长的选用

磷酸盐浓度,mg/L	比色皿,mm	波长,nm
10~30	10	450
5~15	20	420
0~10	30	420

(2)水样的测定

①取水样 50 mL,注于锥形瓶中加入 5 mL,钼钒酸显色溶液,摇匀,放置 2 min,并以试剂作空白参比,在与绘制工作曲线相同的比色皿和波长条件下,测定其吸光度。

②从工作曲线查得水样磷酸盐含量。

8.4.10.5 测定水样时注意事项

(1)水样混浊时应过滤,最初 100 mL 滤液弃去,然后取过滤后的水样进行测定。

(2)水样温度应与绘制工作曲线时的显色温度大致相同,若温差大于 5℃,测定采取加热或冷却措施。

(3)磷钒钼酸的黄色可稳定数日,在室温下不受其他因素影响。

8.4.11 溶解氧的测定(氧电极法)

8.4.11.1 概要

溶解氧测定仪的氧敏感薄膜电极由两个与电解质相接触的金属电极(阴极/阳极)及选择性薄膜组成。选择性薄膜只能透过氧气和其他气体,水和可溶解性物质不能透过。当水样流过允许氧气透过的选择性薄膜时,水样中的氧气将透过膜扩散,其扩散速率取决于通过选择性薄膜的氧分子浓度和温度梯度。透过膜的氧气在阴极上还原,产生微弱的电流,在一定温度下其大小和水样溶解氧含量成正比。

在阴极上的反应是氧分子被还原成氢氧化物:

$$O_2 + 2H_2O + 4e \rightarrow 4OH^-$$

在阳极上的反应是金属阳极被氧化成金属离子：

$$Me \rightarrow Me^{2+} + 2e$$

8.4.11.2　仪器

（1）溶解氧测定仪：溶解氧测定仪分为原电池式和极谱式（外加电压）两种类型，其中根据其测量范围和精确度的不同，又有多种型号。测定时应当根据被测水样中的溶解氧含量和测量要求，选择合适的仪器型号。测定一般水样和测定溶解氧含量小于或等于 0.1 mg/L 工业锅炉给水时，可选用不同量程的常规溶解氧测定仪；当测定溶解氧含量小于或等于 20 μg/L 水样时，应当选用高灵敏度溶解氧测定仪。

（2）温度计：温度计精确至 0.5℃。

8.4.11.3　试剂

（1）亚硫酸钠。

（2）二价钴盐（$CoCl_2 \cdot H_2O$）。

（3）分析实验室用水二级水，符合 GB/T 6682 的规定。

8.4.11.4　测定方法

（1）仪器的校正

①按仪器使用说明书装配电极和流动测量池。

②调节：按仪器说明书进行调节和温度补偿。

③零点校正：将电极浸入新配制的零氧溶液（一般用 5%～10%亚硫酸钠溶液，可加入适量的二价钴盐作催化剂）进行校零。

④校准：按仪器说明书进行校准。一般溶解氧测定仪可在空气中校准。

（2）水样测定

①调整被测水样的温度在 5～40℃，水样流速在 100 mL/min 左右，水样压力小于 0.4 MPa。

②将测量池与被测水样的取样管用乳胶管或橡皮管连接好，测量水温，进行温度补偿。

③根据被测水样溶解氧的含量，选择合适的测定量程，按下测量开关进行测定。

8.4.11.5　注意事项

（1）原电池式溶解氧测定仪接触氧可自发进行反应，因此不测定时，电极应保存在零氧溶液中并使其短路，以免消耗电极材料，影响测定。极谱式溶解氧测定仪不使用时，应当用加有适量二级水的保护套保护电极，防止电极薄膜干燥及电极内的电解质溶液蒸发。

（2）电极薄膜表面要保持清洁，不要触碰器皿壁，也不要用手触摸。

（3）当仪器难以调节至校正值，或者仪器响应慢、数值显示不稳定时，应当及时更换电极中的电解质和电极薄膜（原电池式仪器需更换电池）。电极薄膜在更换后和使用中应当始终保持表面平整，没有气泡，否则需要重新更换安装。

（4）更换电解质和电极薄膜后，或者氧敏感薄膜电极干燥时，应将电极浸入到二级水中，使膜表面湿润,待读数稳定后再进行校准。

(5)如水样中含有藻类、硫化物、碳酸盐等物质,长期与电极接触可能使膜表面污染或损坏。

(6)溶解氧测定仪应当定期进行计量校验。

8.4.12　亚硫酸盐的测定(碘量法)

8.4.12.1　概要

(1)在酸性溶液中,碘酸钾－碘化钾作用后析出游离碘,将水中的亚硫酸盐氧化成为硫酸盐,过量的碘与淀粉作用呈现蓝色即为终点。

其反应为:

$$KIO_3 + 5KI + 6HCl \rightarrow 6KCl + 3I_2 + 3H_2O$$
$$SO_3^{2-} + I_2 + H_2O \rightarrow SO_4^{2-} + 2HI$$

(2)此测定方法适用于亚硫酸盐含量大于 1mg/L 的水样。

8.4.12.2　试剂

(1)分析实验室用水二级水,符合 GB/T 6682 的规定。

(2)碘酸钾－碘化钾标准溶液(1 mL 相当于 1 mg SO_3^{2-}):依次精确称取优级纯碘酸钾(KIO_3)0.8918 g、碘化钾 7 g、碳酸氢钠 0.5 g,用二级水溶解后移入 1000 mL 容量瓶中,并稀释至刻度。

(3)淀粉指示剂(10 g/L):称取 1 g 淀粉,加 5 mL 水使其成糊状,在搅拌下将糊状物加到 90 mL 沸腾的水中,煮沸 1~2 min,冷却后稀释到 100 mL,使用时间一般为 2 周。

(4)盐酸溶液(1:1)。

8.4.12.3　测定方法

(1)取 100 mL 水样注于锥形瓶中,加 1 mL 淀粉指示剂和 1 mL 盐酸溶液(1:1)。

(2)摇匀后,用碘酸钾－碘化钾标准溶液滴定至微蓝色,即为终点。记录消耗碘酸钾－碘化钾标准溶液的体积(V_1)。

(3)在测定水样的同时进行空白试验,做空白试验时记录消耗碘酸钾－碘化钾标准溶液的体积用 V_2 表示。水样中亚硫酸根含量按式(8.18)计算:

$$[SO_3^{2-}] = \frac{(V_1 - V_2) \times 1.0}{V_s} \times 10^3 \text{ mg/L} \tag{8.18}$$

式中,$[SO_3^{2-}]$——亚硫酸盐含量,mg/L;

　　　V_1——水样消耗碘酸钾－碘化钾标准溶液的体积,mL;

　　　V_2——空白试验消耗碘酸钾－碘化钾标准溶液的体积,mL;

　　　1.0——碘酸钾－碘化钾标准溶液滴定度,1 mL 相当于 1 mg SO_3^{2-};

　　　V_s——水样的体积,mL。

8.4.12.4 注意事项

(1)在取样和进行滴定时均应迅速,以减少亚硫酸盐的氧化。

(2)水样温度不可过高,以免影响淀粉指示剂的灵敏度而使结果偏高。

(3)为了保证水样不受污染,取样瓶、烧杯等玻璃器皿,使用前均应用盐酸溶液(1:1)煮洗。

8.4.13 油的测定(重量法)

8.4.13.1 概要

当水样中加入凝聚剂——硫酸铝时,扩散在水中的油微粒会被形成的氢氧化铝凝聚。随着氢氧化铝的沉淀,便将水中微量的油也聚集沉淀,经加酸酸化,可将沉淀溶解,再通过有机溶剂的萃取,将分离出来的油质转入有机溶剂中,将有机溶剂蒸发至干,残留的是水中的油,通过称量即可求出水中的油含量。

此法采用四氯化碳(CCl_4)作有机溶剂,这样可以避免在蒸发过程中发生燃烧或爆炸等事故。

8.4.13.2 仪器

(1)5000～10000 mL 具有磨口塞的取样瓶。

(2)500 mL 分液漏斗。

(3)100～200 mL 瓷蒸发皿。

8.4.13.3 试剂及其配制

(1)分析实验室用水二级水,符合 GB/T 6682 的规定。

(2)硫酸铝溶液(430 g/L):称取 43 g 硫酸铝[$Al_2(SO_4)_3 \cdot 18H_2O$],加 100 mL 二级水溶解。

(3)无水碳酸钠溶液(250 g/L):称取 25 g 无水碳酸钠溶液(Na_2CO_3),加 100 mL 二级水溶解。

(4)浓硫酸(密度 1.84 g/cm³)。

(5)四氯化碳(CCl_4)。

8.4.13.4 测定方法

(1)加大被测水样流量,取 5000 mL～10 000 mL 水样。取完后立即加入 5～10 mL 硫酸铝溶液(按每升试样加 1 mL 计算),摇匀,立即加入 5～10 mL 碳酸钠溶液(按每升试样加 1 mL 计算),充分摇匀,将水中分散的油粒凝聚沉淀,静置 12 h 以上,待充分沉淀至瓶底,然后用虹吸管将上层澄清液吸走。虹吸时应小心移动胶皮管,尽量使大部分澄清液被吸走,但又不致于将沉淀物带走。在剩下的沉淀物中加入若干滴浓硫酸使沉淀溶解,并将此酸化的溶液移入 500 mL 的分液漏斗中。

(2)取 100 mL 四氯化碳倒入取样瓶内,充分清洗取样瓶内壁上沾有的油渍,将此四氯化碳洗液也移入分液漏斗内。

(3)充分摇匀并萃取酸化溶液中所含的油,静置。待分层完毕后,将底层四氯化碳用一张干的无灰滤纸过滤,将过滤后的四氯化碳溶液移入一个 100～200 mL 已恒重的蒸发皿内,再用 10 mL 四氯化碳淋洗分液漏斗及过滤滤纸,将清洗液一起加入已恒重的蒸发皿内。

(4)将蒸发皿放在水浴锅上,在通风橱内将四氯化碳蒸发至干,然后将蒸发皿放在 110℃ ±5℃ 的恒温箱内,烘干 2 h 后在干燥器内冷却,称量至恒重。

(5)另取 100 mL 四氯化碳于另一个恒重的蒸发皿中,按上述(4)做空白试验。

水样中含油量(Y)按式(8.19)计算:

$$Y = \frac{(m_2 - m_1) - (m_4 - m_3)}{V_s} \times 1000 \tag{8.19}$$

式中,Y——水样中含油量,mg/L;

m_1——测定水样所用空蒸发皿的质量,g;

m_2——蒸发皿与蒸发后油的总质量,g;

m_3——空白试验前蒸发皿的称量,g;

m_4——空白试验后蒸发皿的称量,g;

V_s——水样体积,L。

8.4.13.5　注意事项

(1)为了节约有机溶剂,所用四氯化碳应回收利用,回收的方法是将分液漏斗分出的四氯化碳先放在一个 200 mL 的蒸馏烧瓶内,然后将蒸馏烧瓶放在水浴锅上蒸发并用冷凝器收集被蒸发的四氯化碳,待烧瓶内剩下 20 mL 左右时,即停止蒸发,将烧瓶内残留的四氯化碳移入已称至恒重的蒸发皿内,再用 10 mL 四氯化碳清洗烧瓶,然后将洗液一起加入蒸发皿内,按测定方法 8.4.13.4(4)继续进行油质测定。

(2)如果所取水样内混有较多的微粒杂质,则在四氯化碳萃取后,水和有机溶剂分层处不会出现明显的分液层,但仍可用干的滤纸过滤,因为干滤纸会很快吸干混杂层中的水珠,而使四氯化碳通过滤纸时并不影响测试结果。

(3)四氯化碳蒸气对人体有毒害,在操作时应尽量避免吸入,蒸发烘干时必须在通风橱内进行。

8.4.14　铁的测定(磺基水杨酸分光光度法)

8.4.14.1　概要

(1)先将水样中亚铁用过硫酸铵氧化成高铁,pH 值 9～11 范围内的条件下,与磺基水杨酸生成黄色络合物,此络合物最大吸收波长为 425 nm。

(2)本法的测定范围为 50～500 μg/L,测定结果为水样中的全铁。

(3)磷酸盐对本法测定无干扰,故本法也适用于测定锅水中的含铁量。

8.4.14.2 仪器

(1)分光光度计。

(2)50 mL 比色管。

8.4.14.3 试剂

(1)浓盐酸,优级纯(密度 1.19 g/cm³)。

(2)1 mol/L 盐酸(HCl)溶液。

(3)10%磺基水杨酸溶液。

(4)铁标准溶液:

①贮备溶液(1 mL 含 0.1 mg Fe):准确称取 0.1 g 纯铁丝,加入 50 mL 1 mol/L 盐酸(HCl)溶液,加热全部溶解后,加少量过硫酸铵,煮沸数分钟,移入 1L 容量瓶中,用除盐水稀释至刻度,或称取 0.8634 g 硫酸高铁[FeNH₄(SO₄)₂·12H₂O],溶于 50 mL 盐酸溶液(1:1)中,待全溶后转入 1 L 容量瓶中,用除盐水稀释至刻度,以重量法标定其浓度。

②工作溶液(1 mL 含 10 μg Fe):取上述贮备液 100 mL 移入 1L 容量瓶中,加入 50 mL 1 mol/L 盐酸(HCl)溶液,用除盐水稀释至刻度(此溶液不宜存放,应在使用时配制)。

8.4.14.4 测定方法

(1)工作曲线的绘制

①按表 8.23 取一组铁工作溶液注于一组 50 mL 比色管中,分别加入 1 mL 浓盐酸,用除盐水稀释至约 40 mL。

表 8.23 铁标准溶液的配制

编号	1	2	3	4	5	6	7	8	9
铁标准溶液,mL	0	0.25	0.5	0.75	1.25	1.75	2.00	2.25	2.50
相当于水样含铁量,μg/L	0	50	100	150	250	350	400	450	500

②加入 4 mL 磺基水杨酸溶液,摇匀;加浓氨水约 4 mL,摇匀,使 pH 值达 9~11;用除盐水稀释至刻度。混匀后,用分光光度计,波长为 425 nm 和 30 mm 比色皿,以除盐水作参比测定吸光度。根据所测吸收度和相应的铁含量绘制工作曲线。

(2)水样测定

①将取样瓶用盐酸(1:1)洗涤后,再用除盐水清洗三次,然后于取样瓶中加入浓盐酸(每 500 mL 水样加浓盐酸 2 mL)直接取样。

②量取 50 mL 水样于 100~150 mL 烧杯内,加入 1 mL 浓盐酸和 10 mg 过硫酸铵溶液,煮沸浓缩至约 20 mL,冷却后移至比色管中,并用少量除盐水清洗烧杯 2~3 次,洗涤液一并注入比色管中,但应使其总体积不大于 40 mL。按绘制工作曲线的步骤进行显色,并在分光光度计上测定吸光度。根据测得的吸光度,查工作曲线即得水样中的含铁量。

8.4.14.5　注意事项

(1)对有颜色的水样应增加过硫酸铵的加入量,并通过空白试验,扣除过硫酸铵的含铁量。

(2)为保证显色正常,应注意氨水浓度是否可靠。

(3)为保证水样不受污染,取样瓶、烧杯、比色管等玻璃器皿,使用前均应用盐酸溶液(1∶1)煮洗。

8.5　常用标准溶液的配制与标定方法

8.5.1　硝酸银标准溶液(1mL 相当于 1 mg Cl⁻)的配制与标定

8.5.1.1　氯化钠标准溶液的配制

13% 1 mL 含 1 mg 氯离子:取基准试剂或优级纯氯化钠置于瓷坩埚内,于高温炉内升温至 500℃灼烧 10 min,然后放入干燥器内冷却至室温。准确称取 1.649 g 氯化钠,先溶于少量二级纯水,然后稀释至 1000 mL。

8.5.1.2　硝酸银标准溶液的配制

称取 5.0 g 硝酸银溶于 1000 mL 二级纯水,贮存于棕色瓶中。

8.5.1.3　硝酸银标准溶液的标定

于三个锥形瓶中,用移液管分别注入 10 mL 氯化钠标准溶液,再各加入 90 mL 二级水及 1.0 mL 铬酸钾指示剂,均用硝酸银标准溶液(盛于棕色滴定管中)滴定至橙色,分别记录硝酸银标准溶液的消耗量 V,以平均值计算,但三个平行试验数值间的相对误差应小于 0.25%。另取 100 mL 二级纯水做空白试验,除不加氯化钠标准溶液外,其他步骤同上,记录硝酸银标准溶液的消耗量 V_1。

硝酸银标准溶液的滴定度(T)按下式计算:

$$T=\frac{10\times1.0}{V-V_1}\ \text{mg/mL} \tag{8.20}$$

式中,T ——硝酸银标准溶液滴定度,mg/mL;

V_1 ——空白试验消耗硝酸银标准溶液的体积,mL;

V ——氯化钠标准溶液消耗硝酸银标准溶液的平均体积,mL;

10 ——氯化钠标准溶液的体积,mL;

1.0 ——氯化钠标准溶液的浓度,mg/mL。

8.5.1.4　硝酸银标准溶液浓度的调整

将硝酸银标准溶液浓度调整为 1 mL 相当于 1 mgCl⁻ 的标准溶液。二级水加入量按下式计算：

$$\Delta L = L\left(\frac{T-1}{1}\right) = L \times (T-1) \qquad (8.21)$$

式中，ΔL——调整硝酸银溶液浓度所需二级水加入量，mL；

L——配制的硝酸银溶液经标定后剩余的体积，mL；

T——硝酸银溶液标定的滴定度，mg/mL；

1——硝酸银溶液调整后的滴定度，1 mL 相当于 1 mg Cl⁻。

8.5.2　酸标准溶液的配制与标定

8.5.2.1　试剂及配制方法

（1）浓硫酸（密度 1.84 g/cm³）。

（2）氢氧化钠饱和溶液：取上层澄清液适用。

（3）邻苯二甲酸氢钾（基准试剂）。

（4）无水碳酸钠（基准试剂）。

（5）酚酞指示剂（10 g/L，以乙醇为溶剂）：称取 1 g 酚酞，溶于 95％乙醇溶液，再用乙醇稀释至 100 mL。

（6）甲基红－亚甲基蓝指示剂：称 0.1 g 甲基红，溶于 95％乙醇，再用乙醇稀释至 100 mL，此为溶液Ⅰ。称 0.1g 亚甲基蓝，溶于 95％乙醇，再用乙醇稀释至 100 mL，此为溶液Ⅱ。取 50 mL 溶液Ⅱ、100 mL 溶液Ⅰ混匀。

8.5.2.2　标准溶液配制与标定

（1）$C_{1/2H_2SO_4} = 0.1$ mol/L 标准溶液的配制与标定

①配制

量取 3 mL 浓硫酸（密度 1.84 g/cm³）缓缓注入 1000 ml 蒸馏水（或除盐水）中，冷却、摇匀。

②标定方法

用无水碳酸钠方法标定：称取 0.2 g 于 270～300℃灼烧至恒重（精确到 0.0002 g）的基准无水碳酸钠，溶于 50 mL 水中，加 2 滴甲基红－亚甲基蓝指示剂，用待标定的 $C_{1/2H_2SO_4} = 0.1$ mol/L 标准溶液滴定至溶液由绿色变紫色，同时应做空白试验。

硫酸标准溶液的浓度（mol/L）按下式计算：

$$C_{H^+} = \frac{m}{[V_{1(H^+)} - V_{2(H^+)}] \times 0.05299} \qquad (8.22)$$

式中，m——无水碳酸钠物质的质量，g；

$V_{1(H^+)}$——滴定碳酸钠消耗硫酸标准溶液的体积，mL；

$V_{2(H^+)}$——空白试验消耗硫酸标准溶液的体积，mL；

0.05299——1 mmol 1/2Na₂CO₃ 的质量，g。

(2) $C_{H^+} = 0.05 \ mol/L$、$0.01 \ mol/L$ **硫酸标准溶液的配制与标定**

①配制 $_{1/2H_2SO_4} = 0.05 \ mol/L$ 硫酸标准溶液,由 $C_{H^+} = 0.1 \ mol/L$ 硫酸标准溶液准确地稀释至 2 倍制得。

配制 $C_{1/2H_2SO_4} = 0.01 \ mol/L$ 硫酸标准溶液,用 $C_{H^+} = 0.1 \ mol/L$ 硫酸标准溶液稀释至 10 倍制得。

②标定用 $C_{H^+} = 0.1 \ mol/L$ 硫酸标准溶液配制的 $C_{1/2H_2SO_4} = 0.05 \ mol/L$、$0.01 \ mol/L$ 硫酸标准溶液,其浓度可不标定,用计算得出(如要标定,可用相近浓度的氢氧化钠标准溶液进行标定)。

(3)酸溶液浓度的调整

所配制 $C_{H^+} = 0.1 \ mol/L$ 的酸标准溶液,其浓度经标定后,若不是 0.1 mol/L 时,应根据使用要求,用加水或加浓酸的方法进行浓度调整。

①当已配标准溶液的浓度 C 大于 0.1 mol/L 时,需添加纯水量按下式计算:

$$\Delta V_1 = V\left(\frac{C}{0.1} - 1\right) \tag{8.23}$$

式中,V——已配酸标准溶液的体积,mL;

　　C——已配酸标准溶液的浓度,mol/L;

　　0.1——需配的酸标准溶液的浓度,mol/L。

②当已配标准溶液的浓度 C 小于 0.1 mol/L 时,需添加浓酸溶液量,可按下式计算:

$$V_2 = \frac{V(0.1 - C)}{C' - 0.1} \tag{8.24}$$

式中,V——已配的酸标准溶液体积,mL;

　　C'——浓酸的浓度,mol/L。

调整浓度后的酸标准溶液,其浓度还需按上述步骤进行标定直到符合要求。

8.5.3　乙二胺四乙酸二钠(1/2EDTA)标准溶液的配制

8.5.3.1　试剂及配制

(1)乙二胺四乙酸二钠。

(2)氧化锌(基准试剂)。

(3)盐酸溶液(1∶1)。

(4)10%氨水。

(5)氨-氧化铵缓冲溶液:称取 20 g 氯化铵溶于 500 mL 除盐水中,加入 150 mL 浓氨水(密度 0.90 g/mL)以及 5.0 g 乙二胺四乙酸镁二钠盐(简写为 Na_2MgY),用除盐水稀释至 1000 mL,混匀。

(6)0.5%铬黑 T 指示剂:称取 0.5 g 铬黑 T($C_{20}H_{12}O_7N_3SNa$)与 4.5 g 盐酸羟胺,在研钵中磨匀,混合后溶于 100 mL 95%乙醇中,将此溶液转入棕色瓶中备用。

8.5.3.2 标准溶液配制方法

(1)$C_{1/2EDTA}$＝0.1 mol/L、0.02 mol/L 乙二胺四乙酸二钠标准溶液的配制与标定

①配制

$C_{1/2EDTA}$＝0.1 mol/L 乙二胺四乙酸二钠标准溶液:称取 20 g 乙二胺四乙酸二钠溶于 1000 mL 高纯水中,摇匀。

$C_{1/2EDTA}$＝0.02 mol/L 乙二胺四乙酸二钠标准溶液:称取 4 g 乙二胺四乙酸二钠溶于 1000 mL 高纯水中,摇匀。

②标定

$C_{1/2EDTA}$＝0.1 mol/L 乙二胺四乙酸二钠标准溶液:称取 800℃灼烧恒重的基准氧化锌 2 g (精确到 0.0002 g),用少许水湿润,加盐酸溶液(1:1)使氧化锌溶解,移入 500 mL 容量瓶中, 稀释至刻度,摇匀。取 20 mL,加 80 mL 除盐水,用 10%氨水中和至 pH 值为 7～8,加 5 mL 氨 －氯化铵缓冲溶液(pH＝10),加 5 滴 0.5%铬黑 T 指示剂,用 0.1 mol/L 乙二胺四乙酸二钠 (1/2EDTA)溶液滴定至溶液由紫色变为纯蓝色。

$C_{1/2EDTA}$＝0.02 mol/L 乙二胺四乙酸二钠标准溶液:称取 0.4 g 于 800℃灼烧恒重的基准 氧化锌(精确到 0.0002 g),用少许高纯水湿润,滴加盐酸溶液(1:1)使氧化锌溶解,移入 500 mL 容量瓶中,稀释至刻度,摇匀。取 20 mL,加 80 mL 高纯水,用 10%氨水中和至 pH 值 为 7～8,加 5 mL 氨－氯化铵缓冲溶液(pH＝10),加 5 滴 0.5%铬黑 T 指示剂,用 0.02 mol/L 乙二胺四乙酸二钠(1/2EDTA)溶液滴定至由紫色变为纯蓝色。

上述各乙二胺四乙酸二钠标准溶液的浓度按下式计算:

$$C_{1/2EDTA} = \frac{m}{V_{1/2EDTA} \times M} \times \frac{20}{500} = \frac{0.04m}{V_{1/2EDTA} \times 40.6897} \qquad (8.25)$$

式中,$C_{1/2EDTA}$——标定的乙二胺四乙酸二钠标准溶液的浓度,mol/L;

　　　m——氧化锌的质量,g;

　　　40.6897——1/2ZnO 的摩尔质量,g/mol;

　　　0.04——500 mL 中取 20 mL 滴定,相当于 m 的 0.04 倍;

　　　$V_{1/2EDTA}$——滴定氧化锌消耗所配 EDTA 标准溶液的体积,L。

(2)$C_{1/2EDTA}$＝0.01 mol/L 乙二胺四乙酸二钠标准溶液的配制与标定

①配制

取 $C_{1/2EDTA}$＝0.1 mol/L 乙二胺四乙酸二钠标准溶液,准确地稀释 10 倍制得。

②标定

用 $C_{1/2EDTA}$＝0.1 mol/L 乙二胺四乙酸二钠标准溶液配制的 $C_{1/2EDTA}$＝0.01 mol/L 乙二胺 四乙酸二钠标准溶液,其浓度可不标定,用计算得出。

8.5.4 硫代硫酸钠标准溶液的配制与标定

8.5.4.1 试剂及配制

(1)硫代硫酸钠($Na_2S_2O_3 \cdot 5H_2O$)。

（2）无水碳酸钠。

（3）重铬酸钾（基准试剂）。

（4）$C_{1/2I_2}=0.1$ mol/L 碘标准溶液：称取 13 g 碘及 35 g 碘化钾，溶于少量蒸馏水中，待全部溶解后，用蒸馏水稀释至 1000 mL，混匀，溶液保存于具有磨口塞的棕色瓶中。

（5）碘化钾。

（6）$C_{1/2\,H_2SO_4}=4$ mol/L 硫酸溶液。

（7）0.1 mol/L 盐酸溶液。

（8）1% 淀粉指示剂：在玛瑙研钵中将 10 g 可溶性淀粉和 0.05 g 碘化汞研磨，将此混合物贮于干燥处，称取 1 g 混合物于研钵中，加少许蒸馏水研磨成糊状物，将其徐徐注入 100 mL 煮沸的蒸馏水中，再继续煮沸 5～10 min，过滤后使用。

8.5.4.2 标准溶液的配制与标定

（1）0.1 mol/L 硫代硫酸钠（$Na_2S_2O_3$）标准溶液

①配制

称取 26 g 硫代硫酸钠（或 16 g 无水硫代硫酸钠），溶于 1000 mL 已煮沸并冷却的蒸馏水中，将溶液保存于具有磨口塞的棕色瓶中，放置数日后，过滤备用。

②标定

标定有以重铬酸钾为基准和 0.1 mol/L 碘（$1/2I_2$）标准溶液的两种方法：

方法一：以重铬酸钾作基准。称取于 120℃烘至恒重的基准重铬酸钾 0.15 g（精确到 0.0002 g），置于碘量瓶中，加入 25 mL 蒸馏水溶解，加 2 g 碘化钾及 20 mL $C_{H^+}=4$ mol/L 硫酸溶液，溶液待碘化钾溶解后于暗处放置 10 min，加 150 mL 蒸馏水，摇匀以后用 0.1 mol/L 硫代硫酸钠（$Na_2S_2O_3$）溶液滴定，近终点时，加 1 mL 1.0% 淀粉指示剂，继续滴定至溶液由蓝色转变成亮绿色，同时做空白试验。

硫代硫酸钠标准溶液的浓度按下式计算：

$$C_{Na_2S_2O_3}=\frac{m}{[V_{1(Na_2S_2O_3)}-V_{2(Na_2S_2O_3)}]\times 0.04903} \qquad (8.26)$$

式中，m——重铬酸钾的质量，g；

　　0.04903——1/6 重铬酸钾的摩尔质量，g/mol；

　　$V_{1(Na_2S_2O_3)}$——消耗标准溶液的体积，L；

　　$V_{2(Na_2S_2O_3)}$——空白试验消耗标准溶液的体积，L。

方法二：用 $C_{1/2I_2}=0.1$ mol/L 碘标准溶液标定，准确量取 20 mL$C_{1/2I_2}=0.1$ mol/L 碘（$1/2I_2$）标准溶液，注入碘容量瓶中，加 150 mL 蒸馏水，用 0.1 mol/L 硫代硫酸钠溶液滴定，近终点时，加 1 mL 1.0% 淀粉指示剂，继续滴定至溶液蓝色消失。

同时做水消耗碘的空白试验，方法如下：取 150 mL 蒸馏水，加 0.05 mL 碘标准溶液，1 mL 1.0% 淀粉指示剂，用 0.1 mol/L 硫代硫酸钠标准溶液滴定。

硫代硫酸钠标准溶液的浓度按下式计算：

$$C_{Na_2S_2O_3}=\frac{[V_{1(1/2I_2)}-0.05]\times C_{1(1/2I_2)}}{V_{1(Na_2S_2O_3)}-V_{2(Na_2S_2O_3)}} \qquad (8.27)$$

式中,0.05——空白试验碘标准溶液的体积,mL;

$C_{1(1/2I_2)}$——碘标准溶液的浓度,mol/L;

$V_{1(Na_2S_2O_3)}$——滴定时消耗硫代硫酸钠溶液的体积,mL;

$V_{1(1/2I_2)}$——碘标准溶液的体积,mL;

$V_{2(Na_2S_2O_3)}$——空白试验消耗硫代硫酸钠溶液的体积,mL;

(2)$C_{Na_2S_2O_3}$=0.01 mol/L 硫代硫酸钠标准溶液

取 $C_{Na_2S_2O_3}$=0.1 mol/L 硫代硫酸钠标准溶液用已煮沸并冷却的蒸馏水稀释至 10 倍配成。其浓度不需标定,用计算得出。

8.5.5 碘标准溶液的配制与标定

8.5.5.1 试剂及配制

(1)碘。

(2)$C_{Na_2S_2O_3}$=0.1 mol/L 硫代硫酸钠标准溶液:称取 26 g 硫代硫酸钠(或 16 g 无水硫代硫酸钠),溶于 1000 mL 已煮沸并冷却的蒸馏水中,将溶液保存于具有磨口塞的棕色瓶中,放置数日后,过滤备用。

(3)碘化钾。

(4)酚酞指示剂(10 g/L,以乙醇为溶剂):称取 1 g 酚酞,溶于 95% 乙醇溶液,再用乙醇稀释至 100 mL。

(5)1% 淀粉指示剂:在玛瑙研钵中将 10 g 可溶性淀粉和 0.05 g 碘化汞研磨,将此混合物贮于干燥处,称取 1 g 混合物于研钵中,加少许蒸馏水研磨成糊状物,将其徐徐注入 100 mL 煮沸的蒸馏水中,再继续煮沸 5~10 min,过滤后使用。

8.5.5.2 标准溶液配制方法

(1)$C_{1/2I_2}$=0.1 mol/L 碘标准溶液

①配制

称取 13 g 碘及 35 g 碘化钾,溶于少量蒸馏水中,待全部溶解后,用蒸馏水稀释至 1000 mL,混匀,溶液保存于具有磨口塞的棕色瓶中。

注:贮存碘标准溶液的试剂瓶塞应严密。

②标定

用 $C_{Na_2S_2O_3}$=0.1 mol/L 硫代硫酸钠标准溶液标定。标定方法用 $C_{1/2I_2}$=0.1 mol/L 碘标准溶液标定硫代硫酸钠方法进行。其浓度至少每 2 个月标定一次。

碘标准溶液的浓度按下式计算:

$$C_{1(1/2I_2)} = \frac{C_{2(Na_2S_2O_3)} \times [V_{1(Na_2S_2O_3)} - V_{2(Na_2S_2O_3)}]}{V_{1/2I_2} - 0.05} \tag{8.28}$$

式中:$C_{2(Na_2S_2O_3)}$——硫代硫酸钠标准溶液的浓度,mol/L;

$V_{1/2I_2}$——碘溶液的体积,mL;

$V_{1(Na_2S_2O_3)}$——消耗硫代硫酸钠标准溶液的体积,mL;

$V_{2(Na_2S_2O_3)}$——空白试验消耗硫代硫酸钠标准溶液的体积,mL。

(2)$C_{1/2I_2}$＝0.01 mol/L 碘标准溶液

可采用 $C_{1/2I_2}$＝0.1 mol/L 碘标准溶液用蒸馏水稀释至 10 倍配成,其浓度不需标定,用计算得出。$C_{1/2I_2}$＝0.01 mol/L 碘标准溶液浓度容易发生变化,应在使用时配制。

8.5.6　高锰酸钾标准溶液的配制与标定

8.5.6.1　试剂及配制

(1)高锰酸钾。

(2)草酸钠(基准试剂)。

(3)用 0.1 mol/L 硫代硫酸钠($Na_2S_2O_3$)标准溶液:称取 26 g 硫代硫酸钠(或 16 g 无水硫代硫酸钠),溶于 1000 mL 已煮沸并冷却的蒸馏水中,将溶液保存于具有磨口塞的棕色瓶中,放置数日后,过滤备用。

(4)浓硫酸(密度 1.84 g/cm³)。

(5)4 mol/L 硫酸($1/2H_2SO_4$)溶液。

(6)碘化钾(分析纯)。

(7)1.0%淀粉指示剂:在玛瑙研钵中将 10 g 可溶性淀粉和 0.05 g 碘化汞研磨,将此混合物贮于干燥处。称取 1.0 g 混合物于研钵中,加少许蒸馏水研磨成糊状物,将其徐徐注入 100 mL 煮沸的蒸馏水中,再继续煮沸 5～10 min,过滤后使用。

8.5.6.2　标准溶液配制方法

(1)0.1 mol/L 高锰酸钾(1/5 KMnO₄)标准溶液。

①配制

称取 3.3 g 高锰酸钾溶于 1050 mL 蒸馏水中,缓和煮沸 15～20 min,冷却后于暗处密闭保存两周。以 G_4 玻璃过滤器过滤,滤液保存于具有磨口塞的棕色瓶中。

注:0.1 mol/L 高锰酸钾(1/5 KMnO₄)标准溶液的浓度需定期进行标定。高锰酸钾标准溶液不得与有机物接触,以免促使浓度发生变化。

②标定

有以草酸钠作基准试剂和用 $C_{Na_2S_2O_3}$＝0.1 mol/L 硫代硫酸钠标准溶液两种方法。

方法一:以草酸钠作标定:称取于 105～110℃烘至恒重的基准草酸钠 0.1340 g,溶于 100 mL 水中,加 8 mL 浓硫酸,用 50 mL 滴定管以 $C_{1(1/5KMnO_4)}$＝0.1 mol/L 高锰酸钾以待标定的溶液滴定,近终点时,加热至 65℃继续滴定至溶液所呈粉红色能保持 30 s,同时做空白试验校正结果。

高锰酸钾标准溶液的溶液浓度按下式计算:

$$C_{1/5KMnO_4}=\frac{m}{V_{1(1/5KMnO_4)}-V_{2(1/5KMnO_4)}\times0.0670}\qquad(8.29)$$

式中，$V_{1(1/5KMnO_4)}$——滴定时消耗高锰酸钾溶液的体积，mL；

$\quad V_{2(1/5KMnO_4)}$——空白试验所消耗高锰酸钾溶液的体积，mL；

$\quad m$——草酸钠的质量，g；

$\quad 0.0670$——$1/2Na_2C_2O_4$ 的摩尔质量，g/mol。

方法二：用 $C_{Na_2S_2O_3}=0.1$ mol/L 硫代硫酸钠标准溶液标定：准确量取 20 mL $C_{1/5KMnO_4}=0.1$ mol/L 高锰酸钾溶液，加 2 g 碘化钾及 20 mL 14 mol/L 硫酸（$1/2H_2SO_4$），摇匀，于暗处放置 5 min，加 150 mL 蒸馏水，用 $C_{Na_2S_2O_3}=0.1$ mol/L 硫代硫酸钠标准溶液滴定，近终点时加 3 mL 1.0%淀粉指示剂，继续滴定至溶液蓝色消失，同时做空白试验校正结果。

高锰酸钾标准溶液的浓度按下式计算：

$$C_{(1/5\,KMnO_4)} = \frac{V_{1(Na_2S_2O_3)} \times C_{1(Na_2S_2O_3)}}{V_{1/5KMnO_4}} \tag{8.30}$$

式中，$C_{1(Na_2S_2O_3)}$——硫代硫酸钠标准溶液的道度，mol/L；

$\quad V_{1(Na_2S_2O_3)}$——滴定时消耗硫代硫酸钠标准溶液的体积，mL；

$\quad V_{1/5KMnO_4}$——扣除空白值后消耗高锰酸钾溶液的体积，mL。

（2）$C_{1/5KMnO_4}=0.01$ mol/L 高锰酸钾标准溶液

可用 $C_{1/5KMnO_4}=0.1$ mol/L 高锰酸钾标准溶液，用煮沸后冷却的蒸馏水稀释至 10 倍配成。$C_{1/5KMnO_4}=0.01$ mol/L 高锰酸钾标准溶液的浓度容易改变，故应在使用时配制。其浓度不需标定，由计算得出。

8.6　有效数字及其运算规则

8.6.1　有效数字

一个有效的测量数据，既要能表示出测量值的大小，又要能表示出测量的准确度。例如，从分析天平称得某试样 0.5382 g，此数据既表示称出的试样质量是 0.5382 g，同时又表示出，由于分析天平的感量是 ±0.0001 g，此数据的最后一位数"2"是不能完全确定的，该试样的质量实际是 0.5381～0.5383 g。又如，从滴定管读出某溶液消耗的体积为 15.37 mL，由于最后一位数"7"是读数时根据滴定管的刻度估计的，"7"是不确定数字，不同的操作人员，会产生 ±0.01 mL 的差异，溶液的实际体积为（15.37±0.01）mL。所以，有效数字是指在测量中得到的有实际意义的数字。在记录一个测量数据时，通常只保留一位不确定的数字，最后一位不确定数字和所有确定数字的位数，就构成了该测量数据的有效数字的"位数"。上述称量 0.5382 g 和体积读数 15.37 ml 都是四位有效数字。同理：

标准溶液浓度 0.1030 mol/L　　　　　　　四位有效数字

配合物稳定常数 4.90×10^{10} $(mol/L)^{-1}$　　　三位有效数字

$[H^+]=9.6\times10^{-12}$ mol/L　　　　　　两位有效数字

pH＝11.02（$[H^+]=9.6\times10^{-12}$ mol/L）　　两位有效数字

3.5×10⁴ 　　　　　　　　　　　　　　两位有效数字

3.5000×10⁴ 　　　　　　　　　　　　五位有效数字

0.0892 　　　　　　　　　　　　　　三位有效数字

8.6.2　有效数字修约

对某一数字,根据保留位数的要求,将多余位数的数字按照一定规则进行取舍,这一过程称为数字修约。

一般为了保持测量结果的准确度,根据测量结果的不确定度,当有效数字的位数确定后,其后的数字应一律舍去,最后一位有效数字,则按通用数字修约规则进行修约。

通用数字修约规则为:以保留数字的末位为单位,末位后的数字大于 0.5 者末位进一;末位后的数字小于 0.5 者末位不变;末位后的数字恰为 0.5 者,使末位成为偶数,即当末位为偶数(0,2,4,6,8)时则末位不变;当末位为奇数(1,3,5,7,9)时则末位进一。

负数修约时,先修约绝对值,再加负号。

【例 8.1】　将下列数字修约到小数点后三位。

$$3.1415 \rightarrow 3.142$$
$$4.5108 \rightarrow 4.511$$
$$5.7814 \rightarrow 5.781$$
$$5.7825 \rightarrow 5.782$$

数字修约时应注意:不可连续修约。

对不确定度的修约,采用"就大不就小"的原则,可将不确定度的末位后的数字全部进位而不是舍去。

8.6.3　有效数据的运算规则

在进行加减法运算时,结果的有效数字保留取决于绝对误差最大的那个数。例如,$0.0121+25.64+1.0445$,其中 25.64 小数点后只有两位,由于尾数"4"的不确定性引入的绝对误差最大,所以,结果只应保留两位小数。在进行具体运算时,可按两种方法处理:一种方法是将所有数据都修约到小数点后两位,再进行具体运算。另一种方法是其他数据先修约到小数点后三位,即暂时多保留一位有效数字,运算后再进行最后的修约:

$0.01+25.64+1.04=26.69$ 或　 $0.012+25.64+1.044=26.696 \approx 26.70$

两种运算方法的结果在尾数上可能差 1,但都是允许的,只要在运算中前后保持一致。

在进行乘除法运算时,结果的有效数字保留取决于相对误差最大的那个数。例如,$15.32 \times 0.1232/5.32$,其中 5.32 仅三位有效数字,其尾数"2"的不确定性引入的相对误差最大,所以结果只应保留三位有效数字,$15.32 \times 0.1232/5.32 = 0.355$。而 $0.0892 \times 27.6/200.00 = 0.0123$,由于 0.0892 的首数大,可视为四位有效数字,所以结果为四位有效数字。

运算中若有 π、e 等常数,以及 $\sqrt{2}$、1/3 等系数,其有效数字位数可视为无限,不影响结果有效数字的确定。

初学者常在计算中保留过多的数字位数,例如测定天平零点或停点计算平均值时,常计算到小数点后第二位;在记录读数时,数字位数又会取得少,特别是最后一位数是 0 时常被疏忽,例如滴定管读数为 25.00 mL 时,常记录为 25 mL;砝码读数为 20.1850 g,记录为 20.185 g 等。

使用电子计算器计算分析结果,由于计算器上显示数字位数较多,特别要注意分析结果的有效数字位数。一般定量化学分析结果要求四位有效数字。

8.7 检测结果的误差分析

只有准确、可靠的分析结果才能正确判断设备运行情况和存在的隐患,不准确的分析结果反将导致生产上的损失,资源的浪费和错误的结论。

定量分析是基于反应物之间量的关系进行的。但无论采用哪种分析方法,由于受分析方法本身、测量仪器、试剂和分析工作者等主、客观条件的限制,测定结果不可能和真实含量完全一致。即使采用最可靠的方法,使用最精密的仪器,由熟练的分析工作者在相同条件下对同一试样进行多次重复测定(为平行测定),其结果也不可能完全一致。这就是说,分析过程中的误差是客观存在的,不可避免的。因此,分析工作者不仅要对试样中的待测组分进行测定,还要对所得测试数据进行正确、合理的取舍,以保证原始测量数据的可靠性,正确表示分析结果,同时还应对测量结果的准确、可靠性作出评价,查出产生误差的原因,并采取相应措施减少误差,使测定结果尽可能接近试样中待测组分的真实含量。

8.7.1 准确度与误差

准确度表示分析结果与真实值(如试样中待测组分的真实含量)接近的程度,用绝对误差或相对误差表示。

绝对误差(E):表示测定值(X_1)与真实值(X_T)之差

$$E = X_1 - X_T \tag{8.31}$$

相对误差(E_r):是指误差在真实值中占的百分率。这对于比较各种情况下测定结果的准确度很方便。

$$E_r = \frac{E}{X_T} \times 100\% \tag{8.32}$$

严格讲来,由于 X_T 不知,E 和 E_r 无法计算,准确度难以度量,但可以利用 X_T 的如下属性,近似地计算出 E 和 E_r,以估计测量结果的准确度。

(1)虽然任何测量方法都有误差,但任何测量方法都有一定的误差范围,从而可以根据测量误差的范围,估计出该测量的真值范围。例如,用不同的天平称量一块金属,称量结果和其真实质量的范围估计如表 8.24 所示。

表 8.24　不同天平称量结果和真值范围

天平的分类	误差范围,g	称量结果,g	真值的范围,g
台称	±0.1	5.1	5.1±0.1
分析天平	±0.0001	5.1023	5.1023±0.0001
半微量分析天平	±0.00001	5.10228	5.10228±0.00001

（2）以公认真值（约定真值）代替真值。公认真值如原子量、纯物质中各元素的理论含量以及标准试样的标准值（由很多经验丰富的分析人员,采用多种可靠的分析方法,多次重复测定得到的,并经公认的权威机构确认的比较准确的结果。标准试样由公认的权威机构专门发售,并附有相应的证书）等,它们的准确度较高,可视为相对真值。

（3）数理统计方法可以证明,在消除系统误差之后,当测量次数 n 接近无穷大时,测量结果的平均值将趋近于真实值。

8.7.2　精密度与偏差

精密度是指相同条件下,对同一量测定结果之间相符合的程度,它反映了测定结果的再现性。精密度的高低用偏差衡量。

偏差是指单次测量值与样本平均值之差。平均偏差是指各次测量偏差绝对值的平均值。相对平均偏差是指平均偏差与平均值的比值。标准偏差是指各次测量偏差的平方和平均值再开方,比平均偏差更灵敏地反映较大偏差的存在,在统计学上更有意义。

8.7.3　准确度与精密度的关系

准确度和精密度是两个不同的概念,但它们之间有一定的关系。一般来说准确度由系统误差和偶然误差决定;精密度由偶然误差决定,系统误差的存在不影响测定的精密度。在分析过程中,当存在系统误差时,精密度高的,准确度不一定高;但是,好的精密度是获得准确结果的前提和保证,对于一个好的分析方法和分析结果,既要有好的精密度,又要有好的准确度。

8.7.4　系统误差与偶然误差

产生误差的原因有很多,一般分为两类:系统误差（可测误差）和偶然误差（随机误差）。

8.7.4.1　系统误差（可测误差）

（1）系统误差的来源

我们在研究随机误差时有一个前提条件,认为误差的出现是随机的,并完全排除了系统误差的影响,因而对随机误差的处理采用了概率的数理统计方法。而系统误差就完全不同于随机误差了,它不可能像随机误差那样得出一些普遍的通用处理方法,而只能针对每一具体情况采用不同的处理措施。因此,处理的是否得当,很大程度上取决于测量者的经验和技术。正是由于这个原因,系统误差虽然是有规律的,但实际处理起来,往往比无规律的随机误差更困难。

由于系统误差不可能通过对测量数据的概率统计方法来发现和消除,因此,在测量前一定设法了解一切可能产生系统误差的来源并设法消除它,使其影响能减弱到可以忽略的程度。所以应了解系统误差的来源,系统误差的来源主要有以下四个方面。

①测量仪器引起的系统误差

测量仪器不可能设计和装配得十分完善,由于设计、工艺、装配以及其他一些方面的不完善,都可能产生测量仪器误差。例如等臂天平的不等臂性,置块的不平行性及实际尺寸与名义尺寸间的误差,仪器螺纹的空程,指示器零位的不准确,线纹仪器设计时不符合阿贝原则而引起的一次性误差,以及测量仪器的标准量本身的失准及其随时间产生的不稳定性和随时间和位置变化产生的不均匀性等。

②环境条件引起的系统误差

这是由于各种环境条件因素与要求的标准状态不一致,在空间上的梯度与随时间变化引起的测量仪器与被测量本身的变化,如机械的失灵、相互位置的改变等引起的误差。这些因素主要和温度、湿度、气压和灰尘有关。特别是在测量仪器处于检定与使用时,环境因素的不一致而引起的误差,常成为新的重要误差源。

③测量人员引起的系统误差

这是由于测量人员的实际操作技能不熟练,测量过程的粗心大意,不符合要求的固有习惯,以及生理上的变化和反应速度等而引起的误差,这种误差往往因人而异,并与各人当时的心理与生理状态情况密切相关。

④测量方法引起的系统误差

这种误差也称为理论误差,是由于测量所依据的理论公式本身的近似性,或实验条件不能达到理论公式所规定的要求,或者是实验方法本身不完善所带来的误差。

(2)系统误差的特点

一般来说,在不同的时刻(或改变某一因素后)系统误差也不一样,设系统误差随时间 t 的变化其值分别为 $\varepsilon_1,\varepsilon_2,\cdots,\varepsilon_n$。

①如果各系统误差值 $\varepsilon_1=\varepsilon_2=\cdots=\varepsilon_n$ 保持恒定不变,我们称为确定性系统误差(或称为定值系统误差)。很显然,确定性系统误差使测量结果固定地偏向某一边,即使采用多次测量也不会抵消或减弱。

②如果各系统误差值 $\varepsilon_1,\varepsilon_2,\cdots,\varepsilon_n$ 不同,它们按某一确定的规律变化,即 ε_i 可以表示成若干因素的函数,即 $\varepsilon_i=f(t,\cdots)$,则称此误差为规律性系统误差(或称变值系统误差)。因此,系统误差的特点是:它具有确定的规律,而这种规律是客观存在的。

系统误差可分为确定性系统误差和规律性系统误差,而规律性系统误差又分为累积性系统误差、周期性系统误差和复杂规律系统误差。

(3)系统误差的减小和修正

通过以上分析,我们知道系统误差在测量中是保持恒定不变或按可预见方式变化的。从其值保持恒定不变的特点上看,系统误差可以说是确定性系统误差,或者说是定值系统误差;从按可预见方式变化的特点上看,系统误差可以说是规律性系统误差,或者说是变值系统误差。我们研究系统误差的目的，就是要找出恒定不变的常数，并把它作为修正值在测量结果中予以修正，或者说找出系统误差的变化规律，采取有效措施减小系统误差的影响。

①减小系统误差的方法

a. 从测量仪器的设计上减小系统误差的影响

测量仪器在原理设计时应科学合理，应符合测量仪器原理设计的基本原则，否则将会产生系统误差。比如长度测量仪器设计时应符合阿贝原则，特别是与机械量有关的测量仪器，其定位系统、瞄准系统、读数系统等都要采取有效措施以减小系统误差的影响。

b. 从测量仪器的工艺上减小系统误差的影响

在测量仪器的生产工艺中应采取有效措施减小系统误差的影响，如由加工引起的固有误差，由装配引起的误差，由原器件老化引起的误差，由调整引起的误差等。这些误差有的是在测量仪器生产中由于工艺不完善或不正常造成的，有的是在测量仪器使用当中保养不好以及操作不正确而造成的。

c. 从测量仪器的使用上减小系统误差的影响

在实际测量中，正确使用测量仪器也可以减小系统误差的影响，如在测量中要正确调整仪器，合理选择被测件的定位面或支承点；为防止测量中的仪器零位的变动，测量开始和结束时都需检查零位；为防止由环境条件引起的误差，应在规定的环境条件下进行测量；当测量结果与多个测量因素有关时，应选择最有利测量条件或选择最佳测量方案，以减小系统误差的影响。

d. 从测量方法的选择上减小系统误差的影响

在实际测量中，可以通过选择正确的测量方法来减小系统误差的影响。常用的减小系统误差的方法有代替法、异号法、抵消法、交换法等。

代替法：保持测量条件不变，用某一已知量值的标准器替代被测件再作测量，使指示仪器的指示不变或指零，这时被测量等于已知的标准量，达到减小系统误差的目的。

异号法：改变测量中的某些条件，例如测量方向、电压极性等，使两种条件下的测量结果中的误差符号相反，取平均值以减小系统误差。

抵消法：这种方法要求进行两次测量，以使两次读数时出现的系统误差大小相等，符号相反，取两次测量值的平均值作为测量结果，从而减小系统误差。

交换法：将测量中的某些条件适当交换，设法使两次测量中的误差源对测量结果的作用相反，从而减小系统误差。

②修正系统误差的方法

a. 在测量结果上加修正值

修正值等于负的系统误差。因此，当测得量值与相应的标准量值比较时，测得量值与标准量值的差值为测得值系统误差的估计值。即

$$\varepsilon = \bar{x} - \mu \tag{8.33}$$

式中，ε ——系统误差估计值；

$\bar{x}$ ——未修正的测量结果；

μ ——标准量值。

因此，修正值为

$$b = -\varepsilon$$

已修正的测量结果为

$$x_b = \bar{x} + b$$

因为修正值本身也存在一定误差,因此用修正值消除系统误差的方法,不可能将全部系统误差修正掉。

b. 对测量结果乘修正因子

修正因子 b_r 等于标准值与未修正测量结果之比

$$b_r = \frac{\mu}{\bar{x}}$$

已修正的测量结果为

$$x_b = b_r \bar{x}$$

此外还可以通过画修正曲线,制定修正值表等方法来修正系统误差。

8.7.4.2 偶然误差(随机误差)

随机误差是由多种可变的难以控制的偶然原因造成的,又称非确定误差、偶然误差。例如,测定条件(环境温度、湿度和气压等)的瞬时、微小波动、仪器性能的微小变化、分析人员操作的微小差异等。由于它是由某些偶然的原因所引起,其大、小、正、负难以预测,所以又称为偶然误差或不定误差。正因为这类误差的随机性,当对某试样进行多次平行测定时,即使在消除系统误差的影响之后,所得结果亦不可能完全一致。随机误差影响测量数据的精密度,即将影响相同条件下多次平行测定结果彼此符合的程度。随机误差难以觉察、也难以控制,所以难以避免,且不能进行校正。

8.7.5 提高准确度的方法

8.7.5.1 化学分析中准确度的要求

目的不同,进行化学分析所要求的准确度也不同。例如,原子量的测定需要很高的准确度,允许误差应低于 $1/10^4 \sim 1/10^5$;地球化学研究中测定岩石和土壤中的重金属时,$\pm 50\%$ 的准确度就可以满足要求;一般科学和生产中分析准确度的要求常与试样中各组分相对含量有关。

一般情况下,使用的仪器越精密,试剂越纯,操作者技术越熟练,越认真仔细,测定的准确度越高。但分析要求准确度越高,分析所需时间越多。实际工作中应根据对分析的要求确定准确度要求。在工业锅炉的日常运行操作中,水处理操作根据水质检测结果控制加药与排污过程,要求快速,如果为了追求过高的准确度,延误了时机,对水处理的控制将毫无意义。在水质全分析时,就要求准确度较高,为此常做多次平行测定。

各种分析方法的准确度和灵敏度是不同的。如重量分析法和滴定分析法的准确度较高,在中等和高含量组分的测定中,它们的相对误差不大于 0.2%;但它们的灵敏度不高,对低含量组分(小于 1%)的测定,误差太大,有时甚至测不出来。一般仪器分析灵敏度较高,适用于微量组分的测定,例如用光谱分析法测定纯硅中的硼,得结果为 $(2 \times 10^{-6})\%$,此方法的准确度较差,相对误差为 50%,即其真实含量为 $(1\times10^{-6}\sim3\times10^{-4})\%$,但对微量的硼来说,能确定其含量的数量级 $(10^{-6}\%)$ 就能满足要求了。

因此,分析时应根据具体情况和分析对准确度的要求选择合适的分析方法,制定分析方案。

8.7.5.2　分析准确度的检验

实验中常用下列方法检查分析结果的准确度:

(1)平行测定

在同样条件下,对同一试样作多次重复测定,取其平均值。平均值较个别测定值可靠。但是,平行测定的结果相符合,不能说明结果一定准确,因为平行测定中的系统误差是重复出现的;如果平行测定的结果不相符合,说明还有随机误差甚至过失存在,根本不可能得到准确的结果。因此,分析时首先要求平行测定结果相符合,即测定的精密度好。只有精密度好的测定,才有可能得到准确的结果。

(2)测定回收率

由于真实值常常不知道,所以准确度也无法确定,可以采用测定回收率来表示某一方法的准确度。所谓回收率,是在试样中加入已知量的待测组分,再测定该试样中的待测组分,看加入的待测组分是否能定量地回收,回收率越接近 100%,就说明准确度越高。回收率大于 100%,说明系统误差为正误差,测定结果偏高;回收率小于 100%,说明系统误差为负误差,测定结果偏低。

(3)求和法

对一个试样作全分析,各组分百分含量之和应接近 100%。一般情况下,组成越简单,误差越小,各组分百分含量之和越接近 100%;组成较复杂,各组分百分含量之和与 100% 相差较大。例如某硅酸盐垢样的全分析结果如表 8.25 所示。这样复杂试样的分析,一般认为各组分百分含量之和为 $99.75\%\sim100.30\%$ 就满足要求了,而且认为各组分含量之和大于 100% 更可靠些,因为当和小于 100% 时,有可能失去 $1\sim2$ 个小含量的组分。

表 8.25　某硅酸盐垢样的全分析结果

编号	$SiO_2\%$	$Fe_2O_3\%$	$CaO\%$	$MgO\%$	$K_2O\%$	$Na_2O\%$	合计%
1	72.40	15.85	5.73	3.35	0.87	1.84	100.03
2	72.75	16.12	5.65	3.13	0.81	1.85	100.31
3	72.65	15.79	5.64	3.23	0.86	1.79	99.91

(4)离子平衡法

如果试样是电解质,则试样中正、负离子的总电荷数相等。例如某试液中含有 Ca^{2+},Mg^{2+},Na^+,K^+,Cl^-,SO_4^{2-} 和 HCO_3^-,分析得到表 8.26 数据(其摩尔浓度为一价基本单元摩尔浓度):

表 8.26 试样分析数据

阳离子	含量		阴离子	含量	
	mg/L	mmol/L		mg/L	mmol/L
Ca^{2+}	40.6	2.03	CL^-	56.8	1.60
Mg^{2+}	13.2	1.10	SO_4^{2-}	13.7	0.28
Na^+	11.9	0.52	HCO_3^-	126.3	2.07
K^+	11.7	0.30			

正电荷总数＝（2.03＋1.10＋0.52＋0.30）mmol/L＝3.95 mmol/L；

负电荷总数＝（1.6＋0.28＋2.07）mmol/L＝3.95 mmol/L

这个分析结果可以认为是十分满意的。

（5）采用两种不同类型的方法分析

对一种试样用两种不同类型的分析方法分析，比较分析结果。如果结果差异不显著，可以认为结果是可靠的。例如测定某试样中 Fe^{3+} 的含量，一种方法是除去干扰离子后，将 Fe^{3+} 沉淀为 $Fe(OH)_3$，经过滤、洗涤后，灼烧成 Fe_2O_3，再称量。另一种方法是将 Fe^{3+} 还原为 Fe^{2+} 后，用标准 $K_2Cr_2O_7$ 溶液滴定 Fe^{2+}。如果这两种方法得到的结果一致（即没有显著性差异），就可以认为是可靠的，是准确的，因为这两种方法很难有相同的系统误差。

这是检验分析方法是否可靠的一种常用的也是较好的方法，用以检验复杂物质中某些不常见组分的分析结果时更是简便、有效。

（6）回归分析

所谓回归分析就是处理变量的相关关系的一种数理统计方法。在化学分析工作中，常常会碰到两个变量之间存在一定的相关关系。比如在分光光度分析中吸光度与有色溶液浓度之间呈线性关系；在离子选择性电极的测试中，电极电位与离子活度的对数之间呈线性关系；在同一水源的情况下锅水的电导率与溶解固形物之间呈线性关系。但在任何分析中，随机误差或多或少总是存在的，这会使实验结果作出的图形不完全呈线性关系。为了用一个合适的数学模式更好地表示实验结果，在处理分析测定数值时，常常要求出一元回归方程式，比绘制的标准曲线更准确，并通过计算相关系数检验回归方程的相关程度，相关程度 r 越接近于 1 说明回归方程线性关系越好。

8.7.5.3　提高分析结果准确度的方法

要获得准确的分析结果，需要考虑许多因素。下面简单讨论如何减少分析过程中的误差。

（1）纠正系统误差的方法

①进行对照分析对照试验：用已知结果的试样与被测试样一起进行对照试验，或用其他可靠的方法进行对照试验。该法用于校正方法误差。

取一已知准确组成的试样（例如标准试样或纯物质），已知试样的组成最好与未知试样相似，含量也相近。用测定试样的方法，在相同的条件下平行测定，得平均值 x_b。标准试样的已知含量常规为真实值 A，检验测定值与真实值之间是否有显著性差异，即检验所采用的测定方

法是否有系统误差。如果有系统误差,未知试样测定结果需加以校正。计算如下:

$$x_w = \frac{x_p \times A}{x_b}$$

式中,x_p 为未知试样中待测组分测定值的平均值;

　　x_w 为未知试样中待测组分的准确含量。

　　A/x_b 作为校正系数。

　　未知试样的测定值经校正后,即能消除测定中的系统误差。

　　已知准确组成的试样有下列几种:

　　a. 标准试样:是由国家有关部门组织生产并由权威机构发给证书的试样,如标准铁溶液、标准铜溶液、标准二氧化硅溶液等。

　　b. 合成试样:根据分析试样的大致组成用纯化合物配制而成,含量是已知的。实验室常选用这种试样。

　　c. 管理样:由于标准试样的数量和品种有限,有些单位常自制管理样。管理样是事先经有经验的工作人员反复多次分析,结果是比较可靠的,只是没有经权威机构的认可。

　　②测定回收率。

【例题 8.2】　如测得某炉水 Cl^- 含量为 56.8 mg/L,加入 35.5 mg/L Cl^- 后,测得 Cl^- 总含量为 93.1 mg/L。如何消除系统误差?

　　解:其回收率 $= \dfrac{93.1 - 56.8}{35.5} \times 100\% = 102.25\%$

　　测定结果偏高率 $= 102.25\% - 100\% = 2.25\%$

　　扣除 2.25% 系统误差后得到炉水 Cl^- 真实含量 $Cl^-_{真}$,$Cl^-_{真} = 56.8 - 56.8 \times 2.25\% = 55.5$ mg/L

　　③做空白试验。由于试剂中含有干扰杂质或溶液对器皿的侵蚀等所产生的系统误差,可通过空白试验来消除。空白试验是指在不加试样的条件下,按照试样分析同样的操作手续和条件,进行分析试验,所得结果为空白值。从试样分析结果中扣除空白值,就可有效消除由试剂和器皿带进杂质所造成的系统误差。

　　空白值一般不应过大,特别在微量组分分析时。如果空白值太大,应提纯试剂和改用其他适当的器皿。

　　④校正仪器。仪器不准引起的系统误差,可以通过校准仪器来减少其影响。在准确度要求高的分析中,天平、砝码、移液管和滴定管等应预先校正,并在计算实验结果时用校正值。

　　例如名义质量为 5 g 的砝码经校正后其值为 5.0001 g,则此砝码的校正值为 +0.1 mg。若用此砝码称量,应以 5.0001 g 值表示该砝码重。一般分析天平出厂时都有"砝码检定合格证",内附各砝码名义值的校正值。砝码使用一段时间后,或在做准确度要求特别高的分析时,应重新校正,或定期由当地计量单位校正。

　　⑤分析结果的校正。有些分析方法的系统误差可采用其他方法校正。例如电解重量法测定铜的纯度,要求分析结果十分准确。但因电解不完全,引起负系统误差。为此,用比色法测定溶液中未被电解的残余铜,将所得结果加到电解重量法测定结果中去,消除系统误差。

　　⑥减少测量误差。为了保证分析结果的准确度,必须尽量减少测量误差。

　　a. 在重量分析中,测量的方法是称重,这时就应设法减少称量误差。一般分析天平的称量误差为 ±0.0002 g,为了使测量时的相对误差保持在 0.1% 以下,试样重量应为:

试样重量＝绝对误差/相对误差＝±0.0002/0.1％＝0.2 g

可见试样重量必须在0.2 g以上,最后得到的沉淀重量也应在0.2 g以上,这样才能保证前后称重总的误差在0.2％以下。

b. 在滴定分析中,滴管读数常有±0.01 ml的误差,在一次滴定中,需要读数两次,易造成±0.02 ml的误差。所以,为了使测量时的相对误差保持在0.1％以下,

滴定剂消耗量＝读数误差/相对误差＝±0.02 ml/0.1％＝20 ml

c. 对于微量组分的比色测定,一般允许相对误差较大。如分光光度法测定铁离子,方法的相对误差为2％。

⑦选择合适的分析方法。各种分析方法的准确度和灵敏度不同,对于高含量组分的测定,可选用灵敏度虽然不高的重量分析和滴定分析,也能获得比较准确的结果,相对误差一般只有千分之几。对于低含量组分的测定,一般选用仪器分析法,虽然相对误差较大,但绝对误差较小。

(2)减少偶然误差

在消除系统误差的前提下,增加平行测定次数,可以减少随机误差(偶然误差)。前面已讨论过,增加测定次数,可以减小随机误差,但过多增加测定次数,人力、物力、时间上耗费较多。因此,在实际工作中要根据分析对准确度的要求,确定平行测定的次数。在锅炉水质监测的分析中,对于同一试样,要求平行测定2～4次,以获得较准确的分析结果。

参考文献

郝景泰,等.2000.工业锅炉水处理技术.北京:气象出版社.

杨麟,王骄凌,等.2009.GB/T 1576－2008工业锅炉水质.

杨麟,周英,等.2011.锅炉水处理及质量监督检验技术.

张辉.2004.工业锅炉水处理技术.北京:学苑出版社.

张琏,沈元玲.GB/T 1576－2001工业锅炉水质.

第9章

特种设备相关法规规范

9.1 我国特种设备法规规范概况及管理要求

9.1.1 特种设备法规规范概况

目前我国已有特种设备安全技术规范 70 余个,涉及 7 类特种设备,技术标准近千项。

特种设备法规体系构成的五个层次为"法律—行政法规—部门规章—安全技术规范—引用标准"。

第一层次:法律。根据《宪法》和《立法法》的规定,全国人民代表大会及其常务委员会制定的法律。如《安全生产法》、《劳动法》以及《特种设备安全法》。

第二层次:行政法规。由国家最高行政机关国务院制定的行政法规和省、自治区、直辖市以及省会市和较大市人大及其常委会制定的地方性法规。如《特种设备安全监察条例》。

第三层次:行政规章。国务院各部门制定各部门的部门规章和省、自治区、直辖市以及省会市和较大市的人民政府制定政府规章。如《锅炉压力容器制造监督管理办法》(总局令第 22 号)。

第四层次:安全技术规范(规范性文件)。是政府部门对特种设备的安全性能相关的设计、制造、安装、改造、维修、使用和检验检测等环节所作出的一系列规定,是必须强制执行的文件,安全技术规范是特种设备法规标准体系的主体,是在世界经济一体化中各国贸易性保护措施在安全方面的体现形式,其作用是把法律、法规和行政规章的原则规定具体化。

第五层次:引用标准。特种设备相关标准有锅炉压力容器材料标准、锅炉压力容器设计制造标准、试验方法等。

9.1.2 相关法规规范对锅炉使用管理的要求

(1)行政许可法

《行政许可法》(已由第十届全国人民代表大会常务委员会第四次会议)于 2003 年 8 月 27 日通过,第 7 号主席令公布,自 2004 年 7 月 1 日施行。

在《行政许可法》的第十二条有关行政许可设定中规定:"直接关系公共安全、人身健康、生命财产安全的重要设备、设施、产品、物品,需要按照技术标准、技术规范,通过检验、检测和检疫等方式进行审定的事项"。

(2)特种设备安全法

《中华人民共和国特种设备安全法》已由中华人民共和国第十二届全国人民代表大会常务

委员会第三次会议于 2013 年 6 月 29 日通过,自 2014 年 1 月 1 日起施行。

特种设备的生产(包括设计、制造、安装、改造、修理)、经营、使用、检验、检测和特种设备安全的监督管理,适用本法。

本法所称特种设备,是指对人身和财产安全有较大危险性的锅炉、压力容器(含气瓶)、压力管道、电梯、起重机械、客运索道、大型游乐设施、场(厂)内专用机动车辆,以及法律、行政法规规定适用本法的其他特种设备。

特种设备安全工作应当坚持安全第一、预防为主、节能环保、综合治理的原则。

国家对特种设备的生产、经营、使用,实施分类的、全过程的安全监督管理。

特种设备生产、经营、使用单位应当遵守本法和其他有关法律、法规,建立、健全特种设备安全和节能责任制度,加强特种设备安全和节能管理,确保特种设备生产、经营、使用安全,符合节能要求。

9.2　锅炉水处理设备使用管理及检验法规规范

锅炉水处理设备对出水质量的影响及化验分析的正确及准确性直接关系到锅炉用水的安全,因此国家有关部门颁发了相应的规范性文件。以下介绍的是相关文件中的主要内容。

9.2.1　锅炉注册登记时对水处理的要求

锅炉使用单位应当根据所用锅炉品种、炉型、结构和容量等采取合适的水处理方式以保证锅炉水质。工业锅炉水质应当符合 GB/T 1576—2008《工业锅炉水质》标准,锅炉及水处理设备的生产(设计、制造、安装、改造、维修)、使用单位和从事锅炉水处理检验检测机构,锅炉水处理药剂、树脂的制造单位,锅炉房设计单位,锅炉水处理服务单位,锅炉化学清洗单位,进口或者按照境外规范、标准在境内生产并且使用的锅炉水处理设备、药剂、树脂应当符合《锅炉水处理监督管理规则》的要求。

锅炉水处理系统设计单位,应根据水质标准、设计规范的规定以及使用单位对水、汽质量的要求,设计合理有效的锅炉水处理方案。方案至少包括水处理方法、主要系统设计、设备选型、仪器仪表配置等。

锅炉水处理设备、药剂和树脂的生产单位,应当具备与所生产产品相适应的专业技术人员和技术工人,有必要的生产条件和检测手段,有健全的质量保证体系,所生产的产品应当符合有关规范、标准的要求,对其生产的产品质量负责。

锅炉水处理设备出厂时,应当附有以下文件资料:

①水处理设备图样(总图、管道系统图等)。

②产品质量证明文件。

③设备安装、使用说明书。

水处理药剂、树脂出厂时,应当附有以下文件资料:

①产品质量证明文件。

②使用说明书。

③相关化学品安全技术说明书。

④已经注册登记的还应当提供注册登记证书复印件。

9.2.2 锅炉水处理安装调试要求

锅炉水处理系统安装单位(以下简称安装单位)应当具有健全的质量保证体系和与安装工程相适应的专业技术人员与技术工人。安装单位应当按照锅炉水处理设计方案、有关规范及其相应标准进行安装,作出安装记录,出具安装质量证明文件,并且对安装质量负责。竣工验收后,安装单位应当将安装竣工资料提供给锅炉使用单位存入锅炉技术档案。

锅外水处理系统安装完毕后应当进行调试,确定合理的运行参数或者有效的加药方法和数量,调试后的水汽质量应当达到相应的水汽质量标准要求。负责调试的单位应当出具调试报告,提供给锅炉使用单位存入锅炉技术档案。

锅炉使用单位应当结合本单位的实际情况,建立健全水处理管理、岗位职责、运行操作、维护保养等制度,并且严格执行。

9.2.3 锅炉水质分析要求

锅炉使用单位应当根据《锅炉水(介)质处理监督管理规则》和水质标准的规定,对水、汽质量定期进行化验分析。每次化验分析的时间、项目、数据及采取的相应措施,应当填写在水质化验记录表上。锅炉使用单位应当对水汽质量定期进行常规化验分析。常规化验的频次要求如下:

(1)额定蒸发量大于或者等于 4 t/h 的蒸汽锅炉,额定热功率大于或者等于 4.2 MW 的热水锅炉,每 4 h 至少进行 1 次分析。

(2)额定蒸发量大于或者等于 1 t/h 但是小于 4 t/h 的蒸汽锅炉,额定热功率大于或者等于 0.7 MW 但是小于 4.2 MW 的热水锅炉,每 8 h 至少进行 1 次分析。

(3)其他锅炉由使用单位根据使用情况确定。

每次化验的时间、项目、结果以及必要时采取的措施应当记录并且存档。当水汽质量出现异常时,应当增加化验频次。

锅炉运行及水质化验记录应妥善保管,不得丢失。

9.2.4 锅炉水处理作业人员持证上岗要求

锅炉使用单位应当根据锅炉的数量、参数、水源情况和水处理方式,配备专(兼)职水处理作业人员。锅炉水处理作业人员应当按照《特种设备作业人员监督管理办法》的规定,经考核合格取得资格后,才能从事锅炉水处理管理、操作工作。

水处理作业人员应当遵守以下规定:

(1)作业时随身携带证件,并自觉接受用人单位的安全管理和质量技术监督部门的监督检查。

(2)积极参加特种设备安全教育和安全技术培训。

(3)严格执行特种设备操作规程和有关安全规章制度。

(4)拒绝违章指挥。

(5)发现事故隐患或者不安全因素应当立即向现场管理人员和单位有关负责人报告。

(6)其他有关规定。

水处理作业人员应熟悉所操作的水处理系统、设备、化验仪器的原理、结构、性能,了解运行设备结构,熟悉锅炉水质标准,具体做好以下工作:

(1)正确、及时地进行水处理设备的操作及水质化验工作,确保锅炉各项水质标准在规定范围之内,并根据水质情况,采取相应的措施,指导司炉人员执行正确的排污操作。

(2)停炉后及时地了解锅炉的结垢、腐蚀情况,指导锅炉保养工作。

(3)保持水处理化验间及其设备化验仪器齐全、完好。

(4)遵守各项安全管理制度和岗位纪律,不违章操作。

9.2.5　锅炉化验记录要求

要做好水质化验,除了安全、规范操作外,还要做好化验工作的原始记录。化验过程中,应及时、真实、准确地记录实验现象和化验数据。不许事后凭记忆补写或以零星纸条暂记再转抄,那样容易记错或漏记。

(1)在实验过程中要仔细地观察实验现象,重要的实验现象要及时记录下来。

(2)记录数据时,一定要真实,不要为了追求得到某个结果擅自更改数据。

(3)记录的数据应准确、有效。应认真仔细地多次测量,尽量减少测量误差,有效数字应体现出实验所用仪器和实验方法所能达到的精确度。

9.2.6　锅炉水处理检验及定期监测要求

锅炉水处理检验工作,包括水处理系统安装监督检验、运行水处理监督检验、停炉水处理检验。锅炉水处理的检验检测工作是锅炉检验工作的一部分。锅炉水处理检验按照《锅炉水(介)质处理检验规则》进行。

运行水处理监督检验周期如下:

(1)对锅炉使用单位抽样检验锅炉水、汽质量,至少每半年1次,对抽样检验不合格的单位应当增加抽样检验次数。

(2)对水处理设备及其运行状况,至少每年1次检验。

检验机构根据监督检验情况出具运行水处理监督检验报告。运行水处理监督检验结论分为合格、不合格。工业锅炉水质依据GB/T 1576—2008《工业锅炉水质》进行判定。对不合格的,应当提出整改的要求和期限。

停炉水处理检验工作结合锅炉内部检验进行,工业锅炉一般每2年一次。

停炉水处理检验包括以下内容: